电气控制与PLC 应用技术

（第2版）

主　编　郭利霞
副主编　吴学颖　罗　平　唐　宇
参　编　李光平　赵　悦
主　审　胡文金

重庆大学出版社

内容简介

全书共分为十章,内容涵盖了电气控制和 PLC 应用技术两部分内容。前一部分主要介绍常用低压电器的基本类型、工作原理、主要用途以及由低压电器构成的典型电气控制系统;后一部分以西门子 S7-200 系列 PLC 为例介绍了 PLC 的原理、控制技术以及 PLC 应用系统的设计方法。为了便于学习和教学,书中安排了大量的实例,每章之后还附有适量的习题,便于读者学习和掌握本章的内容。

本书可作为高等院校本科自动化、电气工程及其自动化专业及相近专业的教材,也可作为电气、机电等领域的工程技术人员的参考书或培训教材。

图书在版编目(CIP)数据

电气控制与 PLC 应用技术 / 郭利霞主编. -- 2 版. --
重庆 : 重庆大学出版社, 2023.7(2024.8 重印)
高等学校电气工程及其自动化专业应用型本科系列教材
ISBN 978-7-5624-8726-5

Ⅰ.①电⋯ Ⅱ.①郭⋯ Ⅲ.①电气控制—高等学校—
教材②PLC 技术—高等学校—教材 Ⅳ.①TM571.2
②TM571.61

中国国家版本馆 CIP 数据核字(2023)第 126317 号

电气控制与 PLC 应用技术
(第 2 版)

主　编　郭利霞
副主编　吴学颖　罗　平　唐　宇
参　编　李光平　赵　悦
主　审　胡文金
责任编辑:杨粮菊　　版式设计:杨粮菊
责任校对:邹　忌　责任印制:张　策

*

重庆大学出版社出版发行
出版人:陈晓阳
社址:重庆市沙坪坝区大学城西路 21 号
邮编:401331
电话:(023) 88617190　88617185(中小学)
传真:(023) 88617186　88617166
网址:http://www.cqup.com.cn
邮箱:fxk@ cqup.com.cn (营销中心)
全国新华书店经销
重庆长虹印务有限公司印刷

*

开本:787mm×1092mm　1/16　印张:22.25　字数:558千
2015 年 1 月第 1 版　2023 年 7 月第 2 版　2024 年 8 月第 9 次印刷
印数:8 157— 10 156
ISBN 978-7-5624-8726-5　定价:64.00 元

第2版前言

电气控制与 PLC 应用技术是普通高等院校电类专业最重要的专业基础课程之一。随着科学技术的不断发展,电气控制与 PLC 应用技术在机械制造、冶金、化工、电力、建筑、交通运输等领域的应用越来越广泛。PLC 源于电气控制,是在电子技术、计算机技术、自动控制技术和通信技术发展的基础上产生的一种新型工业自动控制装置,具有工作可靠、功能丰富、使用方便、经济合算等一系列优点,不仅可以用于开关量控制、运动控制、过程控制,还可以用于联网通信。目前,PLC 技术已成为现代工业控制的重要支柱之一。

本书是对《电气控制与 PLC 应用技术》第 1 版的修订,是将继电接触器控制与 PLC 控制技术整合到一起的教材。本书立足于应用型本科教育的教学需求,从实际工程应用出发,以电气控制技术和西门子 S7-200 系列 PLC 为背景,本着结合工程实际,突出技术应用的原则,精选内容、突出应用、培养能力,吸取各校教改经验,做到通俗易懂,便于自学。本次修订对常用低压电器做了更加全面的介绍,反映了新型低压电器的应用,删除了典型设备电气控制电路分析,加强对 S7-200 系列 PLC 功能指令的分析,使本书更具先进性和实用性。

全书内容分为两部分,共 10 章。前两章主要介绍了常用低压电器以及常用的新型低压电器的基本类型、工作原理、用途、选用规则、图形和文字符号,以及电气控制线路的基本环节分析;后 8 章介绍了 PLC 应用技术,选择了以西门子 S7-200 系列 PLC 为例,详述了 PLC 的工作原理,西门子 S7-200 系列 PLC 的硬件配置、指令系统,在此基础上结合工程实际,介绍了 PLC 模拟量信号的采集和控制方法,PLC 的通信及应用以及典型工程应用实例。

本书在内容阐述上力求简明扼要、层次清楚、图文并茂、通俗易懂;在结构上遵循秩序渐进、由浅入深的原则;实例的选择上强调实用性、可操作性和可选择性。本书在教学使用过程中,并非全部内容都要讲解,可以根据不同专业,课时多少进行删减,有些内容和实例可以安排在电气实训、课程设计、毕业设计中进行。

本书由重庆科技学院郭利霞任主编,重庆科技学院吴学颖、重庆机电职业技术大学罗平、重庆城市科技学院唐宇任副

1

主编,南宁学院李光平和成都大学赵悦参与编写。全书由郭利霞完成统稿工作,由胡文金教授主审,并提出了许多好的建议,在此表示衷心的感谢。

由于编者水平有限,书中难免出现错误和不妥之处,恳请广大读者批评指正。

编　者

2023 年 6 月

第1版前言

电气控制与 PLC 应用技术是普通高等院校电类专业最重要的专业基础课程之一。随着科学技术的不断发展，电气控制与 PLC 应用技术在机械制造、冶金、化工、电力、建筑、交通运输等领域的应用越来越广泛。PLC 源于电气控制，是在电子技术、计算机技术、自动控制技术和通信技术发展的基础上产生的一种新型工业自动控制装置，具有工作可靠、功能丰富、使用方便、经济合算等一系列优点，不仅可以用于开关量控制、运动控制、过程控制，还可以用于联网通信。目前，PLC 技术已成为现代工业控制的重要支柱之一。

本书立足于应用型本科教育的教学需求，从实际工程应用出发，以电气控制技术和西门子 S7-200 系列 PLC 为背景，遵循"结合工程实际，突出技术应用"的编写思想，精选内容、突出应用、培养能力，充分体现教材的科学性、实用性和可操作性。

全书内容分为两部分，共 10 章。前两章主要介绍了常用低压电器以及常用的新型低压电器的基本类型、工作原理、用途、选用规则、图形和文字符号，以及电气控制线路的基本环节、典型机床电气控制线路分析。后 8 章介绍了 PLC 应用技术，选择了以西门子 S7-200 系列 PLC 为例，详述了 PLC 的工作原理，西门子 S7-200 系列 PLC 的硬件配置、指令系统，在此基础上结合工程实际，介绍了 PLC 模拟量信号的采集和控制方法，PLC 的通信及应用以及典型工程应用实例。

此外，本书在内容阐述上力求简明扼要、层次清楚、图文并茂、通俗易懂；在结构上遵循秩序渐进、由浅入深的原则；实例的选择上强调实用性、可操作性和可选择性。

本书由重庆科技学院郭利霞、李正中和重庆邮电大学移通学院陈龙灿主编，重庆大学城市科技学院罗平、重庆科技学院高国芳、重庆邮电大学移通学院马冬梅和晃晓洁任副主编，重庆科技学院罗好、南宁学院李光平和成都大学赵悦参加编写。全书由郭利霞完成统稿工作，全书由胡文金教授主审，并提出了许多好的建议，在此表示衷心的感谢。

由于编者水平有限，书中难免出现错误和不妥之处，恳请广大读者批评指正。

编 者

2014 年 10 月

目录

第 1 章
常用低压电器

【知识要点】

电器的定义、分类、表示方法;电磁式低压电器的结构和工作原理;开关电器、熔断器、主令电器、继电器、接触器及其他新型智能电器的符号、作用、结构、工作原理、技术指标及选用方法。

【学习目标】

了解电气控制技术的发展概况;了解电磁式电器的结构与原理;了解开关电器,熔断器及接触器,热继电器、主令电器、控制电器与保护电器的构造、原理及其符号应用;掌握这几种电器的动作原理和文字符号和图形符号;了解其技术参数,掌握选用方法;能识别电磁式电器和其他类型的电器。

【本章讨论的问题】

1.什么叫低压电器,低压电器有哪些分类方式? 常用低压电器用途和表示方法如何?

2.电磁式低压电器由哪几部分构成,它们是如何工作的?

3.常用低压电器中哪些是低压配电电器,它们的符号怎么表示? 它们是怎样工作的? 在电路中有何作用? 我们该如何去选用它们?

4.常用低压电器中哪些是控制电器,它们的符号怎么表示? 它们是怎样工作的? 在电路中有何作用? 我们该如何去选用它们?

5.常用的继电器有哪些类型,它们的符号怎么表示? 它们是怎样工作的? 在电路中有何作用? 我们该如何去选用它们?

6.什么叫新型智能继电器? 有何特点?

电器是能够根据外部信息,自动或手动接通或断开局部或全部电路,以达到改变电路的参数和状态,实现人们对控制对象的控制、保护、调节及传递信息所使用的电气装置。电气控制技术是应用电气设备(包括电器)对生产机械实现控制的一种电气自动化技术。本章主要介绍常用低压电器的结构和工作原理,以便于正确选择和使用。

1.1 低压电器基本知识

1.1.1 低压电器概述

低压电器是指使用在交流额定电压 1 200 V、直流额定电压 1 500 V 及以下的电路中,根据外界施加的信号和要求,通过手动或自动方式,断续或连续地改变电路参数,以实现对电路或非电对象的切换、控制、检测、保护、变换和调节的电器。

低压电器广泛应用在工业、农业、交通、国防以及人们日常生活中。低压电的输送、分配和保护是依靠刀开关、自动开关以及熔断器等低压电器来实现的,而低压电力的使用则是将电能转换为其他能量,其过程中的控制、调节和保护都是依靠各类接触器和继电器等低压电器来完成的。无论是低压供电系统还是控制生产过程的电力拖动控制系统,均是由用途不同的各类低压电器所组成。

(1)低压电器的分类

低压电器种类繁多,按其结构用途及所控制的对象不同,可以有不同的分类方式,常用的有以下三种分类方式:

1)按用途和控制对象不同,可将低压电器分为配电电器和控制电器

①用于低压电力网的配电电器。这类电器包括刀开关、转换开关、空气断路器和熔断器等。对配电电器的主要技术要求是断流能力强,限流效果在系统发生故障时保护动作准确,工作可靠;有足够的热稳定性和动稳定性。

②用于电力拖动及自动控制系统的控制电器。这类电器包括接触器、启动器和各种控制继电器等。对控制电器的主要技术要求是操作频率高、寿命长,有相应的转换能力。

2)按操作方式不同,可将低压电器分为自动电器和手动电器

①自动电器。通过电磁(或压缩空气)操作来完成接通、分断、启动、反向和停止等动作的电器称为自动电器。常用的自动电器有接触器、继电器等。

②手动电器。通过人力做功直接操作来完成接通、分断、启动、反向和停止等动作的电器称为手动电器。常用的手动电器有刀开关、转换开关和主令电器等。

3)按工作原理可分为非电量控制电器和电磁式电器

①非电量控制电器。靠外力或某种非电物理量的变化而动作的电器叫非电量控制电器,如行程开关、按钮、速度继电器、压力继电器和温度继电器等。

②电磁式电器。根据电磁感应原理来工作的电器叫电磁式电器,如接触器、各类电磁式继电器等。电磁式电器在低压电器中占有十分重要的地位,在电气控制系统中应用最为普遍。

另外,低压电器按工作条件还可划分为一般工业电器、船用电器、化工电器、矿用电器、牵引电器及航空电器等几类,对不同类型低压电器的防护形式、耐潮湿、耐腐蚀、抗冲击等性能的要求不同。

（2）低压电器的基本用途

电器是构成控制系统的最基本元件，它的性能将直接影响控制系统能否正常工作。电器能够依据操作信号或外界现场信号的要求，自动或手动地改变系统的状态、参数，实现对电路或被控对象的控制、保护、测量、指示、调节。它的工作过程是将一些电量信号或非电信号转变为非通即断的开关信号或随信号变化的模拟量信号，实现对被控对象的控制。电器的主要作用如下：

①控制作用。如电梯的上下移动、快慢速自动切换与自动停层等。

②保护作用。能根据设备的特点，对设备、环境以及人身安全实行自动保护，如电动机的过热保护、电网的短路保护、漏电保护等。

③测量作用。利用仪表及与之相适应的电器，对设备、电网或其他非电参数进行测量，如电流、电压、功率、转速、温度、压力等。

④调节作用。低压电器可对一些电量和非电量进行调整，以满足用户的要求，如电动机速度的调节、柴油机油门的调整、房间温度和湿度的调节、光照度的自动调节等。

⑤指示作用。利用电器的控制、保护等功能，显示检测出的设备运行状况与电器电路工作情况。

⑥转换作用。在用电设备之间转换或对低压电器、控制电路分时投入运行，以实现功能切换，如被控装置操作的手动与自动的转换、供电系统的市电与自备电源的切换等。

当然，电器的作用远不止这些，随着科学技术的发展，新功能、新设备会不断出现。

常用低压电器的主要种类及用途见表1.1。

（3）低压电器的全型号表示法及代号含义

为了生产销售、管理和使用方便，我国对各种低压电器都按规定编制型号，即由类别代号、组别代号、设计代号、基本规格代号和辅助规格代号几部分构成低压电器的全型号。每一级代号后面可根据需要加设派生代号。产品全型号的意义如图1.1所示。

低压电器全型号各部分必须使用规定的符号或数字表示，其含义为：

1）类组代号

类组代号包括类别代号和组别代号，用汉语拼音字母表示，代表低压电器元件所属的类别，以及在同一类电器中所属的组别。

表 1.1 常用低压电器的主要种类及用途表

序号	类别	主要品种	主要用途
1	断路器	框架式断路器	主要用于电路的过负载、短路、欠电压、漏电保护，也可用于不需要频繁接通和断开的电路。
		塑料外壳式断路器	
		快速直流断路器	
		限流式断路器	
		漏电保护式断路器	
2	接触器	交流接触器	主要用于远距离频繁控制负载，切断带负荷电路。
		直流接触器	

续表

序 号	类 别	主要品种	主要用途
3	继电器	电磁式继电器 时间继电器 温度继电器 热继电器 速度继电器 干簧继电器	主要用于控制电路中,将被控量转换成控制电路所需电量或开关信号。
4	熔断器	瓷插式熔断器 螺旋式熔断器 有填料封闭管式熔断器 无填料封闭管式熔断器 快速熔断器 自复式熔断器	主要用于电路短路保护,也用于电路的过载保护。
5	主令电器	控制按钮 位置开关 万能转换开关 主令控制器	主要用于发布控制命令,改变控制系统的工作状态。
6	刀开关	胶盖闸刀开关 封闭式负荷开关 熔断器式刀开关	主要用于不频繁地接通和分断电路。
7	转换开关	组合开关 换向开关	主要用于电源切换,也可用于负荷通断或电路切换。
8	控制器	凸轮控制器 平面控制器	主要用于控制回路的切换。
9	启动器	电磁启动器 Y-△启动器 自耦减压启动器	主要用于电动机的启动。
10	电磁铁	制动电磁铁 起重电磁铁 牵引电磁铁	主要用于起重、牵引、制动等场合。

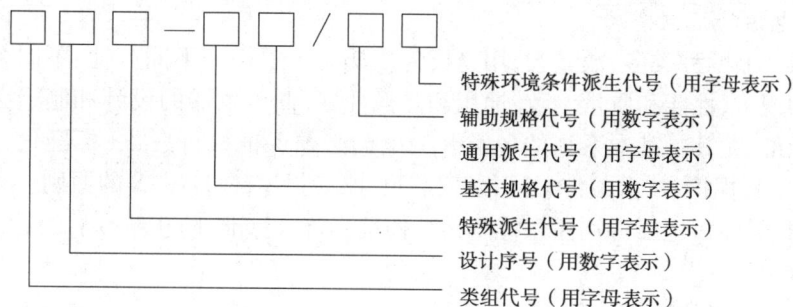

特殊环境条件派生代号（用字母表示）
辅助规格代号（用数字表示）
通用派生代号（用字母表示）
基本规格代号（用数字表示）
特殊派生代号（用字母表示）
设计序号（用数字表示）
类组代号（用字母表示）

图 1.1　低压电器全型号的意义

2）设计代号

设计代号用数字表示，表示同类低压电器元件的不同设计序列。

3）基本规格代号

基本规格代号用数字表示，表示同一系列产品中不同的规格品种。

4）辅助规格代号

辅助规格代号用数字表示，表示同一系列、同一规格产品中的有某种区别的不同产品。

其中，类组代号与设计代号的组合表示产品的系列，一般称为电器的系列号。同一系列电器元件的用途、工作原理和结构基本相同，而规格、容量则根据需要可以有许多种。例如：JR16 是热继电器的系列号，同属这一系列的热继电器的结构、工作原理都相同；但其热元件的额定电流从零点几安培到几十安培，有十几种规格。其中，辅助规格代号为 3D 的有三相热元件，装有差动式断相保护装置，因此能对三相异步电动机有过载和断相保护功能。

（4）低压电器的主要技术指标

为保证电器设备安全可靠地工作，国家对低压电器的设计、制造规定了严格的标准，合格的电器产品具有国家标准规定的技术要求。我们在使用电器元件时，必须按照产品说明书中规定的技术条件选用。低压电器的主要技术指标有以下几项：

1）绝缘强度

绝缘强度指电器元件的触头处于分断状态时，动静头之间耐受的电压值（无击穿或闪络现象）。

2）耐潮湿性能

耐潮湿性能指保证电器可靠工作的允许环境潮湿条件。

3）极限允许温升

电器的导电部件通过电流时将引起发热和温升，极限允许温升指为防止过度氧化和烧熔而规定的最高温升值（温升值＝测得实际温度－环境温度）。

4）操作频率

操作频率指电器元件在单位时间（1 h）内允许操作的最高次数。

5）寿命

电器的寿命包括电寿命和机械寿命两项指标。电寿命指电器元件的触头在规定的电路条件下，正常操作额定负荷电流的总次数。机械寿命指电器元件在规定使用条件下，正常操作的总次数。

（5）低压电器的结构要求

低压电器产品的种类多、数量大、用途极为广泛。为了保证不同产地、不同企业生产的低压电器产品的规格、性能和质量一致，通用和互换性好，低压电器的设计和制造必须严格按照国家的有关标准，尤其是基本系列的各类开关电器必须保证执行三化（标准化、系列化、通用化），四统一（型号规格、技术条件、外形及安装尺寸、易损零部件统一）的原则。我们在购置和选用低压电器元件时，也要特别注意检查其结构是否符合标准，防止给今后的运行和维修工作留下隐患和麻烦。

1.1.2 电磁式低压电器的结构和工作原理

低压电器一般都有两个基本组成部分，即检测部分和执行部分。检测部分接受外界输入的信号，通过转换、放大与判断作出一定的反应，使执行部分动作，输出相应的指令，实现控制的目的。对于有触点的电磁式电器，检测部分是电磁机构，执行部分是触头系统。

（1）电磁机构

电磁机构由吸引线圈、铁芯和衔铁组成，其结构形式按衔铁的运动方式可分为直动式和拍合式。图 1.2 是直动式和拍合式电磁机构的常用结构形式，图（a）和（b）为拍合式电磁机构，图（c）为直动式电磁机构。

吸引线圈的作用是将电能转换为磁能，即产生磁通，衔铁在电磁吸力作用下产生机械位移使铁芯吸合。线圈根据在电路中的连接方式可分为串联线圈（即电流线圈）和并联线圈（即电压线圈）。串联（电流）线圈串接在线路中，流过的电流大，为减少对电路的影响，线圈的导线粗，匝数少，线圈的阻抗较小。并联（电压）线圈并联在线路上，为减少分流作用，降低对原电路的影响，需要较大的阻抗，因此线圈的导线细且匝数多。

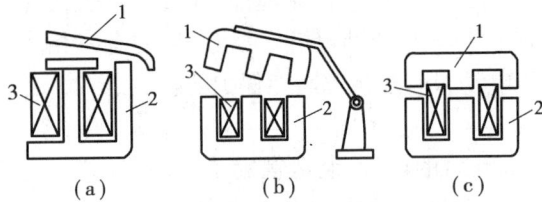

图 1.2 常见的电磁机构
1—衔铁；2—铁芯；3—吸引线圈

1）直流电磁铁和交流电磁铁

按吸引线圈所通电流性质的不同，电磁铁可分为直流电磁铁和交流电磁铁。

直流电磁铁由于通入的是直流电，其铁芯不发热，只有线圈发热，因此，线圈与铁芯接触以利散热，线圈做成无骨架、高而薄的瘦高型，以改善线圈自身散热。铁芯和衔铁由软钢和工程纯铁制成。

交流电磁铁由于通入的是交流电，铁芯中存在磁滞损耗和涡流损耗，这样线圈和铁芯都发热，所以交流电磁铁的吸引线圈设有骨架，使铁芯与线圈隔离并将线圈制成短而厚的矮胖型，有利于铁芯和线圈的散热。铁芯用硅钢片叠加而成，以减小涡流损耗。

电磁铁工作时，线圈产生的磁通作用于衔铁，产生电磁吸力，并使衔铁产生机械位移。衔铁在复位弹簧的作用下复位，衔铁回到原位。因此，作用在衔铁上的力有两个：电磁吸力与反力。电磁吸力由电磁机构产生，反力则由复位弹簧和触头弹簧所产生。铁芯吸合时要求电磁吸力大于反力，即衔铁位移的方向与电磁吸力方向相同；衔铁复位时要求反力大于电磁吸力。电磁铁的电磁吸力公式为

$$F = 4B^2 S \times 10^5 \tag{1.1}$$

式中　F——电磁吸力,N;

　　　B——气隙磁感应强度,T;

　　　S——磁极截面积,m^2。

当线圈中通以直流电时,B不变,F为恒值。当线圈中通以交流电时,磁感应强度为交变量,即

$$B = B_m \sin \omega t \tag{1.2}$$

由式(1.1)和式(1.2)可得:

$$
\begin{aligned}
F &= 4B^2 S \times 10^5 \\
&= 4S \times 10^5 B_m^2 \sin^2 \omega t \\
&= 2B_m^2 S \times 10^5 (1 - \cos^2 \omega t)
\end{aligned}
\tag{1.3}
$$

由式(1.3)可知:交流电磁铁的电磁吸力在0(最小值)~F_m(最大值)之间变化,其吸力曲线如图1.3所示。在一个周期内,当电磁吸力的瞬时值大于反力时,铁芯吸合;当电磁吸力的瞬时值小于反力时,铁芯释放。所以电源电压变化一个周期,电磁铁吸合两次、释放两次,使电磁机构产生剧烈的振动和噪声,因而不能正常工作。

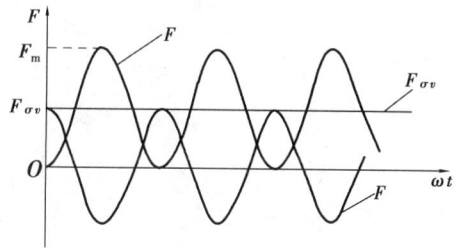

图1.3　交流电磁铁吸力变化情况

2)短路环的作用

为了消除交流电磁铁产生的振动和噪声,铁芯的端面开有一小槽,在槽内嵌入铜制短路环,如图1.4所示。加上短路环后,磁通被分成大小相近、相位相差约90°电角度的两相磁通φ_1和φ_2,因此两相磁通不会同时为零。由于电磁吸力与磁通的平方成正比,所以由两相磁通产生的合成电磁吸力较为平坦,在电磁铁通电期间电磁吸力始终大于反力,使铁芯牢牢吸合,这样就消除了振动和噪声。

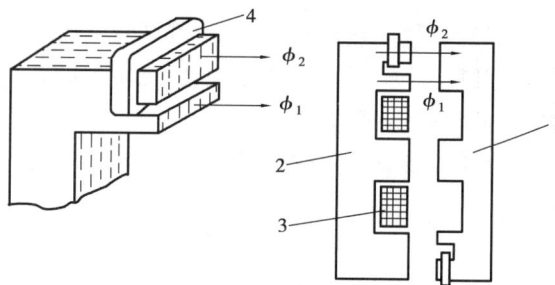

图1.4　交流电磁铁的短路环
1—衔铁;2—铁芯;3—线圈;4—短路环

(2)触头系统

触头是电磁式电器的执行部分,电器就是通过触头的动作来分合被控制的电路。触头在闭合状态下动、静触点完全接触,并有工作电流通过时,称为电接触。电接触的情况将影响触头的工作可靠性和使用寿命。影响电接触工作情况的主要因素是触头的接触电阻,接触电阻大时,易使触头发热而温度升高,从而易使触头产生熔焊现象,这样既影响工作可靠性又降低了触头的寿命。触头的接触电阻不仅与触头的接触形式有关,而且还与接触压力、触头材料及

表面状况有关。

触头主要有两种结构形式:桥式触头和指形触头,如图 1.5 所示。

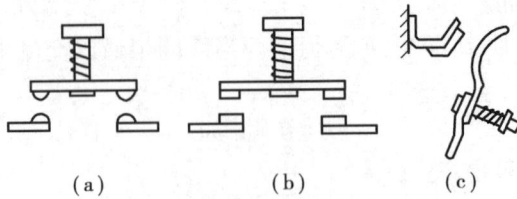

图 1.5　触头的结构形式

触点的接触形式有点接触、线接触和面接触三种,如图 1.6 所示。

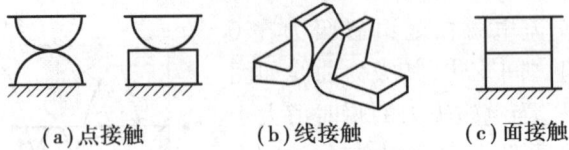

(a)点接触　　　　(b)线接触　　　　(c)面接触

图 1.6　触点的接触形式

当动、静触点闭合后,不可能是全部紧密地接触,从微观来看,只是在一些突出的凸起点存在着有效接触,从而造成了从一个导体到另外一个导体的过渡区域。在过渡区域里,电流只通过一些相接触的凸起点,因而使这个区域的电流密度大大增加。另外,由于只是一些凸起点相接触,使有效导电面积减少,因此该区域的电阻远远大于金属导体的电阻。这种由于动、静触点闭合时在过渡区域所形成的电阻,称为接触电阻。由于接触电阻的存在,不仅会造成一定的电压损失,还会使铜耗增加,造成触点温升超过允许值。这样,触点在较高的温度下很容易产生熔焊现象而使触点工作不可靠,因此,在实际中,应采取相应措施来减少接触电阻,限制触头的温升。

(3)电弧与灭弧方法

触点在通电状态下,动、静触点脱离接触时,由于电场的存在,使触点表面的自由电子大量溢出而产生电弧。电弧的存在既会烧损触点金属表面,降低电器的寿命,又延长了电路的分断时间,所以须采取一定的措施使电弧迅速熄灭。

常用的灭弧方法有增大电弧长度、冷却弧柱、把电弧分成若干短弧等。灭弧装置就是根据这些原理设计的。

1)电动力灭弧

电动力灭弧如图 1.7 所示。桥式触点在分断时本身就具有电动力灭弧功能。当触头打开时,在断口中产生电弧,同时也产生如图 1.7 所示的磁场。根据左手定则,电弧电流要受到一个指向外侧的力 F 的作用,使其向外运动并拉长,迅速离开触头而熄灭。这种灭弧方法多用于小容量交流接触器中。

2)磁吹灭弧

在触点电路中串入吹弧线圈,如图 1.8 所示。该线圈产生的磁场由导磁夹板引向触点周围,其方向由右手定则确定(如图 1.8 所示)。触点间的电弧所产生的磁场,其方向由⊙和⊗所示。这两个磁场在电弧下方方向相同(叠加),在弧柱上方方向相反(相减),所以弧柱下方的磁场强于上方的磁场。在下方磁场作用下,电弧受力的方向为 F 所指的方向。在 F 的作用下,电弧被吹离触点,经引弧角引进灭弧罩,使电弧熄灭。

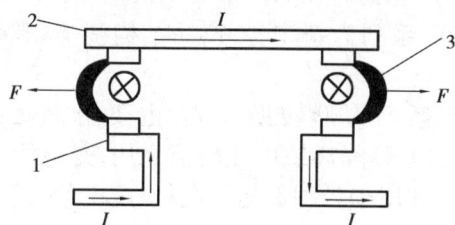

图 1.7 电动力灭弧示意图
1—静触头;2—动触头;3—电弧

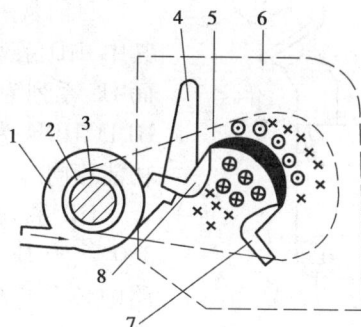

图 1.8 磁吹灭弧示意图
1—磁吹线圈;2—绝缘套;3—铁芯;4—引弧角;
5—导磁夹板;6—灭弧罩;7—动触点;8—静触点

3）栅片灭弧

灭弧栅是一组薄铜片,它们彼此间相互绝缘,如图 1.9 所示。电弧进入栅片后被分割成一段段串联的短弧,而栅片就是这些短弧的电极。每两片灭弧片之间都有 150~250 V 的绝缘强度,使整个灭弧栅的绝缘强度大大加强,以致外加电压无法维持,电弧迅速熄灭。此外,栅片还能吸收电弧热量,使电弧迅速冷却。基于上述原因,电弧进入栅片后就会很快熄灭。由于栅片灭弧装置的灭弧效果在交流时要比直流时强得多,因此在交流电器中常采用栅片灭弧。

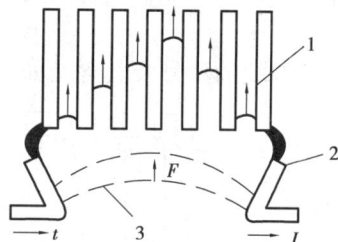

图 1.9 栅片灭弧示意图
1—灭弧栅片;2—触点;3—电弧

1.2 配电电器

低压配电电器是指正常或事故状态下接通和断开用电设备和供电电网所用的电器,广泛用于电力配电系统,实现电能的输送和分配以及系统的保护。这类电器一般不经常操作,机械寿命的要求比较低,但要求动作准确迅速、工作可靠、分断能力强,操作过电压低、保护性能完善,动作稳定和热稳定性高。常用的低压配电电器包括开关电器和保护电器等。

1.2.1 刀开关

刀开关是低压配电电器中结构最简单、应用最广泛的电器,主要用在低压成套配电装置中,可不频繁地手动接通和分断交直流电路或作隔离开关用。也可以用于不频繁地接通与分断额定电流 15 A 以下的负载,如小型电动机等。

（1）刀开关的结构

刀开关典型结构如图 1.10 所示,它由手柄、触刀、静插座和底板组成。

刀开关按极数分为单极、双极和三极;按操作方式分为直接手柄操作式、杠杆操作机构式和电动操作机构式;按刀开关转换方向分为单投和双投等。

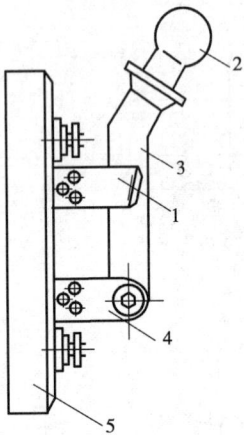

图 1.10　刀开关典型结构
1—静插座；2—手柄；3—触刀；
4—铰链支座；5—绝缘底板

（2）常用的刀开关

目前常用的刀开关型号有 HD（单投）和 HS（双投）等系列。其中，HD 系列刀开关按现行新标准应该称 HD 系列刀形隔离器，而 HS 系列为双投刀形转换开关。在 HD 系列中，HD11、HD12、HD13、HD14 为老型号，HD17 系列为新型号，产品结构基本相同，功能相同。

HD 系列刀开关、HS 系列刀形转换开关，主要用于交流 380 V、50 Hz 电力网路中作电源隔离或电流转换之用，是电力网路中必不可少的电器元件，常用于各种低压配电柜、配电箱、照明箱中。电源首先是接刀开关，之后再接熔断器、断路器、接触器等其他电气元件，以满足各种配电柜、配电箱的功能要求。当其以下的电器元件或线路中出现故障，切断隔离电源就靠它来实现，以便对设备、电器元件的修理更换。HS 刀形转换开关主要用于转换电源，即当一路电源不能供电，需要另一路电源供电时就由它来进行转换，当转换开关处于中间位置时，可以起隔离作用。

刀开关的型号及其含义如下：

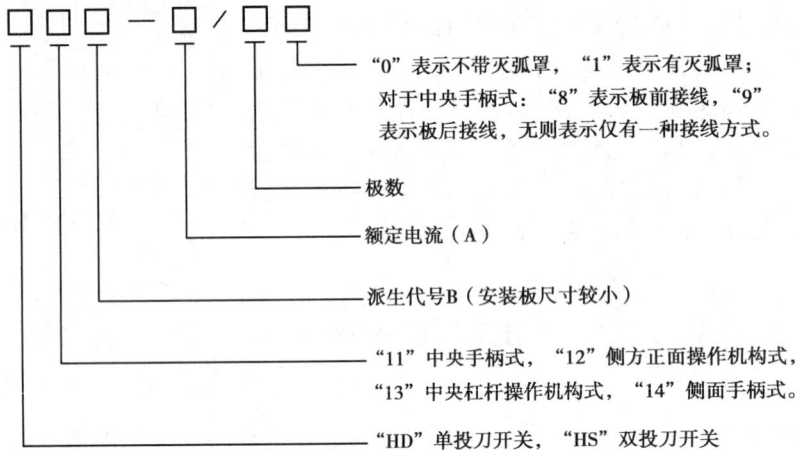

"0"表示不带灭弧罩，"1"表示有灭弧罩；对于中央手柄式："8"表示板前接线，"9"表示板后接线，无则表示仅有一种接线方式。

极数

额定电流（A）

派生代号B（安装板尺寸较小）

"11"中央手柄式，"12"侧方正面操作机构式，"13"中央杠杆操作机构式，"14"侧面手柄式。

"HD"单投刀开关，"HS"双投刀开关

HD17 系列刀开关的主要技术参数见表 1.2。

表 1.2　HD17 系列刀开关的主要技术参数

额定电流/A	通断能力（A）			在 AC380 V 和 60%额定电流时，刀开关的电气寿命/次	电动稳定性电流峰值/kA	1 s 热稳定性电流/kA
	AC　380 V $\cos \phi =$ $0.72 \sim 0.8$	DC				
		220 V	440 V			
		$T = 0.01 \sim 0.011$ s				
200	200	200	100	1 000	30	10
400	400	400	200	1 000	40	20
600	600	600	300	500	50	25
1 000	1 000	1 000	500	500	60	30
1 500	—	—	—	—	80	40

　　为了使用方便和减少体积,在刀开关上安装熔丝或熔断器,组成兼有通断电路和保护作用的开关电器,如胶盖刀开关、熔断器式刀开关等。

　　(3)胶盖刀开关

　　胶盖刀开关即开启式负荷开关,适用于交流 50 Hz,额定电压单相 220 V、三相 380 V,额定电流至 100 A 的电路中,作不频繁地接通和分断有负载电路与小容量线路的短路保护之用。其中,三极开关适当降低容量后,可作为小型感应电动机手动不频繁操作的直接启动及分断用。常用的有 HK1 和 HK2 系列。

　　胶盖刀开关的型号及其含义如下:

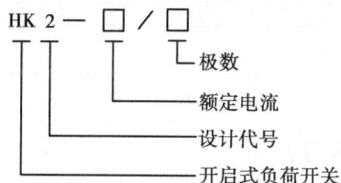

```
HK 2 — □ / □
                 └── 极数
              └────── 额定电流
         └─────────── 设计代号
     └─────────────── 开启式负荷开关
```

　　HK2 系列开启式负荷开关的主要技术参数见表 1.3。

表 1.3　HK2 开启式负荷开关的主要技术参数

型号规格	额定电压/V	极数	额定电流/A	型号规格	额定电压/V	极数	额定电流/A
HK2-100/3	380	3	100	HK2-60/2	220	2	60
HK2-60/3	380	3	60	HK2-30/2	220	2	30
HK2-30/3	380	3	30	HK2-15/2	220	2	15
HK2-15/3	380	3	15	HK2-10/2	220	2	10

　　(4)熔断器式刀开关

　　熔断器式刀开关即熔断器式隔离开关,是以熔断体或带有熔断体的载熔件作为动触点的一种隔离开关。常用的型号有 HR3、HR5、HR6 系列,主要用于额定电压 AC 660 V(45 ～ 62 Hz)、额定发热电流至 630 A 的具有高短路电流的配电电路和电动机电路中,作为电源开关、隔离开关、应急开关,并作为电路保护用,但一般不作为直接开关单台电动机之用。HR5、HR6 熔断器式隔离开关中的熔断器为 NT 型低压高分断型熔断器。NT 型熔断器是引进德国 AEG 公司制造技术生产的产品。

　　HR5、HR6 系列若配用有熔断撞击器的熔断体,当某极熔断体熔断时,撞击器弹出使辅助开关发出信号,以实现断相保护。

　　熔断器式刀开关的型号及其含义如下:

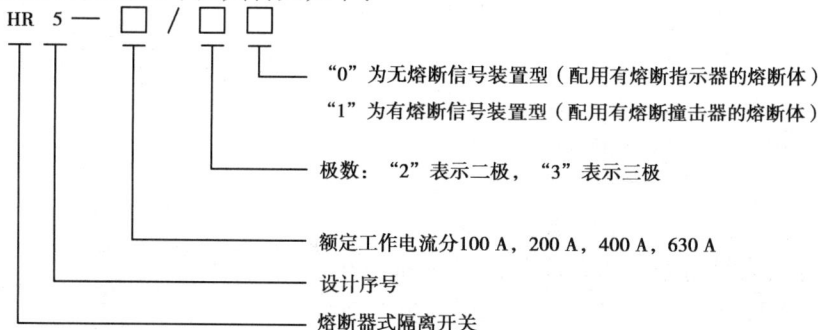

```
HR 5 — □ / □□
                  └── "0"为无熔断信号装置型(配用有熔断指示器的熔断体)
                  └── "1"为有熔断信号装置型(配用有熔断撞击器的熔断体)
              └────── 极数:"2"表示二极,"3"表示三极
         └─────────── 额定工作电流分100 A,200 A,400 A,630 A
     └─────────────── 设计序号
   └───────────────── 熔断器式隔离开关
```

11

HR5 系列的主要技术参数及所配用的熔体见表 1.4。

另外,还有封闭式负荷开关即铁壳开关,常用的型号为 HH3、HH4 系列,适用于额定工作电压 380 V、额定工作电流至 400 A、频率 50 Hz 的交流电路中,可作为手动不频繁地接通、分断有负载的电路,并有过载和短路保护作用。

表 1.4　HR5 系列熔断器式隔离开关的主要技术参数

额定工作电压/V	380		660	
额定发热电流/A	100	200	400	630
熔体电流值/A	4~160	80~250	125~400	315~630
熔断体号	00	1	2	3

(5)刀开关的选用及图形、文字符号

刀开关的额定电压应等于或大于电路额定电压。其额定电流应等于(在开启和通风良好的场合)或稍大于(在封闭的开关柜内或散热条件较差的工作场合,一般选 1.15 倍)电路工作电流。在开关柜内使用还应考虑操作方式,如杠杆操作机构、旋转式操作机构等。当用刀开关控制电动机时,其额定电流要大于电动机额定电流的 3 倍。

刀开关的图形符号及文字符号如图 1.11 所示。

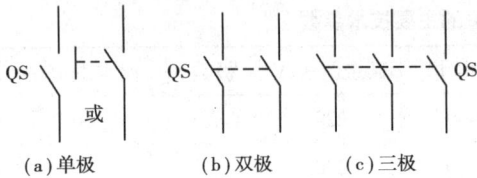

图 1.11　刀开关的图形符号及文字符号

(a)单极　　(b)双极　　(c)三极

1.2.2　低压断路器

低压断路器又称自动空气开关或自动空气断路器,主要用于低压动力线路中。它相当于刀开关、熔断器、热继电器和欠压继电器的组合,不仅可以接通和分断正常负荷电流和过负荷电流,还可以分断短路电流。低压断路器可以手动直接操作和电动操作,也可以远距离遥控操作。

(1)低压断路器的工作原理

低压断路器主要由触点系统、操作机构和保护元件三部分组成。主触点由耐弧合金制成,采用灭弧栅片灭弧;操作机构较复杂,其通断可用操作手柄操作,也可用电磁机构操作,故障时自动脱扣,触点通断瞬时动作与手柄操作速度无关。其工作原理如图 1.12 所示。

断路器的主触点 2 是靠操作机构手动或电动合闸的,并由自动脱扣机构将主触点锁在合闸位置上。如果电路发生故障,自动脱扣机构在有关脱扣器的推动下动作,使钩子脱开,于是主触点在弹簧的作用下迅速分断。过电流脱扣器 5 的线圈和过载脱扣器 6 的线圈与主电路串联,失压脱扣器 7 的线圈与主电路

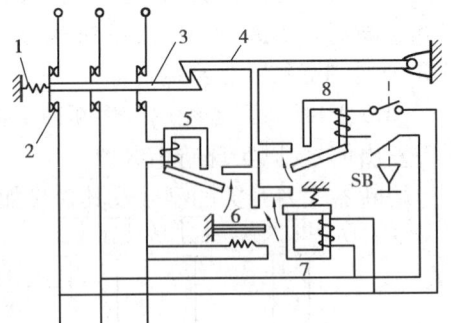

图 1.12　低压断路器原理图

1—分闸弹簧;2—主触点;3—传动杆;

4—锁扣;5—过电流脱扣器;6—过载脱扣器;

7—失压脱扣器;8—分励脱扣器

并联。当电路发生短路或严重过载时,过电流脱扣器的衔铁被吸合,使自动脱扣机构动作;当电路过载时,过载脱扣器的热元件产生的热量增加,使双金属片向上弯曲,推动自动脱扣机构动作;当电路失压时,失压脱扣器的衔铁释放,也使自动脱扣机构动作。分励脱扣器 8 则作为远距离分断电路使用,根据操作人员的命令或其他信号使线圈通电,从而使断路器跳闸。断路器根据不同用途可配备不同的脱扣器。

（2）低压断路器的主要技术参数和典型产品介绍

1）低压断路器的主要技术参数

①额定电压。断路器的额定工作电压是指断路器在长期工作时的允许电压,通常等于或大于电路的额定电压。

②额定电流。断路器的额定电流就是过电流脱扣器的额定电流,一般是指断路器的额定持续电流。

③通断能力。通断能力是指开关电器在规定的条件下（电压、频率及交流电路的功率因数和直流电路的时间常数）,能在给定的电压下接通和分断的最大电流值,也称为额定短路通断能力。

④分断时间。指切断故障电流所需的时间,它包括固有的断开时间和燃弧时间。

2）低压断路器典型产品介绍

低压断路器按其结构特点可分为框架式低压断路器和塑料外壳式低压断路器两大类。

①框架式断路器。框架式低压断路器又叫万能式低压断路器,主要用于 40~100 kW 电动机回路的不频繁全压启动,并起短路、过载、失压保护作用。其操作方式有手动、杠杆、电磁铁和电动机操作四种。额定电压一般为 380 V,额定电流有 200~4 000 A 若干种。常见的框架式低压断路器有 DW 系列等。

a.DW10 系列断路器。本系列产品额定电压为交流 380 V 和直流 440 V,额定电流为 200~4 000 A,非选择型（即无短路短延时）,由于其技术指标较低,现已逐渐被淘汰。

b.DWl5 系列断路器。它是更新换代产品,其额定电压为交流 380 V,额定电流为 200~4 000 A,极限分断能力均比 DW10 系列大一倍。它分选择型和非选择型两种产品,选择型的采用半导体脱扣器。在 DWl5 系列断路器的结构基础上适当改变触点的结构,则制成 DWXl5 系列限流式断路器,它具有快速断开和限制短路电流上升的特点,因此特别适用于可能发生特大短路电流的电路中。在正常情况下,它也可作为电路的不频繁通断及电动机的不频繁启动用。

②塑料外壳式低压断路器。塑料外壳式低压断路器又称装置式低压断路器或塑壳式低压断路器,一般用作配电线路的保护开关,以及电动机和照明线路的控制开关等。

塑料外壳式断路器有绝缘塑料外壳,触点系统、灭弧室及脱扣器等均安装于外壳内,而手动扳把露在正面壳外,可手动或电动分合闸。它也有较高的分断能力和动稳定性以及比较完善的选择性保护功能。我国目前生产的塑壳式断路器有 DZ5、DZ10、DZX10、DZ12、DZ15、DZX19、DZ20 及 DZ108 等系列产品,DZ108 为引进德国西门子公司 3VE 系列塑壳式断路器技术而生产的产品。

常见的 DZ20 系列塑壳式低压断路器型号意义及技术参数如下:

```
DZ  20 □ — □□ / □□□
                        用途代号（注1）
                        脱扣方式及附件代号
                        极数
                        操作方式（注2）
                        壳架等级额定电流
                        额定极限短路分断能力（注3）
                        设计序号
                        塑料外壳式断路器
```

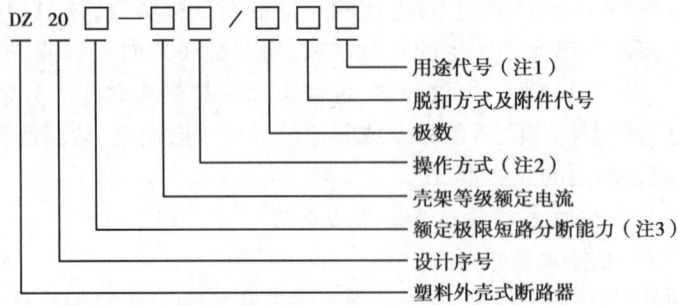

注:1.配电用无代号:保护电机用以"2"表示。

　　2.手柄直接操作无代号;电动机操作用"P"表示;转动手柄用"Z"表示。

　　3.按额定极限短路分断能力高低分为:

　　　　Y——一般型;G——最高型;S—四极型;J—较高型;C—经济型

DZ20 系列塑料外壳式断路器的主要技术参数见表 1.5。

表 1.5　DZ20 系列塑料外壳式断路器主要技术参数

型　号	额定电压/V	壳架额定电流/A	断路器额定电流 I_N/A	瞬时脱扣器整定电流倍数
DZ20Y-100			16,20,25,	
DZ20J-100		100	32,40,50,	配电用 10 I_N
DZ20G-100			63,80,100	保护电机用 12 I_N
DZ20Y-225	~380		100,125,	
DZ20J-225		225	160,180,	配电用 5 I_N,10 I_N
DZ20G-225			200,225	保护电机用 12 I_N
DZ20Y-400	~220		250,315,	配电用 10 I_N
DZ20J-400		400	350,400	保护电机用 12 I_N
DZ20G-400				
DZ20Y-630		630	400,500,630	配电用 5 I_N,10 I_N
DZ20J-630				

断路器的图形符号及文字符号如图 1.13 所示。

(3)低压断路器的选用

①断路器的额定工作电压应大于或等于线路或设备的额定工作电压。对于配电电路来说,应注意区别是电源端保护还是负载保护,电源端电压比负载端电压高出约5%左右。

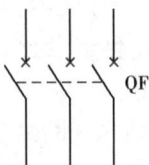

②断路器主电路额定工作电流大于或等于负载工作电流。

③断路器的过载脱扣整定电流应等于负载工作电流。

④断路器的额定通断能力大于或等于电路的最大短电流。

⑤断路器的欠电压脱扣器额定电压等于主电路额定电压。

⑥断路器类型的选择,应根据电路的额定电流及保护的要求来选用。

图 1.13　断路器的
图形符号及文字符号

1.2.3 漏电保护开关

漏电保护开关不仅与其他断路器一样可将主电路接通或断开,而且具有对漏电流检测和判断的功能。当主回路中发生漏电或绝缘破坏时,漏电保护开关可根据判断结果将主电路接通或断开的开关元件。它与熔断器、热继电器配合可构成功能完善的低压开关元件。

图 1.14 为电磁脱扣型漏电保护开关,在一个铁芯上有一个输入电流绕组和一个输出电流绕组。其动作原理是:当无漏电时,输入电流和输出电流相等,在铁芯上二磁通的矢量和为零,就不会在第三个绕组上感应出电势,否则第三绕组上就会有感应电压形成,经放大后推动执行机构,使开关跳闸。

用以对低压电网直接触电和间接触电进行有效保护,也可以作为三相电动机的缺相保护。它有单相的,也有三相的。由于其以漏电电流或由此产生的中性点对地电压变化为动作信号,所以不必以用电电流值来整定动作值,灵敏度高,动作后能有效地切断电源,保障人身安全。

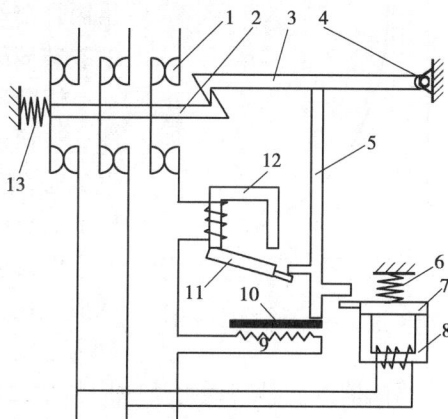

图 1.14 电磁脱扣型漏电保护器原理图

漏电保护器按脱扣方式不同分为电子式与电磁式两类。

(1)电磁脱扣型漏电保护器

它以电磁脱扣器作为中间机构,当发生漏电电流时使机构脱扣断开电源。这种保护器缺点是:成本高、制作工艺要求复杂。优点是:电磁元件抗干扰性强和抗冲击(过电流和过电压的冲击)能力强;不需要辅助电源;零电压和断相后的漏电特性不变。

(2)电子式漏电保护器

它以晶体管放大器作为中间机构,当发生漏电时由放大器放大后传给继电器,由继电器控制开关使其断开电源。这种保护器优点是:灵敏度高(可到 5 mA);整定误差小,制作工艺简单、成本低。缺点是:晶体管承受冲击能力较弱,抗环境干扰差;需要辅助工作电源(电子放大器一般需要十几伏的直流电源),使漏电特性受工作电压波动的影响;当主电路缺相时,保护器会失去保护功能。

目前,市场上的漏电保护开关有以下几种常用的功能:

①只具有漏电保护断电功能,使用时必须与熔断器、热继电器、过流继电器等保护元件配合。

②具有过载保护功能。

③具有过载、短路保护功能。

④具有短路保护功能。

⑤具有短路、过负荷、漏电、过压、欠压功能。

1.2.4 低压熔断器

熔断器是一种广泛应用的简单有效的保护电器,在电路中用于过载与短路保护,具有结构简单、体积小、质量轻、使用维护方便、价格低廉等优点。熔断器的主体是低熔点金属丝或金属薄片制成的熔体,串联在被保护的电路中。在正常情况下,熔体相当于一根导线,当发生短路或过载时,电流很大,熔体因过热熔化而切断电路。

(1)熔断器的结构和工作原理

熔断器主要由熔体(俗称保险丝)和安装熔体的熔管(或熔座)组成。熔体是熔断器的主

要部分,一般由熔点较低、电阻率较高的金属材料铝锑合金丝、铅锡合金丝和铜丝制成。熔管是装熔体的外壳,由陶瓷、绝缘钢纸或玻璃纤维制成,在熔体熔断时兼有灭弧作用。

熔断器的熔体与被保护的电路串联,当电路正常工作时,熔体允许通过一定大小的电流而不熔断。当电路发生短路或严重过载时,熔体中流过很大的故障电流,当电流产生的热量达到熔体的熔点时,熔体熔断切断电路,从而达到保护电路的目的。

电流流过熔体时产生的热量与电流的平方和电流通过的时间成正比,因此,电流越大,则熔体熔断的时间越短。这一特性称为熔断器的保护特性(或安秒特性),如图 1.15 所示。

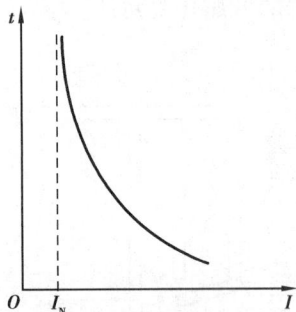

图 1.15 熔断器的保护特性

熔断器的安秒特性为反时限特性,即短路电流越大,熔断时间越短,这样就能满足短路保护的要求。由于熔断器对过载反应不灵敏,不宜用于过载保护,主要用于短路保护。表 1.6 表示出了某熔体安秒特性数值关系。

表 1.6 常用熔体的安秒特性

熔体通过电流/A	$1.25I_N$	$1.6I_N$	$1.8I_N$	$2.0I_N$	$2.5I_N$	$3I_N$	$4I_N$	$8I_N$
熔断时间/s	∞	3 600	1 200	40	8	4.5	2.5	1

(2)熔断器的分类

熔断器的类型很多,按结构形式可分为瓷插式熔断器、螺旋式熔断器、封闭管式熔断器、快速熔断器和自复式熔断器等。

1)插入式熔断器

常用的插入式熔断器有 RC1A 系列,其结构如图1.16所示。它由瓷盖、瓷座、触头和熔丝4部分组成。由于其结构简单、价格便宜、更换熔体方便,因此广泛应用于 380 V 及以下的配电线路末端,作为电力、照明负荷的短路保护。

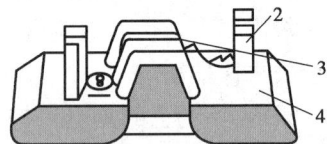

2)螺旋式熔断器

常用的螺旋式熔断器是 RL1 系列,其外形与结构如图 1.17 所示,由瓷座、瓷帽和熔断管组成。熔断管上有一个标有颜色的熔断指示器,当熔体熔断时熔断指示器会自动脱落,显示熔丝已熔断。

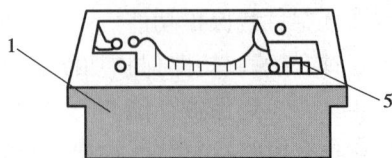

在装接使用时,电源线应接在下接线座,负载线应接在上接线座,这样在更换熔断管时(旋出瓷帽),金属螺纹壳的上接线座便不会带电,保证维修者安全。它多用于机床配线中作短路保护。

图 1.16 瓷插式熔断器
1—瓷底;2—动触头;
3—熔丝;4—瓷盖;5—静触头

3）封闭管式熔断器

封闭管式熔断器主要用于负载电流较大的电力网络或配电系统中，熔体采用封闭式结构，一是可防止电弧的飞出和熔化金属的滴出；二是在熔断过程中，封闭管内将产生大量的气体，使管内压力升高，从而使电弧因受到剧烈压缩而很快熄灭。封闭式熔断器有无填料式和有填料式两种，常用的型号有 RM10 系列、RT0 系列。

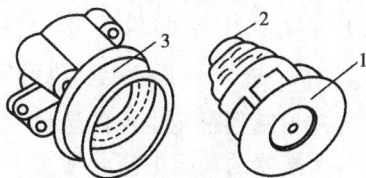

图 1.17　螺旋式熔断器
1—瓷帽；2—熔芯；3—底

4）快速熔断器

快速熔断器是在 RL1 系列螺旋式熔断器的基础上，为保护可控硅半导体元件而设计的，其结构与 RL1 完全相同。常用的型号有 RLS 系列、RS0 系列等。RLS 系列主要用于小容量可控硅元件及其成套装置的短路保护；RS0 系列主要用于大容量晶闸管元件的短路保护。

5）自复式熔断器

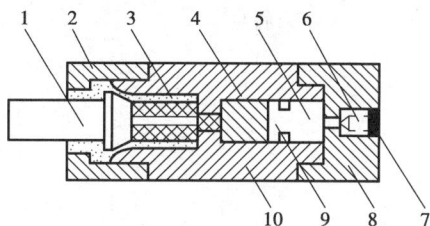

图 1.18　自复式熔断器结构图
1—进线端子；2—特殊玻璃；3—瓷芯；
4—溶体；5—氩气；6—螺钉；7—软铅；
8—出线端子；9—活塞；10—套管

RZ1 型自复式熔断器是一种新型熔断器，其结构如图 1.18 所示，它采用金属钠作熔体。在常温下，钠的电阻很小，允许通过正常工作电流。当电路发生短路时，短路电流产生高温使钠迅速气化，气态钠电阻变得很高，从而限制了短路电流。当故障消除时，温度下降，气态钠又变为固态钠，恢复其良好的导电性。其优点是动作快，能重复使用，不必备用熔体。缺点是它不能真正分断电路，只能利用高阻闭塞电路，故常与自动开关串联使用，以提高组合分断性能。

（3）熔断器的选择

在选用熔断器时，应根据被保护电路的需要首先确定熔断器的类型，然后选择熔体的规格，再根据熔体确定熔断器的规格。

1）熔断器类型的选择

选择熔断器的类型时，主要根据线路要求、使用场合、安装条件、负载要求的保护特性和短路电流的大小等来进行。电网配电一般用管式熔断器；电动机保护一般用螺旋式熔断器；照明电路一般用瓷插式熔断器；保护可控硅元件则应选择快速式熔断器。

2）熔断器额定电压的选择

熔断器的额定电压应大于或等于线路的工作电压。

3）熔断器熔体额定电流的选择

①对于变压器、电炉和照明等负载，熔体的额定电流 I_{FU} 应略大于或等于负载电流 I，即

$$I_{FU} \geq I \tag{1.4}$$

②保护一台电机时，考虑启动电流的影响，可按下式选择：

$$I_{FU} \geq (1.5 \sim 2.5) I_N \tag{1.5}$$

式中　I_N——电动机额定电流，A。

③保护多台电机时，可按下式计算：

$$I_{FU} \geq (1.5 \sim 2.5) I_{Nmax} + \sum I_N \tag{1.6}$$

式中 I_{Nmax}——容量最大的一台电动机的额定电流；

$\sum I_N$——其余电动机额定电流之和。

4）熔断器额定电流的选择

熔断器的额定电流必须大于或等于所装熔体的额定电流。

熔断器型号的含义和电气符号如图 1.19 所示。

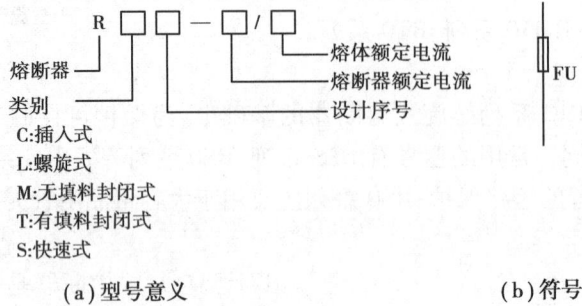

（a）型号意义　　　　　　（b）符号

图 1.19　熔断器型号的含义和电气符号

1.3　控制电器

1.3.1　接触器

（1）接触器的作用与分类

接触器是一种用来自动地接通或断开大电流电路的电器。大多数情况下,其控制对象是电动机,也可用于其他电力负载,如电热器、电焊机、电炉变压器等。接触器不仅能自动地接通和断开电路,还具有控制容量大、欠电压释放保护、寿命长、能远距离控制等优点,所以在电气控制系统中应用十分广泛。

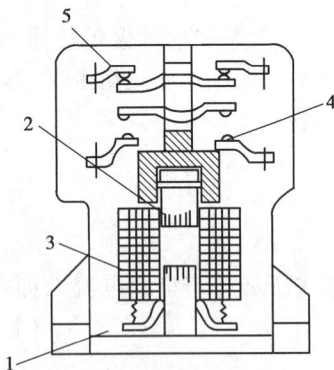

图 1.20　交流接触器的主要结构
1—铁芯;2—衔铁;3—线圈;
4—常开触点;5—常闭触点

接触器的触点系统可以用电磁铁、压缩空气或液体压力等驱动,因而可分为电磁式接触器、气动式接触器和液压式接触器,其中以电磁式接触器应用最为广泛。接触器根据主触点通过电流的种类,可分为交流接触器和直流接触器。

（2）接触器的结构与工作原理

图 1.20 为交流电磁式接触器的主要结构有:

1）电磁机构

电磁机构由线圈、铁芯和衔铁组成。

2）主触点和灭弧系统

主触点的容量大,有桥式触点和指形触点,且直流接触器和电流 20 A 以上的交流接触器均装有灭弧罩,有的还带有栅片或磁吹灭弧装置。

3）辅助触点

辅助触点包括常开和常闭辅助触点,在结构上它们均为桥式双断点。

辅助触点的容量较小。接触器安装辅助触点的目的是其在控制电路中起联动作用。辅助触点不装设灭弧装置,所以它不能用来分合主电路。

4）反力装置

反力装置由释放弹簧和触点弹簧组成,且均不能进行弹簧松紧的调节。

5）支架和底座

支架和底座用于接触器的固定和安装。

当接触器线圈通电后,在铁芯中产生磁通,由此在衔铁气隙处产生吸力,使衔铁产生闭合动作,主触点在衔铁的带动下也闭合,于是接通了主电路。同时衔铁还带动辅助触点动作,使原来打开的辅助触点闭合,而使原来闭合的辅助触点打开。当线圈断电或电压显著降低时,吸力消失或减弱,衔铁在释放弹簧作用下打开,主、副触点又恢复到原来状态。这就是接触器的工作原理。图 1.20 为交流接触器的结构剖面示意图。

（3）接触器的主要技术数据

1）额定电压

接触器铭牌上标注的额定电压是指主触点的额定电压。交流接触器常用的额定电压等级为:220 V、380 V、660 V;直流接触器常用的额定电压等级为:220 V、440 V、660 V。

2）额定电流

接触器铭牌上标注的额定电流是指主触点的额定电流。其值是接触器安装在敞开式控制屏上,触点工作不超过额定温升,负荷为间断-长期工作制时的电流值。交流接触器常用的额定电流等级为:10、20、40、60、100、150、250、400、600 A;直流接触器常用的额定电流等级为:40、80、100、150、250、400、600 A。

3）线圈的额定电压

线圈的额定电压是指接触器电磁线圈正常工作的电压值。常用的交流线圈额定电压等级为:127 V、220 V、380 V;直流线圈额定电压等级为:110 V、220 V、440 V。

4）接通和分断能力

主触点在规定条件下能可靠地接通和分断的电流值。在此电流值下,接通时主触点不应发生熔焊;分断时主触点不应发生长时间燃弧。若超出此电流值,其分断则是熔断器、自动开关等保护电器的任务。

接触器的使用类别不同,其对主触点的接通和分断能力的要求也不一样,而不同类别的接触器是根据其不同控制对象（负载）的控制方式所规定的。根据低压电器基本标准的规定,其使用类别比较多。但在电力拖动控制系统中,常见的接触器使用类别及其典型用途见表 1.7。接触器的使用类别代号通常标注在产品的铭牌或工作手册中。

5）额定操作频率

额定操作频率指每小时的操作次数。交流接触器最高为 600 次/h,而直流接触器最高为 1 200 次/h。操作频率直接影响到接触器的电寿命和灭弧罩的工作条件,对于交流接触器还影响到线圈的温升。

表 1.7　常见接触器使用类别及其典型用途表

电流种类	使用类别	典型用途
AC 交流	AC1	无感或微感负载、电阻炉
	AC2	绕线式电动机的启动和中断
	AC3	笼型电动机的启动和中断
	AC4	笼型电动机的启动、反接制动、反向和点动
DC 直流	DC1	无感或微感负载、电阻炉
	DC2	并励电动机的启动、反接制动、反向和点动
	DC3	串励电动机的启动、反接制动、反向和点动

6）机械寿命和电气寿命

机械寿命是指接触器在需要修理或更换机械零件前所能承受的无载操作循环次数；电气寿命是在规定的正常工作条件下，接触器不需修理或更换零件的负载操作循环次数。

常见接触器有 CJ10 系列、CJ20 系列、CJX1 和 CJX2 系列。其中，CJ20 系列是较新的产品，CJX1 系列是从德国西门子公司引进技术制造的新型接触器，性能等同于西门子公司 3TB、3TF 系列产品。CJX1 系列接触器适用于交流 50 Hz 或 60 Hz、电压至 660 V、额定电流至 630 A 的电路中，作远距离接通及分断电路，并适用于频繁地启动及控制交流电动机。经加装机械联锁机构后组成 CJX1 系列可逆接触器，可控制电动机的启动、停止及反转。

CJX2 系列交流接触器参照法国 TE 公司 LC1-D 产品开发制造，其结构先进、外形美观、性能优良、组合方便、安全可靠。该产品主要用于交流 50 Hz（或 60 Hz）660 V 以下的电路中，在 AC3 使用类别下额定工作电压为 380 V，额定工作电流至 95 A 的电路中，供远距离接通和分断电路使用于频繁地启动和控制交流电动机，也能在适当降低控制容量及操作频率后用于 AC4 使用类别。

（4）接触器的选用

1）接触器类型选择

接触器的类型应根据负载电流的类型和负载的轻重来选择，即是交流负载或直流负载，是轻负载、一般负载或是重负载。

2）主触头额定电流的选择

接触器的额定电流应大于或等于被控回路的额定电流。对于电动机负载，可根据下列经验公式计算：

$$I_{NC} \geq P_{NM}/(1 \sim 1.4) U_{NM}$$

式中　I_{NC}——接触器主触头电流，A；

　　　P_{NM}——电动机的额定功率，W；

　　　U_{NM}——电动机的额定电压，V。

若接触器控制的电动机启动、制动或正反转频繁，一般将接触器主触头的额定电流降一级使用。

3）额定电压的选择

接触器主触头的额定电压应大于或等于负载回路的电压。

4)吸引线圈额定电压的选择

线圈额定电压不一定等于主触头的额定电压,当线路简单、使用电器少时,可直接选用380 V 或 220 V 的电压;若线路复杂,使用电器超过 5 个,可用 24 V、48 V 或 110 V 电压(1964年国标规定为 36 V、110 V 或 127 V)。吸引线圈允许在额定电压的80%~105%范围内使用。

5)接触器的触头数量、种类选择

其触头数量和种类应满足主电路和控制线路的要求。各种类型的接触器触点数目不同。交流接触器的主触点有 3 对(常开触点),一般有 4 对辅助触点(两对常开、两对常闭),最多可达到 6 对(三对常开、三对常闭)。直流接触器主触点一般有两对(常开触点);辅助触点有 4对(两对常开、两对常闭)。

接触器的型号及电气符号如图 1.21 所示。

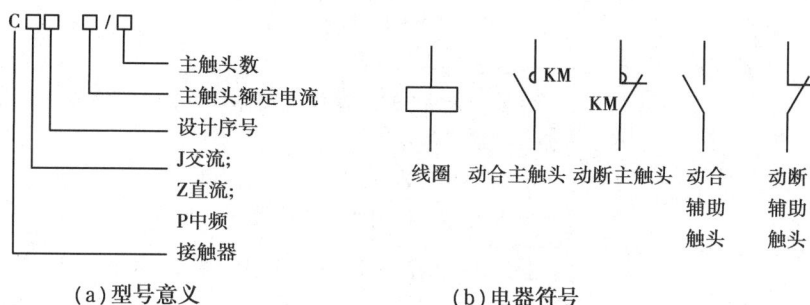

(a)型号意义 　　　　　(b)电器符号

图 1.21 接触器型号意义和电气符号

(5)控制按钮

控制按钮是一种短时接通或断开小电流电路的电器,它不直接控制主电路的通断,而在控制电路中发出"指令"去控制接触器、继电器等电器,再由它们去控制主电路。

控制按钮由按钮帽、复位弹簧、桥式触头和外壳等组成,通常做成复合式,即具有常开触点和常闭触点,典型控制按钮的结构示意图如图 1.22 所示。控制按钮的图形符号和文字符号如图 1.23 所示。

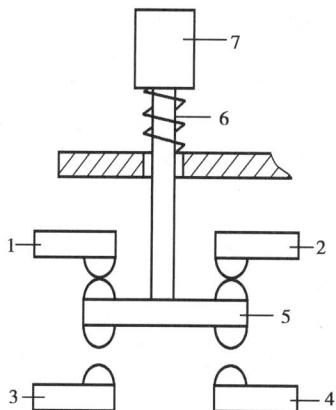

图 1.22 典型控制按钮结构示意图
1,2—常闭触头;3,4—常开触头;
5—桥式动触头;6—复位弹簧;7—按钮帽

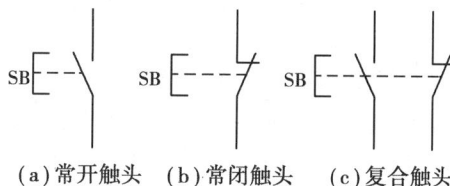

(a)常开触头 (b)常闭触头 (c)复合触头

图 1.23 控制按钮的图形符号和文字符号

指示灯式按钮内可装入信号灯显示信号;紧急式按钮装有蘑菇形钮帽,以便于紧急操作;旋钮式按钮用于扭动旋钮来进行操作。

常见按钮有 LA 系列和 LAY1 系列。LA 系列按钮的额定电压为交流 500 V、直流 440 V,额定电流为 5 A;LAY1 系列按钮的额定电压为交流 380 V、直流 220 V,额定电流为 5 A。按钮帽有红、绿、黄、白等颜色,一般红色用作停止按钮,绿色用作启动按钮。按钮主要根据所需要的触点数、使用场合及颜色来选择。按钮颜色的含义见表 1.8。

表 1.8　按钮颜色及其含义

颜色	颜色含义	典型应用
红	紧急情况出现时动作	急停
	停止或断开	①总停; ②停止一台或几台电动机; ③停止机床的一部分; ④停止循环(如果操作者在循环期间按此按钮,机床在有关循环完成后停止); ⑤断开开关装置; ⑥兼有停止作用的复位。
黄	干预	排除反常情况或避免不希望的变化,当循环尚未完成,把机床部件返回到循环起始点按压黄色按钮可以超越预选的其他功能。
绿	启动或接通	①总启动; ②开动一台或几台电动机; ③开动机床的一部分; ④开动辅助功能; ⑤闭合开关装置; ⑥接通控制电路。
蓝	红蓝绿三种颜色未包含的任何特定含义	①红、黄、绿含义未包括的特殊情况,可以用蓝色; ②蓝色:复位。
黑灰白		除专用"停止"功能按钮外,可用于任何功能,如:黑色为点动,白色为控制与工作循环无直接关系的辅助功能。

(6)行程开关

行程开关又称位置开关或限位开关。它的作用与按钮相同,只是其触点的动作不是靠手动操作,而是利用生产机械某些运动部件上的挡铁碰撞其滚轮使触头动作来实现接通或分断电路。

行程开关的结构分为三个部分:操作机构、触头系统和外壳。行程开关分为单滚轮、双滚轮及径向传动杆等形式,其中,单滚轮和径向传动杆行程开关可自动复位,双滚轮为碰撞复位。

常见的行程开关有 LX19 系列、LX22 系列、JLXK1 系列和 JLXW5 系列。其额定电压为交流 500 V、380 V,直流 440 V、220 V,额定电流为 20 A、5 A 和 3 A。

在选用行程开关时,主要根据机械位置对开关形式的要求,控制线路对触头数量和触头性质的要求,闭合类型(限位保护或行程控制)和可靠性以及电压、电流等级确定其型号。行程开关的图形及电气符号如图1.24所示。

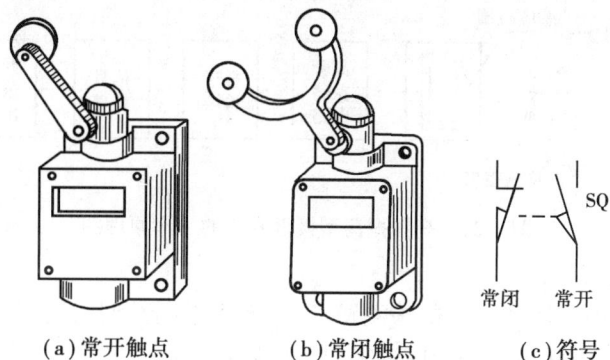

(a)常开触点　　　　　(b)常闭触点　　　　(c)符号

图1.24 行程开关的图形及电气符号

(7)接近开关

接近开关是一种毋需与运动部件进行机械接触而可以操作的位置开关,当物体接近开关的感应面到动作距离时,不需要机械接触及施加任何压力即可使开关动作,从而驱动交流或直流电器或给计算机装置提供控制指令。接近开关是一种开关型传感器(即无触点开关),它既有行程开关所具备的行程控制及限位保护特性,同时又可用于高速计数、检测金属体的存在、测速、液位控制、检测零件尺寸以及用作无触点式按钮等。

接近开关的动作可靠,性能稳定,频率响应快,使用寿命长,抗干扰能力强并具有防水、防震、耐腐蚀等特点。

1)接近开关的分类

目前应用较为广泛的接近开关按工作原理可以分为以下几种类型:

①高频振荡型:用以检测各种金属体。

②电容型:用以检测各种导电或不导电的液体或固体。

③光电型:用以检测所有不透光物质。

④超声波型:用以检测不透过超声波的物质。

⑤电磁感应型:用以检测导磁或不导磁金属。

接近开关按其外形形状可分为圆柱型、方型、沟型、穿孔(贯通)型和分离型。圆柱型比方型安装方便,但其检测特性相同;沟型的检测部位是在槽内侧,用于检测通过槽内的物体,贯通型在我国很少生产,而日本则应用较为普遍,可用于小螺钉或滚珠之类的小零件和浮标组装成水位检测装置等。

接近开关按供电方式可分为直流型和交流型,按输出形式又可分为直流两线制、直流三线制、直流四线制、交流两线制和交流三线制。

2)高频振荡型接近开关的工作原理

高频振荡型接近开关的工作原理图如图1.25所示,属于一种有开关量输出的位置传感器。它由LC高频振荡器、整形检波电路和放大处理电路组成,振荡器产生一个交变磁场。当金属物体接近这个磁场并达到感应距离时,在金属物体内产生涡流。这个涡流反作用于接近开关,使接近开关振荡能力衰减,以至停振。振荡器振荡及停振的变化被后级放大电路处理并转换成开关信号,进而控制开关的通或断,由此识别出有无金属物体接近。这种接近开关所能检测的物体必须是金属物体。

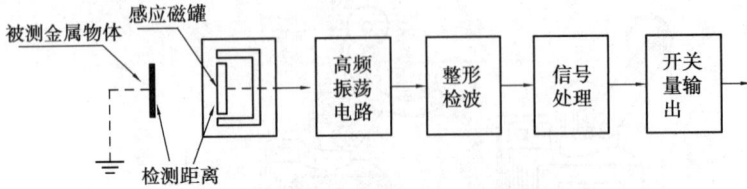

图 1.25　高频振荡型接近开关的工作原理图

3)接近开关的选型

对于不同材质的检测体和不同的检测距离,应选用不同类型的接近开关,以使其在系统中具有高的性能价格比,为此在选型中应遵循以下原则:

①当检测体为金属材料时,应选用高频振荡型接近开关。该类型接近开关对铁镍、A3 钢类检测体检测最灵敏;对铝、黄铜和不锈钢类检测体,其检测灵敏度就低。

②当检测体为非金属材料时,如木材、纸张、塑料、玻璃和水等,应选用电容型接近开关。

③金属体和非金属要进行远距离检测和控制时,应选用光电型接近开关或超声波型接近开关。

④对于检测体为金属时,若检测灵敏度要求不高时,可选用价格低廉的磁性接近开关或霍尔式接近开关。

接近开关的电气符号如图 1.26 所示。

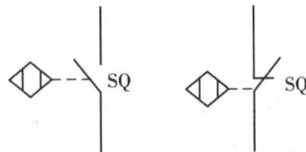

图 1.26　接近开关的电气符号

（8）万能转换开关

万能转换开关是一种多挡式、控制多回路的主令电器,一般可作为多种配电装置的远距离控制,也可作为电压表、电流表的换相开关,还可作为小容量电动机的启动、制动、调速及正反向转换的控制。由于其触头挡数多、换接线路多、用途广泛,故有"万能"之称。

万能转换开关主要由操作机构、面板、手柄及数个触点座等部件组成,用螺栓组装成为整体。触点座可有 1~10 层,每层均可装 3 对触点,并由其中的凸轮进行控制。由于每层凸轮可做成不同的形状,因此当手柄转到不同位置时,通过凸轮的作用可使各对触点按需要的规律接通和分断。

常见的万能转换开关的型号为 LW5 系列和 LW6 系列。选用万能开关时,可从以下几方面入手:若用于控制电动机,则应预先知道电动机的内部接线方式,根据内部接线方式、接线指示牌以及所需要的转换开关断合次序表,画出电动机的接线图,只要电动机的接线图与转换开关的实际接法相符即可。其次,需要考虑额定电流是否满足要求。若用于控制其他电路时,则只需考虑额定电流、额定电压和触头对数。

万能转换开关的原理图和电气符号如图 1.27 所示。

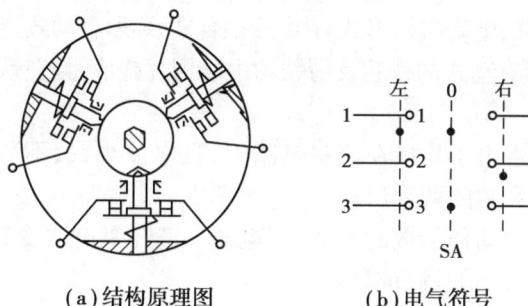

（a）结构原理图　　　　　　（b）电气符号

图 1.27　万能转换开关的原理图和电气符号

1.4　继　电　器

继电器是根据一定的信号（如电流、电压、时间和速度等物理量）的变化来接通或分断小电流电路和电器的自动控制电器。

继电器实质上是一种传递信号的电器,它根据特定形式的输入信号而动作,从而达到控制目的。它一般不用来直接控制主电路,而是通过接触器或其他电器来对主电路进行控制,因此同接触器相比较,继电器的触头通常接在控制电路中,触头断流容量较小,一般不需要灭弧装置,但对继电器动作的准确性则要求较高。

继电器一般由 3 个基本部分组成:检测机构、中间机构和执行机构。检测机构的作用是接受外界输入信号并将信号传递给中间机构;中间机构对信号的变化进行判断、物理量转换、放大等;当输入信号变化到一定值时,执行机构（一般是触头）动作,从而使其所控制的电路状态发生变化,接通或断开某部分电路,达到控制或保护的目的。

继电器种类很多,按输入信号可分为:电压继电器、电流继电器、功率继电器、速度继电器、压力继电器、温度继电器等;按工作原理可分为:电磁式继电器、感应式继电器、电动式继电器、电子式继电器、热继电器等;按用途可分为控制与保护继电器;按输出形式可分为有触点和无触点继电器。

电磁式继电器是依据电压、电流等电量,利用电磁原理使衔铁闭合动作,进而带动触头动作,使控制电路接通或断开,实现动作状态的改变。

1.4.1　电磁式继电器的结构、特性

（1）继电器的结构

电磁式继电器的结构和工作原理与电磁式接触器相似,也是由电磁机构、触点系统和释放弹簧等部分组成。电磁式继电器的典型结构如图 1.28 所示。

1）电磁机构

直流继电器的电磁机构形式为 U 形拍合式。铁芯和

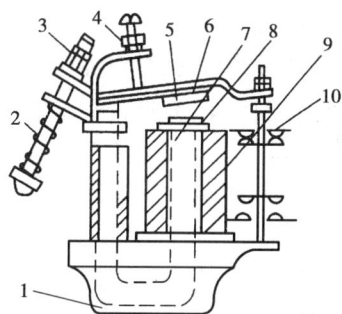

图 1.28　电磁式继电器的典型结构

1—底座;2—反力弹簧;

3,4—调节螺钉;5—非磁性垫片;

6—衔铁;7—铁芯;8—极靴;

9—电磁线圈;10—触点系统

衔铁均由电工软铁制成。为了增加闭合后的气隙,在衔铁的内侧面上装有非磁性垫片,铁芯铸在铝基座上。交流继电器的电磁机构形式有 U 形拍合式、E 形直动式、空心或装甲螺管式等结构形式。U 形拍合式和 E 形直动式的铁芯及衔铁均由硅钢片叠成,且在铁芯柱端上面装有分磁环。

2)触点系统

交、直流继电器的触点由于均接在控制电路上,且电流小,故不装设灭弧装置。其触点一般都为桥式触点,有常开和常闭两种形式。

另外,为了实现继电器动作参数的改变,继电器一般还具有改变释放弹簧松紧及改变衔铁打开气隙大小的调节装置,例如调节螺母。

(2)继电器的特性

继电器的主要特性是输入-输出特性,又称为继电器特性,当改变继电器输入量的大小时,

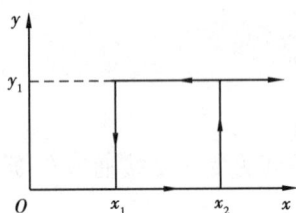

图 1.29 继电器特性曲线

对于输出量的触头只有“通”与“断”两个状态,如图 1.29 所示。当继电器输入量 x 由零增至 x_2 以前,继电器输出量 y 为零。当继电器输入量 x 增至 x_2 时,继电器吸合,输出量为 y_1,如 x 再增大,y_1 值保持不变。当 x 减小到 x_1 时,继电器释放,输出量由 y_1 降到零,x 再减小,y 值均为零。x_2 称为继电器吸合值,欲使继电器吸合,输入量必须等于或大于 x_2;x_1 为继电器的释放值,欲使继电器释放,输入量必须等于或小于 x_1。

1.4.2 继电器的主要参数

(1)额定参数

额定参数是指继电器的线圈和触头在正常工作时的电压或电流允许值。

(2)动作参数

动作参数是指衔铁产生动作时线圈的电压或电流值。对于电压继电器有吸合电压 U_2 和释放电压 U_1;对于电流继电器有吸合电流 I_2 和释放电流 I_1。

(3)整定值

整定值是指根据控制电路的要求,对继电器的继电器参数进行调整的数值。

(4)返回系数

返回系数是指继电器的释放值与吸合值之比,以 $K=x_1/x_2$ 表示。对于电压继电器,x_1 为释放电压 U_1,x_2 为吸合电压 U_2;对于电流继电器,x_1 为释放电流 I_1,x_2 为吸合电流 I_2。

不同的场合要求不同的 K 值,可以通过调节释放弹簧的松紧程度(拧紧时 K 增大,放松时 K 减小)或调整铁芯与衔铁之间非磁性垫片的厚度(增厚时 K 增大,减薄时 K 减小)来达到所要求的值。

(5)吸合时间和释放时间

吸合时间是指线圈接受电信号到衔铁完全吸合所需的时间;释放时间是指线圈失电到衔铁完全释放所需的时间。一般继电器的吸合时间与释放时间为 0.05~0.2 s,它的大小影响继电器的操作频率。

(6)消耗功率

继电器线圈运行时消耗的功率,与其线圈匝数的二次方成正比。继电器的灵敏度越高,要求继电器的消耗功率越小。

1.4.3　电磁式电压继电器和电流继电器

（1）电磁式电流继电器

触点动作与否与通过线圈的电流大小有关的继电器叫做电流继电器,主要用于电动机、发电机或其他负载的过载及短路保护、直流电动机磁场控制或失磁保护等。电流继电器的线圈串在被测量电路中,其线圈匝数少、导线粗、阻抗小。电流继电器除用于电流型保护的场合外,还经常用于按电流原则控制的场合。电流继电器有过电流和欠电流继电器两种。

过电流继电器在电路正常工作时,衔铁是释放的;一旦电路发生过载或短路故障时,衔铁才吸合,带动相应的触点动作,即常开触点闭合,常闭触点断开。

欠电流继电器在电路正常工作时,衔铁是吸合的,其常开触点闭合,常闭触点断开;一旦线圈中的电流降至额定电流的 10% ~ 20% 时,衔铁释放,发出信号,从而改变电路的状态。

（2）电磁式电压继电器

触点的动作与加在线圈上的电压大小有关的继电器称为电压继电器,它用于电力拖动系统的电压保护和控制。电压继电器反映的是电压信号,它的线圈并联在被测电路的两端,所以匝数多、导线细、阻抗大。电压继电器按动作电压值的不同,分为过电压和欠电压继电器两种。

过电压继电器在电路电压正常时,衔铁释放,一旦电路电压升高至额定电压的 110% ~ 115% 时,衔铁吸合,带动相应的触点动作;欠电压继电器在电路电压正常时,衔铁吸合,一旦电路电压降至额定电压的 5% ~ 25% 时,衔铁释放,输出信号。

1.4.4　电磁式中间继电器

中间继电器实质也是一种电压继电器。只是它的触点对数较多,容量较大,动作灵敏。主要起扩展控制范围或传递信号的中间转换作用。

电磁式继电器型号的含义和电气符号如图 1.30 所示。

1.4.5　时间继电器

在自动控制系统中,有时需要继电器得到信号后不立即动作,而是要顺延一段时间后再动作并输出控制信号,以达到按时间顺序进行控制的目的。时间继电器就可以满足这种要求。

时间继电器按工作原理不同可分为直流电磁式、空气阻尼式(气囊式)、晶体管式、电动式等几种;按延时方式不同可分为通电延时型和断电延时型。

（1）空气阻尼式时间继电器

空气阻尼式时间继电器利用空气通过小孔时产生阻尼的原理获得延时。其结构由电磁系统、延时结构和触头 3 部分组成,如图 1.31 所示。电磁机构为双 E 直动式,触头系统为微动开关,延时机构采用气囊式阻尼器。

空气阻尼式时间继电器既有通电延时型,也有断电延时型。只要改变电磁机构的安装方向,便可实现不同的延时方式:当衔铁位于铁芯和延时机构之间时为通电延时,如图 1.31（a）所示;当铁芯位于衔铁和延时机构之间时为断电延时,如图 1.31（b）所示。

图 1.31（a）为通电延时型时间继电器,当线圈 1 通电后,铁芯 2 将衔铁 3 吸合,活塞杆 6 在塔形弹簧的作用下带动活塞 12 及橡皮膜 10 向上移动,由于橡皮膜下方气室空气稀薄,形成负压,因此活塞杆 6 不能上移。当空气由气孔 14 进入时,活塞杆 6 才逐渐上移。移到最上端时,

（a）型号意义

（b）电气符号

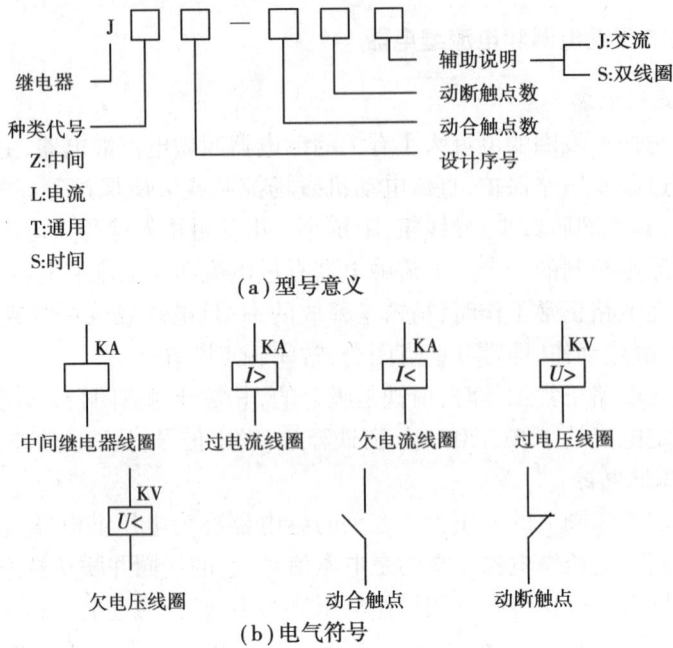

图 1.30　电磁式继电器型号的含义和电气符号

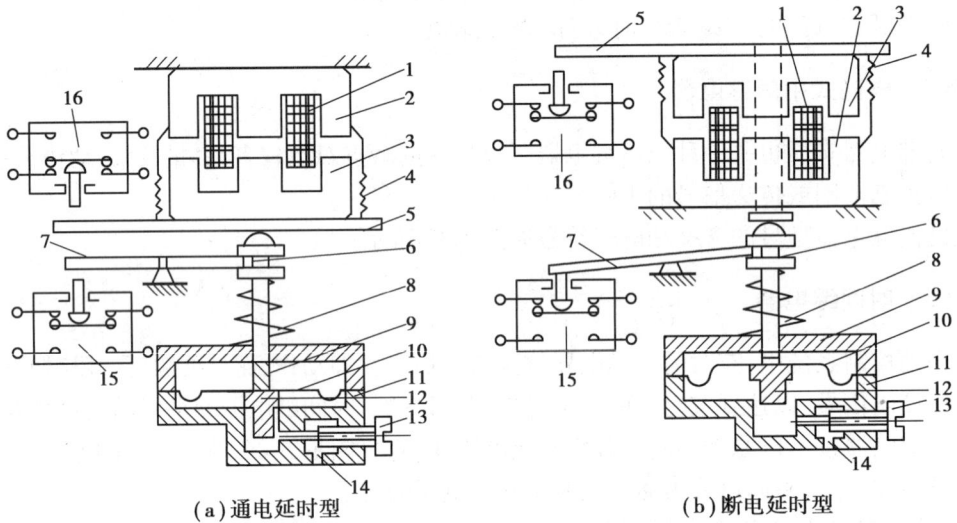

（a）通电延时型　　　　　　　　（b）断电延时型

图 1.31　空气阻尼式时间继电器的动作原理

1—线圈;2—铁芯;3—衔铁;4—恢复弹簧;5—推板;6—活塞杆;7—杠杆;8—塔形弹簧;
9—弱弹簧;10—橡皮膜;11—气室;12—活塞;13—调节螺钉;14—进气孔;15,16—微动开关

杠杆 7 才使微动开关动作。延时时间即为自电磁铁吸引线圈通电时刻起到微动开关动作时为止的这段时间。通过调节螺杆 13 调节进气口的大小,就可以调节延时时间。

当线圈 1 断电时,衔铁 3 在复位弹簧 4 的作用下将活塞 12 推向最下端。因活塞被往下推时,橡皮膜下方气孔内的空气都通过橡皮膜 10、弱弹簧 9 和活塞 12 肩部所形成的单向阀,经上气室缝隙顺利排掉,因此延时与不延时的微动开关 15 与 16 都迅速复位。

空气阻尼式时间继电器的优点是结构简单、寿命长、价格低廉。缺点是准确度低、延时误差大,在延时精度要求高的场合不宜采用。

(2)晶体管式时间继电器

晶体管式时间继电器常用的有阻容式时间继电器,它利用 RC 电路中电容电压不能跃变,只能按指数规律逐渐变化的原理——电阻尼特性获得延时的。所以,只要改变充电回路的时间常数即可改变延时时间。由于调节电容比调节电阻困难,因此多用调节电阻的方式来改变延时时间。其原理图如图 1.32 所示。

晶体管式时间继电器具有延时范围广、体积小、精度高、使用方便及寿命长等优点。

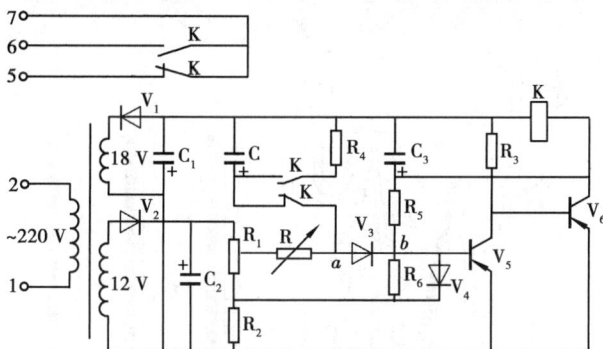

图 1.32　晶体管式时间继电器原理图

(3)时间继电器的电气符号

时间继电器的图形符号及文字符号如图 1.33 所示。

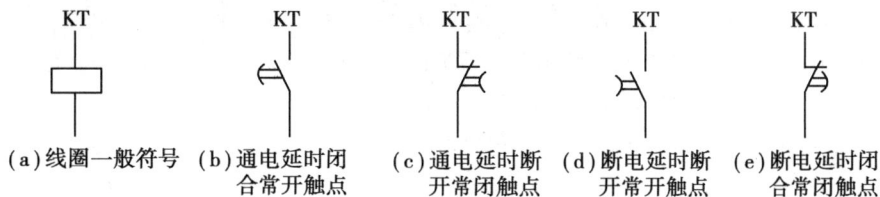

(a)线圈一般符号　(b)通电延时闭合常开触点　(c)通电延时断开常闭触点　(d)断电延时断开常开触点　(e)断电延时闭合常闭触点

图 1.33　时间继电器的图形符号及文字符号

对于通电延时时间继电器,当线圈得电时,其延时动合触点要延时一段时间才闭合,延时动断触点要延时一段时间才断开;当线圈失电时,其延时常开触点迅速断开,延时常闭触点迅速闭合。

对于断电延时时间继电器,当线圈得电时,其延时动合触点迅速闭合,延时动断触点迅速断开;当线圈失电时,其延时常开触点要延时一段时间再断开,延时常闭触点要延时一段时间再闭合。

1.4.6　热继电器

热继电器是电流通过发热元件产生热量,使检测元件受热弯曲而推动机构动作的一种继电器。由于热继电器中发热元件的发热惯性,在电路中不能作瞬时过载保护和短路保护。它主要用于电动机的过载保护、断相保护和三相电流不平衡运行的保护。

(1)热继电器的结构和工作原理

热继电器的形式有多种,其中以双金属片最多。双金属片式热继电器主要由热元件、双金属片和触头三部分组成,如图 1.34 所示。双金属片是热继电器的感测元件,由两种膨胀系数不同的金属片碾压而成。当串联在电动机定子绕组中的热元件有电流流过时,热元件产生的热量使双金属片伸长,由于膨胀系数不同,致使双金属片发生弯曲。电动机正常运行时,双金属片的弯曲程度不足以使热继电器动作。当电动机过载时,流过热元件的电流增大,加上时间效应,从而使双金属片的弯曲程度加大,最终使双金属片推动导板使热继电器的触头动作,切断电动机的控制电路。

热继电器由于热惯性,当电路短路时不能立即动作使电路断开,因此不能用作短路保护。同理,在电动机启动或短时过载时,热继电器也不会马上动作,从而避免电动机不必要的停车。

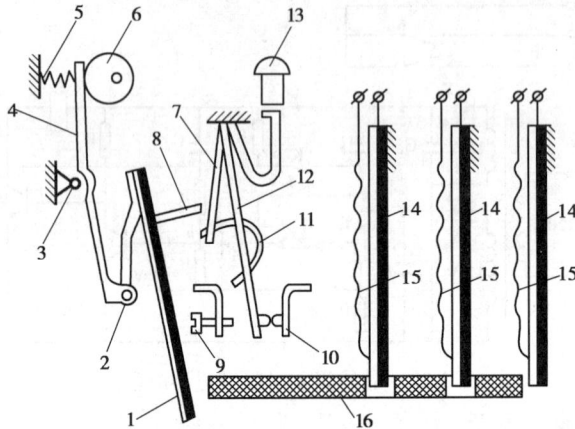

图 1.34　热继电器的工作原理示意图

1—补偿双金属片;2—销子;3—支撑;4—杠杆;5—弹簧;6—凸轮;7,12—片簧;
8—推杆;9—调节螺钉;10—触点;11—弓簧;13—复位按钮;15—发热元件;16—导板

（2）热继电器的分类及常见规格

热继电器按热元件数分为两相和三相结构。三相结构中又分为带断相保护和不带断相保护装置两种。

目前国内生产的热继电器品种很多,常用的有 JR20、JRS1、JRS2、JRS5、JRl6B 和 T 系列等。其中,JRS1 为引进法国 TE 公司的 LR1-D 系列,JRS2 为引进德国西门子公司的 3UA 系列,JRS5 为引进日本三菱公司的 TH-K 系列, T 系列为引进德国 ABB 公司的产品。

JR20 系列热继电器采用立体布置式结构,且系列动作机构通用。除具有过载保护、断相保护、温度补偿以及手动和自动复位功能外,还具有动作脱扣灵活、动作脱扣指示以及断开检验按钮等功能装置。

热继电器的图形符号和文字符号如图 1.35 所示。

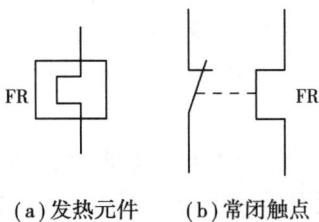

（a）发热元件　　（b）常闭触点

图 1.35　热继电器的图形符号和文字符号

（3）热继电器的选择

选用热继电器时,必须了解被保护对象的工作环境、启动情况、负载性质、工作制及电动机允许的过载能力。原则是热继电器的安秒特性位于电动机过载特性之下,并尽可能接近。

1）热继电器的类型选择

若用热继电器作电动机缺相保护,应考虑电动机的接法。对于星形接法的电动机,当某相断线时,其余未断相绕组的电流与流过热继电器电流的增加比例相同。一般的三相式热继电器,只要整定电流调节合理,是可以对星形接法的电动机实现断相保护的;对于三角形接法的电动机,某相断线时,流过未断相绕组的电流与流过热继电器的电流增加比例则不同。也就是说,流过热继电器的电流不能反映断相后绕组的过载电流。因此,一般的热继电器,即使是三相式,也不能为三角形接法的三相异步电动机的断相运行提供充分保护。此时,应选用三相带断相保护的热继电器。带断相保护的热继电器的型号后面有 D、T 或 3UA 字样。

2)热元件的额定电流选择

应按照被保护电动机额定电流的 1.1~1.15 倍选取热元件的额定电流。

3)热元件的整定电流选择

一般将热继电器的整定电流调整到等于电动机的额定电流;对过载能力差的电动机,可将热元件的整定值调整到电动机额定电流的 0.6~0.8 倍;对启动时间较长、拖动冲击性负载或不允许停车的电动机,热元件的整定电流应调整到电动机额定电流的 1.1~1.15 倍。

1.4.7　速度继电器

速度继电器是利用转轴的一定转速来切换电路的自动电器,主要用作鼠笼式异步电动机的反接制动控制中,故称为反接制动继电器。

速度继电器如图 1.36 所示,主要由转子、定子和触头三部分组成。

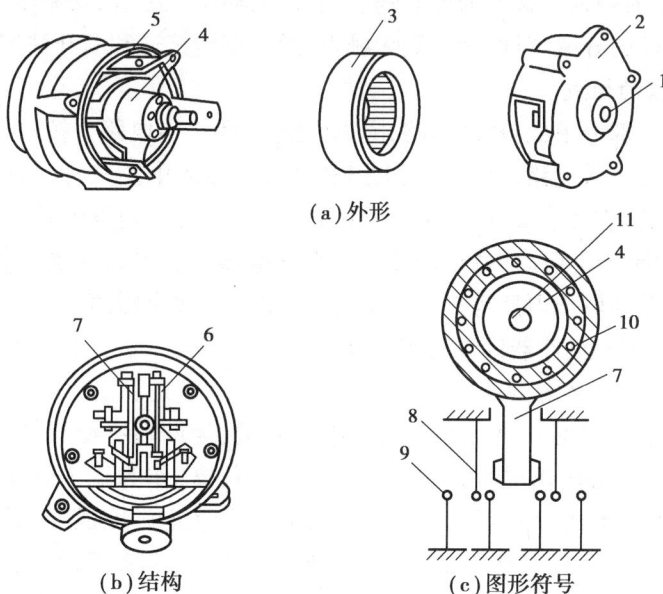

图 1.36　速度继电器

1—连接头;2—端盖;3—定子;4—转子;5—可动支架;
6—触点;7—胶木摆杆;8—簧片;9—静触头;10—绕组;11—轴

转子是一个圆柱形永久磁铁;定子是一个笼型空心圆环,由硅钢片叠成,并装有笼型的绕组。速度继电器与电动机同轴相连,当电动机旋转时,速度继电器的转子随之转动,在空间产生旋转磁场,切割定子绕组,在定子绕组中感应出电流。此电流又在旋转的转子磁场作用下产

生转矩,使定子随转子转动方向而旋转,和定子装在一起的摆锤推动动触头动作,使常开触点

图 1.37 速度继电器的电气符号

KS— 继电器转子　　常开触点 n⌐KS　　常闭触点 n⌐KS

闭合、常闭触点断开。当电动机速度低于某一值时,动作产生的转矩减小,动触头复位。

常用的速度继电器有 YJ1 和 JFZ0-2 型。

速度继电器的电气符号如图 1.37 所示。

1.5　新型智能低压电器

近年来,随着电子技术和计算机技术的发展,低压电器的智能化趋势越来越明显,市场上出现了一些智能低压电器,如固态继电器、电子式热继电器、智能接触器、智能断路器等。这些智能低压电器普遍采用单片机控制,并具有通信功能。应用较多的是智能断路器。

1.5.1　固态继电器

固态继电器(Solid state reley)简称 SSR,是一种新型无触点继电器。固态继电器(SSR)与机电继电器相比,是一种没有机械运动、不含运动零件的继电器,但它具有与机电继电器本质上相同的功能。SSR 是一种全部由固态电子元件组成的无触点开关元件,利用电子元器件的电、磁和光特性来完成输入与输出的可靠隔离,利用大功率三极管、功率场效应管、单向可控硅和双向可控硅等器件的开关特性,来达到无触点、无火花地接通和断开被控电路。

(1)固态继电器的组成

固态继电器有三部分组成:输入电路,隔离(耦合)和输出电路。按输入电压的不同类别,输入电路可分为直流输入电路、交流输入电路和交直流输入电路三种。有些输入控制电路还具有与 TTL/CMOS 兼容,正负逻辑控制和反相等功能。固态继电器的输入与输出电路的隔离和耦合方式有光电耦合和变压器耦合两种。固态继电器的输出电路也可分为直流输出电路,交流输出电路和交直流输出电路等形式。交流输出时,通常使用两个可控硅或一个双向可控硅,直流输出时可使用双极性器件或功率场效应管。

(2)固态继电器的工作原理

交流固态继电器 SSR 是一种无触点通断电子开关,为四端有源器件。其中,两个端子为输入控制端,另外两端为输出受控端,中间采用光电隔离,作为输入输出之间电气隔离(浮空)。在输入端加上直流或脉冲信号,输出端就能从关断状态转变成导通状态(无信号时呈阻断状态),从而控制较大负载。整个器件无可动部件及触点,可实现相当于常用机械式电磁继电器一样的功能。

SSR 固态继电器以触发形式,可分为零压型(Z)和调相型(P)两种。在输入端施加合适的控制信号 V_{IN} 时,P 型 SSR 立即导通。当 V_{IN} 撤销后,负载电流低于双向可控硅维持电流时(交流换向),SSR 关断。Z 型 SSR 内部包括过零检测电路,在施加输入信号 V_{IN} 时,只有当负载电源电压达到过零区时,SSR 才能导通,并有可能造成电源半个周期的最大延时。Z 型 SSR 关断条件同 P 型,但由于负载工作电流近似正弦波,高次谐波干扰小,所以应用广泛。

由于固态继电器是由固体元件组成的无触点开关元件,因此与电磁继电器相比具有工作

可靠、寿命长,对外界干扰小,能与逻辑电路兼容、抗干扰能力强、开关速度快和使用方便等一系列优点,因而具有很宽的应用领域,有逐步取代传统电磁继电器之势,并可进一步扩展到传统电磁继电器无法应用的计算机等领域。

（3）固态继电器的应用

固态继电器可直接用于三相电机的控制,如图 1.38所示。最简单的方法是采用 2 只 SSR 作电机通断控制,4 只 SSR 作电机换相控制,第三相不控制。作为电机换向时应注意,由于电机的运动惯性,必须在电机停稳后才能换向,以避免产生类似电机堵转情况,引起的较大冲击电压和电流。在控制电路设计上,要注意任何时刻

图 1.38　用固态继电器控制
三相异步电动机

都不应产生换相 SSR 同时导通的情况。上下电时序,应采用先加后断控制电路电源,后加先断电机电源的时序。换向 SSR 之间不能简单地采用反相器连接方式,以避免在导通的 SSR 未关断,另一相 SSR 导通引起的相间短路事故。此外,电机控制中的保险、缺相和温度继电器,也是保证系统正常工作的保护装置。

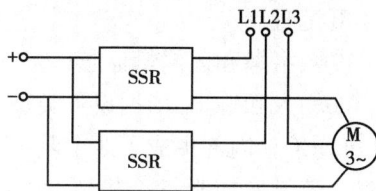

1.5.2　智能继电器

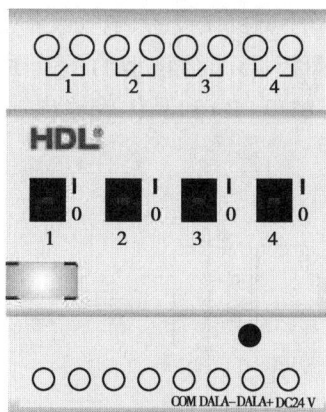

图 1.39　4 路 20 A 智能
继电器模块

智能继电器又称为智能逻辑继电器、可编程序继电器或通用逻辑模块等,主要用于逻辑顺序控制,相当于微型 PLC,主要完成继电器的功能,即它用在 I/O 点数不多而原来使用继电器的地方。图 1.39 为 4 路 20 A 智能继电器模块。

传统的 PLC 主要用在工业领域,而智能继电器适合小成本的自控设备,例如用在洗车、自动售货机、照明控制、门窗控制上。但它又不同于继电器,它是"可编程序"的,是"通用"的,是"智能"的,除了简单的逻辑控制、计时、计数功能外,部分产品还带模拟量输入输出,并具有 PID 调节功能。为了观察参数状态及编程方便,部分产品还带有一体化的 HMI 人机操作界面,因而具有更广泛的应用前景。

1.5.3　智能接触器（西门子 LOGO!）

LOGO! 是西门子公司研制的具有通用逻辑控制功能的控制器,又叫可编程通用逻辑控制模块,可通过编程方式来实现各种逻辑控制及定时控制、计数控制等功能。LOGO! 的出现填补了继电器与 PLC 之间的技术空白。LOGO! 不同于 PLC,它有许多优于 PLC 的地方。LOGO!集成了:

①控制器;

②操作面板和带背景灯的显示面板;

③电源;

④扩展模块接口;

⑤存储器卡、电池卡、存储器/电池集成卡、LOGO! PC 或者 USB PC 电缆的接口；

⑥可选文本显示器(TD)模块的接口；

⑦预先配置的标准功能,例如接通断开延时、脉冲继电器和软键；

⑧定时器；

⑨数字量和模拟量标志；

⑩输入和输出,依据设备类型。

LOGO! 内部集成了 8 个基本功能模块和 26 个特殊功能模块,包含了 12 个定时功能、3 个继电器触发功能、5 个模拟量功能以及计数器、信息文本和移位寄存器等多种功能。如果客户使用 LOGO! 编程软件,只需在计算机上通过简单的拖曳和连线功能即可完成控制程序的编写。它的离线模拟功能可以检测程序执行结果或模拟现场控制。LOGO! 编程软件不仅提供了功能块的编程方式,还提供了梯形图的编程模式,两种模块之间可以随意切换,从而方便了熟悉 PLC 编程方式的技术人员对 LOGO! 的使用。

LOGO! 广泛应用于各种领域,LOGO! 既可在家庭和安装工程中使用,例如用于楼梯照明、室外照明、遮阳篷、百叶窗、商店橱窗照明等,也可在开关柜和机电设备中使用,例如门控统、空调系统或雨水泵等。LOGO! 也可以作为专用控制系统应用在暖房或温室中,用于控制操作信号,如果连接了通信模块(例如:AS_i 模块),还可分散式地控制机器和流程。此外,LOGO! 还提供不带操作面板和显示单元的特殊型号,它们适用于小型机械设备、电气装备。

LOGO! 按本机模块特点分为基本型和经济型,基本型的带面板显示,经济型的不带面板显示;按供电电压分为直流型和交流型;按输出方式分为继电器输出(R)和晶体管输出。图 1.40 所示为 LOGO! 本机模块基本型的外形图。

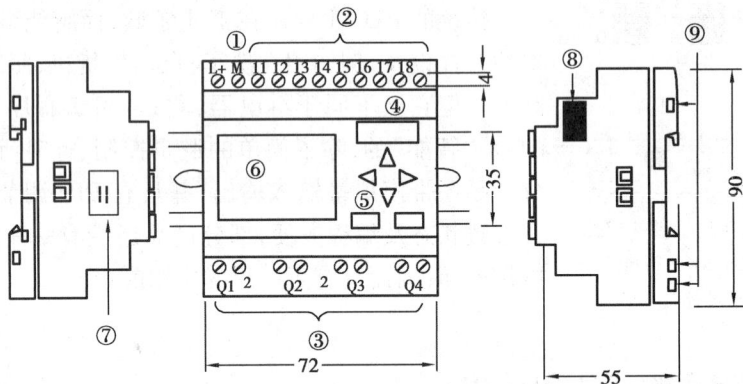

图 1.40　LOGO! 基本型外形图

1—电源;2—输入;3—输出;4—带盖板的模块槽;5—控制面板;
6—LCD;7—LOGO! TD 电缆接头;8—扩展接口;9—机械编码插座

1.5.4　智能断路器

智能断路器是指具有智能化控制单元的低压断路器。

智能断路器与普通断路器一样,也有绝缘外壳、触头系统和操作机构,所不同的是普通断路器的脱扣器换成了具有一定人工智能的控制单元,或者称为智能脱扣器。这种智能控制单元的核心是具有单片机处理器,其功能不但覆盖了全部脱扣器的保护功能(如短路保护、过流、过热保护、漏电保护、缺相保护等),而且还能够显示电路中的各种参数(电流、电压、功率、功率因数)。各种保护功能的动作参数也可以设定、修改和显示。保护电路动作时的故障参数,可以存储在非易失存储器中以便查询。此外,还扩充了测量、控制、报警、数据记忆及传输、通信等功能,其性能大大优于传统的断路器产品。

　　智能断路器原理框图如图 1.41 所示。单片机对各路电压和电流信号进行规定的检测。当电压过高或过低时发出脱扣信号。当缺相功能有效时,如三相电流不平衡超过设定值,发出缺相脱扣信号,同时对各相电流进行监测,根据设定的参数实施三段式(瞬动、短延时、长延时)电流热模拟保护。

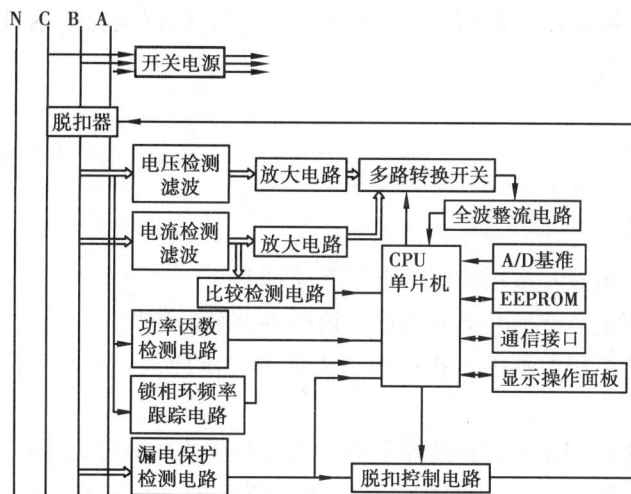

图 1.41　智能断路器原理图

　　智能断路器是以微处理器为核心的机电一体化产品,使用了系统集成技术。它包括供电部分(常规供电、电池供电、电流互感器自供电)、传感器、控制部分、调整部分以及开关部分,各个部分相互关联又相互影响。系统集成化技术的主要内容就是协调和处理好各个组成部分的关系,使其既满足所有的功能,又在体积、功耗、可靠性、电磁兼容性电等方面不超出现有技术条件所允许的范围。

　　智能型可通信断路器属于第四代低压电器产品。随着集成电路技术的发展和微处理器功能的越来越强大,集成电路和微处理器成为第四代低压电器的核心控制技术。专用集成电路如漏电保护、缺相保护专用集成电路、专用运算电路等的采用,不仅能减轻 CPU 的工作负荷,而且能够提高系统的响应速度。另外,断路器要完成多种保护功能,就要有相应的各种传感器,因此要求传感器要有较高的精度、较宽的动态范围,同时要求体积要小,输出信号还要便于与智能控制电路接口。故新型的智能化、集成化传感器的采用,可使智能断路器的整体性能提高一个档次。

本章小结

低压电器的种类很多,本章主要介绍了开关电器、主令电器、接触器、继电器和新型智能电器等最常用低压电器的用途、图形符号等一些基本知识,为正确选用和维护电器打下一定基础。每种电器都有一定的使用范围,要根据使用条件正确选用,在选用电器时,其技术参数是选用的主要依据,详细内容可参阅电器产品样品说明和有关电工手册。

保护电器(如熔断器、断路器、热继电器等)及某些控制电器(如时间继电器)的使用,除了要依据保护要求或控制要求正确选用电器的类型外,还要依据被保护或被控制电路的具体条件,进行必要的调整整定动作值。

习　题

1.1　什么是低压电器?常用的低压电器有哪些?

1.2　电磁式低压电器有哪几部分组成?说明各部分的作用。

1.3　简述电磁式低压电器的工作原理。灭弧的基本原理是什么?低压电器常用的灭弧方法有哪几种?

1.4　熔断器有哪些用途?选择熔断器应注意哪些因素?在电路中应如何连接?

1.5　交流电动机的主电路中装有熔断器作短路保护,能否同时起到过载保护作用?为什么?

1.6　两台电动机部同时启动,一台电动机额定电流为 14.8 A,另一台电动机额定电流为 6.47 A,试选择用作短路保护熔断器的额定电流及熔体的额定电流。

1.7　交流接触器主要由哪些部分组成?在运行中有时产生很大的噪音,试分析产生该故障的原因。

1.8　交流电磁线圈误接入直流电源或直流电磁线圈误接入交流电源,会出现什么情况?为什么?

1.9　交流接触器的主触头、辅助触头和线圈各接在什么电路中,应如何连接?

1.10　两个相同的交流接触器的线圈能否串联使用,为什么?

1.11　什么是继电器?常用的继电器有哪些?它与接触器的主要区别是什么?在什么情况下可用中间继电器代替接触器启动电动机?

1.12　过电流继电器与欠电流继电器有什么区别?

1.13　什么是时间继电器?它有何用途?

1.14　空气阻尼式时间继电器是利用什么原理达到延时目的?如何调整延时时间的长短?

1.15　如何区分常开与常闭触点?时间继电器的常开与常闭触点与普通继电器的常开与常闭触点有何不同?

1.16　热继电器有何作用？如何选用热继电器？在实际使用中应注意哪些问题？

1.17　在电动机的主电路中装有熔断器，为什么还要装热继电器？装了热继电器是否可以不装熔断器，为什么？

1.18　熔断器与热继电器有何区别？

1.19　低压断路器具有哪些脱扣装置？试分别叙述其功能。

1.20　熔断器与低压断路器的区别是什么？

1.21　什么是速度继电器？其作用是什么？速度继电器内部的转子有什么特点？若其触头过早动作，应如何调整？

1.22　行程开关、万能转换开关及主令控制器在电路中各起什么作用？

1.23　简述固态继电器的优点及应用场合。

1.24　某生产设备采用三角形联结的异步电动机，其 $P_N = 5.5\ kW$，$U_N = 380\ V$，$I_N = 12.5\ A$，$I_S = 6.5 I_N$。现用按钮进行启动、停止控制，应有短路、过载保护。试选用接触器、按钮、熔断器、热继电器和组合开关。

第 **2** 章
基本电气控制系统

【知识要点】

电气图的定义、分类、表示方法及读图方法;电气控制线路的典型环节;三相异步电动机的启动、调速及制动的电气原理图的分析与设计;绕线型异步电动机的启动、调速控制线路的分析与设计;典型机床电气控制线路的分析。

【学习目标】

了解电气图的分类与特点、绘图规则、读图方法;掌握电气控制线路的基本规律,能灵活运用自锁、互锁电路和顺序控制电路设计一些典型控制电路;了解电动机直接启动的优点和缺点;掌握电动机降压启动的一般方法和原理;掌握三种降压启动控制的主电路和控制电路的结构原理;了解三种降压启动控制线路的优缺点;了解三相异步电动机调速和制动的一般方法;了解三相异步电动机机械制动的原理和控制线路;掌握能耗制动和反接控制的控制线路的分析方法;会分析典型机床的电气控制线路。

【本章讨论的问题】

1.什么叫电气图? 电气原理图由哪几部分组成? 绘制电气原理图要遵循哪些规则?

2.什么叫自锁,什么叫互锁,什么叫顺序控制? 各有何作用? 什么叫欠压保护,自锁电路能否实现欠压保护?

3.什么情况下电机采用直接启动? 降压启动的启动电压和启动电流为什么不一致?

4.电动机的几种降压启动线路各有什么特点? 如何根据它们的特点来设计控制线路?

5.电动机有几种制动方式? 其控制线路各有何特点?

6.在不同控制要求下,应如何设计其控制线路?

电气控制系统是由电气设备及电气元件按照一定的控制要求连接而成。各类电气控制设备有着相应的电气控制线路,这些电气控制线路不管是简单还是复杂,一般来说都是由几个基本环节组成,在分析控制线路原理和判断故障时,一般都是从这些基本控制环节着手。因此,掌握电气控制线路的基本环节,对整个电气控制线路的工作原理分析及维修会有很大的帮助。

电气控制线路的基本环节包括电机的启动、调速和制动等控制线路。本章主要介绍这些基本控制线路的组成、工作原理、作用以及必要的保护措施,最后介绍两种典型机床的电气控制线路。

2.1　电气图基础知识

2.1.1　电气工程图及其绘制

为了表达设备电气控制系统的组成结构、工作原理及安装、调试、维修等技术要求,需要用统一的工程语言来表达,这种工程语言即是电气工程图。常用的电气工程图一般包括电气原理图、电器布置图和电气安装接线图3种。

各种图的图纸尺寸一般选用 297 mm × 210 mm、297 mm × 420 mm、297 mm × 630 mm 和 297 mm × 840 mm4 种幅面,特殊需要可按 GB/T 14689—1993《技术制图图纸幅面和格式》国家标准选用其他尺寸。

(1)电气制图规范

为了表达电气控制系统的设计意图,便于分析系统工作原理、安装、调试和检修控制系统,必须采用统一的图形符号和文字符号。国家标准局参照国际电工委员会(IEC)颁布文件,制定了我国电气设备的有关国家标准,如:GB/T 4728—2005《电气简图用图形符号》、GB/T 5226.1—2002《机械安全 机械电气设备第 1 部分:通用技术条件》、GB/T 6988—2008《电气制图》、GB/T 5094—1985《电气技术中的项目代号》,规定从 1990 年 1 月 1 日起,电气图中的图形符号和文字符号必须符合最新的国家标准。

(2)图形符号

图形符号通常用于图样或其他文件,用以表示一个设备或概念的图形、标记或字符。它由符号要素、一般符号和限定符号等组成。

1)符号要素

它是一种具有确定意义的简单图形,必须同其他图形组合才构成一个设备或概念的完整符号。如接触器常开主触点的符号就由接触器触点功能符号"ᗡ"和常开触点符号"ᓗ"组合而成。

2)一般符号

一般符号是用以表示一类产品和此类产品特征的一种简单的符号。如电机的一般符号为"Ⓜ","＊"号用 M 代替可表示电动机,用 G 代替则可表示发电机。

3)限定符号

限定符号是用于提供附加信息的一种加在其他符号上的符号。限定符号一般不能单独使用,但它可使图形符号更具多样性。例如,在电阻器一般符号的基础上分别加上不同的限定符号,则可得到可变电阻器、压敏电阻器、热敏电阻器等。

(3)文字符号

文字符号适用于电气技术领域中技术文件的编制,用以标明电气设备、装置和元器件的名称及电路的功能、状态和特征。

文字符号分为基本文字符号和辅助文字符号。

1）基本文字符号

基本文字符号有单字母符号与双字母符号两种。单字母符号按拉丁字母顺序将各种电气设备、装置和元器件划分为23大类。每一类用一个专用单字母符号表示，如"C"表示电容器类，"R"表示电阻器类等。

双字母符号由一个表示种类的单字母符号与另一个字母组成，且以单字母符号在前，另一字母在后的次序列出，如"F"表示保护器件类，"FU"则表示为熔断器。

2）辅助文字符号

辅助文字符号是用来表示电气设备、装置和元器件以及电路的功能、状态和特征的符号。如"RD"表示红色，"L"表示限制等。辅助文字符号也可以放在表示种类的单字母符号之后组成双字母符号，如"SP"表示压力传感器，"YB"表示电磁制动器等。为简化文字符号，若辅助文字符号由两个以上字母组成时，允许只采用其第一位字母进行组合，如"MS"表示同步电动机。辅助文字符号还可以单独使用，如"ON"表示接通，"PE"表示保护接地，"M"表示中间线等。

（4）线路和三相电气设备端标记

电气线路采用字母、数字、符号及其组合标记。

三相交流电源引入线采用L1、L2、L3标记，中性线采用N标记。

电源开关之后的三相交流电源主电路分别按U、V、W顺序标记。分级三相交流电源主电路采用三相文字代号U、V、W的前边加上阿拉伯数字1、2、3等来标记，如1U、1V、1W；2U、2V、2W等。

各电动机分支电路各接点标记采用三相文字代号后面加数字来表示，数字中的个位数表示电动机代号，十位数字表示该支路各接点的代号，从上到下按数值大小顺序标记。如U11表示M1电动机的第一相的第一个接点代号，U21为第一相的第二个接点代号，依次类推。

电动机绕组首端分别用U、V、W标记，尾端分别用U′、V′、W′标记。双绕组的中点则用U″、V″、W″标记。

控制电路采用阿拉伯数字编号，一般由3位或3位以下的数字组成。标注方法按"等电位"原则进行，在垂直绘制的电路中，标号顺序一般由上而下编号。凡是被线圈、绕组、触点或电阻、电容等元件所间隔的线段，都应标以不同的电路标号。

2.1.2 电气原理图

用图形符号和项目代号表示电路各个电器元件连接关系和电气工作原理的图称为电气原理图。由于电气原理图结构简单、层次分明，适用于研究和分析电路工作原理，在设计部门和生产现场得到广泛应用，但它并不反映电气元件的实际大小和安装位置。电气原理图一般按功能分为主电路、辅助电路两个部分，主电路是从电源到电动机大电流通过的路径。辅助电路包括控制电路、照明电路、信号电路及保护电路等，由继电器和接触器的线圈，继电器的触点，接触器的辅助触点、按钮、照明灯、信号灯、控制变压器等电器元件组成。下面以图2.1为例介绍电气原理图的绘制原则、方法及注意事项。

（1）电气原理图的绘制原则

①电气原理图一般按功能主电路和辅助电路分开绘制。

②控制系统中的全部电机,电器和其他器械的带电部件,都应在原理图中表示出来。图中各个电气元件不画实际外形图,而采用国家规定的统一标准图形符号、文字符号来绘制。

③原理图中各个电气元件和部件在控制线路中的位置,应根据便于阅读的原则安排。同一电气元件的各个部件可以不画在一起,例如,继电器、接触器的线圈和触点可以不画在一起。

④图中元件、器件和设备的可动部分,都按没有通电和外力作用时的开闭状态画出。例如,继电器、接触器的触点按吸引线圈设有通电状态画,主令控制器、万能转换开关按手柄处于零位时的状态画;按钮、行程开关的触点按不受外力作用时的状态画等。

⑤原理图的绘制应布局合理,排列均匀,为了便于看图,可以水平布置,也可以垂直布置。

⑥电气元件应按功能布置,并尽可能按工作顺序排列,其布局顺序应该从上到下,从左到右。电路垂直布置时,类似项目宜横向对齐;水平布置时,类似项目应纵向对齐。例如图 2.1 中,线圈属于类似项目,由于线路采用垂直布置,所以接触器线圈横向对齐。

⑦电气原理图中,有直接联系的交叉导线连接点要用黑圆点表示;无直接联系的交叉导线连接点不画黑圆点。

(2)图幅分区及符号位置索引

为了便于确定图上的内容,也为了在用图时查找图中各项目的位置,往往需要将图幅分区。

图幅分区的方法:在图的边框处,竖边方向用大写拉丁字母,横边方向用阿拉伯数字,编号顺序应从左上角开始。CW6132 型普通车床的电气原理图如图 2.1 所示。

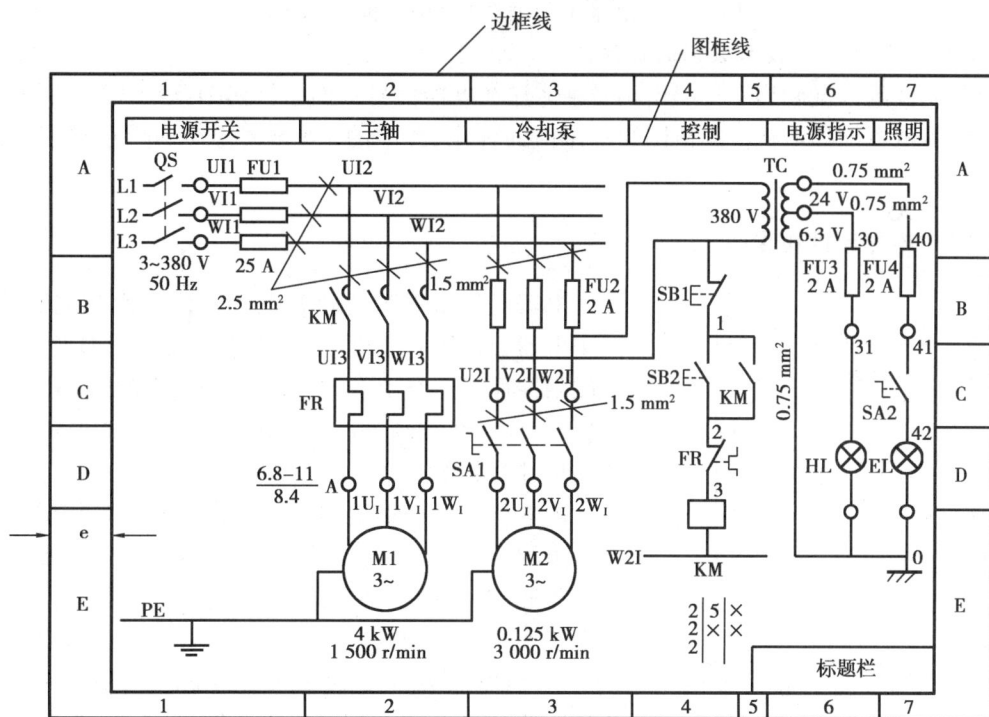

注:图中 e 表示图框线与边框线的距离, A0、A1 号图纸为 20 mm, A2~A4 图纸为 10 mm。

图 2.1 CW6132 型普通车床的电气原理图

41

图幅分区后,相当于在图上建立了一个坐标。项目和连接线的位置可用如下方式表示:①用行的代号(拉丁字母)表示;②用列的代号(阿拉伯数字)表示;③用区的代号表示。区的代号为字母和数字的组合,且字母在左、数字在右。

在具体使用时,对水平布置的电路,一般只需标明行的标记;对垂直布置的电路,一般只需标明列的标记;复杂的电路需标明组合标记。

在图 2.1 中,图区编号下方的"电源开关及保护"等字样表明它对应的下方元件或电路的功能,使读者能清楚地知道某个元件或某部分电路的功能,以利于理解全电路的工作原理。图 2.1 中 KM 线圈下方的符号,是接触器 KM 相应触点的索引。它表示接触器 KM 的主触点在图区 2,动合辅助触点在图区 5。

电气原理图中,接触器和继电器线圈与触点的从属关系应用附图表示,即在原理图中相应线圈的下方给出触点的文字符号,并在其下面注明相应触点的索引代号,对未使用的触点用"×"表明,有时也可省略。

对接触器,上述表示法中各栏的含义如图 2.2(a)所示;对继电器的表示方法如图 2.2(b)所示。

左栏	中栏	右栏		左栏	右栏
主触点所在图区	常开辅助触点所在图区	常闭辅助触点所在图区		常开触点所在图区	常闭触点所在图区

(a)		(b)

图 2.2　接触器、继电器在电气图中的索引表示

(3)电气原理图中技术数据的标注

电气元件的数据和型号一般用小号字体注在电器代号下面。例如图 2.1 中,FR 下面的数据表示热继电器动作电流值的范围和整定值的标注;图中的 1.5 mm^2、2.5 mm^2 字样表明该导线的截面积。

2.1.3　电器元件布置图

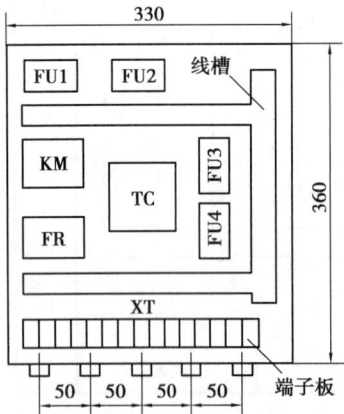

图 2.3　CW6132 型车床电器位置图

电器元件布置图反映各电器元件的实际安装位置,图中电器元件用实线框表示,而不必按其外形形状画出;在图中往往还留有 10% 以上的备用面积及导线管(槽)的位置,以供布线和改进设计时用;在图中还需要标注出必要的尺寸。如图 2.2 所示。

电器位置图详细绘制出电气设备元件安装位置。图中各电器代号应与有关电路图和电器清单上所有元器件代号相同,在图中往往留有 10% 以上的备用面积及导线管(槽)的位置,以供改进设计时用。图中不需标注尺寸。图 2.2 为 CW6132 型普通车床电器位置。图中 FU1~FU4 为熔断器、KM 为接触器、FR 为热继电器、TC 为照明变压器、XT 为接线端板。

2.1.4 接线图

电气接线图反映的是电气设备各控制单元内部元件之间的接线关系。它清楚地表明了电气设备外部元件的相对位置及它们之间的电气连接,是实际安装接线的依据,在具体施工和检修中能够起到电气原理图所起不到的作用,在生产现场得到广泛应用。图2.4为CW6132型普通车床电气互连图。

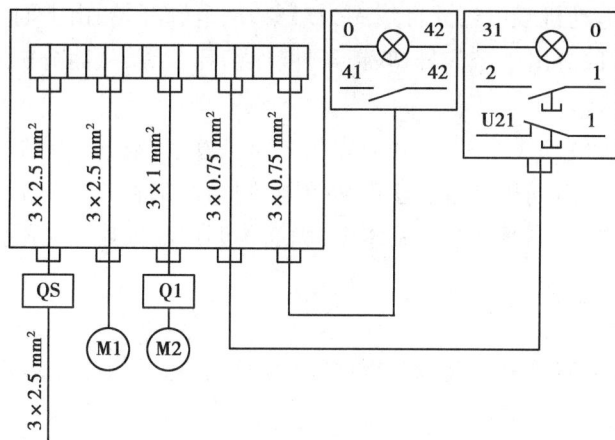

图 2.4 CW6132 型普通车床电气互连图

绘制电气互连图的原则是:外部单元同一电器的各部件画在一起,其布置尽可能符合电器实际情况;各电气元件的图形符号、文字符号和回路标记均以电气原理图为准,并保持一致;不在同一控制箱和同一配电屏上的各电气元件的连接,必须经接线端子进行;互连图中电气互连关系用线束表示,连接导线应注明导线规范(数量、截面积等),一般不表示实际走线途径,施工时由操作者根据实际情况选择最佳走线方式;对于控制装置的外部连接线应在图上或用接线表表示清楚,并标明电源的引入点。

2.1.5 电气控制线路的分析方法

电气控制线路的分析通常按照由主到辅、由上到下、由左到右的原则进行分析。较复杂图形,通常可以化整为零,将控制电路化成几个独立环节的细节分析,然后再串为一个整体分析。

(1)电气控制线路阅读分析的一般方法和步骤

①阅读设备说明书,了解设备的机械结构、电气传动方式、对电气控制的要求、电机和电器元件的布置情况以及设备的使用操作方法、各种按钮、开关等的作用,熟悉图中各器件的符号和作用。

②在电气原理图上先分清主电路或执行元件电路和控制电路,并从主电路着手,根据电动机的拖动要求分析其控制内容,包括启动方式、有无正反转、调速方式、制动控制和手动循环等基本环节。并根据工艺过程了解各用电器设备之间的相互联系、采用的保护方式等。

③控制电路由各种电器组成,主要用来控制主电路工作。在分析控制电路时,一般根据主电路接触器主触头的文字符号,到控制电路中去找与之相应的控制线圈,进一步弄清楚电动机

的控制方式。

　　④了解机械传动和液压传动情况。

　　⑤阅读其他电路环节。比如照明、信号指示、监测、保护等各辅助电路环节。

　　阅读和分析电气控制线路图的方法主要有两种:查线读图法和逻辑代数法。

　　(2)查线读图法

　　查线读图法也称跟踪追击法,或者直接读图法,是目前广泛采用的一种看图分析方法。查线读图分析法以某一电动机或电器元件线圈为对象,从电源开始,由上而下,自左至右,逐一分析其接通断开关系,并区分出主令信号、联锁条件、保护环节等,从而分析出各种控制条件与输出结果之间的因果关系。

　　查线读图法在分析电气线路时,一般应先从电动机着手,根据主电路中有哪些控制元件的主肋点、电阻等大致判断电动机是否有正反转控制、制动控制和调速要求等。

　　查线读图法的优点是直观性强,容易掌握,因而得到广泛采用。其缺点是分析复杂线路时容易出错,叙述也较长。

　　(3)逻辑代数法

　　逻辑代数法又称间接读图法,是通过对电路的逻辑表达式的运算来分析控制电路的,其关键是正确写出电路的逻辑表达式。

　　应用逻辑代数法分析的电气控制线路的具体步骤是:首先写出控制电路各控制元件、执行元件动作条件的逻辑表达式,并记住逻辑表达式中各变量的初始状态。然后发出指令控制信号,通常是按下启动按钮或某一开关。紧接着分析判别哪些逻辑式为“1”(“1”即为得电状态),以及由于相互作用而使其逻辑式为“1”者。最后再考虑执行元件有何动作。

　　继电接触器控制线路中逻辑代数规定如下:继电器、接触器线圈得电状态为“1”,线圈失电状态为“0”;继电器、接触器控制的按钮触点闭合状态为“1”,断开状态为“0”。为了清楚地反映元件状态,元件线圈、常开触点(动合触点)的状态用相同字符(例如接触器为 KM)来表示,而常闭触点(动断触点)的状态以 KM 表示。若 KM 为“1”状态,则表示线圈得电,接触器吸合,其常开触点闭合,常闭触点断开。得电、闭合都是“1”状态,而断开则为“0”状态。若 KM 为“0”状态,则与上述相反。在继电接触器控制线路中,把表示触点状态的逻辑变量称为输入逻辑变量;把表示继电器、接触器等受控元件的逻辑变量称为输出逻辑变量。输出逻辑变量是根据输入逻辑变量经过逻辑运算得出的。输入、输出逻辑变量的这种相互关系称为逻辑函数关系,也可用真值表来表示。

　　逻辑代数法读图的优点是:只要控制元件的逻辑表达式写得正确,并且对式中各指令元件、控制元件的状态清楚,则电路中各电气元件之间的联系和制约关系在逻辑表达式中一目了然。通过对逻辑函数的具体运算,各控制元件的动作顺序、控制功能一般也不会遗漏。而且采用逻辑代数法后,对电气线路采用计算机辅助分析提供了方便。该方法的主要缺点是:对于复杂的电气线路,其逻辑表达式很繁琐冗长,分析过程也比较麻烦。

　　总之,上述三种读图分析法各有优缺点,可根据具体需要选用。逻辑代数法是以查线分析法为基础,因而首先应熟练掌握查线读图分析法,在此基础上再去理解和掌握其他各种读图分析法。

2.2　电动机直接启动控制

三相笼型异步电动机具有结构简单、坚固耐用、价格便宜、维修方便等优点，获得了广泛的应用。对它的启动控制有直接启动与降压启动两种方式。

笼型异步电动机的直接启动是一种简单、可靠、经济的启动方法。由于直接启动电流可达电动机额定电流的 4~7 倍，过大的启动电流会造成电网电压显著下降，直接影响在同一电网工作的其他电动机，甚至使它们停转或无法启动，故直接启动电动机的容量受到一定限制。可根据启动电动机容量、供电变压器容量和机械设备是否许来分析，也可用下面经验公式来确定：

$$\frac{I_{ST}}{I_{N}} \leqslant \frac{3}{4} + \frac{S}{4P} \tag{2.1}$$

式中　I_{ST}——电动机全压启动电流，A；

　　　I_{N}——电动机额定电流，A；

　　　S——电源变压器容量，kV·A；

　　　P——电动机容量，kW。

通常规定：电动机容量在 10 kW 以下的三相异步电动机可采用直接启动。

下面以三相笼型异步电动机的直接启动控制为例，介绍组成电器控制线路的基本环节，这些规律同样适用于绕线型异步电动机和直流电动机的控制线路。

2.2.1　自锁控制

如图 2.5 所示为三相笼型异步电动机的直接启动、自由停车的控制线路，它是一个最简单的常用控制线路。其中，主电路由刀开关 QS 起隔离作用、熔断器 FU 对主电路进行短路保护、接触器 KM 的主触头控制电动机启动、运行和停止，热继电器 FR 用作过载保护。

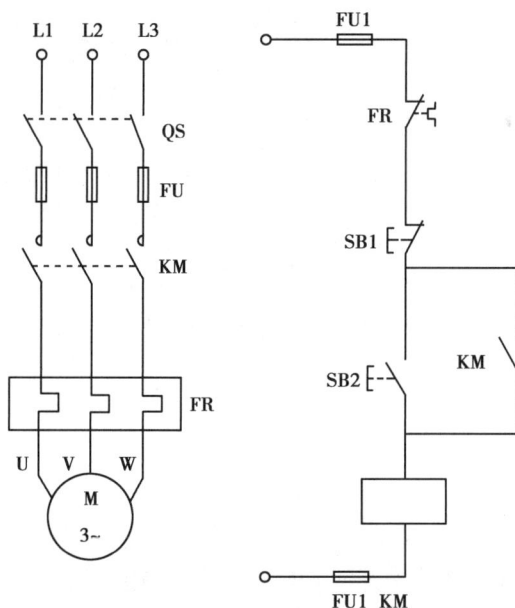

图 2.5　三相笼型异步电动机启、停控制线路

控制电路中,FU1 作短路保护、SB2 为启动按钮,SB1 为停止按钮。

(1)线路工作原理

合上 QS 即引入三相电源。当按下 SB2 时,交流接触器 KM 线圈通电,其主触点闭合,使电动机 M 直接启动运行。同时与 SB2 并联的常开辅助触点 KM 闭合。这样,当手松开使 SB2 复位时,KM 线圈仍可通过 KM 的辅助触点继续通电,使电动机连续运行。这种依靠接触器自身辅助动合触点使其线圈保持通电的现象称为自锁(或称自保),起自锁作用的辅助动合触点称为自锁触点(或称自保触点),这样的控制线路称为具有自锁(或自保)的连续控制线路。

要使电动机停止运转,只要按下停止按钮 SB1,即可将控制电路断开。这时接触器 KM 断电释放,KM 的主触点将三相电源切断,M 立即停转。同时 KM 的辅助触点断开,切断线圈 KM 的电源。当手动松开停止按钮 SB1 后,主回路和控制回路均已断电。

(2)电路保护环节

①熔断器 FU1 作为电路的短路保护。

②热继电器 FR 具有过载保护作用。由于热继电器热惯性比较大,即使热元件流过几倍额定电流,热继电器也不会立即动作。只有在电动机长时间过载时 FR 才动作,断开控制电路并使电动机停转,从而实现电动机过载保护。

③欠电压保护与失压保护是依靠接触器本身的电磁机构来实现的。当电源电压由于某种原因而严重欠电压或失压时,接触器的衔铁自行释放,电动机停转,而当电源电压恢复正常时,接触器线圈也不能自动通电。只有在操作人员再次接下启动按钮 SB2 后电动机才会启动,这又叫零电压保护。采用欠压和失压保护,可防止电动机超低压运行而损坏;还可以防止电源电压恢复时,电动机突然启动运转,避免损坏设备和伤人事故。

2.2.2 点动及单向连续控制线路

生产实际中,有的生产机械需要点动控制。所谓"点动",就是按下按钮,KM 通电,电动机旋转;松开按钮,KM 断电,电动机停转。所以连续运行与点动的区别是启动按钮有无自锁回路。图 2.5 列出了点动和连续控制的几种控制线路。主电路与图 2.5 中的主电路相同。

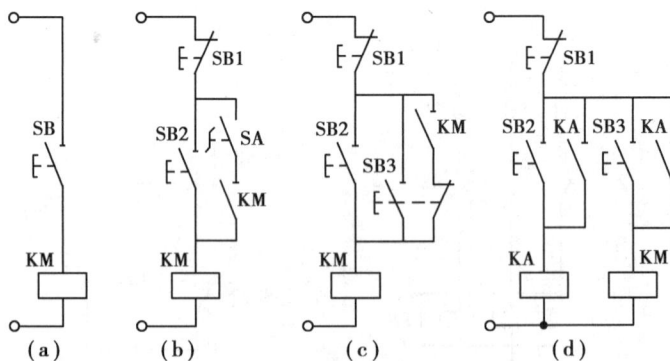

图 2.6 电动机长动和点动控制

图 2.6(a)是最简单的点动控制线路。当按下 SB 时,交流接触器 KM 线圈通电,其主触点闭合,使电动机 M 启动运行。当手松开使 SB 复位时,控制电路断开。这时接触器 KM 断电释放,KM 的主触点将三相电源切断,M 立即停转。

图 2.6(b)是带手动开关 SA 的点动控制线路。当需要点动时,将开关 SA 打开,取消 SB2 的自锁回路,即可实现点动控制。当需要连续工作时,合上 SA 开关,将自锁触点接入,即可实现连续控制。

图 2.6(c)中增加了一个复合按钮 SB3,这样点动控制时,按下 SB3,其常闭触点先断开自锁电路,常开触头后闭合,接通启动控制线路,KM 线圈通电,主触点闭合,电动机启动旋转。当松开 SB3 时,KM 线圈断电,主触点断开,电动机停止转动。若需要电动机长期工作,则按下 SB2 即可,停机时需按停止按钮 SB1。

图 2.6(d)是利用中间继电器实现点动的控制线路。利用启动按钮 SB2 控制中间继电器 KA,KA 的常开触点并联在 SB3 两端,控制接触器 KM,实现电动机连续运转。当需要点动时,按下 SB3 按钮,KM 通电。松开 SB3,KM 断电。

2.2.3　互锁控制

在实际应用中,往往要求生产机械改变运动方向,如工作台前进和后退、电梯的上升和下降等,这就要求电动机能实现正、反转控制。对于三相异步电动机来说,可通过正反向接触器改变电动机定子绕组的电源相序来实现。电动机正、反转控制线路如图 2.7 所示。图中 KM1、KM2 分别为正、反向接触器,它们的主触点接线的相序不同,KM1 按 U-V-W 相序接线,KM2 按 V-U-W 相序接线,即 U、V 两相对调,所以两个接触器分别工作时,电动机的旋转方向不一样,实现电动机的可逆运转。

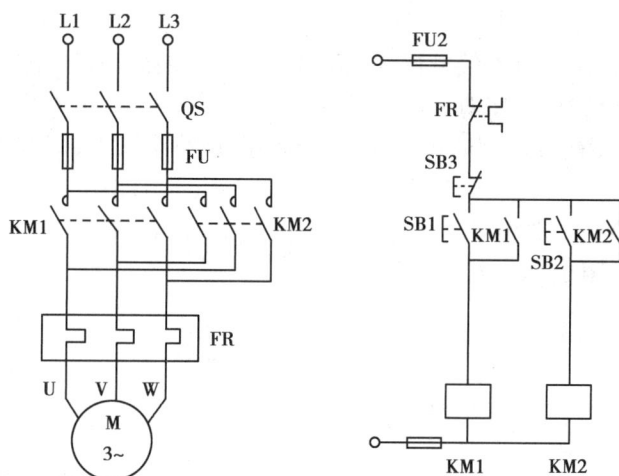

图 2.7　接触器正反转控制线路

如图 2.7 所示控制线路虽然可以完成正反转的控制任务,但这个线路是有缺点的,在按下正转启动按钮 SB1 时,KM1 线圈通电并且自锁,接通正序电源,电动机正转。若发生错误操作,在接下 SB1 的同时又按下反转启动按钮 SB2,KM2 线圈通电并自锁,此时在主电路中将发生 U、V 两相电源短路事故。

为了避免上述事故的发生,就要求保证两个接触器不能同时工作。这种在同一时间里两个接触器只允许一个工作的控制作用称为互锁或联锁。图 2.8 为带接触器联锁保护的正、反转控制线路。在正、反两个接触器中互串一个对方的动断触点,这对动断触点称为互锁触点或联锁触点。这样,当按下正转启动按钮 SB1 时,正转接触器 KM1 线圈通电,主触点闭合,电动机正转,与此同时,由于 KM1 的动断辅助触点断开而切断了反转接触器 KM2 的线圈电路。因此,即使是按反转启动按钮 SB2,也不会使反转接触器的线圈通电工作。同理,在反转接触器 KM2 动作后,也保证了正转接触器 KM1 的线圈电路不能再工作。

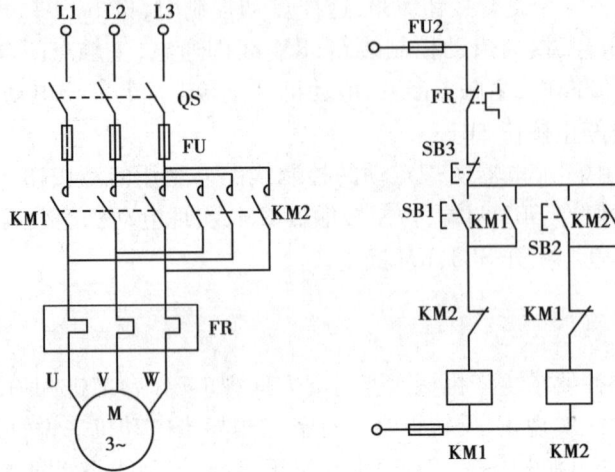

图 2.8　接触器联锁正反转控制线路

　　由以上的分析可以得出如下的规律:

　　①当要求甲接触器工作时,乙接触器就不能工作,此时应在乙接触器的线圈电路中串入甲接触器的动断触点;

　　②当要求甲接触器工作时乙接触器不能工作,而乙接触器工作时甲接触器不能工作,此时要在两个接触器线圈电路中互串对方的动断触点。

　　但是,如图 2.8 所示的接触器联锁正反转控制线路也有个缺点,即在正转过程中要求反转时必须先按下停止按钮 SB1,让 KM1 线圈断电,联锁触点 KM1 闭合,这样才能按反转启动按钮使电动机反转,这给操作带来了不方便。为了解决这个问题,在生产上常采用复式按钮和触点联锁的控制线路,如图 2.9 所示。

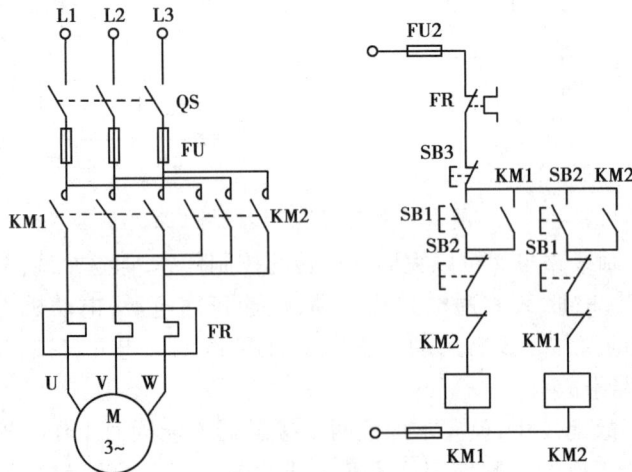

图 2.9　复合联锁的正反转控制线路

在图 2.9 中,保留了由接触器动断触点组成的互锁电气联锁,并添加了由按钮 SB1 和 SB2 的动断触点组成的机械联锁。这样,当电动机由正转变为反转时,只需按下反转按钮 SB2,便会接通 SB2 的动断触点,断开 KM1 电路,KM1 起互锁作用的触点闭合,接通 KM2 线圈控制电路,实现电动机反转。

这里需注意,复式按钮不能代替联锁触点的作用。例如,当主电路中正转接触器 KM1 触点发生熔焊(即静触点和动触点烧蚀在一起)现象时,由于相同的机械连接,KM1 的触点在线圈断电时不复位,KM1 的动断触点处于断开状态,可防止反转接触器 KM2 通电使主触点闭合造成电源短路故障。这种保护作用仅采用复式按钮是做不到的。

这种线路既能实现电动机直接正反转的要求,又保证了电路可靠地工作,通常在电力拖动控制系统中广泛使用。

2.2.4 顺序控制与多地控制

(1)多台电动机的顺序控制

在生产实践中,常要求各种运动部件之间或生产机械之间能够按顺序工作。例如:车床主轴转动时,要求油泵先给润滑油;主轴停止后,油泵方可停止润滑,即要求油泵电动机先启动,主轴电动机后启动,主轴电动机停止后,才允许油泵电动机停止。实现该过程的控制线路如图 2.10 所示。

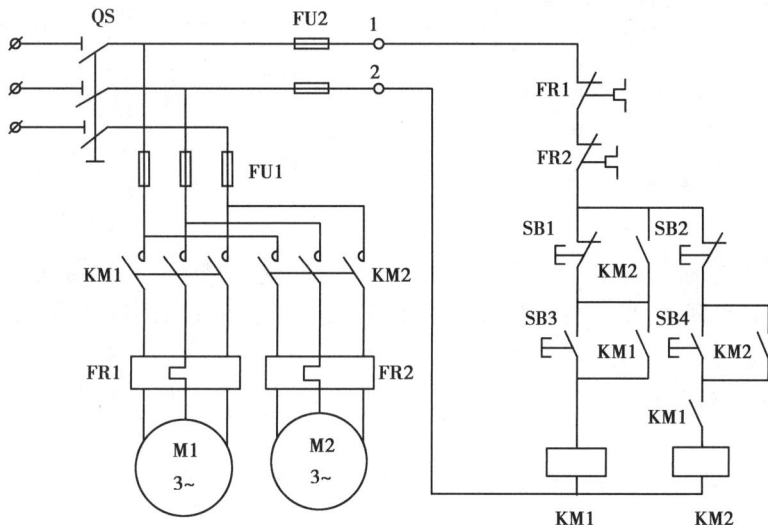

图 2.10 顺序控制线路

在图 2.10 中,M1 为油泵电动机,M2 为主轴电动机,分别由 KM1、KM2 控制。SB1、SB3 为 M1 的停止、启动按钮,SB2、SB4 为 M2 的停止、启动按钮。由图可见,将接触器 KM1 的动合辅助触点串入接触器 KM2 的线圈电路中。只有当接触器 KM1 线圈通电,动合触点闭合后,才允许 KM2 线圈通电,即电动机 M1 先启动后才允许电动机 M2 启动。将主轴电动机接触器 KM2 的动合触点并联在油泵电动机的停止按钮 SB1 两端,即当主轴电动机 M2 启动后,SB1 被 KM2 的动合触点短路,不起作用,直到主轴电动机接触器 KM2 断电,油泵停止按钮 SB1 才能起到断开 KM1 线圈电路的作用,油泵电动机才能停止。这样就实现了按顺序启动、按顺序停止的联锁控制。

总结上述关系,可以得到如下的控制规律:

①当要求甲接触器工作后方允许乙接触器工作,则在乙接触器线圈电路中串入甲接触器的动合触点;

②当要求乙接触器线圈断电后方允许甲接触器线圈断电,则将乙接触器的动合触点并联在甲接触器的停止按钮两端。

（2）多地点控制

在大型设备中,为了操作方便,常常要求能在多个地点进行控制。如图 2.11 所示为一台笼型三相异步电动机单向旋转的两地点控制线路。

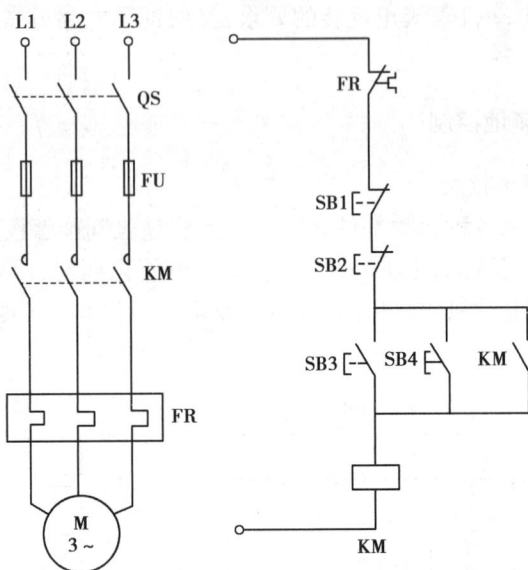

图 2.11 两地控制线路

在图 2.11 中,各启动按钮是并联的,即当任一处按下启动按钮,接触器线圈都能通电并自锁;各停止按钮是串联的,即当任一处按下停止按钮后,都能使接触器线圈断电,电动机停转。由此可得出普遍结论:

①欲使几个电器都能控制甲接触器通电,则几个电器的常开触点应并联到甲接触器的线圈电路中;

②欲使几个电器都能控制甲接触器断电,则几个电器的常闭触点应串联到甲接触器的线圈电路中。

2.2.5 行程控制

在机床电气设备中,有时要求机床能够自动往返运动,即要求控制线路实现电动机正反转的自动切换。自动往返行程控制线路如图 2.12 所示。电动机的正、反转是实现工作台自动往返循环的基本环节。控制线路按照行程控制原则,采用限位开关对生产机械运动的行程位置进行控制。

图 2.12（b）中,KM2 控制电动机向右前进,KM1 控制电动机向左前进。控制线路的工作过程如下:合上开关 QS,按下启动按钮 SB2,接触器 KM2 线圈通电,电动机 M 正转,工作台向

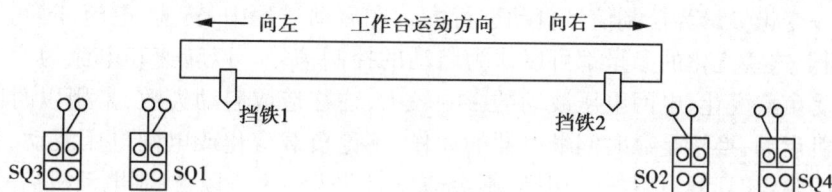

（a）机床往返运动示意图

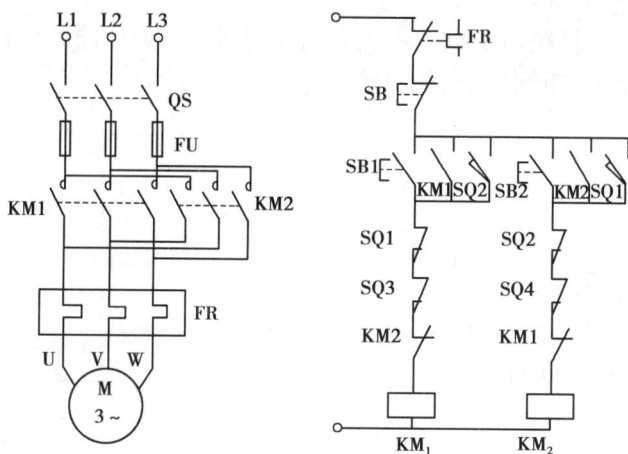

（b）机床自动往返运动控制线路

图 2.12

右前进；前进到终点位置，挡铁 2 压动限位开关 SQ2，SQ2 常闭触点断开，KM2 线圈失电，KM2 常闭触点复位，同时，SQ2 常开触点闭合，使 KM1 线圈通电，电动机 M 反转，工作台向左后退；后退到终点位置，挡铁 2 压动限位开关 SQ1，SQ1 常闭触点先断开，KM1 线圈失电，KM1 常闭触点复位，同时 SQ1 常开触点闭合，KM2 通电，电动机又正转，工作台又向右，如此往返循环工作，直至按下停止按钮 SB1，KM1（或 KM2）断电，电动机都停转。

另外，SQ4、SQ3 分别为正、反向极限保护开关，防止限位开关 SQ1 和 SQ2 失灵时造成工作台从床身上冲出。

2.3 电动机降压启动控制

为了减小启动电流，在电动机启动时必须采取适当措施。本节将分别介绍笼型异步电机和绕线型异步电机限制启动电流的控制线路。

2.3.1 笼型异步电动机的启动控制线路

笼型异步电动机限制启动电流常采用降压启动的方法，即启动时将定子绕组电压降低，启动结束将定子电压升至全压，使电动机在全压下运行。降压启动的方法很多，如定子串电阻（电抗）降压启动、定子串自耦变压器降压启动、Y-△降压启动等。无论哪种方法，对控制要求是相同的，即给出启动指令后，先降压，当电动机接近额定转速时再加全压，这个过程是以启动过程中的某一变化参量为控制信号自动进行的。在启动过程中,转速、电流、时间等参量都发生变化,原则上这些变化的参量都可以作为启动的控制信号。以转速和电流为变化参量控制电动机启动受负载变化、电网电压波动的影响较大,往往造成启动失败;采用以时间为变化参量控制电动机启动,换接是靠时间继电器的动作,不论负载变化或电网电压波动,都不会影响时间继电器的整定时间,可以按时切换,不会造成启动失误。所以,控制电动机启动,几乎毫无例外地采用以时间为变化参量来进行控制。

（1）定子绕组串电阻降压启动

如图 2.13 所示为定子绕组串电阻的降压启动控制线路。该线路是根据启动过程中时间的变化,利用时间继电器控制降压电阻的切除。

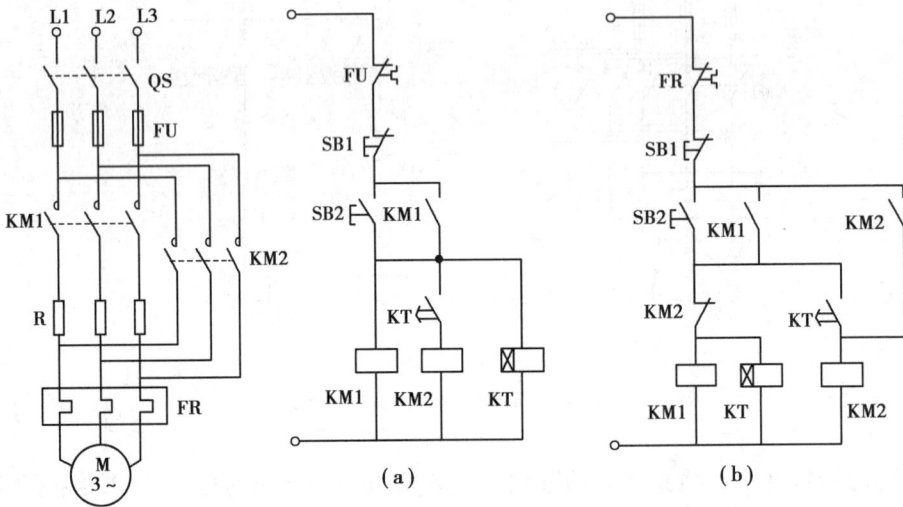

图 2.13　定子绕组串电阻的降压启动控制线路

启动过程如下:合上 QS → 按下 SB2 → KM1 通电 → KM1 触点闭合并自锁 → 定子串 R 启动

　　　　　　　→ KT 通电 $\xrightarrow{\text{延时 } t(\text{s})}$ KT 常开触点闭合

→ KM2 通电 → KM2 触点闭合并自锁,短接电阻 R → 电动机 M 全压运行

　　　　　　→ KM2 常闭辅助触点断开 → KM1 断电

　　　　　　　　　　　　　　　　　　→ KT 断电

由图 2.13(a)可以看出,本线路在启动结束后,KM1,KT 一直得电动作,这是不必要的。如果能使 KM1,KT 在电动机启动结束后断电,可减少能量损耗,延长接触器、继电器的使用寿命。其解决办法为:在接触器 KM1 和时间继电器的线圈电路中串入 KM2 的动断触点,KM2 要有自锁,如图 2.13(b)所示,这样当 KM2 线圈通电时,其动断触点断开 KM1,KT 线圈断电。

定子绕组串电阻的降压启动的方法由于不受电动机接线形式的限制,设备简单,所以在中小型生产机械上应用广泛。但是,定子串电阻降压启动,能量损耗较大,在实际中应用较少。为了节省能量,可采用电抗器代替电阻,但其成本较高,它的控制线路与电动机定子串电阻的控制线路相同。

（2）Y-△降压启动

凡是正常运行时定子绕组接成三角形的笼型异步电动机可采用 Y-△降压启动方法来达到限制启动电流的目的。Y 系列的笼型异步电动机 4.0 kW 以上者均为三角形接法，都可以用 Y-△降压启动的方法。

1）降压启动的原理

在启动过程中，将电动机定子绕组接成星形，使电动机每相绕组承受的电压为额定电压的 $1/\sqrt{3}$，启动电流为三角形接法时启动电流的 1/3。图 2.14 中，UU′、VV′、WW′为电动机的三相绕组，当 KM3 的动合触点闭合，KM2 的动合触点断开时，相当于 U′、V′、W′连在一起，为星形接法；当 KM3 的动合触点断开，KM2 的动合触点闭合时，相当于 U 与 V′、V 与 W′、W 与 U′连在一起，三相绕组首尾相连，为三角形接法。

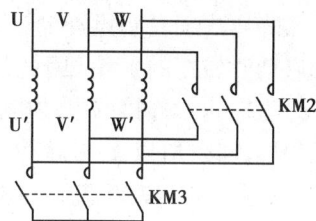

图 2.14　电动机定子绕组
Y-△接线示意图

2）Y-△降压启动控制线路的工作过程

图 2.15 为笼型异步电动机 Y-△降压启动的控制线路。主电路有 3 个交流接触器 KM1、KM2、KM3。当接触器 KM 和 KM3 主触头闭合时，电动机绕组为星形接法；当接触器 KM 和 KM2 主触头闭合时，电动机绕组接成三角形接法。热继电器 FR 对电动机实现过载保护，其工作过程如下：

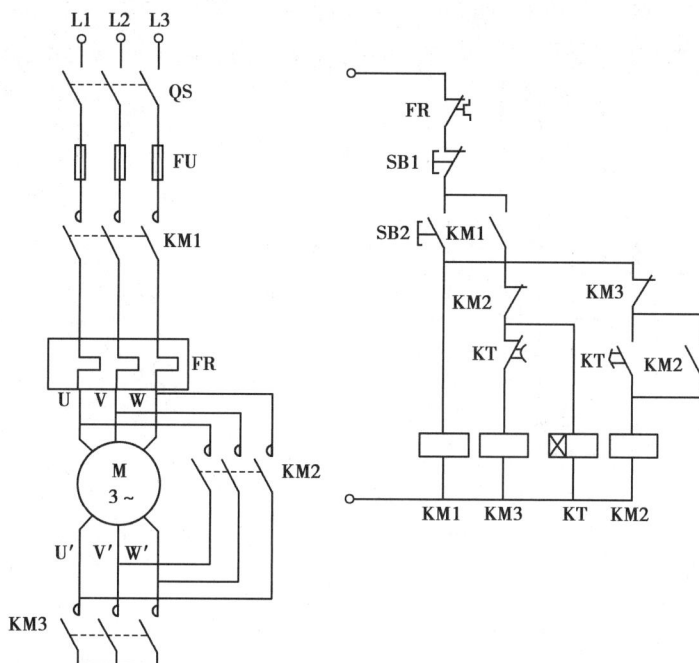

图 2.15　Y-△降压启动的控制线路

当合上刀开关 QS 以后，按下启动按钮 SB2，接触器 KM1 线圈、KM3 线圈以及通电延时型时间继电器 KT 线圈通电，电动机接成星形启动；同时通过 KM1 的动合辅助触点自锁，时间继电器开始定时。当电动机接近于额定转速，即时间继电器 KT 延时时间已到，KT 的延时断开动断触点断开,切断 KM3 线圈电路,KM3 断电释放,其主触点和辅助触点复位;同时,KT 的动合延时闭合触点闭合,使 KM2 线圈通电自锁,主触点闭合,电动机接成三角形运行。时间继电器 KT 线圈也因 KM2 动断触点断开而失电,时间继电器的触点复位,为下一次启动做好准备。图中的 KM2、KM3 动断触点是互锁控制,防止 KM2、KM3 线圈同时得电而造成电源短路。

3)Y-△降压启动的特点

Y-△降压启动具有投资少、线路简单的优点。但是,在限制启动电流的同时,起动转矩也为直接启动时转矩的 1/3。因此,它适用于空载或轻载启动的场合,且只适用于正常工作时定子绕组为三角形连接的电动机,鉴于电气传动和机械传动的大多数情况下电机正常工作时都为三角形连接,所以 Y-△启动方式在实际工程应用中最为广泛。

(3)定子串自耦变压器降压启动

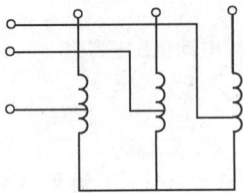

图 2.16 自耦变压器
接线示意图

1)自耦变压器降压启动的工作原理

自耦变压器按星形接线,其接线示意图如图 2.16 所示。启动时将电动机定子绕组接到自耦变压器二次侧。这样,电动机定子绕组得到的就是自耦变压器的二次电压,改变自耦变压器抽头的位置可以获得不同的启动电压。在实际应用中,自耦变压器一般有 65%、85% 等抽头。当启动完毕,自耦变压器被切除,额定电压直接加到电动机定子绕组上,电动机进入全压正常运行。

2)自耦变压器降压启动控制线路的工作过程

图 2.17 为用两个接触器控制的自耦变压器减压启动控制电路。图中 KM1 为减压接触器,KM2 为正常运行接触器,KT 为启动时间继电器,KA 为启动中间继电器。

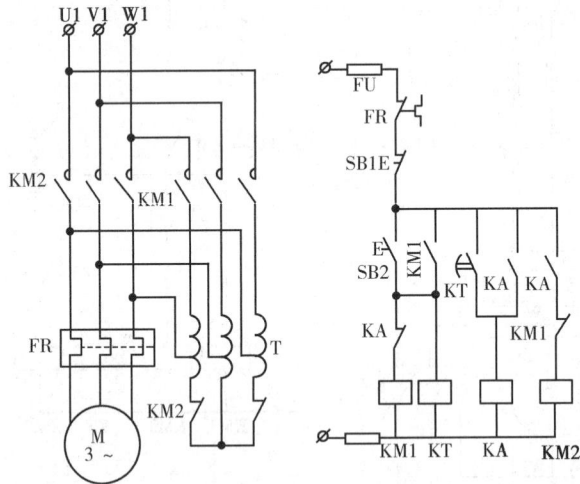

图 2.17 自耦变压器降压启动控制线路

合上电源开关,按下启动按钮 SB2,KM1 通电并自锁,将自耦变压器 T 接入,电动机定子绕组经自耦变压器供电作减压启动;同时 KT 通电,经延时,KA 通电并自锁,KM1 断电,KM2 通电,自耦变压器切除,电动机在全压下正常运行。

3)自耦变压器降压启动特点

自耦变压器降压启动方法适用于电动机容量较大,正常工作时接成星形的电动机。启动转矩可以通过改变抽头的连接位置得到改变。它的缺点是自耦变压器价格较贵,而且不允许频繁启动。鉴于此,自耦变压器降压启动方式在实际工程中也使用得相对较少。

2.3.2　三相绕线型异步电动机启动控制线路

三相绕线型异步电动机较直流电动机结构简单,维护方便,调速和启动性能比笼型异步电动机优越。有些生产机械虽不要求调速,但要求较大的启动力矩和较小的启动电流,笼型异步电动机不能满足这种启动性能的要求,在这种情况下可采用绕线型异步电动机拖动,通过滑环在转子绕组中串接外加设备达到减小启动电流、增大启动转矩及调速的目的。

(1)转子绕组串电阻启动控制线路

图 2.18 为转子绕组串电阻启动控制线路,为了可靠,控制电路采用直流操作。启动停止和调速采用主令控制器 SA 控制,KA1、KA2、KA3 为过流继电器,KT1、KT2 为断电延时型时间继电器。

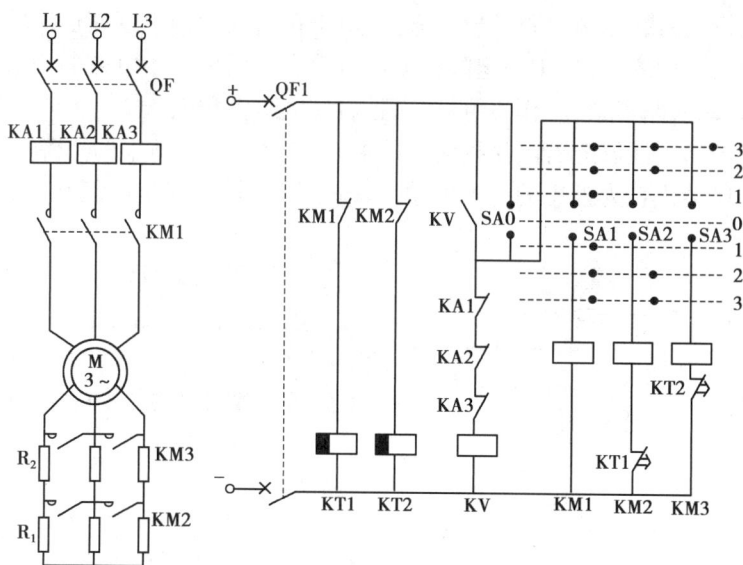

图 2.18　转子绕组串电阻启动控制线路

控制线路的工作过程如下:

1)启动前准备

SA 手柄置到“0”位,则触点 SA0 接通。合上 QF、QF1,KT1、KT2 线圈通电,其动断延时闭合触点瞬时打开;零位继电器 KV 线圈通电自锁,为 KM1、KM2、KM3 线圈的通电做好准备。

2)启动过程

将 SA 由“0”位推向“3”位:SA1、SA2、SA3 闭合,KM1 线圈通电,主触点闭合,电动机每相转子串两段电阻启动,KM1 的动断辅助触点断开,KT1 线圈断电开始延时。当 KT1 延时结束时,其动断延时闭合的触点闭合,KM2 线圈通电,一方面 KM2 的动合主触点闭合,切除电阻 R1;另一方面 KM2 的动断辅助触点断开,KT2 线圈断电开始延时。当 KT2 延时结束时,其动断延时闭合的触点闭合,KM3 线圈通电,主触点闭合,切除电阻 R2,电动机进入全速运转。

3)电动机调速控制

当要求调速时,可将主令控制器的手柄推向“1”位或“2”位。当主令控制器的手柄推向

"1"位时,由图可以看出,主令控制器的触点只有 SAl 接通,接触器 KM2、KM3 均不能得电,电阻 R1、R2 将接入转子电路中,电动机便在低速下运行;当主令控制器的手柄推向"2"位时,电动机将在转子接入一段电阻的情况下运行,这样就实现了调速控制。

4)电动机停车控制

当要求电动机停车时,将主令控制器手柄拨回到"0"位,接触器 KMl、KM2、KM3 均断电,电动机断电停车。

5)保护环节

线路中的零位继电器 KV 起失压保护的作用,电动机每次启动前必须将主令控制器的手柄扳回到"0"位,否则电动机无法启动。KAl、KA2、KA3 作过流保护,正常时继电器不动作,动断触点闭合;若出现过流时,其动断触点断开,KV 线圈断电,使 KMl、KM2、KM3 线圈断电,起到保护作用。

(2)转子绕组串频敏变阻器启动线路

绕线型异步电动机转子串电阻的启动方法,由于在启动过程中逐渐切除转子电阻,在切除瞬间电流及转矩会突然增大,产生一定的机械冲击力。如果想减小电流的冲击,必须增加电阻的级数,这将使控制线路复杂,工作不可靠,而且启动电阻体积较大。

频敏变阻器的阻抗能够随着电动机转速的上升和转子电流频率的下降而自动减小,所以它是绕线型异步电动机较为理想的一种启动装置,常用于较大容量的绕线型异步电动机的启动控制。

1)频敏变阻器简介

频敏变阻器实质上是一个铁芯损耗非常大的三相电抗器。它的铁芯是由几片或十几片较厚的钢板或铁板叠成,并制成开启式。三个绕组按星形联结,将其串联在转子电路中,如图 2.19(a)所示。转子一相的等效电路如图 2.19(b)所示。图中 R_b 为绕线电阻,R 为频敏变阻器的铁损等值电阻,X 为电抗,R 与 X 并联。

当电动机接通电源启动时,频敏变阻器通过转子电路得到交变电动势,产生交变磁通,其电抗为 X。而频敏变阻器铁芯由较厚的钢板制成,在交变磁通作用下,产生很大的涡流损耗和较小的磁滞损耗(涡流损耗占总损耗的 80% 以上)。此涡流损耗在电路中以一个等效电阻 R 表示。电抗 X 和电阻 R 都是由交变磁通产生的,所以其大小都随转子电流频率变化而变化。电动机启动过程中,转子电流频率 f_2 与电源频率 f_1 的关系为:$f_2 = sf_1$,其中 s 为转差率。当电动机转速为零时,转差率 $s = 1$,$f_2 = sf_1$;当 s 随着转速上升而减小时,f_2 便下降。频敏变阻器的 X、R 与 f_2 的平方成正比。因此,启动开始,频敏变阻器的等效阻抗很大,限制了电动机的启动电流,随着电动机转速的升高,转子电流频率降低,等效阻抗自动减小,从而达到了自动改变电动机转子阻抗的目的,实现了平滑无级启动。当电动机正常运行时,f_2 很低(为 $5\%f_1 \sim 10\%f_1$),其阻抗很小。另外,在启动过程中,转子等效阻抗及转子回路感应电动势都是由大到小,所以实现了近似恒转矩的启动特性。

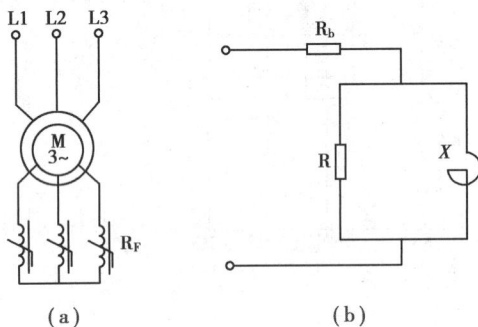

图 2.19　频敏变阻器等效电路

2）转子串频敏变阻器启动控制线路

绕线型异步电动机转子串频敏变阻器启动控制线路如图 2.20 所示。图中 KM1 为线路接触器，KM2 为短接频敏变阻器接触器，KT 为控制启动时间的通电延时型时间继电器，KA 为中间继电器，由于是大电流系统，所以热继电器 FR 接在电流互感器的二次侧。

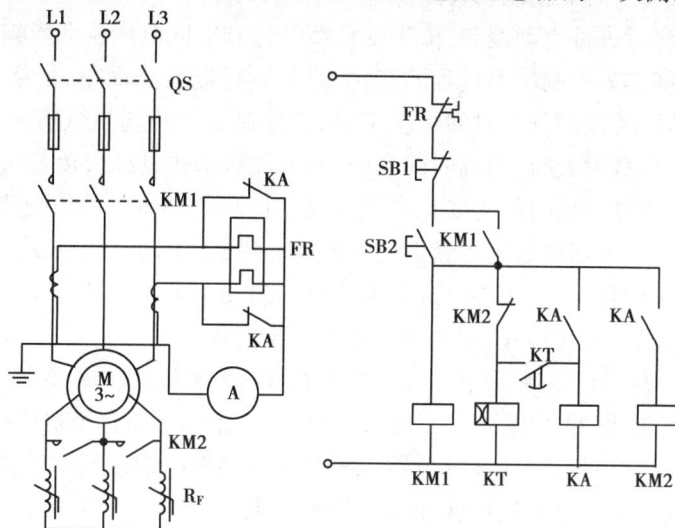

图 2.20　转子串频敏变阻器启动控制线路

线路的工作过程如下：

合上电源开关，按下启动按钮 SB2，接触器 KM1 通电并自锁，电动机接通三相交流电源，电动机转子串频敏变阻器启动；同时，时间继电器 KT 线圈通电并开始延时。当延时结束，KT 的动合延时闭合触点闭合，KA 线圈通电并自锁，并使 KM2 线圈通电，KM2 的动合触点闭合将频敏变阻器切除，电动机进入正常运转状态。

在启动过程中，为了避免启动时间过长而使热继电器误动作，用 KA 的动断触点将热继电器 FR 的发热元件短接。

（3）两种启动方法比较

1）转子绕组串电阻的启动

由于在启动过程中逐渐切除转子电阻，在切除的瞬间电流及转矩会突然增大，产生一定的机械冲击力。如果想减小电流的冲击，必须增加电阻的级数，这将使控制线路复杂，工作不可靠，而且启动电阻体积较大。

2）转子绕组串频敏变阻器启动

频敏变阻器的阻抗能够随着电动机转速的上升、转子电流频率的下降而自动减小，所以它是绕线型异步电动机较为理想的一种启动装置，常用于较大容量的绕线型异步电动机的启动控制。

2.4　异步电动机的制动控制

电动机断电后，由于惯性作用，停车时间较长。某些生产工艺要求电动机能迅速而准确地停车，这就要求对电动机进行强迫制动。制动停车的方式有机械制动和电气制动两种，机械制动是采用机械抱闸制动;电气制动是产生一个与原来转动方向相反的制动力矩。笼型异步电动机与直流电动机和绕线型异步电动机一样,制动可采用反接制动和能耗制动。无论哪种制动方式,在制动过程中,电流、转速、时间三个参量都在变化,因此可以取某一其他参量作为控制信号,在制动结束时及时取消制动转矩。

以电流为变化参量进行制动控制,由于受负载变化和电网电压波动影响较大,所以一般不被采用。如果以时间作为控制制动过程的变化参量,其控制线路简单,价格便宜,这是它的优点。但是,按时间原则控制的制动时间是整定值,实际制动过程与负载有关。负载变动时,对制动时间有影响,当负载增大时,制动时间变短,制动过程加快;反之,负载减小时,则制动时间加长,制动过程变慢。这样以时间为变化参量控制反接制动时,时间继电器按原来整定的时间动作,当负载减少时,转速还没有到零就取消了制动,延缓了制动时间;反之,当负载增大时,在转速已经为零时仍未取消制动,可能造成电动机反向启动。由此可见,以时间为变化参量控制反接制动,只适用于负载变化不大、制动时间基本一定的场合。

以时间为变化参量进行能耗制动时,在转速未到零时取消能耗制动,转矩很小,影响不大,当转速为零时仍未取消制动,也不会反转。所以,以时间为变化参量进行控制对能耗制动是合适的。

如果取转速为变化参量,用速度继电器检测转速,能够正确地反映转速变化,不受外界因素的影响。所以,反接制动常采用以转速为变化参量进行控制。当然,能耗制动也可以采用以转速为变化参量进行控制。

2.4.1 反接制动

异步电动机反接制动有两种情况:一种是在负载转矩作用下使电动机反转的倒拉反接制动,它往往出现在位能负载时。这种方法达不到停机的目的,主要是用于限制下放速度。另一种是改变三机异步电动机电源的相序进行反接制动。

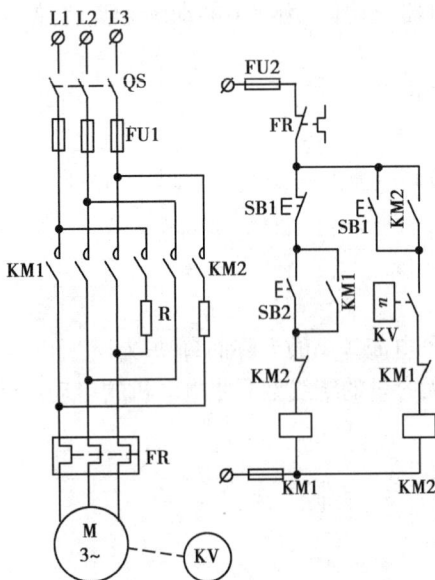

图 2.21 单向反接制动控制电路

反接制动是利用改变电动机电源相序,使定子绕组产生的旋转磁场与转子旋转方向相反,因而产生制动转矩的一种制动方法。应注意的是,但电动机转速接近零时,必须立即断开电源,否则电动机会反向旋转。

在反接制动时,电动机定子绕组流过的电流相当于全压直接启动时电流的 2 倍,为了限制制动电流对电动机转轴的机械冲击力,往往在制动过程中在定子电路中串入电阻。

(1)单向反接制控制线路

单向运行的三相异步电动机反接制动控制线路如图 2.21 所示。图中 KM1 为单向旋转接触器,KM2 为反接制动接触器,KV 为速度继电器,R 为反接制动电阻。

线路的工作过程如下:

合上电源开关 QS,按下启动按钮 SB2,接触器

KM1 线圈通电并自锁,电动机在全压下启动运行,当转速升到某一值(通常为大于 120 r/min)以后,速度继电器 KV 的动合触点闭合,为制动接触器 KM2 的通电做准备。

停车时,按下停车按钮 SB1,KM1 断电,电动机定子绕组脱离三相电源,但电动机因惯性仍以很高速度旋转,KV 原闭合的常开触点仍保持闭合;当将 SB1 按到底,使 SB1 常开触点闭合,KM2 通电并自锁,电动机定子串接二相电阻接上反序电源,电动机进入反制动状态。电动机转速迅速下降,当电动机转速接近 100 r/min 时,KV 常开触点复位,KM2 断电,制动过程结束。

(2)电动机可逆运行反接制动控制线路

图 2.22 为可逆运行反接制动控制线路。图中 KM1、KM2 为正、反转接触器,KM3 为短接电阻接触器,KA1~KA3 为中间继电器,KV 为速度继电器。其中,KV1 为正转闭合触点,KV2 为反转闭合触点,R 为启动与制动电阻。

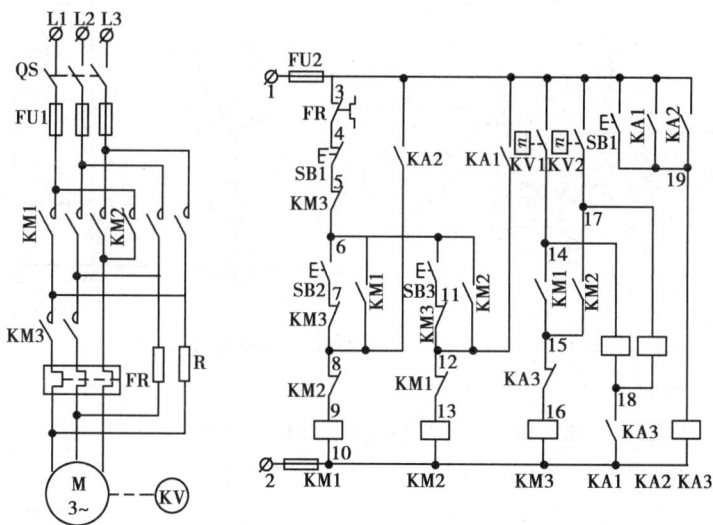

图 2.22 可逆运行反接制动控制电路

电路工作过程如下:合上电源开关 QS,按下正转启动按钮 SB2,KM1 通电并自锁,电动机串入电阻接入正序电源启动;当转速升高到一定值时 KV1 触点闭合,KM3 通电,短接电阻,电动机在全压下启动进入正常运行。

需停车时,按下停止按钮 SB1,KM1、KM3 相继断电,电动机脱开正序电源并串入电阻,同时 KA3 通电,其常闭触点又再次切断 KM3 电路,使 KM3 断开,保证电阻 R 串接于定子电路中。由于电动机转子的惯性转速仍很高,KV1 仍然保持闭合,使 KA1 通电,触点 KA1(3-12)闭合使 KM2 通电,电动机串接电阻接上反序电源,实现反接制动;另一触点 KA1(3-19)闭合,使 KA3 仍通电,确保 KM3 始终处于断电状态,R 始终串入。当电动机转速下降到 100 r/min 时,KV1 断开,KA1 断电,KM2、KA3 同时断电,反接制动结束,电动机停止。

电动机反向启动和停车反接制动过程与上述工作过程相同,读者可自行分析。

2.4.2 能耗制动

能耗制动是把在运动过程中存储在转子中的机械能转变为电能,又消耗在转子电阻上的一种制动方法。将正在运转的三相笼型异步电动机从交流电源上切除,向定子绕组通入直流电流,便在空间产生静止的磁场,此时电动机转子因惯性而继续运转,切割磁感应线,产生感应电动势和转子电流;转子电流与静止磁场相互作用,产生制动力矩,使电动机迅速减速停车。

（1）按时间原则控制的单向运行能耗制动控制电路

图 2.23 为按时间原则进行能耗制动的控制电路。图中 KM1 为单向运行接触器,KM2 为能耗制动接触器,KT 为时间继电器,T 为整流变压器,VC 为桥式整流电路。

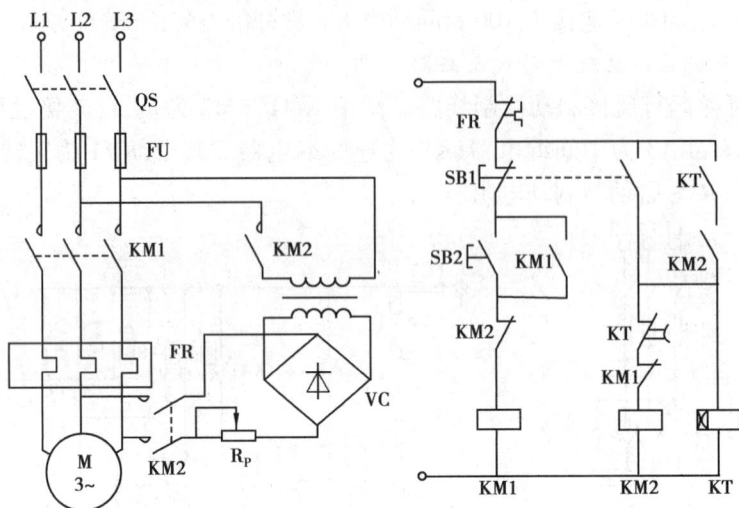

图 2.23 时间原则控制的单向能耗制动控制电路

线路的工作过程如下:

启动时,合上电源开关 QS,按下正转启动按钮 SB2,接触器 KM1 通电并自锁,主触点接通电动机主电路,电动机在全压下启动运行。

停车时,按下停止按钮 SB1,其动断触点使 KM1 线圈断电,切断电动机交流电源;SB1 的动合触点闭合,接触器 KM2、时间继电器 KT 线圈通电并经 KM2 的辅助触点和 KT 的瞬动触点自锁;同时,KM2 的主触点闭合,给电动机二相定子绕组接入直流电源进行能耗制动。电动机在能耗制动作用下转速迅速下降,当接近零时,KT 延时时间到,其延时触点动作,使 KM2、KT 线圈相继断电,切断直流电源,制动过程结束。图中利用 KM1 和 KM2 的动断触点进行互锁的目的是防止交流电和直流电同时加入电动机的定子绕组。

（2）按速度原则控制的可逆运行能耗制动控制电路

图 2.24 为按速度原则控制的可逆运转能耗制动控制电路。图中 KM1、KM2 为正反转接触器,KM3 为制动接触器。

电路工作过程如下:合上电源开关 QS,根据需要可按下正转或反转启动按钮 SB2 或 SB3,相应接触器 KM1 或 KM2 通电并自锁,电动机正常运转。此时速度继电器相应触点 KV1 或 KV2 闭合,为停车时接通 KM3,实现能耗制动准备。

停车时,按下停止按钮 SB1,电动机定子绕组脱离三相交流电源,同时 KM3 通电,电动机定子接入直流电源进入能耗制动,转速迅速下降,当转速降至 100 r/min 时,速度继电器 KV1 或 KV2 触点断开,此时 KM3 断电。能耗制动结束,以后电动机自然停车。

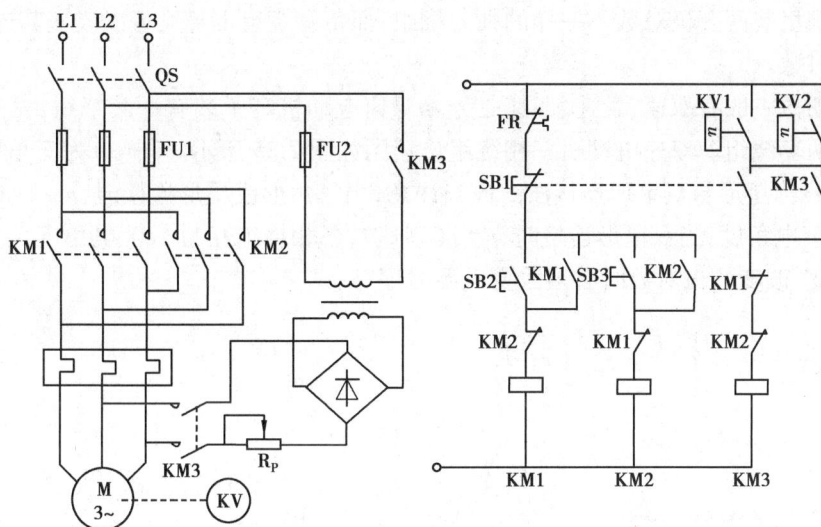

图 2.24　速度原则控制的可逆运行能耗制动控制电路

2.4.3　两种制动方法的比较

能耗制动的特点是制动电流小,能量损耗小,制动准确度,但它需直流电源,制动速度较慢,所以它适用于要求平稳制动的场合。

反接制动的优点是制动能力强,制动时间短,缺点是能量损耗大,制动时冲击力大,制动准确度差。它适用于制动要求迅速、系统惯性大、制动不频繁的场合。

2.5　异步电动机的调速控制

异步电动机调速常用来改善机床的调速性能和简化机械变速装置。根据三相异步电动机的转速公式 $n=60f_1(1-s)/p$ 可知,三相异步电动机的调速方法有变极(p)调速、变转差率(s)调速和变频(f_1)调速三种。而变极对数调速一般仅适用于笼型异步电动机变转差率调速,可分通过调节定子电压、心变转子电路中的电阻以及采用串级调速来实现。变频调速是现代电力传动的一个主要发展方向,已广泛应用于工业自动控制中。本节主要介绍三相笼型异步电动机变极调速电路。

2.5.1　变极调速

(1)变极调速的方法

三相笼型电动机采用改变磁极对数调速,改变定子极数时,转子极数也同时改变,笼型转子本身没有固定的极数,它的极数随定子极数而定。

改变定子绕组极对数的方法有:

①装一套定子绕组,改变它的连接方式就得到不同的极对数;

②定子槽里装两套极对数不一样的独立绕组;

③定子槽里装两套极对数不一样的独立绕组,而每套绕组本身又可以改变其连接方式,得到不同的极对数。

多速电动机一般有双速、三速、四速之分。双速电动机定子装有一套绕组,三速和四速电动机则装有两套绕组。双速电动机三相绕组连接图如图 2.25 所示。图(a)为三角形与双星形连接法;图(b)为星形与双星形连接法。应当注意,当三角形或星形连接时,$p = 2$(低速),各相绕组互为 240°电角度;当双星形连接时,$p = 1$(高速),各相绕组互为 120°电角度。为保持变速前后转向不变,改变磁极对数时必须改变电源时序。

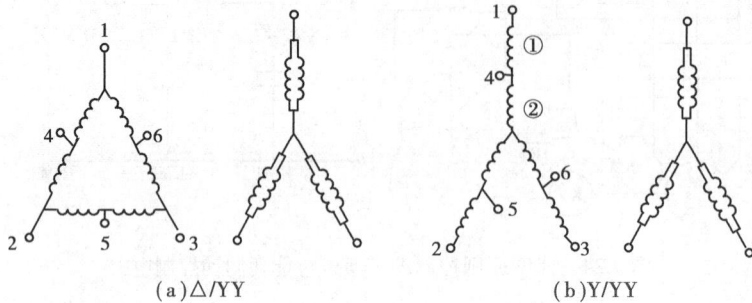

（a）△/YY   （b）Y/YY

图 2.25　双速电动机三相绕组连接图

（2）双速电动机的控制线路

双速电动机调速控制线路如图 2.26 所示。图中 KM1 为△连接接触器,KM2、KM3 为双 Y 连接接触器,SB2 为低速启动按钮,SB3 为高速启动按钮,HL1、HL2 分别为低、高速指示灯。

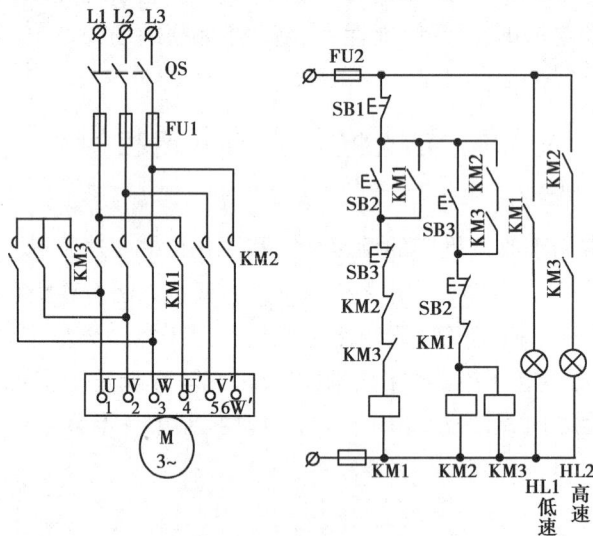

图 2.26　双速电动机调速控制线路

电路工作时,合上开关 QS 接通电源,当按下 SB2,接触器 KM1 线圈通电并自锁,电动机作△连接,实现低速运行,HL1 亮。需高速运行时,按下 SB3,KM2、KM3 线圈通电并自锁,电动机接成双星形连接实现高速运行,HL2 亮。

由于电路采用了 SB2、SB3 的机械互锁和接触器的电气互锁,能够实现低速运行直接转换为高速,或由高速直接转换为低速。

2.5.2　变频调速

（1）概述

变频技术是应交流电机无级调速的需要而诞生的。20 世纪 60 年代以后,电力电子器件经历了 SCR（晶闸管）、GTO（门极可关断晶闸管）、BJT（双极型功率晶体管）、MOSFET（金属氧化物场效应管）、SIT（静电感应晶体管）、SITH（静电感应晶闸管）、MGT（MOS 控制晶体管）、MCT（MOS 控制晶闸管）、IGBT（绝缘栅双极型晶体管）、HVIGBT（耐高压绝缘栅双极型晶闸管）的发展过程,器件的更新促进了电力电子变换技术的不断发展。20 世纪 70 年代开始,脉宽调制变压变频（PWM-VVVF）调速研究引起了人们的高度重视。20 世纪 80 年代,作为变频技术核心的 PWM 模式优化问题吸引着人们的浓厚兴趣,并得出诸多优化模式,其中以鞍形波 PWM 模式效果最佳。20 世纪 80 年代后半期开始,美、日、德、英等发达国家的 VVVF 变频器已投入市场并获得了广泛应用。

（2）变频调速概念及原理

变频器是把工频电源变换成各种频率的交流电源,以实现电机变速运行的设备。变频调速是通过改变电机定子绕组供电的频率来达到调速的目的。我们现在使用的变频器主要采用交-直-交方式（VVVF 变频或矢量控制变频）,先把工频交流电源通过整流器转换成直流电源,然后再把直流电源转换成频率,电压均可控制的交流电源以供给电动机。变频器的电路一般由整流、中间直流环节、逆变和控制四个部分组成。整流部分为三相桥式不可控整流器,逆变部分为 IGBT 三相桥式逆变器,且输出为 PWM 波形,中间直流环节为滤波,直流储能和缓冲无功功率。

变频器的分类方法有多种,按照主电路工作方式可以分为电压型变频器和电流型变频器;按照开关方式可以分为 PAM 控制变频器、PWM 控制变频器和高载频 PWM 控制变频器;按照工作原理可以分为 V/F 控制变频器、转差频率控制变频器和矢量控制变频器等;按照用途可以分为通用变频器、高性能专用变频器、高频变频器、单相变频器和三相变频器等。

（3）变频器控制方式的合理选用

控制方式是决定变频器使用性能的关键所在。目前市场上低压通用变频器品牌很多,包括欧、美、日及国产的共约 50 多种。选用变频器时不要认为档次越高越好,而要按负载的特性,以满足使用要求为准,以便做到量才使用、经济实惠。表 2.1 中所列参数供选用时参考。

表 2.1　变频器控制方式参数

控制方式	$U/f=C$ 控制		电压空间矢量控制	矢量控制		直接转矩控制
反馈装置	不带 PG	带 PG 或 PID	调节器	不要	不带 PG	带 PG 或编码器
速比 I	<1:40	1:60	1:100	1:100	1:1 000	1:100
启动转矩（在 3 Hz）	150%	150%	150%		零转速时为 150%	零转速时为 >150%~200%
静态速度精度%	±(0.2~0.3)	±(0.2~0.3)	±0.2	±0.2	±0.02	±0.2
适应场合	一般风机、泵类等	较高精度调速,控制	一般工业上的调速或控制	所有调速或控制	伺服拖动、高精传动、转矩控制	负荷启动、起重负载转矩控制系统、恒转矩波动大负载

（4）变频器的选型原则

首先要根据机械对转速（最高、最低）和转矩（启动、连续及过载）的要求，确定机械要求的最大输入功率（即电机的额定功率最小值）。有经验公式 $P = nT/9\ 950\ \text{kW}$

式中　P——机械要求的输入功率，kW；

　　　n——机械转速，r/min；

　　　T——机械的最大转矩，N·m。

然后选择电机的极数和额定功率。电机的极数决定了同步转速，要求电机的同步转速尽可能地覆盖整个调速范围，使连续负载容量高一些。为了充分利用设备潜能，避免浪费，可允许电机短时超出同步转速，但必须小于电机允许的最大转速。转矩取设备在启动、连续运行、过载或最高转速等状态下的最大转矩。最后，根据变频器输出功率和额定电流稍大于电机的功率和额定电流的原则来确定变频器的参数与型号。

（5）MICROMASTER 420 系列变频器

MICROMASTER 420 是用于控制三相交流电动机速度的变频器系列。本系列有多种型号，从单相电源电压、额定功率 120 W 到三相电源电压、额定功率 11 kW 供用户选择。

本变频器由微处理器控制，并采用具有现代先进技术水平的绝缘栅双极型晶体管（IGBT）作为功率输出部件。因此，它们具有很高的运行可靠性和功能的多样性。其脉冲宽度调制的开关频率是可以选择的，因而降低了电动机的噪声。全面而完善的保护功能为变频器和电动机提供了良好的保护，MICROMASTER 420 具有缺省的工厂设置参数，它是给数量众多的简单电动机控制系统供电的理想变频驱动装置。由于 MICROMASTER 420 具有全面而完善的控制功能，在设置相关参数以后，它也可用于更高级的电动机控制系统。

MICROMASTER 420 既可用于单机驱动系统，也可集成到"自动化系统"中。其主要特点有：

1）主要特性

①易于安装；

②易于调试；

③牢固的 EMC 设计；

④可由 IT（中性点不接地）电源供电；

⑤对控制信号的响应是快速和可重复的；

⑥参数设置的范围广，确保它可对广泛的应用对象进行配置；

⑦电缆连线简单；

⑧采用模块化设计，配置非常灵活；

⑨脉宽调制的频率高，因而电动机运行的噪声低；

⑩详细的变频器状态信息和信息集成功能；

⑪有多种可选件供用户选用，如用于 PC 通信的通信模块，基本操作面板（BOP），高级操作面板（AOP），用于进行现场总线通信的 PROFIBUS 通信模块。

2）性能特征

①磁通电流控制（FCC），改善了动态响应和电动机的控制特性；

②快速电流控制（FCL）功能，实现正常状态下的无跳闸运行；

③内置的直流注入制动；

④复合制动功能改善了制动特性；

⑤加速/减速斜坡特性具有可编程的平滑功能；

⑥具有比例积分(PI)控制功能的闭环控制；

⑦多点 V/f 特性。

3) 保护特性

①过电压/欠电压保护；

②变频器过热保护；

③接地故障保护；

④短路保护；

⑤I^2t 电动机过热保护；

⑥PTC 电动机保护。

电源和电动机的接线必须按照图 2.27 所示的方法进行。打开变频器的盖子后，就可以连接电源和电动机的接线端子。

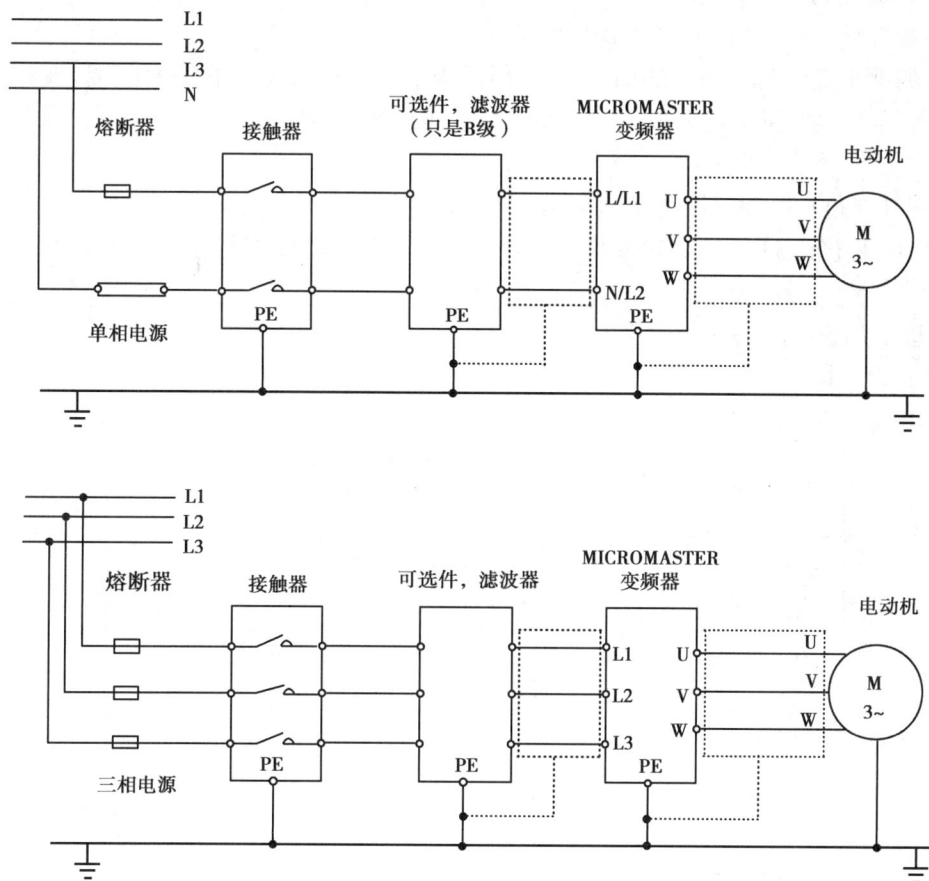

图 2.27 电源和电动机的连接方法

变频器的设计允许它在具有很强电磁干扰的工业环境下运行。通常，良好的安装质量，可确保安全和无故障的运行。防电磁干扰的措施如下：

a.机柜内所有设备需用短而粗的接地电缆连接到公共接地点或公共的接地母线；

b.变频器连接的任何设备都需要用短而粗的接地电缆连接到同一个接地网；

c.由电动机返回的接地线直接连接到控制该电动机变频器的接地端子(PE)上；

d.接触器的触点最好是扁平的,因为它们在高频时阻抗较低；

e.截断电缆的端头时应尽可能整齐,保证未经屏蔽的线段尽可能短；

f.控制电缆的布线应尽可能远离供电电源线,使用单独的走线槽；必须与电源线交叉时,采取 90°直角交叉；

g.无论何时,与控制回路的连接线都应采用屏蔽电缆。

4)操作

MICROMASTER 420 变频器在标准供货方式时装有状态显示板(SDP),对一般用户利用 SDP 和厂家的缺省设置值就可以使变频器正常投入运行。如果厂家的缺省设置值不适合用户的设备情况,可使用基本操作版(BOP)或高级操作板(AOP)修改参数,使之匹配。也可用 PC IBN 工具"Drive Monitor"或"STARTER"来调整厂家的设置值。相关的软件在随变频器供货的 CD ROM 中可以找到。

①用状态显示板(SDP)调试和操作的条件。

SDP 的面板上有两个 LED,用于显示变频器当前的运行状态。采用 SDP 时,变频器的预设定值必须与电动机的额定功率、电压、额定电流、额定频率数据兼容。此外,还必须满足以下条件：

a.线性 V/f 电动机速度控制,模拟电位计输入；

b.50 Hz 供电电源时,最大速度为 3 000 r/min；可以通过变频器的模拟输入电位计进行控制；

c.斜坡上加速时间/斜坡下加速时间 = 10 s。

②缺省设置值。

用 SDP 操作时的缺省设置值见表 2.2。

表 2.2　用 SDP 操作时的缺省设置值

	端　子	参　数	缺省操作
数字输入 1	5	P 0701 = '1'	ON,正向运行
数字输入 2	6	P 0702 = '12'	反向运行
数字输入 3	7	P 0703 = '9'	故障复位
输出继电器	10/11	P 0731 = '52.3'	故障识别
模拟输出	12/13	P 0771 = 21	输出频率
模拟输入	3/40	P 0700 = 0	频率设定值
	1/2		模拟输入电源

③用 SDP 进行的基本操作。

使用变频器上装设的 SDP 可进行以下操作：

a.启动和停止电动机；

b.电动机反向；

c.故障复位。

使用基本操作版（BOP）或高级操作板（AOP）进行修改参数、调试和操作参看 MI-CROMASTER 420 变频器使用大全。

本章小结

电动机运行中的点动、连续运转、正反转、自动循环以及调速控制等基本线路是采用各种主令电器、各种控制电器及各种控制触点按一定逻辑关系的不同组合来实现。当几个条件中只要有一个条件满足接触器就可以通电，则采用并联接法；如果必须所有条件都具备，接触器才得电，应采用串联接法；要求第一个接触器得电后，第二个接触器才得电，可以将前者常开触点串接在第二个接触器线圈的控制电路中，或者第二个接触器控制线圈的电源从前者的自锁触点后引入；要求第一个接触器得电后，第二个接触器不允许得电，可以将前者的常闭触头串接在第二个接触器的控制回路中；连续运转与点动的区别仅在于自锁触头是否起作用。

在电动机的启动控制中，应该注意避免过大的启动电流对电网及传动机械的冲击作用，小容量的电动机（通常在 10 kW 以内）允许直接启动控制方式，大容量的电动机或启动负载大的场合应采用降压启动（串电阻，星形—三角形换接，自耦变压器等方式）的控制方式。启动过程中的状态转换通常采用时间继电器来实现自动控制。

常用的制动方式有反接制动和能耗制动，制动控制线路设计应考虑限制制动电流和避免反向再启动。反接制动应在主电路中串联限流电阻来限制电流，并采用速度继电器防止反向启动。能耗制动引入直流电流产生制动转矩，需要采用时间继电器进行控制。

习　题

2.1　绘制电气图时，图中的图形符号与文字符号应采用什么标准绘制？

2.2　点动与自锁在电路结构上有何区别？它们适合于什么场合？

2.3　画出具有点动和连续运行的混合控制电路。该电路适用于什么场合？

2.4　自锁与互锁有什么区别？分别画出具有自锁的控制电路和具有互锁的控制电路。

2.5　试用一只接触器设计一台电动机的正反转控制电路。用操作开关选择电动机旋转方向（应有短路保护和过载保护）。

2.6　顺序控制时，如要 M1 启动后，M2 才能启动，应采用什么方法？如要 M1 启动后，M2 不能启动，又采用什么方法？

2.7　星形—三角形降压启动方法有什么特点，并说明使用场合？

2.8　某三相鼠笼式异步电动机可正反转，要求降压启动快速停车。试设计主电路和控制电路，并要求有必要的保护。

2.9　试设计一个采取两地操作的点动与连续运转的电路图。

2.10　试设计一个控制电路，要求：按下按钮 SB，电动机 M 正传，松开 SB，M 反转，1 min 后 M 自动停止。画出控制电路图。

2.11　试设计两台鼠笼式电动机 M1、M2 的顺序启动与停止控制电路。

（1）M1、M2 能顺序启动，并能同时停止或 M2 先停止。

（2）M1 启动后 M2 再启动，M1 可点动，M2 可单独停止。

2.12　设计一个三台电动机顺序控制电路。要求：M1 启动 10 s 以后，M2 自动启动，运行 5 s 后，M1 停止，同时 M3 自动启动，运行 15 s 后 M2、M3 同时停止？

2.13　什么叫反接制动？什么叫能耗制动？各有什么特点，适用于那些场合？

2.14　设计一个对一台电动机的控制电路。要求：可正反转，一地或两地启停，可反接制动，有短路和过载保护。

2.15　某机床有主轴和润滑三相电动机 M1 和 M2 拖动，均采用直接启动，试按要求设计主电路及控制电路。要求如下：

（1）M2 必须在启动后，M1 才能启动；

（2）M1 为正反转运行，为调试方便要求能正反转点动控制；

（3）M1 停止后，M2 才能停止；

（4）具有必要的电气保护。

2.16　三相电动机 M1 和 M2 均为单方向运行，可直接启动。试按要求设计主电路和控制电路。要求：

（1）M1 先启动，经过一段后，M2 自行启动；

（2）M2 启动后，M1 立即停止；

（3）M2 可单独停止；

（4）M1 和 M2 均能点动控制。

2.17　现有一双速电动机，试按照下述要求设计控制电路。要求：

（1）分别用两个按钮操作电动机的高速启动和低速启动，用一个停止按钮停止；

（2）启动高速时，应先接成低速，经延时后再换接到高速；

（3）应有短路保护和过载保护。

2.18　电气控制线路常用的保护环节有哪些？各采用什么电气元器件？

2.19　某机床主轴由一台笼型电动机带动，润滑油泵由另一台笼型异步电动机带动，试根据下列要求画出控制线路：

（1）主轴必须在油泵开动后才能开动；

（2）主轴要求能实现正反转，并能单独停车。

（3）有短路、零压及过载保护。

第**3**章

可编程控制器概述

【知识要点】

PLC 的定义；PLC 的特点；PLC 的应用范围；PLC 的主要性能指标；PLC 的组成和工作原理。

【学习目标】

了解 PLC 的由来、发展及使用场合；掌握 PLC 的主要特点、分类方法；熟悉 PLC 的基本构成和外形特征；理解 PLC 的工作原理；了解 PLC 与其他控制系统的区别与联系。

通过本章的学习，使读者初步了解 PLC，理解 PLC 在工业控制领域被广泛应用的原因，学习 PLC 的必要性。

【本章讨论的问题】

1.什么是 PLC？为什么要学习 PLC？

2.PLC 有哪些特点？PLC 是怎么分类的？

3.PLC 是怎么工作的？

4.PLC 与其他控制装置相比有哪些优缺点？

3.1　可编程控制器的发展历程

随着微处理器、计算机和数字通信技术的飞速发展，计算机控制已扩展到了几乎所有的控制领域。现代社会要求制造业对市场需求做出迅速的反应，生产出小批量、多品种、多规格、低成本和高质量的产品。为了满足这一要求，生产设备的控制系统必须具有极高的灵活性和可靠性，可编程序控制器正是顺应这一要求出现的。

3.1.1　PLC 的产生

在 PLC 诞生之前，继电器控制系统已广泛应用于工业生产的各个领域，起着不可替代的作用。随着生产规模的逐步扩大，继电器控制系统已越来越难以适应现代工业生产的要求。

69

继电器控制系统通常是针对某一固定的动作顺序或生产工艺而设计,其控制功能也局限于逻辑控制、定时、计数等一些简单的控制,一旦动作顺序或生产工艺发生变化,就必须重新进行设计、布线、装配和调试,造成时间和资金的严重浪费。继电器控制系统体积大、耗电多、可靠性差、寿命短、运行速度慢、适应性差。为了改变这一现状,1968 年美国最大的汽车制造商通用汽车公司(GM)为了适应汽车型号不断更新的需求,并能在竞争激烈的汽车工业中占有优势,提出要研制一种新型的工业控制装置来取代继电器控制装置,为此,拟定了 10 项公开招标的技术要求,即:

①编程方便,现场可修改程序;

②维修方便,采用插件式结构;

③可靠性高于继电控制盘;

④体积小于继电控制盘;

⑤数据可直接送入管理计算机;

⑥成本可与继电控制盘竞争;

⑦可直接用 115 V 交流输入;

⑧输出可为 115 V,2 A 以上,可直接驱动电磁阀、接触器等;

⑨系统扩展时,原系统变更很少;

⑩用户程序存储器容量大于 4 kB。

根据招标的技术要求,美国的数字设备公司(DEC)于 1969 年研制出了第一台可编程控制器,并在通用汽车公司自动装配线上试用成功。这种新型的工控装置,以其体积小、可变性好、可靠性高、使用寿命长、简单易懂、操作维护方便等一系列优点,很快就在美国的许多行业里得到推广应用,也受到了世界上许多国家的高度重视。1971 年,日本从美国引进了这项新技术,很快研制出了他们的第 1 台 PLC。1973 年,西欧国家也研制出他们的第 1 台 PLC。我国从 1974 年开始研制,到 1977 年开始应用于工控领域。如今,PLC 已经大量应用在进口和国产设备中,各行各业也涌现了大批应用 PLC 改造设备的成果,并且已经实现了 PLC 的国产化,现在生产的设备越来越多地采用 PLC 作为控制装置。因此,了解 PLC 的工作原理,具备设计、调试和维修 PLC 控制系统的能力,已经成为现代工业对电气工作人员和工科学生的基本要求。

3.1.2　PLC 的定义

早期的可编程逻辑控制器虽然采用了计算机的设计思想,但实际上只能完成顺序控制,仅有逻辑运算等简单功能,所以人们将它称为可编程逻辑控制器(Programmable Logic Controller),简称为 PLC。

20 世纪 70 年代后期,随着微电子技术和计算机技术的迅速发展,可编程逻辑控制器具有了更多的计算机功能,不仅用于逻辑控制场合,用来代替继电控制盘,而且还可以用于定位,过程控制、PID 控制等所有控制领域。为此,美国电气制造协会将可编程序逻辑控制器正式命名为可编程序控制器(Programmable Controller),简称 PC。但由于 PC 容易和个人计算机 PC(Personal Computer)混淆,通常人们仍习惯地用 PLC 作为可编程序控制器的简称。

1985 年,国际电工委员会(IEC)对 PLC 作出如下定义:可编程序控制器是一种数字运算操作电子系统,专为在工业环境下应用而设计。它采用了可编程序的存储器,用来在其内部存储执行逻辑运算、顺序控制、定时、计数和算术运算等操作的指令,并通过数字式或模拟式输入和输出控制各种类型的机械或生产过程。可编程控制器及其有关的外围设备,都应按易于与工业控制系统形成一个整体、易于扩充其功能的原则设计。

由该定义可知:PLC 是一种由"事先存储的程序"来确定控制功能的工控类计算机。

PLC 是按照成熟而有效的继电器控制概念和设计思想,利用不断发展的新技术、新电子器件,逐步形成了具有特色的各种系列产品,是一种数字运算操作的专用电子计算机。它是将逻辑运算,顺序控制,时序和计数以及算术运算等控制程序,以指令的形式存放到存储器中,然后根据存储的控制内容,经过模拟、数字等输入输出部件,对生产设备和生产过程进行控制的装置。

3.1.3　发展趋势

作为工业自动化的主流控制产品,PLC 自诞生至今已近半个世纪。伴随相关技术的发展,PLC 在性能、功能、易用性和产品形态等方面已历经五代变革。技术更新的背后是需求的驱动,增效、安全、开放、整合、信息化和智能化将成为当下的工业需求趋势。在此背景下,下一代 PLC 的发展趋势成为用户和 PLC 业界共同关注的课题。

(1)在外观上,PLC 将会越来越小型化、模块化、集成化

外形、体积缩小,意味着便于安装维护,系统集成时占用柜体空间就越少。体积小并不意味着用户对功能的要求在降低,相反,用户对于功能的要求越来越多,这就意味着产品的集成度要求更高。下一代 PLC 应集成更多的操作与维护功能,如内置 CPU 显示屏,可快速访问各种文本信息和详细的诊断信息,以提高设备的可用性,同时也便于全面了解工厂的所有信息;集成短接片,方便用户更为灵活便捷地建立电位组;集成 DIN 导轨,能够快速便捷地安装自动断路器、继电器之类的其他组件;具有灵活的电缆存放方式,凭借预先设计的电缆定位槽装置,即使存放粗型电缆,也可以轻松地关闭模块前盖板;集成屏蔽夹,对模拟量信号进行适当屏蔽,可确保高质量地识别信号并有效防止外部电磁干扰。

在结构上,用户充分认可 PLC 模块化带来的灵活扩展性。为满足自动化应用的各种需求,各种带 CPU 和存储器的智能 I/O 模块既能扩展 PLC 功能,又能灵活使用,延伸了 PLC 的应用范围。对于模块化的设置,用户要求模块间的连接要可靠牢固,具有一定程度的抗振动能力。接线方式最好是用可插拔的端子,换模块时无需借助任何工具即可实现快速安装;设置预接线位置,通过带有定位功能转向布线系统,无论是初次布线还是重新连接,快速便捷;插拔端子的接线最好是用螺丝刀进行而非焊接式;采用标准前端连接器,这样不仅极大简化了电缆的接线操作,同时还节省了更多的接线时间。在模块化设计及产品的可靠性方面,西门子 PLC 始终走在前列。S7-300 是模块化中型 PLC 系统,各模块之间可进行广泛组合构成不同要求的系统。

(2)在性能上,速度会更快,工作更可靠,功能更丰富、更智能

随着计算机技术的快速发展并进入自动化领域,"32 位处理器,纳秒级的处理速度,数万 I/O 点",用户相信这些第五代 PLC 已经具备的特点,将以"更快"的方式体现在下一代 PLC 中,从而让未来的 PLC 拥有 PC 一样的运算能力和数据处理能力。

PLC 以可靠性高、抗干扰能力强而著称,但现代工业对可靠性要求越来越高,用户仍然希望下一代 PLC 的故障检测与处理能力更强。据统计,在 PLC 控制系统的故障中,CPU 和 I/O 仅占 20%,而输入输出设备、线路故障占 80%。前者可通过 PLC 软件本身的软硬件实现检测、

处理,而外围故障须加强研制、发展用于检测外部故障的专用智能模块,进一步提高系统的可靠性。

据统计,基于 PLC 的运动控制器占据了通用运动控制器的半壁江山。这些产品是通过在 PLC 平台上添加驱动步进电机或伺服电机的单轴或多轴位置控制模块,在为各种机械设备提供逻辑控制的同时,提供运动控制功能。未来,用户建议下一代 PLC 能够将运动控制功能直接集成到 PLC 中,而无需使用其他模块,建议运动控制的功能越来越强,能够连接各种模拟量驱动,支持转速轴和定位轴等。

多种自动化技术的深入应用,已经为各种控制融合创造了条件。为适合更多设备的应用,下一代 PLC 将具有更高的硬件软件的集成度。比如,PLC 实现与 CIM、机器人、CAD/CAM、个人计算机、MIS 结合,使 PLC 在工厂自动化未来发展中占有更加重要地位。

此外,用户要求新一代产品具备更好的向上兼容性,便于系统的无缝升级,从而在最大程度上确保投资回报和投资安全性。

如今 PLC 应用领域早已超越了开关量、逻辑控制和离散量监控,已发展成为具有逻辑控制功能、过程控制功能、运动控制功能、数据处理功能、联网通信功能的多功能控制器,具有越来越强的模拟处理能力,以及其他过去只有计算机才能具有的高级处理能力,如浮点数运算、PID 调节、温度控制、精确定位、步进驱动、报表统计等。从这种意义上说,未来的 PLC 将从"控制器"晋升为新一代多功能控制平台。罗克韦尔的 LOGIX 平台、欧姆龙的 NJ 平台都是这种趋势的代表。

(3)在通信方面向开放化、网络化和无线化发展

为适应信息化发展趋势,如今 PLC 网络系统已经不再是自成体系的封闭系统,而是迅速向开放式系统发展。各大品牌 PLC 除了形成自己各具特色的 PLC 网络系统,完成设备控制任务之外,还可以与上位计算机管理系统联网,实现信息交流,成为整个信息管理系统的一部分。另一方面,现场总线技术得到广泛的应用,PLC 与其他安装在现场的智能化设备,比如智能化仪表、传感器、智能型驱动执行机构等,通过传输介质连接,并按照同一通信规约互相传输信息,由此构成一个现场工业控制网络。该网络与单纯的 PLC 远程网络相比,配置更灵活,扩容更方便,造价更低,性能价格也更好,更具有开放意义。

随着多种控制设备协同工作的迫切需求,人们对 PLC 的 Ethernet 扩展功能以及进一步兼容 Web 技术提出了更高的要求。通过集成 Web Server,用户无需亲临现场即可通过 Internet 浏览器随时查看 CPU 状态;过程变量以图形化方式进行显示,简化了信息的采集操作。基于此要求,用户认为 S7-1200 为代表的新一代小型 PLC,以太网接口已成标配,工业网络已经不再是初期的奢侈品,而是现代工业控制系统的基础,这代表着以 PLC 为代表的控制系统正在从基于控制的网络发展成为基于网络的控制。

甚而有用户认为,"铜退光进"、"铜退无线进"的网络通信时代应引发新一代 PLC 硬件上的革命,那就是输入输出部分应该与 PLC 分离,直接留在现场底层,通过光纤或无线与 PLC 以一种新标准的工业信号连接,这样的 PLC 将回归它的"可编程逻辑过程控制"本质功能。未来,PLC 与智能手机的互联,甚至配置 WIFI,更会带来工业现场的无线化变革。

(4)编程软件将更简单,逐渐趋向平台化

用户对于编程软件反映最多的问题是没有统一的标准。一位工程师诉苦说:"踏入工控

行业,天天和各种工控产品打交道,电脑上安装了很多的软件,很不方便,更加烦恼的是每次重新安装系统的时候,都要把所有的软件重新安装一次,浪费很多的时间。"在实际工作中,有工程师反映前几天用 PLC 的编程软件写一个程序,过几天又要用上位机组态软件开发 SCADA 系统,到了现场还要使用驱动软件设置和调试驱动设备。这样不但需要安装和学习不同软件平台,还要在不同软件平台之间配置复杂的通讯,重复输入相关数据并进行传送数据,这样既直接影响到工作效率的提升也容易出现人为的错误。因此,希望自动化厂商推出的软件平台可以兼容其相关的自动化和驱动产品,以减少复杂应用的问题。

在软件完善与改进方面,软件视图、增加帮助提示及软件操作太过繁琐都是用户面临的问题。工程师在调试设备的时候通常使用笔记本电脑,但是笔记本电脑的屏幕太小,从而影响图像显示,为用户浏览程序带来不便。在软件视图优化上,用户希望厂商能够提供全面的视图大小调整方式,并可以灵活地自定义界面上的布局。除此之外,软件上添加帮助提示功能,对用户使用不熟悉的功能进行指导,能够帮助工程师们提高编程的效率。工程师们认为,目前西门子在这方面做得比较到位,尤其是对于一些不熟悉西门子的用户来说,使用帮助提示功能能够提高编程的效率。

简易编程、软件互通,呼唤的是软件的一体化和平台化。有用户甚至表示,"PLC 的软件在等待一个类似于微软视窗那样的突破,才能说开创一个全新的 PLC 时代"。在硬件主导市场的自动化领域,已经可以看到跨硬件的一体化设计软件,这是软件平台化的开端。随着软件价值在自动化系统中的提升,未来真正的自动化平台化软件或可预期。

纵观 PLC 发展变化的需求驱动因素和用户期望,下一代 PLC 的发展方向已初具轮廓:性能越来越强,功能越来越多,PLC 将能适应更为复杂的控制任务;网络通信成为标配,PLC 控制系统将逐步融入全厂自动化乃至企业管理信息化系统之中;设计软件趋向更为简单,平台化软件趋势可期;安装、调试、维护、诊断更为便捷,PLC 的使用趋于简单化,而应用趋于智能化。因此,下一代 PLC 的变革不止体现在传统的功能和性能上,更体现在产品平台理念、企业级系统融合和全生命周期的价值之中。唯其此,新一代 PLC 方能够更加满足各种工业自动化控制应用的需要,成为百年不衰的工业控制平台。

3.2　可编程控制器的性能特点与分类

3.2.1　可编程控制器的特点

PLC 之所以能够迅速发展,除了它顺应了工业自动化的客观要求之外,更重要的一方面是由于它具有许多适合工业控制的优点,较好地解决了工业控制领域中普遍关心的可靠、安全、灵活、方便、经济性等问题。它具有以下几个显著的特点:

(1)功能丰富

与常规的继电器相比,功能丰富是 PLC 的一大特点。

PLC 有丰富的指令系统,有各种各样的 I/O 接口、通信接口,有大容量的内存,有可靠的自身监控系统,因而具有了逻辑处理、数据运算、定时计数、中断处理、联网通信、自检自诊断等功能。可以说,凡是普通小型计算机能做到的,它几乎也都可做到。

丰富的功能为 PLC 的广泛应用提供了可能,同时也为工业系统控制的自动化、网络化、信息化及智能化创造了条件。

（2）工作可靠

用 PLC 实现对系统的控制是非常可靠的。这是因为 PLC 在硬件与软件两个方面都采取了很多非常有效的根本性措施：

1）在硬件方面

对输入信号多做了滤波，而且输入输出电路与内部 CPU 是电隔离，其信号靠光耦器件或电磁器件传递。同时，CPU 板还有抗电磁干扰的屏蔽措施，可确保 PLC 程序的运行不受外界的电与磁干扰。

PLC 使用的元器件多为无触点的，而且为高度集成的，数量并不太多，也为其可靠工作提供了物质基础。而且所用的元器件都经严格监测、老化与筛选，质量是有可靠保证的。其输出用的继电器虽为触点式的，但它的触点是在密封的真空条件下，故其寿命也可达几十万次。

在机械结构设计与制造工艺上，为使 PLC 能安全可靠地工作，也采取了很多措施，可确保 PLC 耐振动、耐冲击。其使用环境温度可高达 50 ℃以上，有的 PLC 可高达 100 ℃，有的在零下 40~50 ℃还可正常工作。

有的 PLC 的模块可热备，即一个模块工作，另一个模块也运转，但不参与控制，仅做备份。一旦主作模块出现故障，热备份的可自动接替其工作。

还有更进一步冗余的，采用三取一的设计，CPU、I/O 模块、电源模块都冗余或其中部分冗余。三套同时工作，最终输出取决于三者中的多数决定的结果。这可使系统出故障的几率几乎为零，做到万无一失。当然，这样的系统成本是很高的，只用于特别重要的场合，如铁路车站的道岔控制系统。

2）在软件方面

PLC 的工作方式一般为扫描加中断，这既可保证它能有序地工作，避免继电控制系统常出现的"冒险竞争"，其控制结果总是确定的；而且又能应急处理急于处理的控制，保证了 PLC 对应急情况的及时响应，使 PLC 能可靠地工作。

为监控 PLC 运行程序是否正常，PLC 系统都设置了"看门狗"（Watch dog）监控程序。运行用户程序开始时，先清零"看门狗"定时器，并开始计时。当用户程序一个循环运行完了，则查看定时器的计时值。若超时（一般不超过 100 ms），则报警。严重超时，可使 PLC 停止工作。用户可依报警信号采取相应的应急措施。若定时器的定时值没有超时，则重复起始的过程。PLC 将正常工作。显然，有了这个"看门狗"监控程序，可保证 PLC 用户程序的正常运行，避免出现"死循环"而影响其工作的可靠性。

PLC 还有很多防止及检测故障的指令，以产生各重要模块工作正常与否的提示信号：可通过编制相应的用户程序，对 PLC 的工作状况以及 PLC 所控制的系统进行监控，以确保其可靠工作。

PLC 每次上电后，还都要运行自检程序及对系统进行初始化。这是系统程序（操作系统）配置的，用户可不干预。出现故障时有相应的出错信号提示。

正是 PLC 在软、硬件诸方面有强有力的可靠性措施，才确保了 PLC 具有可靠工作的特点。它的平均无故障时间可达几万小时以上；出了故障平均修复时间也很短，几小时，甚至几分钟即可。

（3）使用方便

用 PLC 实现对系统的控制是非常方便的。

首先，PLC 控制逻辑的建立是程序，用程序代替硬件接线。编程序比接线，更改程序比更改接线，当然要方便得多！

其次，PLC 的硬件是高度集成化的，已集成为种种小型化的箱体或模块。而且，这些箱体或模块是配套的，已实现了系列化与规格化。种种控制系统所需的箱体或模块，PLC 厂商多有现货供应，市场上可方便购得。所以，硬件系统配置与制造也非常方便。

正因如此，可编程序控制器才有这个"可"字。对软件讲，它的程序可编，也有办法编。对硬件讲，它的配置可变，而且也易于变。

具体地讲，PLC 有六个方面的方便：

1）配置方便

可按控制系统的需要确定要使用哪家厂商的、哪种类型的 PLC，以及用什么箱体或模块，要多少箱体或模块。确定后，到市场上订购即可。

2）安装方便

PLC 硬件安装简单，组装容易。外部接线有接线器，接线简单，而且一次接好后，更换模块时，把接线器安装到新模块上即可，可不必再接线。内部什么线都不要接，只要做些必要的 DIP 开关设定或软件设定就可工作。

3）编程方便

发挥 PLC 功能，主要通过运行用户程序实现。用户程序要求用户编写。但编写这个程序是较方便的。编程工具可以使用编程器，也可以是计算机。编程语言已有国际标准 IEC61131-3 规定的标准。而用梯形图语言编程类似于继电电路设计，很受电气工程人员欢迎。用计算机编程时，有的还可用高级语言，如 BASIC 语言、C 语言。而且，几乎所有厂商都提供有专门的计算机编程软件，界面都很友好，为 PLC 编程提供了方便。在调试程序方面，有些厂商的 PLC 还有计算机仿真软件，在 PLC 没到货时就可进行程序调试，为程序设计提供了很大的方便。PLC 的程序便于存储、移植及再使用。某定型产品用的 PLC 的程序完善之后，凡这种产品都可使用。生产一台，复制一份即可。这比起继电器电路台台设备都要接线、调试，要省事及简单得多。

由于有以上 3 点的方便，用 PLC 作控制系统集成，其开发过程比过去用继电器要快得多。小系统所用的时间仅几天就够。大系统要多用一些时间，但与 PLC 有关的也不多，主要是用于其他相关的配置上。

4）维修方便

这是因为 PLC 工作可靠，出现故障的情况不多，这大大减轻了维修的工作量。即使 PLC 出现故障，维修也很方便。这是因为 PLC 都设有很多故障提示信号，如 PLC 支持内存保持数据的电池电压不足，相应的就有电压低信号指示。而且 PLC 可作故障情况记录。所以，PLC 出了故障，很容易查找与诊断。同时，诊断出故障后排故也很简单。可按箱体或模块排故，而箱体或模块的备件市场可以买到，进行简单的更换就可以。至于软件，调试好后是不会出故障的，至多也只是依据使用经验进行调整，使之完善就是了。

5）升级方便

由于网络技术的发展及远程通信的进步，很多 PLC 还可进行远程诊断及维护；同时，还可远程升级 PLC 的操作系统。有了这个技术,可使用户已拥有的 PLC 也能随着厂商技术的进步,适时地得以相应提升,其技术寿命也可以得到延长。

6)改用方便

PLC 用于某设备,若这个设备不再使用了,其所用的 PLC 还可给别的设备使用,只要改编一下程序就可办到。如果原设备与新设备差别较大,它的一些箱体或模块也还可重用。

曾有人做过为什么要使用 PLC 的问卷调查。在回答中,多数用户把 PLC 工作可靠作为选用它的主要原因,即把 PLC 能可靠工作作为它的首选指标。

多年使用 PLC 的经验也说明,PLC 工作是非常可靠的。正使用的 PLC 往往不是由于用坏而被淘汰,而是由于 PLC 技术发展太快,由于技术落后而被淘汰。

(4)经济合算

实际经验不断证明,尽管使用 PLC 比起常规电器,首次投资要大些,但从全面及长远看,使用 PLC 还是合算的。这是因为:使用 PLC 的投资虽大,但它的体积小、所占空间小,辅助设施的投入少;系统集成方便,建造的周期短;使用时省电,运行费用少;工作可靠,停工损失少;维修简单,维修费用少;还可再次使用以及能带来附加价值等,从中可得更大的回报。所以,在多数情况下,它的效益是可观的。

总之,PLC 具有功能丰富、工作可靠、使用方便及经济合算的特点,使得它既非常有用,又非常好用、耐用、省用,有无限的发展生命力和非常广泛的应用前景。短短几十年,它从诞生、生长、成熟及不断完善与一代又一代的发展,已成为工业自动化的支柱产品并发展成为强大的高科技产业。可以这么说,在当代,一个工业控制系统或较先进的工业产品,其控制装置若不使用 PLC,那是不可想象的。

3.2.2 可编程序控制器的分类

PLC 发展到今天,已经有多种形式,而且功能也不尽相同,分类时,可从不同角度对 PLC 分类。

(1)按结构特点分类

根据 PLC 的结构形式,可将 PLC 分为整体式和模块式两类。

1)整体式 PLC

整体式 PLC 是将电源、CPU、I/O 接口等部件都集中装在一个机箱内,具有结构紧凑、体积小、价格低的特点。小型 PLC 一般采用这种整体式结构。整体式 PLC 由不同 I/O 点数的基本单元(又称主机)和扩展单元组成。基本单元内有 CPU、I/O 接口、与 I/O 扩展单元相连的扩展口,以及与编程器或 EPROM 写入器相连的接口等。扩展单元内只有 I/O 和电源等,没有CPU。基本单元和扩展单元之间一般用扁平电缆连接。整体式 PLC 一般还可配备特殊功能单元,如模拟量单元、位置控制单元等,使其功能得以扩展。

2)模块式 PLC

模块式 PLC 是将 PLC 各组成部分,分别做成若干个单独的模块,如 CPU 模块、I/O 模块、电源模块(有的含在 CPU 模块中)以及各种功能模块。模块式 PLC 由框架或基板和各种模块组成。模块装在框架或基板的插座上。这种模块式 PLC 的特点是配置灵活,可根据需要选配不同规模的系统,而且装配方便,便于扩展和维修。大、中型 PLC 一般采用模块式结构。

(2)按控制规模分类

控制规模是指 PLC 所能控制的 I/O 总点数。按控制规模,PLC 大致可分为微型机、小型机、中型机、大型机及超大型机。大型机、超大型机控制规模大、功能强、性能高,价格也高;而微型机、小型机控制规模小,功能也差些,性能也低些,但是价格便宜。

1)微型机

其控制点数仅几点、十几点、几十点。例如欧姆龙公司的 SP10 只能控制 10 点。西门子公司的 LOGO,等等。由于它的价格低廉,使用方便,工作可靠,体积小,而且它的可输出电流比其他 PLC 都大,有的可达到 8 A。因而,可以成为继电器控制的代替品,也因此,有的则称其为可编程继电器(PLR)。

2)小型机

小型机的控制点一般在 256 点之内,适合于单机控制或小型系统的控制。如欧姆龙公司称之为紧凑型 PLC,型号 CPM2A,最大 I/O 点数可达到 120 点;西门子小型机有 S7-200:其处理速度为 0.37 μs/步;存储器 2k ;数字量 I/O 点可达 248 点;模拟量 35 路。

3)中型机

中型机的控制点一般不大于 2 048 点,可用于对设备进行直接控制,还可以对多个下一级的可编程序控制器进行监控,它适合中型或大型控制系统的控制。

西门子中型机有 S7-300:处理速度 0.2 μs/步;存储器 32k ;数字量 I/O 点可达 1 024 点;模拟量 128 路。

4)大型机

大型机的控制点一般大于 2 048 点,不仅能完成较复杂的算术运算还能进行复杂的矩阵运算。它不仅可用于对设备进行直接控制,还可以对多个下一级的可编程序控制器进行监控。西门子大型机有 S7-400 :处理速度 0.2 μs/步;存储器 512k ;数字量 I/O 点可达 12 672 点。

5)超大型机

控制点数可达万点,甚至几万点。有的 PLC 可在主机架上安装多个 CPU 单元,还可用全新的控制方式工作,其控制点数几乎不受什么限制。如美国 GE 公司的 90-70 机,其点数可达 24 000 点,另外还可有 8 000 路的模拟量。再如美国莫迪康公司的 PC-E984-785 机,其开关量具总数为 32 k(32 768),模拟量有 2 048 路。西门子的 SS-115U-CPU945,其开关量总点数可达 8 k,另外还可有 512 路模拟量。

应该讲,以上这种划分是不严格的,只是大致的,所介绍的情况也是会有变化的,划分的目的只是帮助读者建立控制规模的概念,以便日后进行系统配置及使用。

(3)按生产厂商分类

1)欧美产 PLC

主要有:德国的西门子、美国的 AB、美国的 GE、法国的施耐德及瑞士的 ABB 等公司的 PLC 产品。其中,西门子公司的 PLC 应用最为广泛。据调查,西门子 PLC 产品的市场占有率为 70%。其主要产品有:S7-200,S7-200smart ,S7-300,S7-400,S7-1200,S7-1500 等。

2)日产 PLC

主要有:欧姆龙(OMRON)、三菱、松下、东芝、富士、光洋、日立等公司的 PLC 产品。

3)韩国产 PLC

主要有 LG 等公司的产品。它们多是近 10 多年才发展起来的。品种不太全,性能不太高,质量有待考验,但价格较低。

4)国产 PLC

国产分大陆产与台湾产。台湾产 PLC 品牌主要有:台达、永宏等。大陆产主要有和利时、特维森等公司的产品。

3.2.3 可编程控制器的性能指标

PLC 的性能指标是反映 PLC 性能高低的一些相关的技术指标,主要包括 I/O 点数、处理速度(扫描时间)、存储器容量、定时器/计数器及其他辅助继电器的种类和数量、各种运算处理能力等。下面予以简要介绍:

(1)I/O 点数

PLC 的规模一般以 I/O 点数(输入/输出点数)表示,即输入/输出继电器的数量。这也是在实际应用中最关心的一个技术指标,按输入/输出的点数一般分为小型、中型和大型 3 种。通常箱体式的主机都带有一定数量的输入和输出继电器,如果不能满足需求,还可以用相应的扩展模块进行扩展,增加 I/O 点数。

(2)处理速度

PLC 的处理速度一般用基本指令的执行时间来衡量,一般取决于所采用 CPU 的性能。早期 PLC 的每步运算时间一般为 1 μs 左右,现在的速度则快得多,如西门子的 S7-200 系列 PLC 为 0.8 μs,欧姆龙的 CPM2A 系列 PLC 达到 0.64 μs,1 000 步基本指令的运算只需要 640 μs,大型 PLC 的工作速度则更高。因此,PLC 的处理速度可以满足绝大多数的工业控制要求。

(3)存储器容量

在 PLC 应用系统中,存储器容量是指保存用户程序的存储器大小,一般以“步”为单位。1 步为 1 条基本指令占用的存储空间,即两个字节。小型 PLC 一般只有几 K 步到几十 K 步,大型 PLC 则能达到几百 K 步。西门子 S7-200 系列 PLC 的存储容量为 2 K~8 K,选配相应的存储卡则可以扩展到几十 K。

(4)定时/计数器的点数和精度

定时器、计数器的点数和精度从一个方面反映了 PLC 的性能。早期定时器的单位时钟一般为 100 ms,最大时限(最大定时时间)大多为 3 276.7 s。为了满足高精度的控制要求,时钟精度不断提高,如三菱 FX2N 系列 PLC 和西门子 S7-200 系列 PLC 的定时器有 1 ms、10 ms 和 100 ms 三种,而松下 FP 系列 PLC 的定时器则有 1 ms、10 ms、100 ms 和 1 s 4 种,可以满足各种不同精度的定时控制要求。

(5)处理数据的范围

PLC 处理的数值为 16 位二进制数,对应的十进制数范围是 0~9 999 或-32 768~32 767。但在高精度的控制要求中,处理的数值为 32 位,范围是-2 147 483 648~2 147 483 647。在过程控制等应用中,为了实现高精度运算,必须采用浮点运算。现在新型的 PLC 都支持浮点数的处理,可以满足更高的控制要求。

(6)指令种类及条数

指令系统是衡量 PLC 软件功能高低的主要指标。PLC 的指令系统一般分为基本指令和高级指令(也叫功能指令或应用指令)两大类。基本指令都大同小异,相对比较稳定。高级指令则随 PLC 的发展而越来越多,功能也越强。PLC 具有的指令种类及条数越多,则其软件功能越强,编程就越灵活,越方便。

另外,各种智能模块的多少、功能的强弱也是说明 PLC 技术水平高低的一个重要标志。智能模块越多,功能就越强,系统配置和软件开发也就越灵活,越方便。

3.2.4 PLC 的应用领域

目前,PLC 在国内外已广泛应用于钢铁、石油、化工、电力、建材、机械制造、汽车、轻纺、交通运输、环保及文化娱乐等各个行业,使用情况大致可归纳为如下几类:

(1)开关量的逻辑控制

这是 PLC 最基本、最广泛的应用领域,它取代传统的继电器电路,实现逻辑控制、顺序控制,既可用于单台设备的控制,也可用于多机群控及自动化流水线。如注塑机、印刷机、订书机械、组合机床、磨床、包装生产线、电镀流水线等。

(2)模拟量控制

在工业生产过程当中,有许多连续变化的量,如温度、压力、流量、液位和速度等都是模拟量。为了使可编程控制器处理模拟量,必须实现模拟量(Analog)和数字量(Digital)之间的 A/D 转换及 D/A 转换。PLC 厂家都生产配套的 A/D 和 D/A 转换模块,使可编程控制器用于模拟量控制。

(3)运动控制

PLC 可以用于圆周运动或直线运动的控制。从控制机构配置来说,早期直接用于开关量 I/O 模块连接位置传感器和执行机构,现在一般使用专用的运动控制模块。如可驱动步进电机或伺服电机的单轴或多轴位置控制模块。世界上各主要 PLC 厂家的产品几乎都有运动控制功能,广泛用于各种机械、机床、机器人、电梯等场合。

(4)过程控制

过程控制是指对温度、压力、流量等模拟量的闭环控制。作为工业控制计算机,PLC 能编制各种各样的控制算法程序,完成闭环控制。PID 调节是一般闭环控制系统中用得较多的调节方法。大中型 PLC 都有 PID 模块,目前许多小型 PLC 也具有此功能模块。PID 处理一般是运行专用的 PID 子程序。过程控制在冶金、化工、热处理、锅炉控制等场合有非常广泛的应用。

(5)数据处理

现代 PLC 具有数学运算(含矩阵运算、函数运算、逻辑运算)、数据传送、数据转换、排序、查表、位操作等功能,可以完成数据的采集、分析及处理。这些数据可以与存储在存储器中的参考值比较,完成一定的控制操作,也可以利用通信功能传送到别的智能装置,或将它们打印制表。数据处理一般用于大型控制系统,如无人控制的柔性制造系统;也可用于过程控制系统,如造纸、冶金、食品工业中的一些大型控制系统。

(6)通信及联网

PLC 通信含 PLC 间的通信及 PLC 与其他智能设备间的通信。随着计算机控制的发展,工厂自动化网络发展得很快,各 PLC 厂商都十分重视 PLC 的通信功能,纷纷推出各自的网络系统。新近生产的 PLC 都具有通信接口,通信非常方便。

3.3 可编程控制器的基本结构与工作原理

3.3.1 可编程控制器的基本结构

可编程控制器种类繁多,但其基本结构和工作原理基本相同,PLC 的基本结构由中央处理器(CPU)、存储器、输入、输出接口、电源、扩展接口、通信接口、编程接口、智能 I/O 接口、智能单元等组成。其总体结构框图如图 3.1 所示。

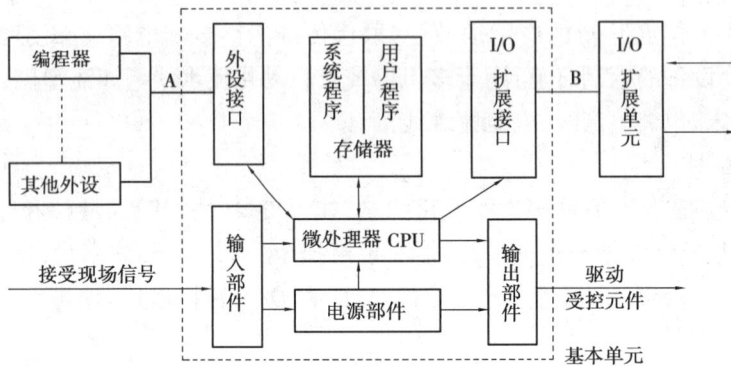

图 3.1 可编程控制器的结构框图

（1）CPU（中央处理器）

CPU 是整个 PLC 的运算和控制中心,它在系统程序的控制下,完成各种运算和协调系统内部各部分的工作,相当于大脑和心脏。不同型号的 PLC 其 CPU 芯片是不同的,有采用通用 CPU 的,也有采用厂家自行设计的专用的 CPU 芯片的。CPU 芯片的性能关系到 PLC 处理控制信号的能力与速度,CPU 位数越高,系统处理的信息量越大,运算速度也越快。PLC 的功能是随着 CPU 芯片技术的发展而提高和增强的。

（2）存储器

PLC 的存储器包括系统存储器和用户存储器两部分。系统程序存储器的类型是只读存储器(ROM),PLC 的操作系统存放在这里,程序由制造商固化,通常不能修改。存储器中的程序负责解释和编译用户编写的程序,监控 I/O 口的状态,对 PLC 进行自诊断,扫描 PLC 中的程序等。

用户存储器包括用户程序存储器(程序区)和功能存储器(数据区)两部分。用户程序存储区存放用户根据实际控制要求或生产工艺流程编写的具体控制程序。不同类型的 PLC,其存储容量各不相同。用户功能存储器是用来存放用户程序中使用各种器件的 ON/OFF 状态/数值数据等,如工作寄存器、内部继电器、定时器、计数器、数据寄存器、变址寄存器等。用户存储器容量的大小,关系到用户程序容量的大小,是反映 PLC 性能的重要指标之一。

（3）输入、输出接口

PLC 的输入、输出信号类型可以是开关量、模拟量和数字量。输入、输出接口是 PLC 内部弱电信号和工业现场强电信号联系的桥梁。输入、输出接口主要有两个作用:一是利用内部的电隔离电路将工业现场和 PLC 内部进行隔离,起保护作用;二是调理信号,可以把不同的信号

(强电,弱电信号)调理成 CPU 可以处理的信号。

1)输入接口电路

PLC 以开关量顺序控制为特长,其输入电路基本相同,通常分为 3 种类型,即直流输入型、交流输入型和交直流输入型。外部输入元件可以是触点或传感器。输入电路包括光电隔离和 RC 滤波器,用于消除输入触点和外部噪声干扰。直流输入方式的电路图如图 3.2 所示。

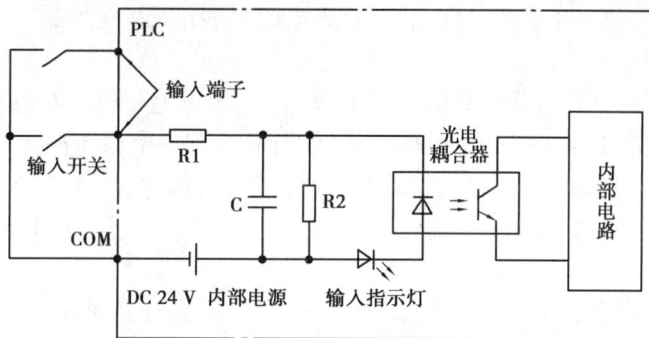

图 3.2　直流输入接口电路

2)输出接口电路

输出接口电路有三种形式,即继电器输出、晶体管输出和晶闸管输出。如图 3.3 所示,开关量输出端的负载电源一般由用户提供,输出电流一般不超过 2 A。

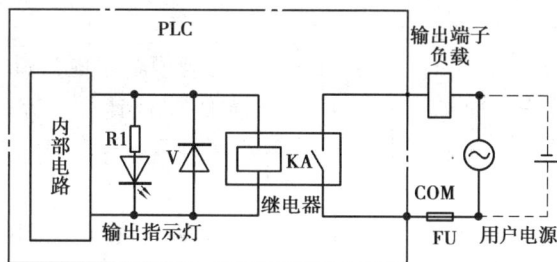

(a)

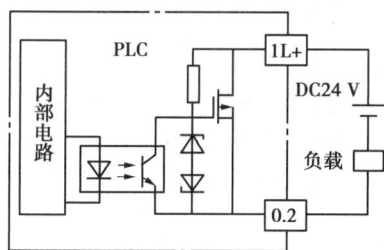

(b)

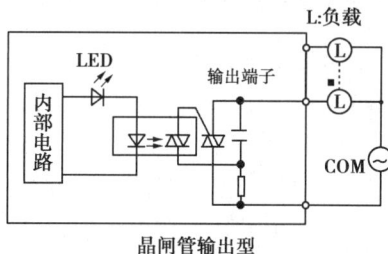

(c)

图 3.3　PLC 的输出电路图

图 3.3(a)为继电器输出,CPU 控制继电器线圈的通电或失电,其接点相应闭合或断开,接点再控制外部负载电路的通断。显然,继电器输出型 PLC 是利用继电器线圈和触点之间的电气隔离,将内部电路与外部电路进行了隔离。图 3.3(b)为晶体管输出型。晶体管输出型通过使晶体管截止或饱和导通来控制外部负载电路,它是在 PLC 内部电路与输出晶体管之间用光

耦合器进行隔离。图 3.3(c)为晶闸管输出型。晶闸管输出型通过使晶闸管导通或关断来控制外部负载电路,它是在 PLC 内部电路与输出元件之间用光电晶闸管进行隔离。

在 3 种输出形式中,以继电器输出型最为常用,但响应时间最长、输出频率较慢,其负载电源可以是直流电源或交流电源。

晶体管输出型的响应时间最短,输出频率较快,其负载电源只能是直流电源。晶闸管输出型的响应速度和输出频率介于两者之间,其负载电源只能是交流电源。

(4)电源

PLC 的供电电源一般是市电,有的也用 DC24 V 电源供电。PLC 对电源稳定性要求不高,一般允许电源电压在 $-15\% \sim +10\%$ 内波动。PLC 内部含有一个稳压电源,用于对 CPU 和 I/O 单元供电。小型 PLC 的电源往往和 CPU 单元合为一体,大中型 PLC 都有专门的电源单元。有些 PLC 还有 DC24 V 输出,用于对外部传感器供电,但输出电流往往只是毫安级。

(5)通信接口

现代 PLC 一个显著的特点就是具有通信功能,目前主流的 PLC 一般都具有 RS485(或 RS232)通信接口,以便连接编程设备、监视器、打印机等外围设备,或连接诸如变频器、温控仪等简单控制设备进行简单的主从式通信,实现"人-机"或"机-机"之间的对话。一些先进的 PLC 上还具有工业网络通信接口,可以与其他的 PLC 或计算机相连,组成分布式工业控制系统,实现更大规模的控制,另外还可以与数据库软件相结合,实现控制与管理相结合的综合扩展控制。

(6)扩展接口

扩展接口用于扩展 I/O 单元的,它使 PLC 的点数规模配置更为灵活。这种扩展接口实际上为总线形式,可以配接开关量单元,也可配置如模拟量、高速脉冲等单元以及通信适配器等。在大中型 PLC 中,扩展接口为插槽扩展基板的形式。

(7)编程器接口

PLC 本体上通常是不带编程器的,为了能对 PLC 编程及监控,PLC 上专门设置有编程器接口,通过这个接口可以连接各种形式的编程装置,还可以利用此接口做一些监控的工作。

3.3.2 可编程控制器的工作原理

(1)PLC 的扫描工作方式

PLC 本质上是一台微型计算机,其工作原理与普通计算机基本上是一致的,可以简单地表述为在系统程序的管理下,通过运行应用程序,对控制要求进行处理判断,并通过执行用户程序来实现控制任务。但计算机与 PLC 的工作方式有所不同,计算机一般采用等待命令的工作方式,而 PLC 则采用循环扫描的工作方式。其具体过程如下:

PLC 有运行(RUN)与停止(STOP)两种基本的工作模式。当处于停止工作模式时,PLC 只进行内部处理和通信服务等内容。当处于运行工作模式时,PLC 要进行内部处理、通信服务、输入处理、程序处理、输出处理,然后按上述过程循环扫描工作。在运行模式下,PLC 通过反复执行反映控制要求的用户程序来实现控制功能,为了使 PLC 的输出及时地响应随时可能变化的输入信号,用户程序不是只执行一次,而是不断地重复执行,直至 PLC 停机或切换到 STOP 工作模式。除了执行用户程序之外,在每次循环过程中,PLC 还要完成内部处理、通信服务等工作,一次循环可分为 5 个阶段,如图 3.4 所示。PLC 的这种周而复始的循环工作方式

称为扫描工作方式。由于 PLC 执行指令的速度极
高,从外部输入/输出关系来看,处理过程似乎是同
时完成的。

1)内部处理阶段

在内部处理阶段,PLC 检查 CPU 内部的硬件是
否正常,将监控定时器复位,以及完成一些其他内
部工作。

2)通信服务阶段

在通信服务阶段,PLC 与其他的智能装置通
信,响应编程器键入的命令,更新编程器的显示内

图 3.4　PLC 的基本工作模式

容。当 PLC 处于停止模式时,只执行以上两个操作;当 PLC 处于运行模式时,还要完成另外 3
个阶段的操作。

3)输入处理阶段

输入处理又叫输入采样。在 PLC 的存储器中,设置了一片区域用来存放输入信号和输出
信号的状态,它们分别称为输入映像寄存器和输出映像寄存器。PLC 梯形图中的其他软元件
也有对应的映像存储区,它们统称为元件映像寄存器。外部输入电路接通时,对应的输入映像
寄存器为 1 状态,梯形图中对应的输入继电器的常开触点接通,常闭触点断开。外部输入触点
电路断开时,对应的输入映像寄存器为 0 状态,梯形图中对应的输入继电器的常开触点断开,
常闭触点接通。某一软元件对应的映像寄存器为 1 状态时,称该软元件为 ON;映像寄存器为
0 状态时,称该软元件为 OFF。

在输入处理阶段,PLC 顺序读入所有输入端子的通断状态,并将读入的信息存入内存中
所对应的输入元件映像寄存器,此时,输入映像寄存器被刷新。接着进入程序执行阶段,在程
序执行时,输入映像寄存器与外界隔离,即使输入信号发生变化,其映像寄存器的内容也不会
发生变化,只有在下一个扫描周期的输入处理阶段才能被读入。

4)程序处理阶段

根据 PLC 梯形图程序扫描原则,按"先左后右、先上后下"的顺序,逐行逐句扫描,执行程
序。但遇到程序跳转指令,则根据跳转条件是否满足来决定程序的跳转地址。当用户程序涉
及输入/输出状态时,PLC 从输入映像寄存器中读出取上一阶段输入处理时对应输入端子的
状态,从输出映像寄存器读取对应映像寄存器的当前状态,根据用户程序进行逻辑运算,运算
结果再存入有关元件寄存器中。因此,对每个元件而言,元件映像寄存器中所寄存(输入映像
寄有器除外)的内容会随着程序执行过程而变化。

5)输出处理阶段

在输出处理阶段,CPU 将输出映像寄存器的 0/1 状态传送到输出锁存器。梯形图中某一
输出继电器的线圈"通电"时,对应的输出映像寄存器为 1 状态。信号经输出单元隔离和功率
放大后,继电器型输出单元中对应的硬件继电器的线圈通电,其常开触点闭合,使外部负载通
电工作。若梯形图中输出继电器的线圈"断电",对应的输出映像寄存器为 0 状态,在输出处
理阶段之后,继电器型输出单元中对应的硬件继电器的线圈断电,其常开触点断开,外部负载
断电,停止工作。

PLC 的输入处理、程序处理和输出处理的工作方式如图 3.5 所示。PLC 的扫描既可按固

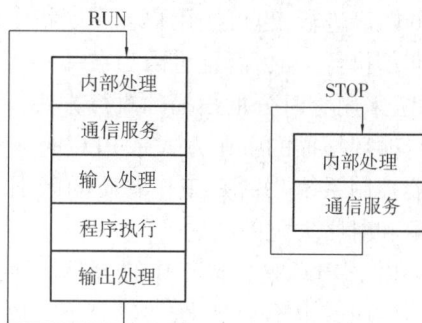

定的顺序进行,也可按用户程序所指定的可变顺序进行。这不仅因为有的程序不需每个扫描周期都执行一次,而且也因为在一些大系统中需要处理的 I/O 点数较多,通过安排不同的组织模块,采用分时分批扫描的执行方法,可缩短循环扫描的周期和提高控制的实时响应性。

循环扫描的工作方式是 PLC 的一大特点,也可以说 PLC 是"串行"工作的,这和传统的继电器控制系统"并行"工作有质的区别。PLC 的串行工作方式避免了继电器控制系统中触点竞争和时序失配的问题。

由于 PLC 是扫描工作的,在程序处理阶段,即使输入信号的状态发生了变化,输入映像寄存器的内容也不会变化,要等到下一周期的输入处理阶段才能改变。暂存在输出映像寄存器中的输出信号要等到一个循环周期结束,CPU 集中将这些输出信号全部输送给输出锁存器。由此可以看出,全部输入输出状态的改变,需要一个扫描周期。换言之,输入/输出的状态保持一个扫描周期。

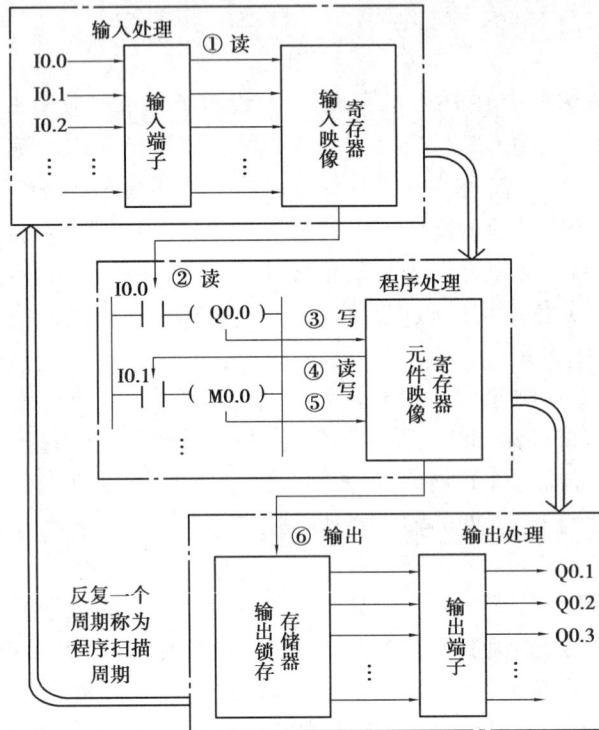

图 3.5 PLC 的扫描工作过程

(2)PLC 的扫描周期

PLC 在 RUN 工作模式时,执行一次如图 3.5 所示的扫描操作所需的时间称为扫描周期,其典型值约为 $1 \sim 100$ ms。扫描周期与用户程序的长短、指令的种类和 CPU 执行指令的速度有很大的关系。当用户程序较长时,指令执行时间在扫描周期中占相当大的比例。

有的编程软件或编程器可以提供扫描周期的当前值,有的还可以提供扫描周期的最大值和最小值。

(3)输入、输出滞后时间

输入、输出滞后时间又称系统响应时间,是指 PLC 外部输入信号发生变化的时刻至它控制的有关外部输出信号发生变化的时刻之间的时间间隔,它由输入电路滤波时间、输出电路的滞后时间和因扫描工作方式产生的滞后时间这三部分组成。

输入单元的 RC 滤波电路用来滤除由输入端引入的干扰噪声,消除因外接输入触点动作时产生抖动引起的不良影响。滤波电路的时间常数决定了输入滤波时间的长短,其典型值为 10 ms 左右。输出单元的滞后时间与输出单元的类型有关,继电器型输出电路的滞后时间一般在 10 ms 左右;双向晶闸管型输出电路在负载通电时的滞后时间约为 1 ms,负载由通电到断电时的最大滞后时间为 10 ms;晶体管型输出电路的滞后时间一般在 1 ms 以下。

由扫描工作方式引起的滞后时间最长可达两个多扫描周期。PLC 总的响应延时一般只有几十毫秒,对于一般的系统是无关紧要的。要求输入/输出信号之间的滞后时间尽量短的系统,可以选用扫描速度快的 PLC 或采取其他措施。

因此,影响输入/输出滞后的主要原因有:输入滤波器的惯性;输出继电器接点的惯性;程序执行的时间;程序设计不当的附加影响等。对于用户来说,选择了一个 PLC,合理的编制程序是缩短响应时间的关键。

3.4　PLC 与其他典型控制系统的比较

3.4.1　PLC 与继电器控制系统的区别

继电器控制系统虽有较好的抗干扰能力,但使用了大量的机械触点,使设备连线复杂,且触点在接通和断开时易受电弧的损害,寿命短,系统可靠性差。

PLC 的梯形图与传统的电气原理图非常相似,主要原因是 PLC 的梯形图沿用了继电器控制的电路元件符号和术语,仅个别之处有些不同。同时,信号的输入/输出形式及控制基本上也是相同的。但 PLC 的控制与继电器的控制又有根本的不同之处,主要表现在以下几个方面:

(1)控制逻辑

继电器控制逻辑采用硬接线逻辑,利用继电器机械触点的串联或并联及时间继电器等组合控制逻辑。其接线多而复杂、体积大、功耗大、故障率高,一旦系统构成后,想再改变或增加很困难。另外,继电器触点数目有限,每个只有 4~8 对触点,因此灵活性和扩展性很差。而 PLC 采用存储器逻辑,其控制逻辑以程序方式存储在内存中,要改变控制逻辑,只需改变程序即可,故称作"软接线",因此灵活性和扩展性都很好。

(2)工作方式

电源接通时,继电器控制线路中各继电器同时都处于受控状态,即该吸合的都应吸合,不该吸合的都因受某种条件限制不能吸合,它属于并行工作方式。而 PLC 的控制逻辑中,各内部器件都处于周期性循环扫描过程中,各种逻辑、数值输出的结果都是按照在程序中的前后顺序计算得出的,所以它属于串行工作方式。

(3)可靠性和可维护性

继电器控制逻辑使用了大量的机械触点,连线也多。触点开闭时会受到电弧的损坏,并有机械磨损,寿命短,因此可靠性和可维护性差。而 PLC 采用微电子技术,大量的开关动作由无触点的半导体电路来完成,体积小、寿命长、可靠性高。PLC 还配有自检和监督功能,能检查出自身的故障,并随时显示给操作人员;还能动态地监视控制程序的执行情况,为现场调试和维护提供了方便。

（4）控制速度

继电器控制逻辑依靠触点的机械动作实现控制,工作频率低,触点的开闭动作一般在几十毫秒数量级。另外,机械触点还会出现抖动问题。而 PLC 是由程序指令控制半导体电路来实现控制,属于无触点控制,速度极快,一般一条用户指令的执行时间在微秒数量级,且不会出现抖动。

（5）定时控制

继电器控制逻辑利用时间继电器进行时间控制。一般来说,时间继电器存在定时精度不高,定时范围窄,且易受环境湿度和温度变化的影响,调整时间困难等问题。PLC 使用半导体集成电路做定时器,时基脉冲由晶体振荡器产生,精度相当高,且定时时间不受环境的影响,定时范围最小可为 0.001 s,最长几乎没有限制,用户可根据需要在程序中设置定时值,然后由软件来控制定时时间。

（6）设计和施工

使用继电器控制逻辑完成一项控制工程,其设计、施工、调试必须依次进行,周期长,而且修改困难。工程越大,这一点就越突出。而用 PLC 完成一项控制工程,在系统设计完成以后,现场施工和控制逻辑的设计(包括梯形图设计)可以同时进行,周期短,且调试和修改都很方便。

从以上几个方面的比较可知,PLC 在性能上比继电器控制逻辑优异,特别是可靠性高、通用性强、设计施工周期短、调试修改方便,而且体积小、功耗低、使用维护方便。但在很小的系统中使用时,价格要高于继电器系统。

3.4.2 PLC 与单片机控制系统的区别

PLC 控制系统和单片机控制系统在不少方面有较大的区别,是两个完全不同的概念。因为一般院校的电类专业都开设 PLC 和单片机的课程,所以这也是学生们经常问及的一个问题,在这里可从以下几个方面进行一下分析:

（1）本质区别

单片机控制系统是基于芯片级的系统,而 PLC 控制系统是基于模块级的系统。其实 PLC 本身就是一个单片机系统,它是已经开发好的单片机产品。开发单片机控制系统属于底层开发,而设计 PLC 控制系统是在成品的单片机控制系统上进行的二次开发。

（2）使用场合

单片机控制系统适合于在家电产品(如冰箱、空调、洗衣机、吸尘器等)、智能化的仪器仪表、玩具和批量生产的控制器产品等场合使用。

PLC 控制系统适合在单机电气控制系统、工业控制领域的制造业自动化和过程控制中使用。

（3）使用过程

设计开发一个单片机控制系统,需要先设计硬件系统,画硬件电路图,制作印刷电路板,购置各种所需的电子元器件,焊接电路板,进行硬件调试,进行抗干扰设计和测试等大量的工作;需要使用专门的开发装置和低级编程语言编制控制程序,进行系统联调。

设计开发一个 PLC 控制系统,不需要设计硬件系统,只需购置 PLC 和相关模块,进行外围电气电路设计和连接,不必操心 PLC 内部的计算机系统(单片机系统)是否可靠和它们的抗干扰能力,这些工作厂家已为用户做好,所以硬件工作量不大。软件设计使用工业编程语言,相对比较简单。进行系统调试时,因为有很好的工程工具(软件和计算机)帮助,所以也非常容易。

(4)使用成本

因为使用的场合和对象完全不同,所以这两者之间的成本没有可比性。但如果硬要对同样的工业控制项目(仅限于小型系统或装置)使用这两种系统进行一个比较时,可以得出如下结论:

①从使用的元器件总成本看,PLC 控制系统要比完成同样任务的单片机控制系统成本要高得多;

②如果同样的项目就有一个或不多的几个,则使用 PLC 控制系统其成本不一定比使用单片机系统高,因为设计单片机控制系统要进行反复的硬件设计、制板、调试,其硬件成本也不低,因而其工作量成本非常高。做好的单片机系统其可靠性(和大公司的 PLC 产品相比)也不一定能保证,所以日后的维护成本也会相应提高。如果这样的控制系统是一个有批量的任务,即做一大批,这时使用单片机进行控制系统开发比较合适。但是,在工业控制项目中,绝大部分场合还是使用 PLC 控制系统为好。

(5)学习的难易程度

学习单片机要学习的知识很多。首先是必须具备较好的电子技术基础和计算机控制基础及接口技术知识,要学习印刷电路板设计及制作,要学习汇编语言编程和调试,还需要对底层的硬件和软件的配合有足够的了解。

学习 PLC 要具备传统的电气控制技术知识,需要学习 PLC 的工作原理,对其硬件系统组成及使用有一定了解,要学习以梯形图为主的工业编程语言。

如果从同一个起跑线出发,不论从硬件还是从软件方面的学习看,单片机远比 PLC 需要的知识多,学习的内容也多,难度也大。

(6)就业方向

在一些智能仪器仪表厂、开发智能控制器和智能装置的公司、进行控制产品底层开发的公司等单位,对单片机(或嵌入式系统、DSP 等)方面的技术人才有较大的需求;在一般的厂矿企业,制造业生产流水线、流程工业、自动化系统集成公司等单位,对 PLC(DCS、FCS 等)方面的人才有较大需求。

3.4.3　PLC 与 DCS、FCS 控制系统的区别

(1)三大系统的要点

PLC、DCS、FCS 是目前工业自动化领域所使用的三大控制系统,下面简单介绍各自的特点,然后再介绍一下它们之间的融合。

1)DCS

集散控制系统(DCS,Distributed Control System)是集 4C(Communication,Computer,Control,CRT)技术于一身的监控系统。它主要用于大规模的连续过程控制系统中,如石化、电力等,在 20 世纪 70 年代到 90 年代末占据主导地位。其核心是通信,即数据公路。它的基本要点是:从上到下的树状大系统,其中通信是关键;控制站连接计算机与现场仪表、控制装置等

设备;整个系统为树状拓扑和并行连线的链路结构,从控制站到现场设备之间有大量的信号电缆;信号系统为模拟信号、数字信号的混合;设备信号到 I/O 板一对一物理连接,然后由控制站挂接到局域网 LAN;可以做成很完善的冗余系统;DCS 是控制(工程师站)、操作(操作员站)、现场仪表(现场测控站)的 3 级结构。

2)PLC

最初,PLC 是为了取代传统的继电器控制系统而开发的,所以它最适合在以开关量为主的系统中使用。由于计算机技术和通信技术的飞速发展,使得大型 PLC 的功能极大地增强,以至于它后来能完成 DCS 的功能。另外加上它在价格上的优势,所以在许多过程控制系统中 PLC 也得到了广泛的应用。大型 PLC 构成的过程控制系统的要点是:采用从上到下的结构,PLC 既可以作为独立的 DCS,也可以作为 DCS 的子系统;可实现连续 PID 控制等各种功能;可用一台 PLC 为主站,多台同类型 PLC 为从站,构成 PLC 网络;也可用多台 PLC 为主站,多台同类型 PLC 为从站,构成 PLC 网络。

3)FCS

现场总线技术以其彻底的开放性、全数字化信号系统和高性能的通信系统给工业自动化领域带来了"革命性"的冲击,其核心是总线协议,基础是数字化智能现场设备,本质是信息处理现场化。FCS 的要点是:它可以在本质安全、危险区域、易变过程等过程控制系统中使用,也可以用于机械制造业、楼宇控制系统中,应用范围非常广泛;现场设备高度智能化,提供全数字信号;一条总线连接所有的设备;系统通信是互联的、双向的、开放的,系统是多变量、多节点、串行的数字系统;控制功能彻底分散。

(2)PLC、DCS 和 FCS 系统之间的融合

每种控制系统都有它的特色和长处,在一定时期内,它们相互融合的程度可能会大大超过相互排斥的程度。这三大控制系统也是这样,比如 PLC 在 FCS 中仍是主要角色,许多 PLC 都配置上了总线模块和接口,使得 PLC 不仅是 FCS 主站的主要选择对象,也是从站的主要装置。DCS 也不甘落后,现在的 DCS 把现场总线技术包容了进来,对过去的 DCS I/O 控制站进行了彻底的改造,编程语言也采用标准化的 PLC 编程语言。第四代的 DCS 既保持了其可靠性高、高端信息处理功能强的特点,也使得底层真正实现了分散控制。目前在中小型项目中使用的控制系统比较单一和明确,但在大型工程项目中,使用的多半是 DCS,PLC 和 FCS 的混合系统。

本章小结

本章是学习后续内容的必要准备。主要内容介绍了 PLC 的由来、发展、特点、性能指标及其发展应用情况。PLC 被广泛应用于工业现场,是因为它是专门为工业应用而设计的计算机,它具有功能丰富、工作可靠、使用方便、经济合算等特点。本章以小型 PLC 为例进一步介绍了它的硬件与软件的基本组成和工作原理。PLC 采用模块化结构形式,其基本单元(主机)是由 CPU、存储器、I/O 接口和电源等几部分组成。为扩展其规模与功能,进一步扩大 PLC 的应用范围,各类 PLC 产品还提供一定点数的扩展模块、扩展单元以及具备各种特殊的专用模块供用户选用,以组成各种控制规模的 PLC 控制系统。编程器是 PLC 重要、必不可少的外围

设备。根据工业控制特点，小型PLC采用周期扫描、集中输入与集中输出的工作方式，虽然存在响应滞后、速度慢的缺点，却使PLC具备可靠性高，抗干扰能力强的特点。每一个扫描周期包括输入采样、程序执行和输出刷新三个阶段。扫描周期是PLC运行中的一个重要参数，它是一个无法精确计算的随机变量，其值大小直接影响到PLC的响应速度。为扩大PLC的应用范围，从硬件和软件两方面采取各种措施，以求提高PLC的响应速度。

习　题

3.1　什么是可编程控制器（PLC）？与继电器控制和微机控制系统相比它的主要优点是什么？

3.2　PLC具有可靠性高、抗干扰能力强的主要原因何在？

3.3　PLC的基本单元（主机）由哪几部分构成？各部分的作用是什么？

3.4　PLC的内部存储空间可分为哪几部分？各部分的存储内容是什么？

3.5　PLC的输入和输出模块用哪几种形式？各模块有何特点？

3.6　PLC的主要性能指标有哪些？

3.7　PLC主要用在哪些场合？

3.8　PLC有哪几种分类方法？

3.9　PLC的发展趋势是什么？

3.10　PLC采用什么工作方式？其特点是什么？

3.11　举例说明常见的哪些设备可以作为PLC的输入设备和输出设备。

3.12　PLC扫描周期应包含哪几部分时间？PLC最少响应时间是多少？影响I/O响应滞后的主要因素有哪些？提高I/O响应速度的主要措施有哪些？

第 4 章

S7-200 系列 PLC 的硬件技术

【知识要点】

S7-200 的 CPU 模块、扩展模块的技术性能接线方法；PLC 系统的配置方法；电源的需求计算。

【学习目标】

了解 S7-200 PLC 的硬件系统；掌握 PLC 输入/输出端子的分布情况；掌握输入/输出设备的接线方法；了解 PLC 系统配置的一般方法；了解 PLC 的软硬件工作环境。

通过本章的学习，使读者初步了解该用什么样的 PLC，怎样配置 PLC 系统。

【本章讨论的问题】

1.S7-200 系列 PLC 的 CPU 模块有哪些型号，其规格和性能指标如何？

2.S7-200 系列 PLC 有哪些扩展模块？

3.S7-200 系列 PLC 的 CPU 模块和扩展模块如何与输入、输出设备连接？

4.PLC 的基本配置和扩展配置要注意哪些问题？怎样校验 PLC 内部电源的负载能力？

S7-200 PLC 是西门子公司推出的一种小型 PLC。它以紧凑的结构、良好的扩展性、强大的指令功能、低廉的价格，已经成为目前各种小型控制工程的理想控制器。

S7-200 PLC 包含了一个单独的 S7-200CPU 模块和各种可选择的扩展模块，可以十分方便地组成不同规模的控制器。其控制规模可以从几点到几百点，S7-200 PLC 可方便地组成 PLC-PLC 网络和计算机-PLC 网络，从而完成规模更大的控制工程。

4.1 S7-200 PLC 的硬件构成

4.1.1 S7-200 PLC 的基本结构

S7-200 系列 PLC 属于小型整体式结构的 PLC，本机自带 RS-485 通信接口，内置电源和 I/O 接口。它结构小巧，运行速度快，可靠性高，具有极其丰富的指令系统和扩展模块，实时特性和通信能力强大,便于操作,易于掌握,性价比非常高,在各种行业中的应用越来越广,成为中小规模控制系统的理想控制设备。

S7-200 系列 PLC 的硬件配置灵活,既可用一个单独的 S7-200 CPU 构成一个简单的数字量控制系统,也可通过扩展电缆进行数字量 I/O 模块、模拟量模块或智能接口模块的扩展,构成较复杂的中等规模控制系统。图 4.1 所示为一个完整的 PLC 系统。

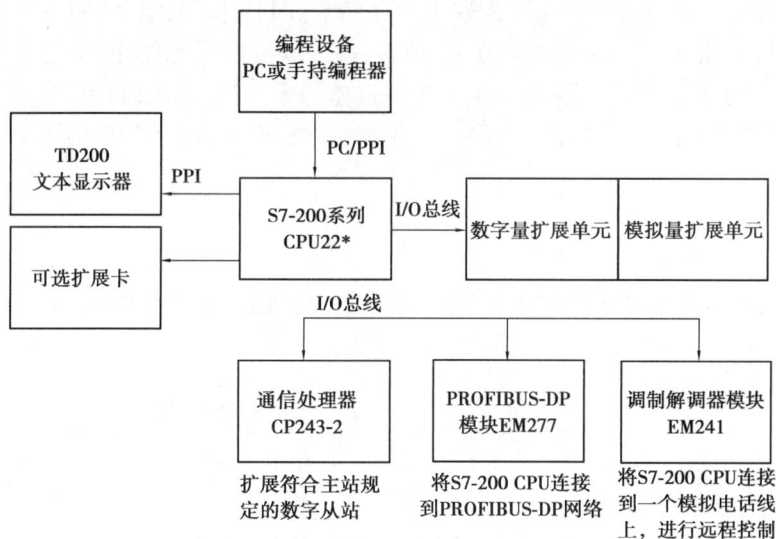

图 4.1　S7-200 系列 PLC 系统基本构成

①CPU 单元即 PLC 主机,也可称为基本单元。它内部包括中央处理器 CPU、存储单元、输入输出接口、内置 5 V 和 24 V 直流电源、RS-485 通信接口等,是 PLC 的核心部分。其功能足以使它完成基本控制功能,CPU 主机本身就是一个完整的控制系统,可以单独完成一定的控制任务。

②编程设备是对 CPU 单元进行编程、调试的设备,可用 PC/PPI 编程电缆与 CPU 单元进行连接。常用设备为手持编程器和装有 SIMATIC S7 系列 PLC 编程软件的微机。

③数字量扩展单元也称 I/O 接口单元,用于对数字量 I/O 的扩展。在工程应用中,CPU 单元自带的 I/O 接口往往不能满足控制系统要求,用户需要根据实际情况选用不同 I/O 模块进行扩展,以增加 I/O 接口的数量。不同的 CPU 单元可连接的最大 I/O 模块数不同,而且可使用的 I/O 点数也是由多种因素共同决定的。

④模拟量扩展单元是模拟量与数字量转换单元。控制领域中模拟量的使用十分广泛,模拟量扩展单元可十分方便地与 CPU 单元连接,实现 A/D 转换和 D/A 转换。

⑤智能扩展模块多为特殊功能模块,模块内含有 CPU,能够进行独立运算和功能设置,如定位模块、Modem 模块、PROFIBUS-DP 模块等。

⑥TD200 文本显示器是西门子提供的简单易用的人机界面。可使用 5 种文字(英文、德文、法文、意大利文、西班牙文)中的任一种进行显示,为操作人员提供了一个方便简洁的操作员界面;通过编程设置能够显示最多 80 条信息,每条信息最多有 4 种状态;具有 8 个可由用户自定义的功能键,每一个都由 CPU 单元分配了一个存储空间,能够在执行程序的过程中修正参数,或直接设置输入或输出对程序进行调试。新一代 TD200C(S7-200)的文本显示界面提

供了非常灵活的键盘布置和面板设计,可选择多达 20 种不同形状、颜色和字体的按键,背景图像也可任意变化。

⑦通信处理模块有多种 PLC 通信模块。CP243-2 通信处理器是 AS_i 接口主站连接部件,专门为 S7-200 CPU22X 型 PLC 设计,使 AS_i 接口上能运行最多 31 个数字从站,可显著增加系统中可利用的数字和模拟量 I/O,便于 S7-200 适应不同的控制系统。

⑧可选扩展卡。可根据用户需求配置用户存储卡、时钟卡、电池卡,通过可选卡插槽进行连接。用户存储卡可与 PLC 主机双向联系,传输程序、数据或组态结果,对这些重要内容进行备份,存储时间可延长到 200 天。时钟卡可提供误差为 2 分钟/月的时钟信号。电池卡是质量小于 0.6 g,容量为 30 mA·h、输出电压为 3 V 的锂电池,平均可使用 10 年。

4.1.2 CPU 模块

(1)模块的外形结构

S7-200 PLC 采用整体式结构,可由主机(基本单元)加扩展单元构成。其外形及扩展连接如图 4.2 所示。

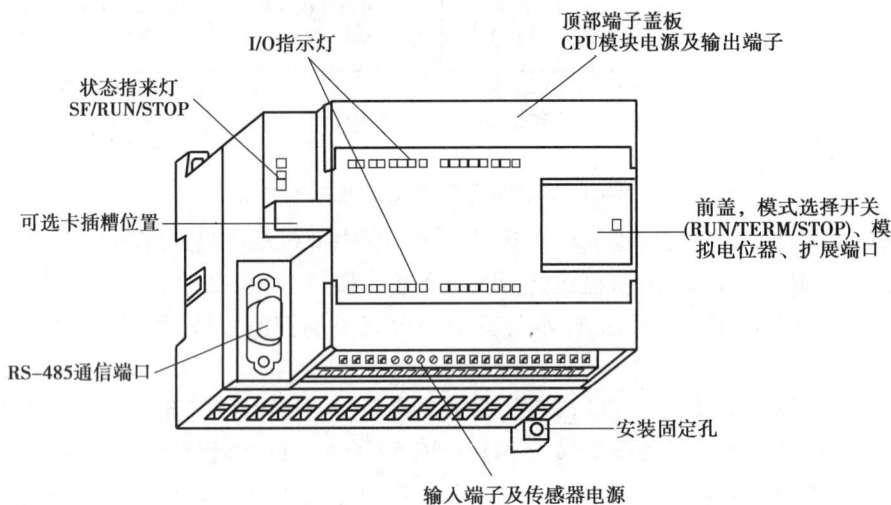

图 4.2　S7-200 PLC 外形结构

整体式 PLC 将 CPU 模块、I/O 模块和电源装在一个箱型机壳内。图 4.2 中,在 CPU 模块的顶部端子盖内有电源与输出端子;在底部端子盖内有输入端子与传感器电源;在中部右侧前盖内有 CPU 工作方式开关(RUN/STOP)、模拟调节电位器和扩展 I/O 接口;在模块的左侧分别有状态 LED 指示灯、存储卡及通信口。

(2)CPU 模块的技术性能

S7-200 CPU 已有两代产品:第一代 CPU 模块为 CPU21×,有 4 种型号:CPU212、CPU214、CPU215、CPU216;第二代 CPU 模块为 CPU22×,有 6 种型号:CPU221、CPU222、CPU224、CPU224XP、CPU226、CPU226XM。不同型号的 CPU 其外观结构基本相同,但具有不同的技术参数。CPU22×系列的主要技术数据见表 4.1。读懂这个性能表是很重要的,设计者在选型时,必须要参考这个表格,例如晶体管输出时,输出电流为 0.75 A。若这个点控制一台电动机的启停,设计者必须考虑这个电流是否能够驱动接触器,从而决定是否增加一个中间继电器。

表 4.1　S7-200 CPU 的技术数据

特　性	CPU221	CPU222	CPU224	CPU224XP	CPU226
外形尺寸/mm	90×80×62	90×80×62	120.5×80×62	140×80×62	190×80×62
功耗/W	4	4	8	8	11
本机数字量 I/O 数量	6/4	8/6	14/10	14/10	24/16
本机模拟量 I/O 数量	0	0	0	2/1	0
允许扩展模块数量	0	2	7	7	7
允许扩展智能模块数量	0	2	7	7	7
高速计数器数量	4	4	6	6	6
单相频率	4 个 30 kHz	4 个 30 kHz	6 个 30 kHz	4 个 30 kHz 2 个 200 kHz	6 个 30 kHz
两相频率	2 个 20 kHz	2 个 20 kHz	4 个 20 kHz	3 个 20 kHz 1 个 100 kHz	4 个 20 kHz
脉冲输出频率	2 个 20 kHz（DC）	2 个 20 kHz（DC）	2 个 20 kHz（DC）	2 个 100 kHz（DC）	2 个 20 kHz（DC）
模拟电位器个数	1 个 8 位分辨率	1 个 8 位分辨率	1 个 8 位分辨率	2 个 8 位分辨率	2 个 8 位分辨率
脉冲捕捉输入/个	6	8	14	14	24
程序空间/B	2 048	2 048	4 096	6 144	4 096
数据空间/B	1 024	1 024	2 560	5 120	2 560
RS-485 通信接口数/个	1	1	1	2	2
每网络最大连接站数/个	126	126	126	126	126
掉电保存时间/h	50	50	100	100	100
实数运算时间/指令/μs	100~400	100~400	100~400	100~400	100~400
指令执行速度/μs	0.37	0.37	0.37	0.37	0.37
+5 V 扩展 I/O 模块电源/mA	0	340	660	660	1 000

（3）S7-200 CPU 的工作方式

CPU 的前面板即存储卡插槽的上部,有 3 盏指示灯显示当前工作方式。指示灯为绿色时,表示运行状态;指示灯为红色时,表示停止状态;标有"SF"的灯亮表示系统故障,PLC 停止工作。

CPU 处于停止工作方式时,不执行程序。进行程序的上传和下载时,都应将 CPU 置于停止工作方式。停止方式可以通过 PLC 上的旋钮设定,也可以在编译软件中设定。

CPU 处于运行工作方式时,PLC 按照自己的工作方式运行用户程序。运行方式可以通过 PLC 上的开关设定,也可以在编译软件中设定。

(4)西门子 S7-200CPU 的接线

1)CPU22X 的输入端子的接线

S7-200 系列 CPU 的输入端必须接入直流电源。下面以 CPU226 AC/DC/Relay 模块为例介绍输入/输出端的接线。"1M"和"2M"是输入端的公共端子,与 24 V DC 电源相连,电源有两种连接方法对应 PLC 的 NPN 型和 PNP 型接法。当电源的负极与公共端子相连时,为 PNP 型接法,如图 4.3 所示;而当电源的正极与公共端子相连时,为 NPN 型接法,如图 4.4 所示。"M"和"L+"端子可以向传感器提供 24 V DC 的电压,注意这对端子不是电源输入端子。

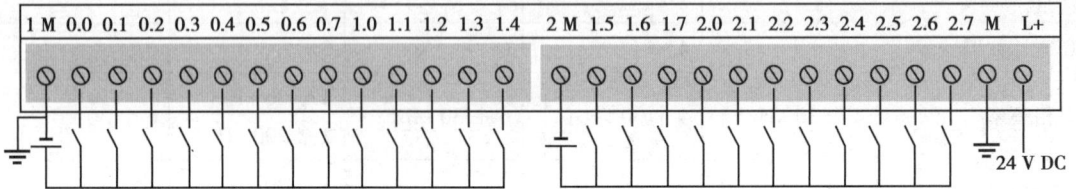

图 4.3 CPU226 输入端子的接线图(PNP)

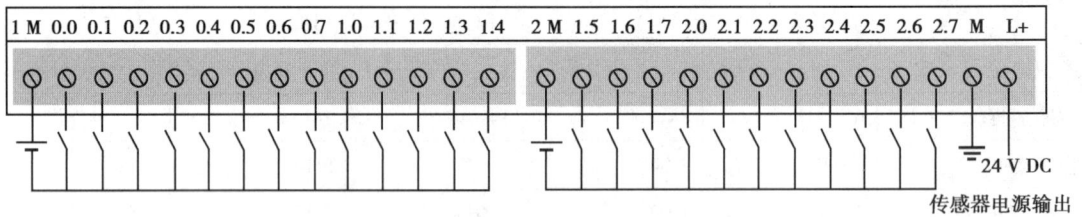

图 4.4 CPU226 输入端子的接线图(NPN)

初学者往往不容易区分 PNP 型和 NPN 型的接法,经常混淆,若读者记住以下的方法,就不会出错:把 PLC 作为负载,以输入开关(通常为接近开关)为对象,若信号从开关流出(信号从开关流出,向 PLC 流入),则 PLC 的输入为 PNP 型接法;把 PLC 作为负载,以输入开关(通常为接近开关)为对象,若信号从开关流入(信号从 PLC 流出,向开关流入),则 PLC 的输入为 PNP 型接法。

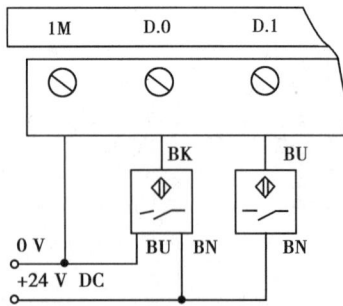

图 4.5 输入端子的接线

【例 4.1】有一台 CPU224,输入端有一只三线 PNP 接近开关和一只二线 PNP 接近开关,应如何接线?

【解】对于 CPU224,公共端接电源的负载,而对于三线 PNP 接近开关,只要将其正负极分别与电源的正、负极相连,将信号线与 PLC 的"I0.0"相连即可。而对于二线 PNP 接近开关,只要将电源的正极与其正极相连,将信号线与 PLC 的"I0.1"的相连即可。如图 4.5 所示。

2)CPU22X 的输出端子的接线

S7-200 系列 PLC 中,每种 CPU 的数字量输出有晶体管输出和继电器输出两种形式,其输出电路内部结构及输出端子的接线如图 4.6 所示。两种输出形式在电源电压和输出特性方面有较大的区别,所以应用领域也各有所长,具体区别见表 4.2。晶体管输出所需电源为直流,具有最大 20 kHz 的高速脉冲输出功能,可直接驱动步进电机或对伺服电机控制器发送控制脉冲进行准确定位,但其驱动能力不足。继电器型输出电源可为范围较宽的交流,也可为直流,单口驱动能力达到 2 A,但不能输出高速脉冲,而且输出有 10 ms 的延迟,所以多用于直接驱动。

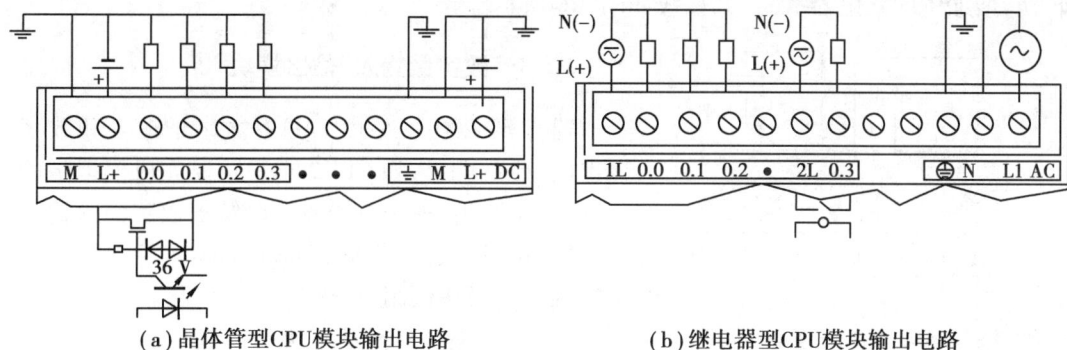

(a) 晶体管型CPU模块输出电路　　　　(b) 继电器型CPU模块输出电路

图 4.6　晶体管型和继电器型 CPU 模块输出端子的接线

在给 CPU 进行供电接线时,一定要分清是哪一种供电方式。如果把 220 V AC 接到 24 V DC供电的 CPU 上,或者不小心接到 24 V DC 传感器的输出电源上,都会造成 CPU 的损坏。

表 4.2　晶体管型和继电器型 CPU 的主要区别

输出类型	晶体管型	继电器型
电源电压	0.4~28.8 V DC	85~264 V AC
输出电压	0.4~28.8 V DC	5~30 V DC 或 5~250 V AC
输出电流	0.75 A	2 A
开关频率	20 kHz	1 Hz
继电器开关延时		10 ms

【例 4.2】有一台 CPU226,控制一只 24 V DC 的电磁阀和一只 220 V AC 电磁阀,输出端应如何接线?

【解】因为两个电磁阀的线圈电压不同,而且有直流和交流两种电压,所以如果不经过转换,则只能用继电器输出的 CPU,而且两个电磁阀分别接在两个组中。其接线如图 4.7 所示。

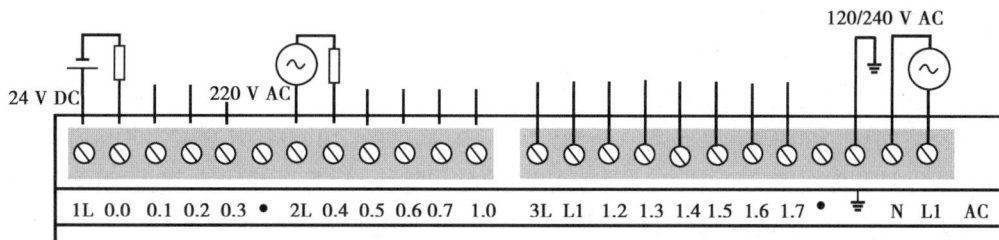

图 4.7　例 4.2 输出端子的接线图

【例4.3】有一台 CPU 226,控制两台步进电动机和一台三相异步电动机的启/停,三相电动机的启/停由一只接触器控制,接触器的线圈电压为 220 V AC,输出端应如何接线(步进电动机部分的接线可以省略)?

【解】因为要控制两台步进电动机,所以要选用晶体管输出的 CPU,而且必须用 Q0.0 和 Q0.1 作为输出高速脉冲点控制步进电动机,但接触器的线圈电压为 220 V AC,所以电路要经过转换,增加中间继电器 KA。其接线如图4.8所示。

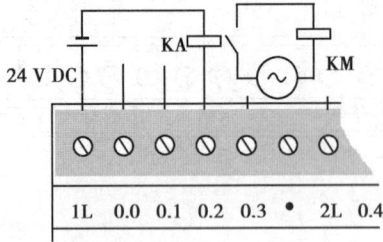

图4.8　例4.3输出端子的接线图

4.1.3　数字量输入/输出模块

通常 S7-200 系列 CPU 只有数字量输入和数字量输出(特殊的除外,如 CPU224XP),要完成模拟量的输入、模拟量输出、现场总线通信以及当数字输入输出点不够时,都应该选用扩展模块来解决。S7-200 系列有丰富的扩展模块供用户选用。

(1)数字量 I/O 扩展模块的规格

数字量 I/O 扩展模块包括数字量输入模块、数字量输出模块和数字量输入输出混合模块,当数字量输入或者输出点不够时可选用。部分数字量 I/O 扩展模块规格见表4.3。

表4.3　数字量 I/O 扩展模块规格表

模块名称	输入点	输出点	功耗/W	电源要求	
				+5 V DC	+24 V DC
EM221 DI8×24 V DC	8	0	2	30 mA	32 mA
EM221 DI8×120/230 V AC	8	0	3	30 mA	—
EM222DO8×24 V DC	0	8	2	50 mA	—
EM222DO8×120/230 V AC	0	8	4	110 mA	—
EM222DO8 ×继电器	0	8	2	40 mA	36 mA
EM22324 V DC8 入/8 出	8	8	3	80 mA	—
EM22324 V DC8 入/8 继电器	8	8	3	80 mA	32 mA/36 mA

(2)数字量 I/O 扩展模块的接线

数字量 I/O 模块有专用的扁平电缆与 CPU 通信,并通过此电缆由 CPU 向扩展 I/O 模块提供 5 V 直流电源。

数字量输入模块有直流输入模块和交流输入模块两种类型。图4.9 中所示为 EM221 DI8×DC24 V 模块的端子接线图。图中,8 个数字量输入点被分为 2 组,1M、2M 分别是两组输入点内部电路的公共端,每组需用户提供一个 DC 24 V 电源。图4.10 所示为 EM221 DI8×AC120 V/230 V 模块的端子接线图。图中,有 8 个分隔式数字量输入点,每个输入点都占用两个接线端子,各使用一个独立的交流电源(由用户提供),这些交流电源可以不同相。

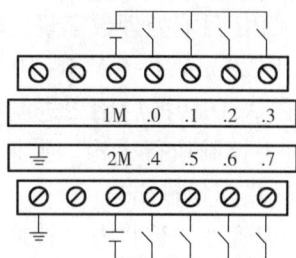

图 4.9　EM221 DI8×DC 24 V 模块接线图　　图 4.10　EM221 DI8×AC120 V/230 V 模块接线图

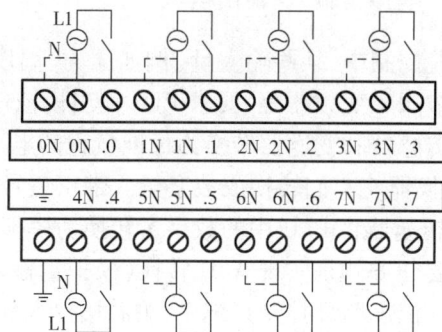

数字量输出模块有直流输出模块(晶体管输出方式)、交流输出模块(双向晶闸管输出方式)和交直流输出模块(继电器输出方式)3 种类型的模块。图 4.11 所示为 EM222 DO8×DC 24 V 模块的端子接线图。图中,8 个数字量输出点被分为 2 组,1 L+、2 L+分别是两组输出点的内部电路公共端,每组需用户提供一个 DC 24 V 电源。图 4.12 中所示为 EM222 DO8×AC 120 V/230 V 模块的端子接线图。图中,有 8 个分隔式数字量输出点,每个输出点都占用两个接线端子,各使用一个独立的交流电源(由用户提供),这些交流电源可以不同相。图 4.13 所示为 EM222 DO8×继电器模块的端子接线图。图中,8 个数字量输出点被分为 2 组,1 L+、2 L+分别是两组输出点的内部电路公共端,每组需用户提供一个外部电源(直流或交流)。

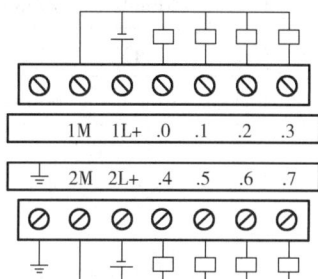

图 4.11　EM222 DO8×DC 24 V 模块接线图　　图 4.12　EM222 DO8×AC120 V/230 V 模块接线图

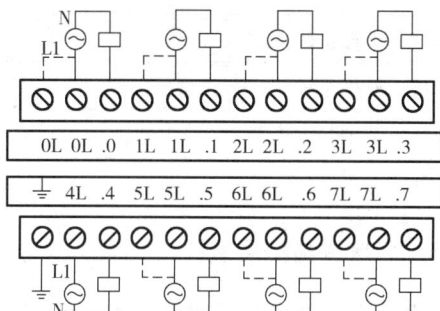

S7-200 PLC 配有数字量输入输出模块(EM223模块)。在一个模块上既有数字量输入点又有数字量输出点,这种模块称为组合模块或输入输出模块。数字量输入输出模块的输入电路及输出电路的类型与上述介绍相同。在同一个模块上,输入、输出电路类型的组合是多种多样的,用户可根据控制需求选用。有了数字量输入输出模块,可使系统配置更加灵活。

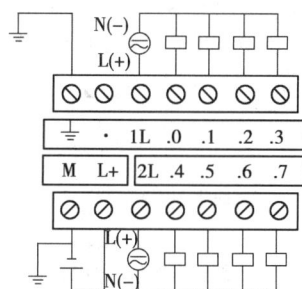

图 4.13　EM222 DO8×继电器
模块接线图

4.1.4 模拟量输入/输出模块

在工业控制中,某些输入量(例如压力、温度、流量、转速等)是模拟量,某些执行机构(例如电动调节阀和变频器等)要求 PLC 输出模拟信号,而 PLC 的 CPU 只能处理数字量。输入的模拟量被传感器和变送器转换为标准量程的电流或电压,例如 4~20 mA,1~5 V,0~10 V,PLC 用 A/D 转换器将它们转换成数字量。带正负号的电流或电压在 A/D 转换后用二进制补码表示。D/A 转换器将 PLC 中的数字量转换为模拟电压或电流,再去控制执行机构。模拟量 I/O 模块的主要任务就是实现 A/D 转换(模拟量输入)和 D/A 转换(模拟量输出)。

例如在温度闭环控制系统中,炉温用热电偶或热电阻检测,温度变送器将温度转换为标准量程的电流或电压后送给模拟量输入模块,经 A/D 转换后得到与温度成正比的数字量。CPU 将它与温度设定值比较,并按某种控制规律对差值进行运算,将运算结果(数字量)送给模拟量输出模块,经 D/A 转换后变为电流信号或电压信号,用来控制电动调节阀的开度,通过它控制加热用的天然气的流量,实现对温度的闭环控制。

S7-200 提供了专用的模拟量模块来处理模拟量信号。EM231:模拟量输入模块,4 通道电流/电压输入。EM232:模拟量输出模块,2 通道电流/电压输出。EM235:模拟量输入/输出模块,4 通道电流/电压输入、1 通道电流/电压输出。模块量 I/O 扩展模块规范见表 4.4。

表 4.4 模拟量 I/O 扩展模块规格表

模块名称及型号	输入通道	输出通道	电 压	功率/W	电源要求	
					5 V DC	24 V DC
EM231 模拟量输入	4	0	24 V DC	2	20 mA	60 mA
EM232 模拟量输出	0	2	24 V DC	2	20 mA	70 mA
EM235 模拟量混合模块	4	1	24 V DC	2	30 mA	60 mA

4.1.5 温度测量扩展模块

温度测量模块是模拟量模块的特殊形式,可以直接连接 TC(热电偶)和 RTD(热电阻)以测量温度。它们各自都可以支持多种热电偶和热电阻,使用时只需简单设置就可以直接得到摄氏(或华氏)温度数值。S7-200 提供了 2 种温度测量扩展模块。EM231 TC:热电偶输入模块,4 输入通道。EM231 RTD:热电阻输入模块,2 输入通道。温度测量扩展模块的通用规范见表 4.5。

表 4.5 温度测量扩展模块规格表

模块名称及型号	输入通道	电 压	功率/W	电源要求	
				5 V DC	24 V DC
EM231 TC 模拟量输入热电偶	4	24 V DC	1.8	87 mA	60 mA
EM231 RTD 模拟量输入热电阻	2	24 V DC	1.8	87 mA	60 mA

4.1.6　特殊功能模块

S7-200 还提供了一些特殊模块,用以完成特定的任务。例如:定位控制模块 EM235,它能产生脉冲串,通过驱动装置带动步进电机或伺服电机进行速度和位置的开环控制。每个模块可以控制一台电机。

4.1.7　通信模块

S7-200 系统提供了以下几种通信模块,以适应不同的通信方式。

EM277:PROFIBUS-DP 从站通信模块,同时也支持 MPI 从站通信。

EM241:调制解调器(Modem)通信模块。

CP243-1:工业以太网通信模块。

CP243-1 IT:工业以太网通信模块,同时支持 Web/E-mail 等 IT 应用功能。

CP243-2:AS-Interface 主站模块,可连接最多 62 个 AS-Interface 从站。

4.2　S7-200 PLC 的系统配置

4.2.1　S7-200 PLC 的基本配置

S7-200 PLC 任何一种型号基本单元(主机)都可单独构成基本配置,作为一个独立的控制系统。S7-200 CPU22X 系列产品的基本配置见表 4.6。S7-200 PLC 各型号主机的 I/O 是固定的,它们具有固定的 I/O 地址。S7-200 CPU22X 系列产品的 I/O 配置及地址分配见表 4.6。

表 4.6　S7-200 CPU22X 系列产品的 I/O 配置及地址分配

项　　目	CPU222	CPU224	CPU224XP	CPU226
本机数字量输入地址分配	8 输入 I0.0~I0.7	14 输入 I0.0~I0.7 I1.0~I1.5	14 输入 I0.0~I0.7 I1.0~I1.5	24 输入 I0.0~I0.7 I1.0~I1.7 I2.0~I2.7
本机数字量输出地址分配	6 输出 Q0.0~Q0.5	10 输出 Q0.0~Q0.7 Q1.0~Q1.1	10 输出 Q00~Q0.7 Q1.0~Q1.1	16 输出 Q0.0~Q0.7 Q1.0~Q1.7
本机模拟量输入/输出	无	无	2/1	无
扩展模块数量	2	7	7	7

4.2.2　S7-200 PLC 的扩展配置

可以采用主机带扩展模块的方法扩展 S7-200 PLC 的系统配置。采用数字量模块或模拟量模块可扩展系统的控制规模;采用智能模块可扩展系统的控制功能。S7-200 主机带扩展模块进行扩展配置时会受到相关因素的限制。

（1）允许主机所带扩展模块的数量

各类主机可带扩展模块的数量是不同的。CPU221 模块不允许带扩展模块;CPU222 最多可带 2 个扩展模块;CPU224 模块、CPU224XP 模块、CPU226 模块最多可带 7 个扩展模块,且 7 个扩展模块中最多只能带 2 个智能扩展模块。

（2）数字量 I/O 映像区的大小

S7-200 PLC 各类主机提供的数字量 I/O 映像区区域为 128 个输入映像寄存器（I0.0～I15.7）和 128 个输出映像寄存器（Q0.0～Q15.7）,最大 I/O 配置不能超过此区域。

PLC 系统配置时,要对各类输入/输出模块的输入/输出点进行编址。主机提供的 I/O 具有固定的 I/O 地址。扩展模块的地址由 I/O 模块类型及模块在 I/O 链中的位置决定。编址时,按同类型的模块对各输入点（或输出点）顺序编址。数字量输入/输出映像区的逻辑空间是以 8 位（1 个字节）为单位递增的。编址时,对数字量模块物理点的分配也是按 8 点为单位来分配地址的。即使有些模块的端子数不是 8 的整数倍,但仍以 8 点来分配地址。例如,4 入/4 出模块也占用 8 个输入点和 8 个输出点的地址,那些未用的物理点地址不能分配给 I/O 链中的后续模块,那些未用的物理点相对应的 I/O 映像区的空间就会丢失。对于输出模块,这些丢失的空间可用作内部标志位存储器;对于输入模块却不可用,因为每次输入更新时,CPU 都对这些空间清零。

（3）模拟量 I/O 映像区的大小

主机提供的模拟量 I/O 映像区区域为:CPU222 模块,16 个输入通道/16 个输出通道;CPU224 模块、CPU224XP 模块、CPU226 模块,32 入/32 出,模拟量的最大 I/O 配置不能超出此区域。模拟量输入扩展模块是以 2 个字节递增的方式来分配空间。模拟量输出扩展模块总是以 4 个字节或 6 个字节（由具体模块来定）递增的方式来分配空间。原则是模拟量输出扩展模块的第一个通道的地址必须被 4 整除。

现选用 CPU226 模块作为主机进行系统的 I/O 配置举例,见表 4.7。

表 4.7　CPU226 模块的 I/O 配置及地址分配

主　机	模块 0	模块 1	模块 2	模块 3
CPU226	8In	4IN/4Out	4AI/1AQ	4AI/1AQ
I0.0～I2.7 Q0.0～Q1.7	I3.0～I3.7	I4.0～4.3 Q2.0～Q2.3	AIW0 AQW0 AIW2 AIW4 AIW6	AIW8 AQW4 AIW10 AIW12 AIW14

CPU226 模块可带 7 个扩展模块,表中 CPU226 模块带了 4 个扩展模块,CPU226 模块提供的主机 I/O 点有 24 个数字量输入点和 16 个数字量输出点。

模块 0 是一块具有 8 个输入点的数字量扩展模块。模块 1 是一块具有 4 个输入点/4 个输出的数字量扩展模块。实际上它占用了 8 个输入点地址和 8 个输出点地址,即（I4.0～4.7/Q2.0～Q2.7）。其中,输入点地址（I4.4～4.7）,输出点地址（Q2.4～Q2.7）由于没有提供相应的物理点与之相对应,那么与之对应的输入映像寄存器（I4.4～4.7）、输出映像寄存器（Q2.4～Q2.7）

的空间就丢失了,且不能分配给 I/O 链中的后续模块。由于输入映像寄存器(I4.4~4.7)在每次输入更新时被清零,因此不能用于内部标志存储器,而输出映像寄存器(Q2.4~Q2.7)可以作为内部标志位存储器使用。

模块 2、模块 3 是具有 4 个输入通道和 1 个输出通道的模块量扩展模块。模拟量扩展模块是以 2 个字节递增的方式来分配空间的。

4.2.3　PLC 内部电源的负载能力

(1)PLC 内部 5 V DC 电源的负载能力

基本单元和扩展模块正常工作时,需要 DC 5 V 电源。S7-200 PLC 基本单元(CPU 模块)内部提供 DC 5 V 电源,扩展模块需要的 DC 5 V 电源是由 CPU 模块通过总线连接器提供的。CPU 模块能提供的 DC 5 V 电源的电流值是有限的。因此,在配置扩展模块时,为确保电源不超载,应使各扩展模块消耗 DC 5 V 电源的电流总和不超过 CPU 模块所提供的电流值。否则,要对系统重新进行配置。

S7-200 PLC 各类主机(CPU 模块)为扩展模块能提供的 DC 5 V 电源的最大电流及各扩展模块对 DC 5 V 电源的电流消耗,见表 4.8。

表 4.8　CPU 能提供的 DC 5 V 电源的最大电流及各扩展模块对 DC 5 V 电源的电流消耗

CPU22x 为扩展 I/O 提供的 +5 V DC 电流/mA		扩展模块 +5 V DC 电流消耗/mA	
CPU 222	340	EM221 DI8×DC 24 V	30
CPU 224	660	EM222 DO8×DC 24 V	50
CPU 226	1 000	EM222 DO8×继电器	40
		EM223 DI4/DO4×DC 24 V	40
		EM223 DI4/DO4×DC 24 V/继电器	40
		EM223 DI8/DO8×DC 24 V	80
		EM223 DI8/DO8×DC 24 V/继电器	80
		EM223 DI16/DO16×DC 24 V	160
		EM223 DI16/DO16×DC 24 V/继电器	150
		EM231 AI4×12 位	20
		EM231 AI4×热电偶	60
		EM231 AI4×RTD	60
		EM232 AQ2×12 位	20
		EM235 AI4/AQ1×12 位	30
		EM277 PROFIBUS-DP	150

例如,上例中所示主机带扩展模块的形式,CPU226 提供 DC 5 V 电源的最大电流为 1 000 mA,4 个扩展模块的电流消耗:

EM221 DI8×DC 24 V   30 mA

EM223 DI4/DO4×DC 24 V/继电器   40 mA

EM235 AI4/AQ1×12 位   30 mA×2＝60 mA

共计 30+40+60＝130 mA<1 000 mA,因此配置是可行的。

（2）PLC 内部 24 V DC 电源的负载能力

S7-200 PLC 主机的内部电源模块还提供 DC 24 V 电源。DC 24 V 电源也称为传感器电源,它可以作为 CPU 模块和扩展模块的输入端检测电源。如果用户使用传感器的话,也可以作为传感器电源。一般情况下,CPU 模块和扩展模块的输入、输出点所用的 DC 24 V 电源是由用户外部提供的。如果使用 CPU 模块内部的 DC 24 V 电源,要注意 CPU 模块和各扩展模块消耗的电流总和,不能超过内部 DC24 V 电源提供的最大电流。

注意:主机的 DC 24 V 电源与用户提供的 DC 24 V 电源不能并联连接。

4.2.4 S7-200 PLC 系统配置举例

【例 4.4】某 PLC 控制系统,经估算需要数字量输入 20 点,数字量输出 10 点,模拟量输入通道 5 个,模拟量输出通道 3 个。请选择 S7-200 PLC 的机型及其扩展模块,要求按空间分布位置对主机及各模块的输入/输出点进行编址,并对主机内部 5 V DC 电源的负载能力进行校验。

【解】根据题目要求,可以选 CPU226 模块作为主机进行系统的 I/O 配置,见表 4.9。

表 4.9 CPU224 的 I/O 配置及地址分配

主　机	模块 0	模块 1	模块 2	模块 3
CPU224	EM221 DI8	EM235 AI4/AQ1	EM231 AI4	EM232 AQ2
I0.0～I1.5 Q0.0～Q1.1	I2.0～I2.7	AIW0 AQW0 AIW2 AIW4 AIW6	AIW8 AIW10 AIW12 AIW14	AQW4

CPU224 提供 DC 5 V 电源的最大电流为 660 mA,4 个扩展模块的电流消耗:

EM221 DI8×DC 24 V   30 mA

EM231 AI4×12 位   20 mA

EM235 AI4/AQ1×12 位   30 mA

EM232 AQ2×12 位   20 mA

共计 30+20+20+30＝100 mA<660 mA,因此配置是可行的。

本章小结

本章主要介绍西门子 S7-200 PLC 的硬件特点和系统配置,介绍 S7-200 PLC 控制系统的基本构成,各种扩展模块的功能、特点和使用,PLC 控制系统的配置等内容。

重点掌握:

①S7-200 各种 CPU 模块的基本技术指标;

②数字量扩展模块的接口电路及其特点；并能正确对扩展模块的外部端子接线；

③PLC 对模拟量信号的处理方式，模拟量扩展模块的数据格式；

④S7-200 PLC 系统配置的方法；

⑤电源的需求计算，这既是重点，也是难点，特别要学会通过产品手册查询相关参数。

习　题

4.1　举例说明常见的哪些设备可以作为 PLC 的输入设备和输出设备。

4.2　S7 系列的 PLC 有哪几类？

4.3　S7-200 系列 PLC 有什么特色？

4.4　S7-200 系列 CPU 有几种工作方式？下载文件时，能否使其置于"运行"状态？

4.5　使用模拟量输入模块时，要注意什么问题？

4.6　如何进行 S7-200 的电源需求与计算？

4.7　是否可以通过 EM277 模块控制变频器？

4.8　为什么重新设置 EM277 地址后不起作用？

4.9　S7-200 系列 PLC 的输入和输出怎样接线？

4.10　某系统上有 1 个 S7-226 CPU、2 个 EM221 模块和 3 个 EM223 模块，计算由 CPU 226 供电，电源是否足够？

第 **5** 章
STEP7-Micro/WIN 编程软件的使用

【知识要点】

STEP7-Micro/WIN 32 软件的安装、系统的连接与配置;编程软件的界面及功能;编程软件的使用。

【学习目标】

了解 STEP7-Micro/WIN 32 编程软件的安装方法;掌握 PLC 与计算机的连接与配置方法;会使用编程软件编辑、调试、监控程序。

【本章讨论的问题】

1.STEP7-Micro/WIN 32 软件的安装的软硬件条件有哪些?

2.PLC 与计算机通信要设置哪些参数,如何设置?

3.如何使用 STEP7-Micro/WIN 32 软件来编写程序、调试程序、监控程序的运行?

STEP7-Micro/WIN 32 是西门子公司专为 SIMATIC S7-200 系列可编程序控制器研制开发的编程软件,它是基于 Windows 的应用软件,功能强大,既可用于开发用户程序,又可实时监控用户程序的执行状态。本章将介绍该软件的安装、基本功能以及如何应用编程软件进行编程、调试和运行监控等内容。

5.1 编程软件的安装

5.1.1 编程软件的安装

(1)系统要求

操作系统:STEP7-Micro/WIN 32 编程软件是基于 Windows 操作系统平台的应用软件,适用的操作系统为 Windows 98、Windows ME、Windows NT、Windows 2000、Windows XP 以及更高版本。

计算机:IBM486 以上兼容机,内存 8 MB 以上,至少 50 MB 以上的硬盘空间。

通信电缆：PC/PPI 电缆（或使用一个通信处理器卡），用来将计算机与 PLC 连接。

（2）软件安装

STEP7-Micro/WIN 32 编程软件的安装和普通的 Windows 应用程序安装方法大致相同。STEP7-Micro/WIN 32 编程软件可以直接从西门子公司网站（www. ad. siemens. com. cn）上下载或者使用光盘直接安装。安装步骤如下：

①双击 STEP7-Micro/WIN 32 的安装程序 setup.exe，则系统自动进入安装向导。

②在安装向导的帮助下完成软件的安装。软件安装路径可以使用默认的子目录，也可以用"浏览"按钮，在弹出的对话框中任意选择或新建一个子目录。

③在安装过程中，会提示用户设置 PG/PC 接口，它是 PC 与 PLC 之间进行通信连接的接口。安装完成后，通过 SIMATIC 程序组或控制面板中的 Set PG/PC Interface（设置 PG/PC 接口）随时可以更改 PG/PC 接口的设置。在安装过程中，可以点击"取消"进行下一步。

④用户设置好 PG/PC 接口后，单击"确定"按钮，弹出安装状态显示条。

⑤在安装结束时，会出现提示是否现在要重新启动计算机的选项，如果出现该选项，建议用户选择默认项，单击"完成"按钮，结束安装。

⑥重启计算机后，在桌面上出现一个快捷方式图标。双击该图标显示软件界面，单击"Tools（工具）"菜单中的"Options（选项）"，弹出"Options（选项）"对话框。选择"Generals（常规）"选项中的"Languages"下拉项中的"Chinese"选项，完成中文编程语言环境的设置。设置方法如图 5.1 所示。STEP7-Micro/WIN 32 以上的版本均支持汉化操作。

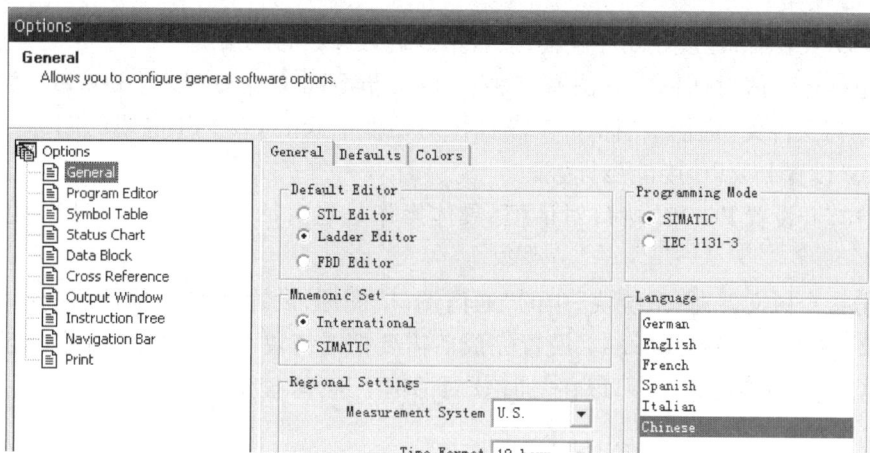

图 5.1　把软件的菜单显示语言修改为中文

5.1.2　硬件连接与参数设置

（1）硬件连接

要将计算机连接至 S7-200，利用 PC/PPI 电缆可建立个人计算机与 PLC 之间的通信是最常见和经济的方式。这是一种单主站通信方式，不需要其他硬件，如调制解调器和编程设备等。

典型的单主站连接如图 5.2 所示。把 PC/PPI 电缆的 PC 端与计算机的 RS-232 通信口（COM1 或 COM2）连接，把 PC/PPI 电缆的 PPI 端与 PLC 的 RS-485 通信口连接即可。接着设置 PC/PPI 电缆上的 DIP 开关，选定计算机所支持的波特率和帧模式。DIP 开关中用开关 1、

2、3 设定波特率,开关 4、5 设定帧模式。

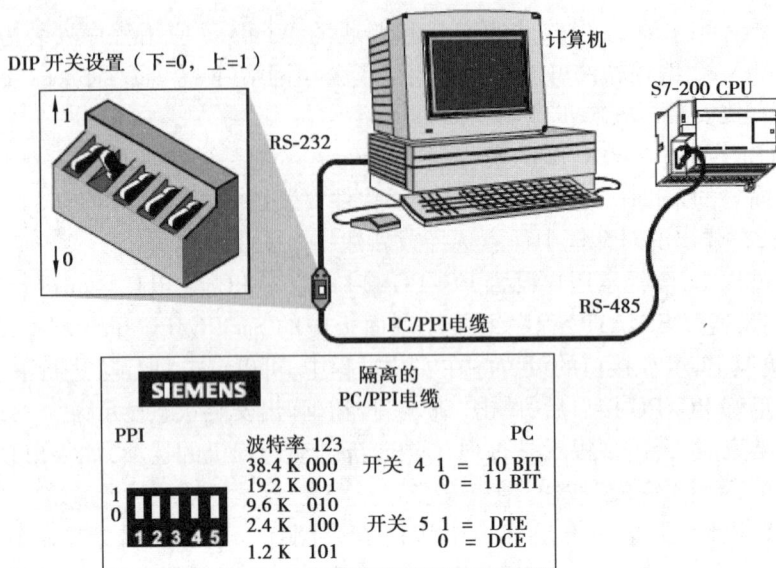

图 5.2 PLC 与计算机连接

(2)参数设置

软件成功安装后,连接好硬件设备,接着可以进行参数的设置。

①首先打开通信对话框。方法有三种:a.双击指令树文件夹"设置 PG/PC 接口"图标;b. 双击指令树文件夹"通信"图标;c.在"通信"对话框中双击 PC/PPI 电缆的图标。三种方法都可以进入"设置 PG/PC 接口"对话框。

②接着打开设置 PG/PC 接口对话框,具体操作是在对话框中双击 PC/PPI 电缆的图标即可。

③双击指令树文件夹"系统块"中的"通信端口"图标,设置 PLC 通信接口的参数,默认的站地址为 2,波特率为 9 600 bit/s。设置完成后需要把系统块下载到 PLC 后才会起作用。不能确定 PLC 接口的波特率时,可以在"通信"对话框中选择"搜索所有波特率"。

(3)在线联系

前面的操作顺序完成后,就可以建立与西门子 S7-200 CPU 的在线联系,具体步骤如下:

①首先打开通信建立结果对话框,显示是否连接了 CPU 主机;

②接着检查并建立多站 CPU 图标。双击"通信"对话框中的刷新图标,STEP7-Micro/WIN 32 将自动检查所连接的所有的 S7-200 CPU 站(默认站地址为 2),并为每个站建立一个 CPU 图标。

③最后建立与 S7-200 CPU 主机的在线联系。双击要进行通信的站,在"通信建立"对话框中可以显示所选的通信参数,从而建立与 S7-200 CPU 主机组态、上载和下载用户程序等在线联系操作。

(4)设置和修改 PLC 通信参数

利用软件检查、设置和修改 PLC 通信参数的具体步骤如下:

①双击"查看"菜单中的"系统块"图标,打开系统块对话框。

②设置和修改 PLC 的通信参数。具体操作是单击"通信口"选项卡,检查各参数正确无误后单击"确认"按钮,如果需要修改某个参数,可以先进行有关的修改,再单击"确认"按钮退出。

③单击工具条中的"下载"按钮,即可把设置好的参数下载到 PLC 上。

用户可以通过选择主菜单"PLC"中的"信息"选项来了解所使用的 PLC 的相关信息。

5.2　编程软件的功能介绍

5.2.1　编程软件的基本功能

STEP7-Micro/WIN 32 编程软件的基本功能是协助用户完成应用软件的开发,主要实现以下功能:

①在脱机(离线)方式下创建用户程序,修改和编辑原有的用户程序。在脱机方式时,计算机与 PLC 断开连接,此时能完成大部分的基本功能,如编程、编译、调试和系统组态等,但所有的程序和参数都只能存放在计算机的磁盘上。

②在联机(在线)方式下可以对与计算机建立通信联系的 PLC 直接进行各种操作,如上载、下载用户程序和组态数据等。

③在编辑程序的过程中进行语法检查,可以避免一些语法错误和数据类型方面的错误。经语法检查后,梯形图中错误处的下方自动加红色波浪线,语句表的错误行前自动画上红色叉,且在错误处加上红色波浪线。

④对用户程序进行文档管理,加密处理等。

⑤设置 PLC 的工作方式、参数和运行监控等。

5.2.2　编程软件的界面介绍

STEP7-Micro/WIN 32 编程软件的主界面外观如图 5.3 所示。界面一般可以分成:标题栏、菜单栏(包含 8 个主菜单项)、工具浏览条(快捷按钮和快捷操作窗口)、指令树(快捷操作窗口)、输出窗口、状态条和用户窗口(可同时或分别打开 5 个用户窗口)。除菜单条外,用户可以根据需要决定其他窗口的取舍和样式。

(1)菜单栏

菜单栏包括文件、编辑、查看、PLC、调试、工具、窗口和帮助 8 个主菜单选项。用户可以定制"工具"菜单,在该菜单中增加自己的工具。

(2)工具浏览条

将 STEP7-Micro/WIN 32 编程软件最常用的操作以按钮形式设定到工具条,提供简便的鼠标操作。可以用"视图"菜单中的"工具"选项来显示或隐藏 3 种按钮:标准、调试和指令。

工具浏览条中有"查看"和"工具"两个视图。"查看"视图显示了程序块、符号表、状态表、数据块、系统块、交叉引用及通信工具。"工具"视图显示了指令向导、文本显示向导、位置控制向导、EM235 控制面板和调制解调器扩展向导等工具。工具浏览条的"工具"视图中的按

引导条　　指令树　　　交叉索引　数据块　　状态图表　符号表

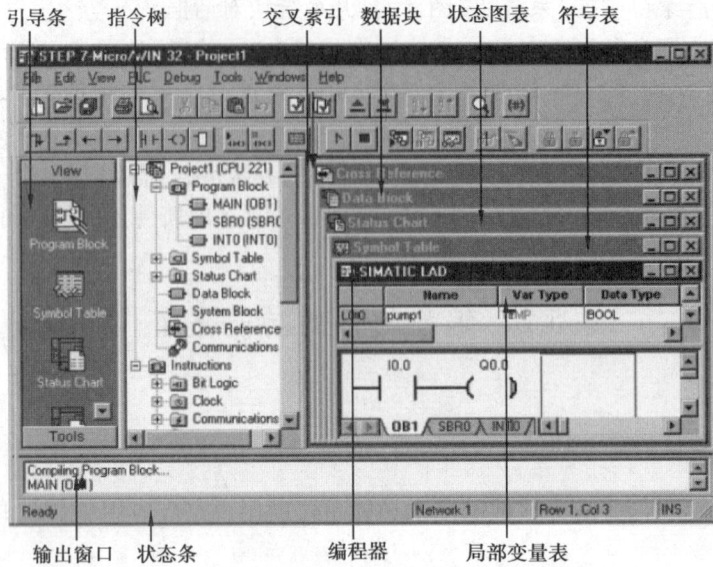

输出窗口　　状态条　　　　　　编程器　　　局部变量表

图 5.3　STEP7-Micro/WIN 32 编程软件界面

钮功能与菜单栏中的"工具"菜单的功能相同。工具浏览条中还提供了滚动按钮,方便用户查看对象。具体功能如下:

①程序块(Program Block)由可执行的程序代码和注释组成。程序代码由主程序(OB1)、可选的子程序(SBR0)和中断程序(INT0)组成。代码被编译并下载到 PLC,程序注释被忽略。

②符号表(Symbol Table)用来建立自定义符号与直接地址间的对应关系,并可附加注释,使得用户可以使用具有实际意义的符号作为编程元件,增加程序的可读性。例如,系统的停止按钮的输入地址是 I0.0,则可以在符号表中将 I0.0 的地址定义为 STOP,这样梯形图所有地址为 I0.0 的编程元件都由 STOP 代替。当编译后,将程序下载到 PLC 中时,所有的符号地址都将被转换成绝对地址。

③状态表(Status Chart)用于联机调试时监视各变量的状态和当前值。只需要在地址栏中写入变量地址,在数据格式栏中标明变量的类型,就可以在运行时监视这些变量的状态和当前值。

④数据块(Data Block)可以对变量寄存器 V 进行初始数据的赋值或修改,并可附加必要的注释。

⑤系统块(System Block)主要用来设置系统参数,如设置数字量或模拟量输入滤波、设置脉冲捕捉、配置输出表、定义存储器保持范围、设置密码和通信参数等。系统块的信息需下载到 PLC。如果没有特殊的要求,一般可采用默认的参数值。

⑥交叉引用表(Cross Reference)列举出程序中使用的各操作数在哪一个程序模块的什么位置,以及使用它的指令的助记符。还可以查看哪些内存区域已经被使用,作为位使用,还是作为字节使用。在运行方式下编程程序时,可以查看程序当前正使用的跳变信号的地址。交叉引用表不用下载到 PLC,程序编译成功后才能看到交叉引用表的内容。在交叉索引表中双击某个操作数时,可以显示含有该操作数的那部分程序。

⑦通信(Communications)可用来建立计算机与 PLC 之间的通信连接,以及通信参数的设

置和修改。在引导条中单击"通信"图标,则会出现一个"通信"对话框,双击其中的"PC/PPI"电缆图标,出现"PG/PC"接口对话框,此时可以安装或删除通信接口,检查各参数设置是否正确,其中波特率的默认值是 9 600。

（3）指令树

指令树提供所有项目和当前程序编辑器所用到的所有指令的树形视图。用户可以右击指令树中的"项目"节点,插入附加程序组织单元(POU);可以右击单个 POU,打开、删除、编辑其属性表;添加密码保护或重命名子程序及中断子程序;可以右击指令树中的"指令"节点或单个指令,以便隐藏整个树;展开指令树中的节点,可以拖放单个指令,或双击指令系统自动将所选指令插入程序编辑器中的光标位置。用户可以将指令拖放在"偏好"的节点上中,排列经常使用的指令。界面如图 5.3 所示。

（4）输出窗口

该窗口用来显示程序编译的结果信息,如各程序块的信息、编译结果有无错误以及错误代码和位置等。

（5）状态条

状态条也称任务栏,用来显示软件执行情况,编辑程序时显示光标所在的网络号、行号和列号,运行程序时显示运行的状态、通信波特率、远程地址等信息。

（6）程序编辑器

可以用梯形图、语句表或功能表图程序编辑器编写和修改用户程序。

（7）局部变量表

每个程序块都对应一个局部变量表,在带参数的子程序调用中,参数的传递是通过局部变量表进行的。

（8）工具栏

工具栏为常用的操作提供便利的访问。用户可以定制每个工具栏的内容和外观。

1）标准工具栏

标准工具栏如图 5.4 所示,其中"编译程序或数据块"按钮和"全部编译"按钮的区别是:前者是在任意一个激活窗口中编译程序块和数据块,是局部编译,而后者则是对程序、数据块和系统块的全部编译,建议多使用"全部编译"按钮,"上载"按钮是将项目从 PLC 上载至 STEP7-Micro/win,而"下载"按钮是将项目从 STEP7-Micro/win 下载至 PLC。

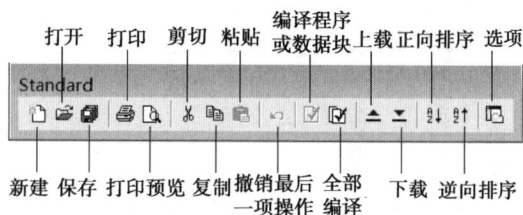

图 5.4　标准工具栏

2）调试工具栏

调试工具栏如图 5.5 所示,在调试程序时非常有用。其中,"运行"按钮▶是将 PLC 设置成"运行"模式,调试时使用比较方便,也可以直接将 PLC 上的旋钮拨到"运行"模式。"停止"按钮■是将 PLC 设置成"停止"模式,准备将程序下载到 PLC 之前,应将 PLC 设置成"停止"

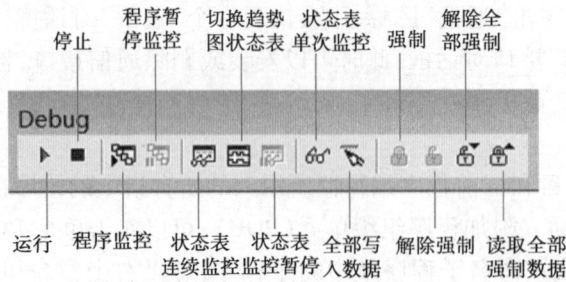

图 5.5　调试工具栏

模式,也可以直接将 PLC 上的旋钮拨到"停止"模式实现。

3)常用工具栏

常用工具栏如图 5.6 所示,其中"插入网络"按钮最为常用,单击此按钮可以在程序中插入一个新网络。

4)指令工具栏

指令工具栏如图 5.7 所示,在输入梯形图指令时,可以使用指令工具栏中的按钮。

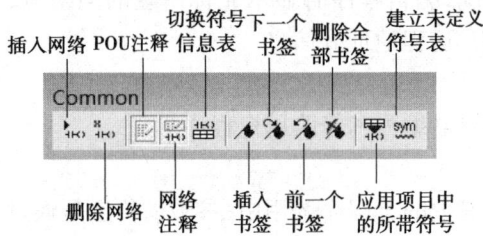

图 5.6　常用工具栏

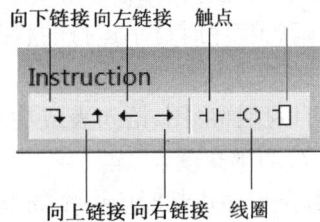

图 5.7　指令工具栏

5.2.3　系统组态

系统组态主要包括:通信组态,设置数字量或模拟量输入滤波,设置脉冲捕捉、输出表配置,定义存储器保持范围,设置密码和通信时间等。系统组态的设置主要在工具浏览条中的系统块中进行。点击相应的项目即可进行相关的系统组态参数设置。

系统组态完成后,在下载程序时,组态数据会连同编译好的用户程序一起装入与编程软件相连的 PLC 的存储器中。

(1)S7-200 保存程序和数据的方法以及数据保存的设置

S7-200 提供了多种方法来保存用户程序、程序数据和 CPU 的组态数据,以确保它们不会丢失。

1)下载与上载用户程序

用户程序包括程序块、数据块、系统块、配方和数据归档组态。下载时出于安全的考虑,将程序块、数据块、系统块存放在非易失性存储器内,配方和数据归档组态存放在存储器卡内,并更新原有的配方和数据归档。

从 CPU 模块中上载用户程序时,CPU 将从非易失性存储器内上载程序块、数据块和系统块,同时从存储器卡中上载配方和数据归档组态。数据归档中的数据通过 S7-200 的资源管理器上载。

2）存储器卡保存用户程序

可以用可选的存储器卡将用户程序复制到其他 CPU 中。如果用户文件太大，没有足够的存储空间，可以用菜单命令"PLC"→"擦除内存盒"来清空存储器卡，或打开 S7-200 的资源管理器，移除不需要的文件。

将程序复制到存储器卡的步骤如下：

①将 CPU 置于 STOP 状态。

②执行菜单命令"PLC"→"编程内存盒"，在出现的对话框中选择需要复制的部分，将程序复制到存储器卡。如果选中了系统块，则强制值也会被复制。单击"编程"按钮，进行复制。

3）用存储器卡来恢复用户程序和存储器中的数据

存储器卡插入 CPU 模块后，接通电源，只要存储器卡中有块，或与 S7-200 中的块和强制值不同，则存储器卡中的所有块都会复制给 S7-200。CPU 完成下列操作：

①将存储器卡中的程序块复制到非易失性存储器。

②V 存储器被清空，将存储器卡的数据块复制到非易失性存储器。

③将存储器卡中的系统块复制到非易失性存储器，强制值被替换，所有的保持存储器被清空。复制完成后可以取下存储器卡，如果存储器卡内有配方和数据归档，它必须一直安装在 CPU 上。如果存储器卡是用别的型号的 CPU 模块编程的，在 CPU 模块通电时可能会报错。高型号的 CPU（例如 CPU 224）可以读出用低型号的 CPU（例如 CPU 221）编写的存储器卡的程序，反之则不能读出。

4）CPU 模块掉电时自动保持位存储器（M）区的数据

如果设置为保持，M 存储区的前 14 个字节（MB0—MB13）在 CPU 模块掉电时，会自动地被永久性地保存在非易失性存储器中，上电时它们被恢复。

5）开机后数据的恢复

上电后，CPU 会自动地从非易失性存储器中恢复程序块和系统块。然后 CPU 检查是否安装了超级电容器和可选的电池卡。如果是，将确认数据是否成功地保存到 RAM。如果保存是成功的，用户数据存储器的保持区将保持不变。非易失性存储器中数据块的内容被复制到 V 存储器的非易失性（Non-Retentive）部分，其他存储区的非易失性部分被清零。

如果 RAM 存储器中的数据没有保持下来，例如在扩展电源出现故障时，CPU 会清除所有的用户存储区，并在通电后的第一次扫描将"保持数据丢失"标志（SM0.2）置为 1。开机后读取非易失性存储器的数据块的内容来恢复 V 存储器。

6）将 V 存储器的数据复制到非易失性存储器

可以将 V 存储区任意位置的数据（字节、字和双字）复制到非易失性存储器中。一次写非易失性存储器的操作会使扫描周期增加 5 ms。新存入的值会覆盖非易失性存储器中原有的数据，写非易失性存储器的操作不会更新存储器卡中的数据。

将 V 存储器中的一个数据复制到非易失性存储器中的 V 存储区的步骤如下：

①将要保存的 V 存储器的地址送到特殊存储器字 SMW32。

②将数据长度单位写入 SM31.0 和 SM31.1，这两位为 00 和 01 时表示字节，为 10 时表示字，为 11 时表示双字。

③令 SM31.7＝1，在每次扫描结束时，CPU 自动检查 SM31.7，该位为 1 时将指定的数据存入非易失性存储器，CPU 将该位置 0 后操作结束。

写入非易失性存储器的操作次数是有限制的,最少 10 万次,典型值为 100 万次。只有在发生特殊事件时才将数据保存到非易失性存储器,否则可能会使非易失性存储器失效。

7)设置 PLC 断电后的数据保存方式

单击系统块中的"保存范围"选项卡,选择从通电到断电时希望保存的内存区域。

当电源掉电时,最多可以定义 6 个要保持的存储区范围,可以设置保存的存储区有 V、M、C 和 T。只能保持 TONR(保持型定时器)和计数器的当前值;不能保持定时器位和计数器位,上电时定时器位与计数器位被清除。在编程软件中,默认的设置是保持 MB14~MB31。

(2)创建 CPU 密码

1)密码的作用

S7-200 的密码保护功能提供 3 种限制存取 CPU 存储器功能的等级(见表 5.2)。各等级均有不需要密码即可以使用的某些功能。默认的是 1 级,对存取没有限制,即关闭了密码功能。设置密码后,只要输入正确的密码,用户即可以使用所有的 CPU 功能。

在网络上输入密码不会危及 CPU 的密码保护。允许一个用户使用授权的 CPU 功能就会禁止其他用户使用该功能。在同一时刻,只允许一个用户不受限制地存取。

2)密码的设置

在系统块的"密码"对话框中,选择限制级别为 2 级或 3 级,输入并核实密码,密码不区分大小写。

3)忘记密码的处理

如果忘记了密码,必须清除存储器,重新下载程序。清除存储器会使 CPU 进入 STOP 模式,并将它设置为厂家设定的默认状态(CPU 地址、波特率和时钟除外)。

计算机与 PLC 建立连接后,执行菜单命令"PLC"→"清除",显示清除对话框后,选择要清除的块,单击"清除"按钮。如果设置了密码,会显示一个密码授权对话框。在对话框中输入"CLEARPLC"(不区分大小写),确认后执行指定的清除操作。

清除 CPU 的存储器卡将关闭所有的数字量输出,模拟量输出将处于某一固定的值。如果PLC 与其他设备相连,应注意输出的变化是否会影响设备和人身安全。

(3)输出表与输入滤波器的设置

1)输出表的设置

在系统块窗口中选择"输出表",可以设置从 RUN 模式变为 STOP 模式后各输出点的状态。

①数字量输出表的设置。在"数字量"选项卡中,选中"将输出冻结在最后的状态"选项,从 RUN 模式变为 STOP 模式时,所有数字量输出点将冻结在 CPU 进入 STOP 模式之前的状态。

如果未选"冻结"模式,从 RUN 模式变为 STOP 模式时,各输出点的状态用输出表来设置。希望进入 STOP 模式之后某一输出位为 1(ON),则点击该位,使之显示出"√",输出表的默认值是未选"冻结"模式,且从 RUN 模式变为 STOP 模式时,所有输出点的状态被置为 0(OFF)。

②模拟量输出表的设置。"模拟量"选项卡中的"将输出冻结在最后的状态"选项的意义与数字量输出的相同。如果未选"冻结"模式,可以设置从 RUN 模式变为 STOP 模式后模拟量输出的值(−32 768~32 767)。

2）输入滤波器的设置

输入滤波器用来滤除输入线上的干扰噪声，例如触点闭合或断开时产生的抖动，以及模拟量输入信号中的脉冲干扰信号。在系统块窗口中点击"输出表"图标，可以设置输入滤波器的参数。

①数字量输入滤波器的设置。在"数字量"选项卡中，可以设置 4 个为 1 组的输入点的输入滤波器延迟时间。输入状态发生 ON/OFF 变化时，输入信号必须在设置的延迟时间内保持新的状态，才能被认为有效。延迟时间的设置范围为 0.2～12.8 ms，默认值为 6.4 ms。

②模拟量输入滤波器的设置。在"模拟量"选项卡中，可以设置每个模拟量输入通道是否采用软件滤波。滤波后的值是预选采样次数（样本数目）的各次模拟输入的平均值。滤波器的设定值（采样次数与死区）对所有被选择为有滤波功能的模拟量输入均是一样的。如果信号变化很快，不应选用模拟量滤波。

模拟量输入滤波的默认设置是对所有的模拟量输入滤波（打钩）。取消打钩可以关闭某些模拟输入量的滤波功能。对于没有选择输入滤波的通道，当程序访问模拟量输入时，直接从扩展模块读取模拟值。

CPU224XP 的 AIW0 和 AIW2 模拟输入在每次扫描都会从 A/D 转换器读取最新的转换结果。该转换器由 A/D 转换器滤波，因此通常无需软件滤波。

输入量若有大的变化，滤波值可以迅速地反映出来。当前的输入值与平均值之差超过设定的死区值时，滤波器相对上一次模拟量输入值产生一个阶跃变化。死区值用模拟量输入的数字值来表示。

模拟量滤波功能不能用在用模拟量字传递数字量信息或报警信息的模块。应禁止 AS-i 主站模块、热电偶模块及热电阻模块对应的模拟量输入点的滤波器功能。

（4）脉冲捕捉功能与后台通信时间的设置

1）脉冲捕捉功能的设置

因为在每一扫描周期开始时读取数字量输入，CPU 可能发现不了脉冲宽度小于扫描周期的脉冲。脉冲捕捉（Pulse Catch）功能用来捕捉持续时间很短的高电平脉冲或低电平脉冲。S7-200 为 CPU 模块的每个数字量输入点提供脉冲捕捉功能。

可以设置各数字量输入点是否有脉冲捕捉功能，默认的设置是禁止所有的输入点捕捉脉冲。某一输入点启动了脉冲捕捉功能后，实际输入状态的变化被锁存并保存到下一次输入刷新，如图 5.8 所示。脉冲捕捉功能在输入滤波器之后，如图 5.9 所示，使用脉冲捕捉功能时，必须同时调节输入滤波时间，使窄脉冲不会被输入滤波器过滤掉。

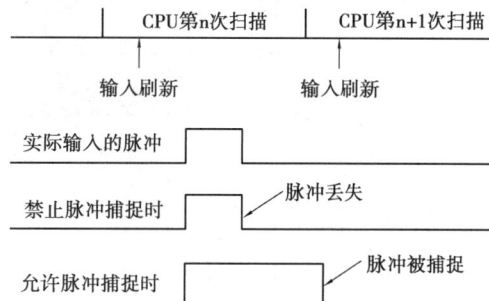

图 5.8　脉冲捕捉图

一个扫描周期内如果有多个输入脉冲，只能检测出第一个脉冲。如果希望在一个扫描周期内检测出多个脉冲，应使用上升沿/下降沿中断事件。

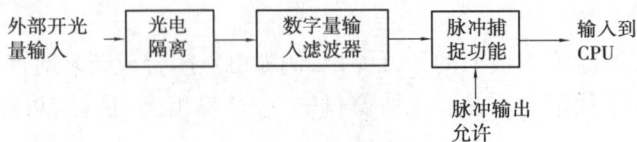

图 5.9　数字量输入电路

2）后台通信时间的设置

在系统块中单击"背景时间"选项卡，可以设置处理与 RUN 模式下编辑或执行状态有关的通信请求的时间与扫描周期的百分比，默认值为 10%，最大值为 50%。增大该百分比将增大扫描周期，使控制过程变慢。

5.3　编程软件的使用

5.3.1　用 STEP7-Micro/win 编程软件建立一个完整的项目

下面如图 5.10 所示的启/停控制梯形图为例，完整地介绍一个程序从输入到下载、运行和监控的全过程，说明 STEP7-Micro/win 编程软件的使用方法。

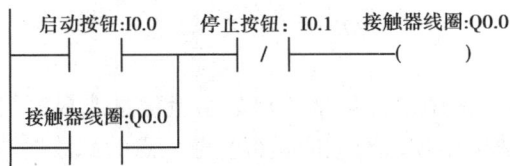

图 5.10　起/停控制梯形图

①打开编程软件，然后新建一个工程文件并保存。操作方法如图 5.11、图 5.12 所示。

图 5.11　新建一个工程文件

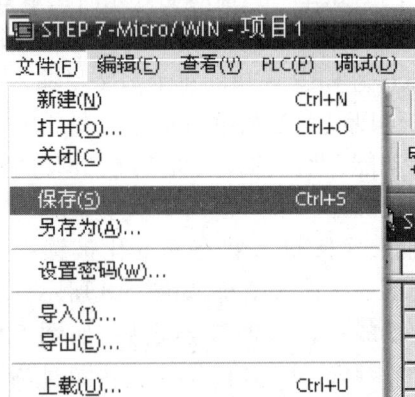

图 5.12　保存刚才所新建工程文件

②依据所编制的 PLC 的 I/O 地址表建立一个符号表。操作方法如图 5.13、图 5.14 所示。

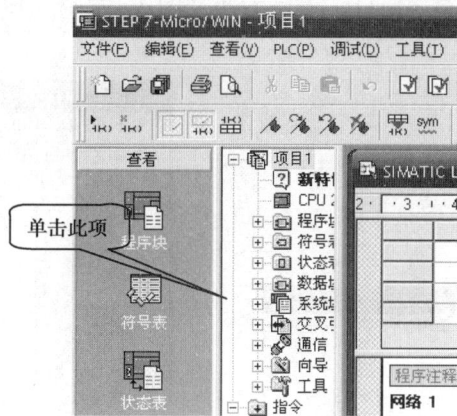

图 5.13　进入符号表编写模式

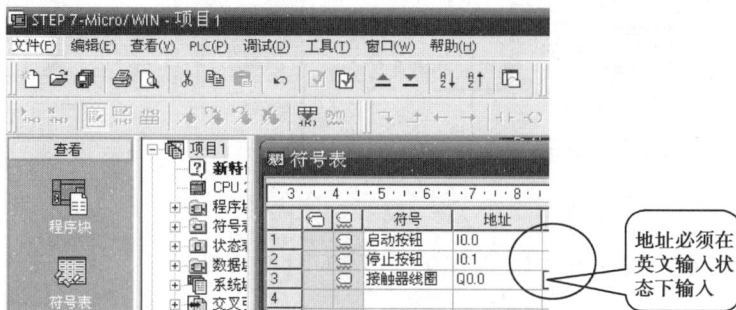

图 5.14　依据实际情况添加符号表的符号、地址等信息

③依据控制要求,编写梯形图程序。操作方法如图 5.15、图 5.16 所示。

图 5.15　进行程序编写模式

图 5.16　输入梯形图并添加必要注释

④编译并调试程序直到编译通过。操作方法如图 5.17、图 5.18 所示。

图 5.17　编译

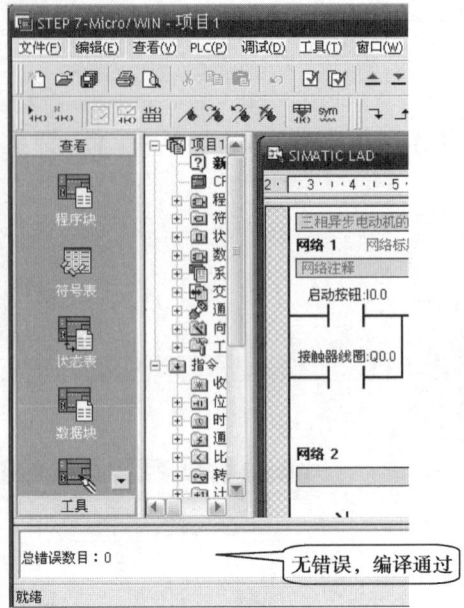

图 5.18　显示编译结果

⑤设置通信参数。操作方法如图 5.19、图 5.20、图 5.21 所示。

图 5.19　设置通信参数(1)

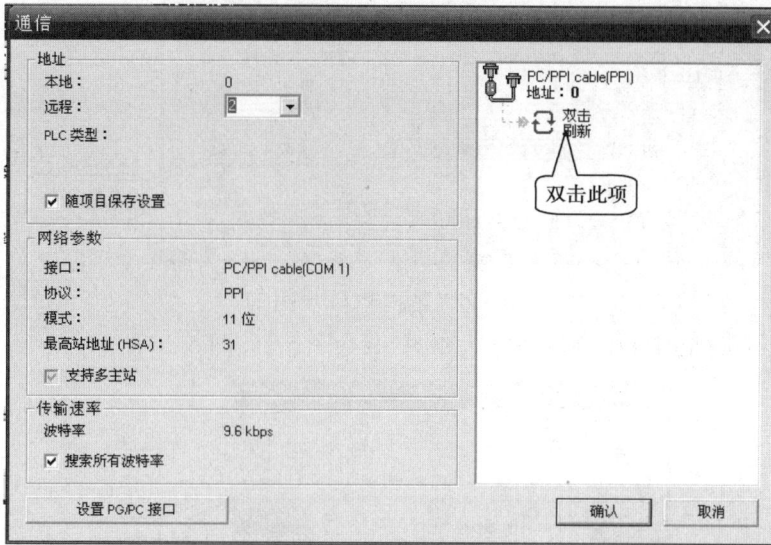

图 5.20　设置通信参数(2)

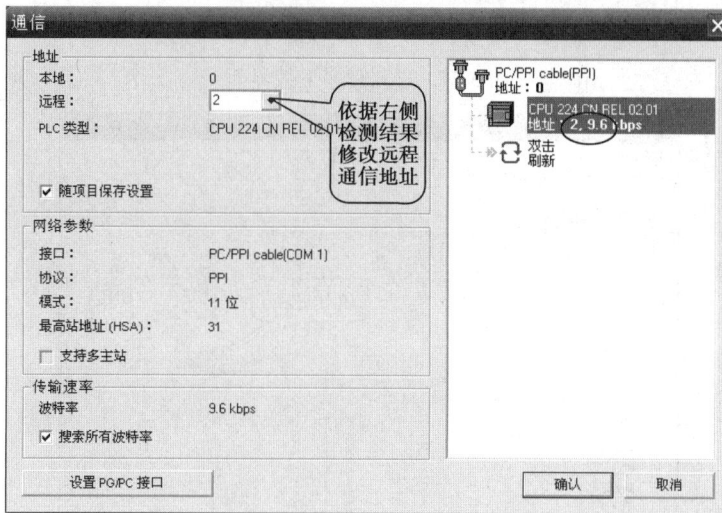

图 5.21　设置通信参数(3)

⑥依据实际情况选择 PLC 的型号。操作方法如图 5.22、图 5.23 所示。

图 5.22　选择 PLC 类型(1)

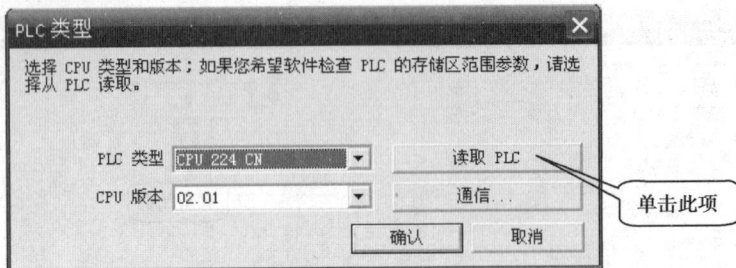

图 5.23 选择 PLC 类型(2)

⑦把程序下载到 PLC 中。操作方法如图 5.24、图 5.25、图 5.26 所示。

图 5.24 进入程序下载界面

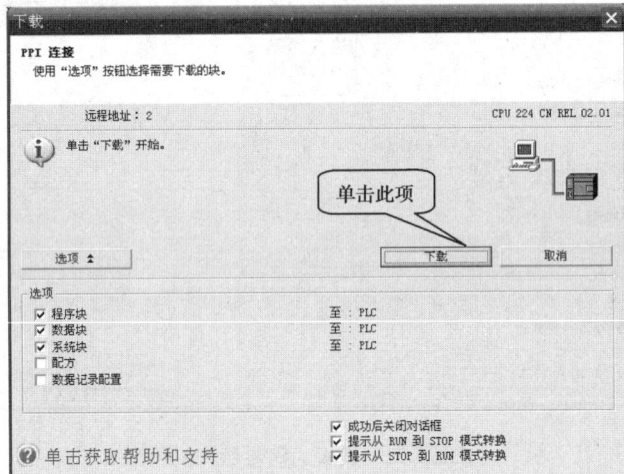

图 5.25 下载程序

⑧梯形图程序的状态监视与调试。单击工具栏中的"程序监控"图标,进入程序监控模式,如图 5.27 所示。也可以执行菜单命令"调试"→"开始程序状态监控",进入执行状态。在 RUN 模式启动程序状态功能后,将用颜色显示出梯形图中各元件的状态,如图 5.28 所示,左边的垂直"导线"和它相连的水平"导线"变为蓝色。如果位操作数为 1(为 ON),其常开触点和线圈变为蓝色,它们中间出现蓝色方块,有"能流"流过的"导线"也变为蓝色。灰色表示无能流、指令被跳过、未调用或 PLC 处于 STOP(停止)模式。

⑨用状态表监视和调试程序。如果需要同时监控的变量不能在程序编辑器中同时显示,可以使用状态表监视功能。

图 5.26　下载成功

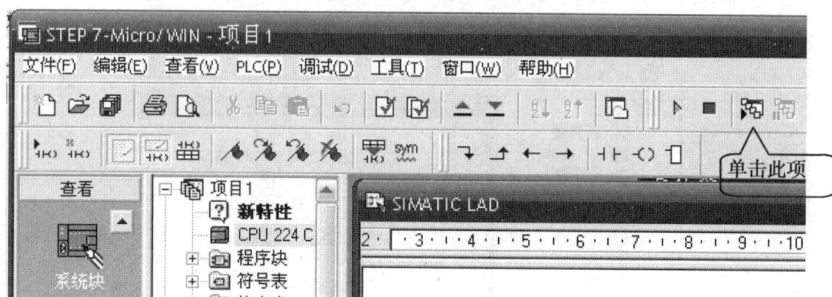

图 5.27　进入程序状态监控模式

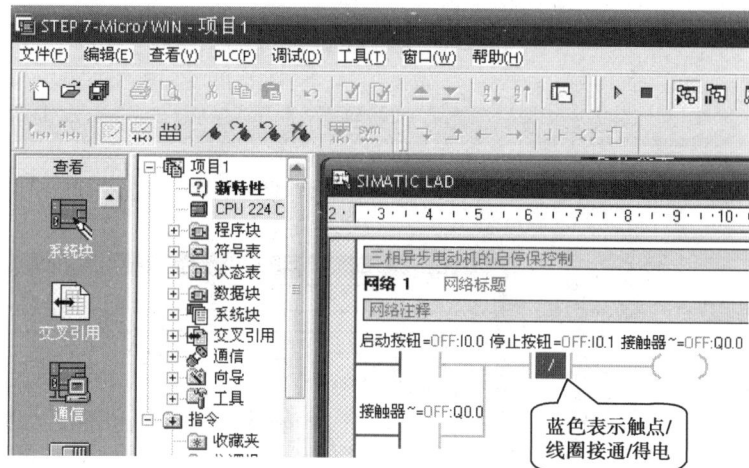

图 5.28　程序状态监控模式

图 5.29　建立状态表(1)

a.打开和编辑状态表。单击目录树中的状态表图标,或执行菜单命令"查看"→"组件"→"状态表",均可打开状态表,如图 5.29 所示,并对它进行编辑。如果项目中有多个状态表,可以用状态表底部的选项卡切换。

未启动状态表的监视功能时,可以在状态表中输入要监视的变量的地址和数据类型,如图 5.30 所示。定时器和计数器可以分别按位或按字监视。如果按位监视,显示的是它们的输出位的 ON/OFF 状态;如果按字监视,显示的是它们的当前值。监控界面如图 5.31 所示。

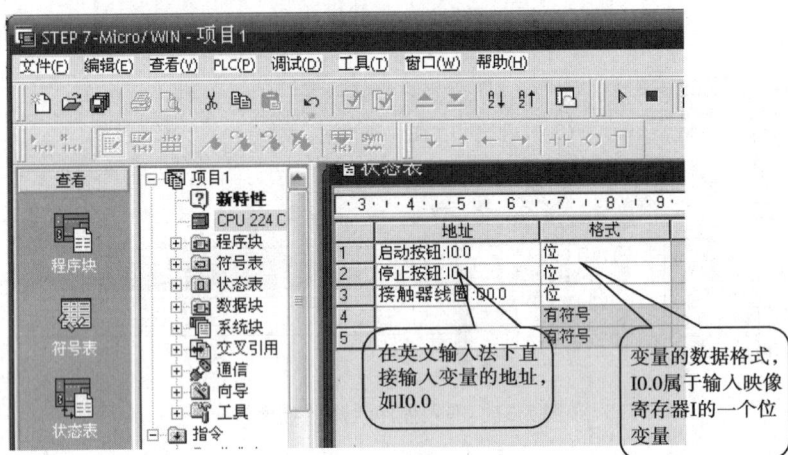

图 5.30　建立状态表(2)

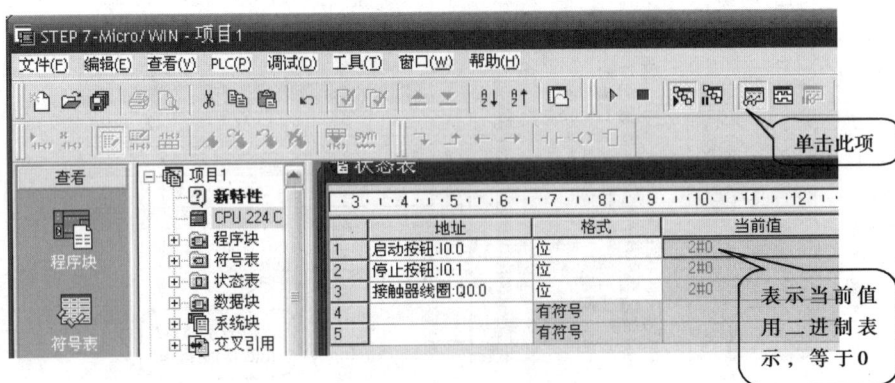

图 5.31　进入状态表监控模式

　　b.启动和关闭状态表的监视功能。在 PLC 的通信连接成功后,用菜单命令"调试"→"开始状态表监控"或单击工具条上的"状态表"图标,可以启动状态表的监视功能,状态表的"当前值"列将出现从 PLC 中读取的动态数据。执行菜单命令"调试"→"停止状态表监控"或单击"状态表"图标,可以关闭状态表的监视功能。

　　⑩用状态表强制改变数值。状态表的监视功能被启动后,编辑软件从 PLC 收集状态信息,并对表中的数据更新,这时还可以强制修改状态表中的变量。用二进制方式监视字节、字或双字,可以在一行中同时监视 8 点、16 点或 32 点位变量,如图 5.32、图 5.33 所示。

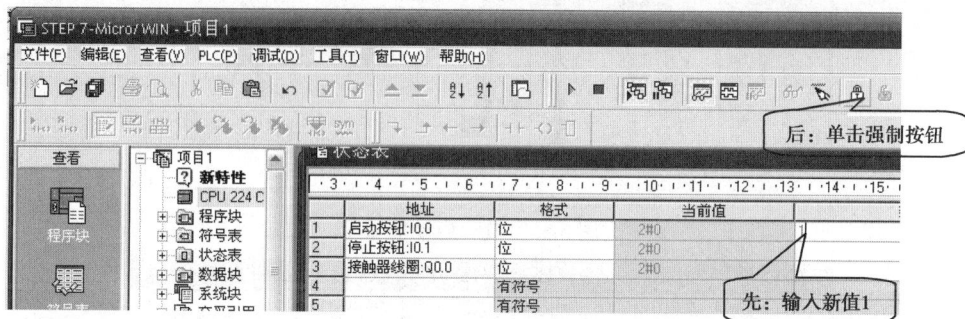

图 5.32　强制一个值

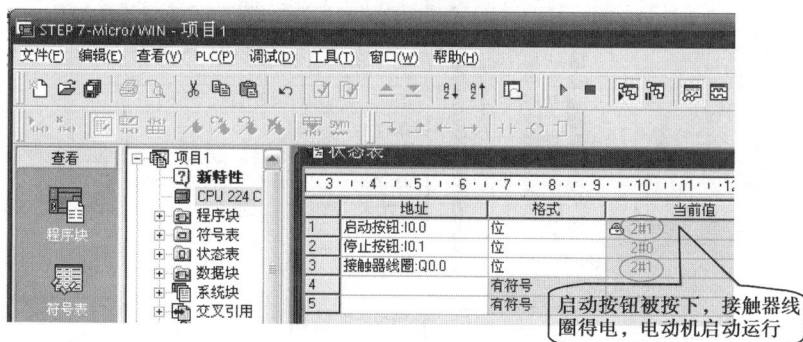

图 5.33　强制值后效果

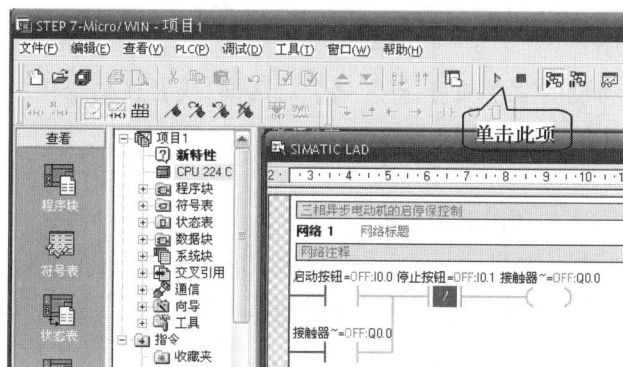

图 5.34　运行程序

　　⑪运行程序。

　　单击如图 5.34 所示运行图标,进入在线运行监控画面。按下启动按钮,监控界面如图5.35

所示;按下停止按钮,监控界面如图 5.36 所示。

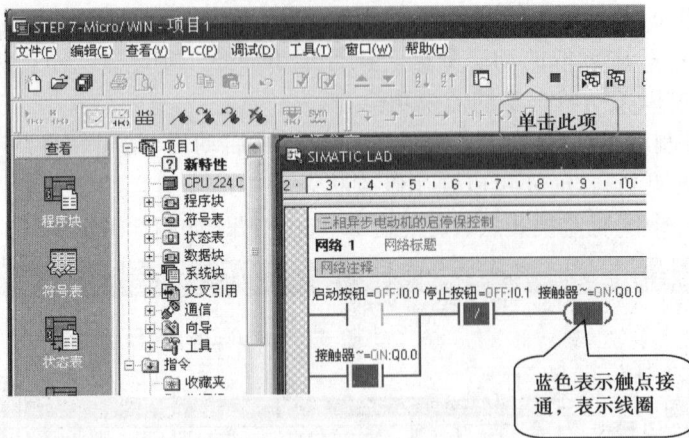

图 5.35 按下启动按钮

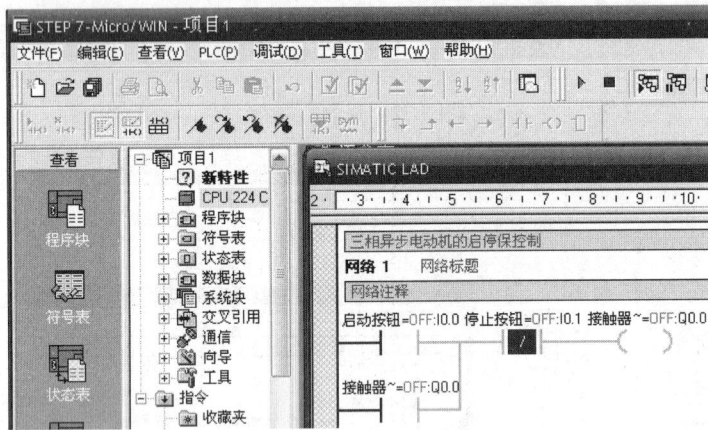

图 5.36 按下停止按钮

5.3.2 帮助功能的使用与 S7-200 的出错处理

(1)使用在线帮助

选中想得到在线帮助的菜单项目,打开某个对话框,或者在指令树中选中某个对象。按<F1>键可以得到与它们有关的在线帮助。

(2)从菜单获得帮助

可以用下述各种方法从菜单获得帮助:

①用菜单命令"帮助"→"目录与索引"打开帮助窗口,借助目录浏览器可以寻找需要的帮助主题,窗口中的索引部分提供了按字母顺序排列的主题关键词,可以查找与某一关键词有关的帮助。

②执行菜单命令"帮助"→"这是什么"后,出现带问号的光标,用它点击画面上的用户接口(例如工具条中的按钮、程序编辑器和指令树上的对象等),将会进入相应的帮助窗口。

③执行菜单命令"帮助"→"网上 S7-200",可以访问为 S7-200 提供技术支持和产品信息的西门子互联网网站。

（3）S7-200 的出错处理

使用菜单命令"PLC"→"信息"，可以查看错误信息，例如错误的代码。

1）致命错误

致命错误可使 PLC 停止执行程序，根据错误的致命程度，可以使 PLC 无法执行某一功能或全部功能。CPU 检测到致命错误时，自动进入 STOP（停止）模式，点亮系统错误 LED（发光二极管）和"STOP"LED，并关闭输出。在消除致命错误之前，CPU 一直保持这种状态。

消除了引起致命错误的原因后，必须用下面的方法重新启动 CPU：将 PLC 断电后再通电；将模式开关从 TERM 或 RUN 扳至 STOP 位置。如果发现其他致命错误条件，CPU 将会重新点亮系统错误 LED。

有些错误使 PLC 无法进行通信，此时在计算机上看不到 CPU 的错误代码。这表示硬件出错或 CPU 模块需要修理，修改程序或清除 PLC 的存储器不能消除这种错误。

2）非致命错误

非致命错误会影响 CPU 的某些性能，但不会使它无法执行用户程序和更新 I/O。有以下几类非致命错误：

①运行时间错误。在 RUN 模式下发现的非致命错误会反映在特殊存储器标识位（SM）上，用户程序可以监视这些位。上电时 CPU 读取 I/O 配置，并存储在 SM 中。如果 CPU 发现 I/O 配置变化就会在模块错误字节中设置配置改变位。I/O 模块必须与存于系统数据存储器中的 I/O 配置符合，CPU 才会对该位复位。它被复位之前，不会更新 I/O 模块。

②程序编译错误。CPU 编译程序成功后才能下载程序，如果编译时检测到程序违反了编译规则，不会下载，并在输出窗口生成错误代码。CPU 的 EEPROM 中原有的程序依然存在，不会丢失。

③程序执行错误。程序运行时，用户程序可能会产生错误。例如一个编译时正确的间接地址指针，因为在程序执行过程中被修改，可能指向超出范围的地址。可以用菜单命令"PLC"→"信息"来判断错误的类型，只有通过修改用户程序才能改正运行时的编程错误。

与某些错误条件相关的信息存储在特殊存储器（SM）中，用户程序可以用它们来消除程序。

本章小结

本章主要介绍了 STEP7-Micro/WIN 编程软件的安装、配置方法；详细介绍了编程软件的界面及其功能，以电机起停控制为例，以图解的形式讲述了使用编程软件编写程序，调试程序，监控程序的方法和步骤。

重点掌握：

①程序的编译、下载、调试和运行的全过程；

②通信不成功时解决方案的选择是本章的难点。

习　题

5.1　计算机安装 STEP7-Micro/WIN 软件需要哪些软、硬件条件?

5.2　没有 RS-232C 接口的笔记本电脑要使用具备 RS-232C 接口的编程电缆下载程序到 S7-200 PLC 中,应该做哪些预处理?

5.3　在 STEP 7-Micro/WIN 软件中,"局部编译"和"完全编译"的区别是什么?

5.4　连接计算机的 RS-232C 接口和 PLC 的编程口之间的编程电缆时,为什么要关闭 PLC 的电源?

5.5　当 S7-200 PLC 处于监控状态时,能否用软件设置 PLC 为"停止"模式?

5.6　如何设置 CPU 的密码? 怎样清除密码? 怎样对整个工程加密?

5.7　断电数据保持有几种形式实现? 怎样判断数据块已经写入 EEPROM?

5.8　状态表和趋势图有什么作用? 怎样使用? 二者有何联系?

5.9　工具浏览条中有哪些重要的功能?

5.10　交叉引用有什么作用?

第 **6** 章

S7-200 PLC 的指令系统与编程

【知识要点】

PLC 的编程语言、程序的结构;S7-200 PLC 的数据类型与编程软元件;基本逻辑指令、定时/计数器指令、常用功能指令的格式、功能和使用方法。

【学习目标】

了解 S7-200 PLC 的编程语言和程序结构;掌握 S7-200 PLC 的数据类型与编程软元件;掌握基本逻辑指令、定时/计数指令、常用功能指令的使用方法;会使用 PLC 提供的指令系统根据控制要求编写程序。

通过本章的学习,使读者学会使用 PLC,即学会根据控制要求,编写 PLC 应用程序。

【本章讨论的问题】

1.S7-200 系列 PLC 有哪几种编程语言,常用的程序结构有哪几种?

2.S7-200 系列 PLC 有哪几种数据类型,有哪些编程元件,每种编程元件的地址范围和访问方式如何?

3.怎样利用 PLC 提供的指令系统编程?

6.1 S7-200 PLC 编程基础

6.1.1 编程语言

(1)PLC 编程语言的国际标准——IEC 61131-3

IEC(国际电工委员会)是为电工电子技术的所有领域制定全球标准的世界性组织。IEC 61131 标准是 IEC 于 1994 年 5 月制定公布的 PLC 标准,它由五个部分组成:通用信息、设备与测试要求、编程语言、用户指南和通信。其中的第三部分(IEC 61131-3)是 PLC 的编程语言标准。

目前已有越来越多的 PLC 厂家都提供符合 IEC 61131-3 标准的产品。IEC 61131-3 已经成为 DCS(集散控制系统)、IPC(工业控制计算机)、PAC(可编程计算机控制器)、FCS(现场总线控制系统)、SCADA(数据采集与监视系统)和运动控制系统事实上的软件标准。

IEC 61131-3 中规定了五种标准编程语言如下：

1）梯形图（LAD）

梯形图语言是 PLC 中应用程序设计的一种标准语言，也是在实际设计中最常用的一种语言。因与继电器控制电路很相似，具有直观易懂的特点，很容易被熟悉继电器控制的电气人员所掌握，特别适合于数字逻辑控制，但不适于编写控制功能复杂的大型程序。

2）指令语句表（STL）

指令语句表是一种类似于计算机汇编语言的一种文本编程语言，即用特定的助记符来表示某种逻辑运算关系，一般由多条语句组成一个程序段。指令表适合于经验丰富的程序员使用，可以实现某些梯形图不易实现的功能。

3）功能块图（FBD）

功能块图使用类似于布尔代数的图形逻辑符号来表示控制逻辑，一些复杂的功能用指令框表示，适合于有数字电路基础的人员使用。功能块图采用类似于数字电路中的逻辑门的形式来表示逻辑运算关系。一般一个运算框表示一个功能。运算框的左侧为逻辑的输入变量，右侧为输出变量。输入、输出端的小圆圈表示"非"运算，方框用"导线"连在一起。

4）顺序功能图（SFC）

顺序功能图是针对顺序控制系统进行编程的图形编程语言，特别适合编写顺序控制程序。在 STEP7 中为 S7-Graph，不是标准配置，需要安装软件包。

5）结构文本（ST）

结构文本是 IEC 61131-3 标准创建的一种专用的高级编程语言。与梯形图相比，它能实现复杂的数学运算，编写的程序非常简洁和紧凑。

西门子公司的 PLC 使用的 STEP7 中的 S7 SCL 属于结构化控制语言，程序结构与 C 语言和 Pascal 语言相似，特别适合习惯使用高级语言进行程序设计的技术人员使用。

S7-200 的编程软件支持 LAD、STL 和 FBD 三种编程语言，在编程软件中可以自由地在不同编程语言之间切换；一般的 LAD 程序都能够转换为 STL 程序，但只有网络标记正确的 STL 程序才能转换为 LAD 程序。

使用梯形图语言可以设计较复杂的数字量控制程序，而在设计通信、数学运算等高级应用程序时，则最好使用指令语句表。功能块图编程语言则比较少使用。

STEP 7-Micro/WIN 编程软件提供了两种指令集：SIMATIC 指令集和 IEC 61131-3 指令集。其中，SIMATIC 指令集是西门子公司专门针对其产品设计开发的精简高效的指令集，支持 LAD、STL 和 FBD 三种编程语言；IEC 61131-3 指令集只支持 LAD 和 STL 两种编程语言。SIMATIC 指令集较 IEC 61131-3 指令集丰富，在 IEC 61131-3 指令编辑器中，多出的 SIMATIC 指令被作为 IEC 61131-3 指令集的非标准扩展，在编程软件的指令树中用红色的"+"号标记。

（2）S7-200 的程序结构

S7-200 CPU 的控制程序由主程序、子程序和中断程序组成。

主程序是程序的主体，每一个项目都必须并且只能有一个主程序。每个扫描周期都要被执行一次，在主程序中可以调用子程序和中断程序。在 STEP7-Micro/WIN 编程软件中，各个程序组织单元（POU）被保存在单独的页中（即被放在独立的程序块中），故各程序结束时不需要加入无条件结束指令或无条件返回指令。

子程序是可选的，仅在被其他程序调用时执行。同一子程序可以在不同的地方被多次调用。使用子程序可以简化程序代码和减少扫描时间。设计好的子程序容易移植到别的项目中。

中断程序用来及时处理与用户程序执行时序无关的操作,或者不能事先预测何时发生的中断事件。中断程序不是由用户程序调用,而是在中断事件发生时由操作系统调用。中断程序是用户编写的。因为不能预知何时会发生中断事件,所以不允许中断程序改写可能在其他程序中使用的存储器。

由这三种程序可组成线性程序和分块程序两种结构。

1)线性程序结构

线性程序是指一个工程的全部控制任务都按照工程控制的顺序写在一个程序中。比如写在 OB1 中,程序执行过程中,CPU 不断地扫描 OB1,按照事先准备好的顺序去执行工作。

线性程序结构简单,一目了然,但是当控制工程大到一定程度后,仅仅采用线性程序就会使整个程序变得庞大而难于编制和调试了。

2)分块程序结构

分块程序是指一个工程的全部控制任务被分成多个小的任务块,每个任务块根据具体任务的情况分别放到子程序中,或者放到中断程序中。程序执行过程中,CPU 不断地调用这些子程序或者中断程序。

分块程序虽然结构复杂一些,但是可以把一个复杂的过程分解成多个简单的过程,对于具体的程序块容易编写,容易调试。从总体上看,分块程序的优势是十分明显的。

6.1.2　数据类型

(1)基本数据类型及检查

1)基本数据类型

S7-200 PLC 的指令参数所用的基本数据类型有 1 位布尔型(BOOL)、8 位字节型(BYTE)、16 位无符号整数型(WORD)、16 位有符号整数型(INT)、32 位无符号双字整数型(DWORD)、32 位有符号双字整数型(DINT)、32 位实数型(REAL)。实数型(REAL)是按照 ANSI/IEEE754—1985 标准(单精度)的表示格式规定的。

2)数据类型检查

PLC 对数据类型检查有助于避免常见的编程错误。数据类型检查分为三级:完全数据类型检查、简单数据类型检查和无数据类型检查。

S7-200 PLC 的 SIMATIC 指令集不支持完全数据类型检查。使用局部变量时,执行简单数据类型检查;使用全局变量时,指令操作数为地址而不是可选的数据类型时,执行无数据类型检查。

例如,在加法指令中使用 VW100 中的值作为有符号数,同时也可以在异或指令中将 VW100 中的数据当作无符号的二进制数。

(2)数据的长度与数值范围

CPU 存储器中存放的数据类型可分为 BOOL、BYTE、WORD、INT、DWORD、DINT、REAL。不同的数据类型具有不同的数据长度和数值范围。在上述数据类型中,用字节(B)型、字(W)型、双字(D)型分别表示 8 位、16 位、32 位数据的数据长度。不同的数据长度对应的数值范围见表 6.1。

表 6.1 不同长度的数据表示的数值范围

数据类型	数据长度	取值范围
位（BOOL）	1 位	0、1
字节（BYTE）	8 位（1 字节）	0～255
字（Word）	16 位（2 字节）	0～65 536
整数（INT）	16 位（2 字节）	0～65 536（无符号）-32 768～32 767（有符号）
双字（DWORD）	32 位（4 字节）	0～4 294 967 295
双整数（DINT）	32 位（4 字节）	0～4 294 967 295（无符号） -2 147 483 648～2 147 483 647（有符号）
实数（REAL）	32 位（4 字节）	1.175 495E-38～3.402 823E+38（正数） -1.175 495E-38～3.402 823E+38（负数）
字符串（string）	8 位（1 字节）	

（3）常数

在 S7-200 PLC 的许多指令中都用到常数。常数有多种表示方法,常数的长度可以是字节、字或双字,PLC 以二进制方式存储常数,书写形式可以是:二进制、十进制、十六进制、ASCII 码或浮点数等多种形式。几种常数形式的表示方法见表 6.2。

表 6.2 常数的几种形式

进 制	书写格式	举 例
十进制	十进制数值	1234
二进制	2#二进制数值	2#0010 1100 0101 0001
十六进制	16#十六进制数值	16#2AB7
ASCII 码	'ASCII 码文本'	'show termimals'
浮点数（实数）	ANSI/IEEE 754—1985 标准	+1.036 782E-36（正数） -1.036 782E-36（负数）

6.1.3 存储器区域

S7-200 PLC 的存储器分为程序区、系统区和数据区。程序区用于存放用户程序,存储器为 EEPROM,系统区用于存放有关 PLC 配置结构的参数,如 PLC 主机及扩展模块的 I/O 配置与编址、配置 PLC 站地址、设置保护口令、停电记忆保持区、软件滤波功能等。存储器为 EEPROM。数据区是 S7-200 CPU 提供的存储器的特定区域。

它包括输入映象寄存器（I）、输出映像寄存器（Q）、变量存储器（V）、内部标志位存储器（M）、顺序控制继电器存储器（S）、特殊标志位存储器（SM）、局部存储器（L）、定时器存储器（T）、计数器存储器（C）、模拟量输入映像寄存器（AI）、模拟量输出映像寄存器（AQ）、累加器（AC）、高速计数器（HC）。数据区存储空间是用户程序执行过程中的内部工作区域。数据区使 CPU 的运行更快、更有效。存储器为 EEPROM 和 RAM。

（1）编址方法

存储器由许多存储单元组成，每个存储单元都有唯一的地址，可以依据存储器地址来存取数据。数据区存储器地址的表示格式有位、字节、字、双字地址格式。

数据区存储器区域的某一位的地址格式是由存储器区域标识符、字节地址及位号构成。元件名称（区域地址符号）见表 6.3。

数据地址的基本格式为：ATx。

A 为元件名称，即该数据在数据存储器中的区域地址，可以是表 6.3 中所示的符号。

T 为数据类型，若为位寻址，则无该项；若为字节、字或双字寻址，则 T 的取值应分别为 B，W 和 D。

x 为字节地址。

y 为字节内的位地址，只有位寻址时才有该项。

各元件在主机中的实际可用数量不同，同一元件在不同型号的主机中的数量也不同，可以参见主机技术性能指标表。

表 6.3　元件名称

元件符号	所在数据区域	位寻址格式	其他寻址格式
I（输入继电器）	数字量输入映像区	Ax.y	ATx
Q（输出继电器）	数字量输出映像区	Ax.y	ATx
M（通用辅助继电器）	内部存储器标志位区	Ax.y	ATx
SM（特殊标志继电器）	特殊存储器标志位区	Ax.y	ATx
S（顺序控制继电器）	顺序控制继电器存储器区	Ax.y	ATx
V（变量存储器）	变量存储器区	Ax.y	ATx
L（局部变量存储器）	局部存储器区	Ax.y	ATx
T（定时器）	定时器存储器区	Ay	无
C（计数器）	计数器存储器区	Ay	无
AI（模拟量输入映像寄存器）	模拟量输入存储器区	无	ATx
AQ（模拟量输出映像寄存器）	模拟量输出存储器区	无	ATx
AC（累加器）	累加器区	Ay	无
HC（高速计数器）	高速计数器区	Ay	无

按位寻址的格式为：Ax.y。必须指定元件名称、字节地址和位号，如图 6.1 所示。

图 6.1 中 MSB 表示最高位，LSB 表示最低位，可以进行位寻址的编程元件有：输入继电器（I）、输出继电器（Q）、变量存储器（V）、内部标志位存储器（M）、顺序控制继电器存储器（S）、特殊标志位存储器（SM）、局部存储器（L）。

存储区内另一些元件是具有一定功能的硬件，由于元件数量很少，所以不用指出元件所在存储区域的字节，而是直接指出它的编号。其寻址格式为 Ay。这类元件包括：定时器（T）、计数器（C）、累加器（AC）和高速计数器（HC）。其地址编号中包含两个相关变量信息，如 T10 既

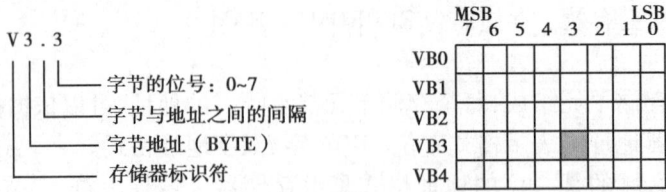

图 6.1 位数据的存放

可表示 T10 定时器的位状态,又可表示此定时器的当前值。累加器用来暂存数据,如运算数据、中间数据、结果数据。数据的长度可以是字节、字或者双字,使用时只表示出累加器的地址编号,如 AC0,数据长度取决于进出 AC0 的数据的类型。

数据寻址格式为 ATx,这种按字节编址的形式在直接访问字节、字和双字数据时,也必须指明元件名称、数据类型和存储区域内的首字节地址。如图 6.2 所示是以变量存储器为例分别存取 3 种数据的比较,图中 V 是元件名称;B 代表数据长度为字节型;W 代表数据长度为字类型(16 位);D 代表数据长度为双字类型(32 位);VW100 由 VB100、VB101 2 个字节组成;VD100 由 VB100~VB103 4 个字节组成。

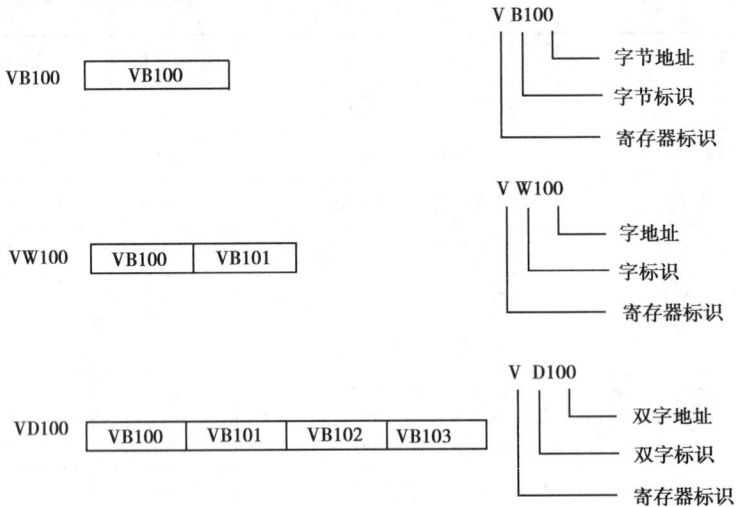

图 6.2 字、字节、双字地址的存放

(2)编程元件

1)输入映像寄存器(I)

PLC 的输入端子是从外部接收输入信号的窗口。输入映像寄存器(I)中的每一个位地址对应 PLC 的一个输入端子,用于存放外部传感器或开关元件发来的信号。在每个扫描周期的开始,PLC 对所有输入端子状态进行采样,并把采样结果送入输入映像寄存器(I),作为程序处理时输入点状态的依据。在一个扫描周期内,程序执行只使用输入映像寄存器中的数据进行处理,而不论外部输入端子的状态是什么。编程时要注意,输入映像寄存器只能反映外部信号的状态,而不能由程序设置,也不能用于驱动负载。输入映像寄存器的等效电路如图 6.3 所示。

输入映像寄存器的地址格式为:

位地址:I[字节地址].[位地址],如 I0.1。

字节、字、双字地址：I[数据长度][起始字节地址]，如 IB4、IW6、ID10。

CPU226 模块输入映像寄存器的有效地址范围为：I(0.0～15.7)、IB(0～15)、IW(0～14)、ID(0～12)。

2)输出映像寄存器(Q)

输出映像寄存器中的每一个位地址对应 PLC 的一个输出端子，用于存放程序执行后的所有输出结果，以控制外部负载的接通与断开。PLC 在执行用户程序的过程中，并不把输出信号直接输出到输出端子，而是送到输出映像寄存器(Q)中，在每个扫描周期的最后才将输出映像寄存器中的数据统一送到输出端子。输出映像寄存器的等效电路如图 6.4 所示。

输出映像寄存器(Q)地址格式为：

位地址：Q[字节地址].[位地址]，如 Q1.1。

字节、字、双字地址：Q[数据长度][起始字节地址]，如 QB5、QW8、QD11。

CPU226 模块输出映像寄存器的有效地址范围为：Q(0.0～15.7)、QB(0～15)、QW(0～14)、QD(0～12)。

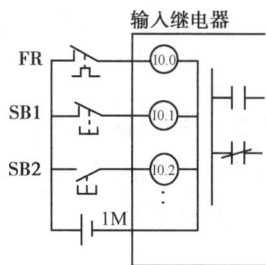

图 6.3　输入继电器等效电路图　　　　图 6.4　输出继电器等效电路图

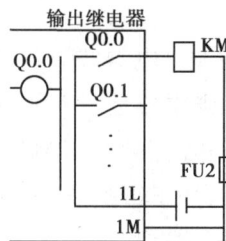

3)内部标志位存储器(M)

内部标志位存储器也称为内部线圈，是模拟继电器控制系统中的中间继电器。它存放中间操作状态，或存储其他相关的数据。内部标志位存储器以位为单位使用，也可以字节、字、双字为单位使用。

内部标志位存储器(M)的地址格式为：

位地址：M[字节地址].[位地址]，如 M26.7。

字节、字、双字地址：M[数据长度][起始字节地址]，如 MB11、MW23、MD26。

CPU226 模块内部标志位存储器的有效地址范围为：M(0.0～31.7)、MB(0～31)、MW(0～30)、MD(0～28)。

有的用户习惯使用 M 区作为中间地址，但 S7-200 CPU 中 M 区地址空间很小，只有 32 个字节，往往不够用。而 S7-200 CPU 中提供大量的 V 区存储空间，即用户数据空间。V 存储区相对很大，其用法与 M 相似，可以按位、字节、字、双字来存取 V 区数据。

4)变量存储器(V)

在程序处理过程或上下位机通信过程中，会产生大量的中间变量数据需要存储，S7-200 系列 PLC 专门提供了一个较大存储器区存储此类数据，即变量存储器，应用比较灵活。

变量存储器是全局有效。全局有效是指同一个存储器可以在任一程序分区(主程序、子程序、中断程序)被访问。变量存储器的地址格式为：

位地址：V[字节地址].[位地址]，如 V10.2。

字节、字、双字地址：V[数据长度][起始字节地址]，如 VB20、VW100、VD320。

CPU226 模块变量存储器的有效地址范围为：V（0.0～5 119.7）、VB（0～5 119）、VW（0～5 118）、VD（0～5 116）。

5）局部存储器（L）

局部存储器用来存放局部变量。局部存储器是局部有效的。局部有效是指某一局部存储器只能在某一程序分区（主程序或子程序或中断程序）中使用。S7-200 PLC 提供 64 个字节局部存储器，局部存储器可用作暂时存储器或为子程序传递参数。可以按位、字节、字、双字访问。可以把局部存储器作为间接寻址的指针，但是不能作为间接寻址的存储器区。局部存储器（L）的地址格式为：

位地址：L[字节地址].[位地址]，如 L0.0。

字节、字、双字地址：L[数据长度][起始字节地址]，如 LB33、LW44、LD55。

CPU226 模块局部存储器的有效地址范围为：L（0.0～63.7）、LB（0～63）、LW（0～62）、LD（0～60）。

6）顺序控制继电器（S）

顺序控制继电器是用于顺序控制（或步进控制）。顺序控制继电器指令基于顺序功能图（SFC）的编程方式。顺序控制继电器是顺控指令中的特殊（专用）继电器，通常要与步进顺控指令结合使用，用于组织步进过程。顺序控制继电器（S）的地址格式为：

位地址：S[字节地址].[位地址]，如 S2.7。

字节、字、双字地址：S[数据长度][起始字节地址]，如 SB11、SW23、SD26。

CPU226 模块顺序控制继电器的有效地址范围为：S（0.0～31.7）、SB（0～31）、SW（0～30）、SD（0～28）。

7）特殊标志位存储器（SM）

特殊标志位存储器是 PLC 内部保留的一部分存储空间，用于保存 PLC 自身工作状态数据或提供特殊功能。该存储器区可以反映 CPU 运行时的各种状态信息，用户程序能够根据这些信息判断 PLC 的工作状态，从而确定下一步的程序走向。特殊标志位区域分为只读区域（SMB0～SMB29）和可读写区域，在只读区域的特殊标志位，用户只能使用其触点。可读写区域的特殊标志位用于特殊控制功能，例如，用于自由通信口设置的 SMB30，用于定时中断间隔时间设置的 SMB34/SMB35，用于高速计数器设置的 SMB36～SMB65，用于脉冲串输出控制的 SMB66～SMB85……尽管 SM 区域是按位存取，但也可以按字节、字、双字来存取数据。特殊标志位存储器的地址表示格式为：

位地址：SM[字节地址].[位地址]，如 SM0.1 。

字节、字、双字地址：SM[数据长度][起始字节地址]，如 SMB86、SMW100、SMD12。

CPU226 模块特殊标志位存储器的有效地址范围为：SM（0.0～549.7）、SMB（0～549）、SMW（0～548）、SMD（0～546）。表 6.4 和表 6.5 分别为 SMB0 的各个位功能描述和其他状态字功能表。

表 6.4　SMB0 的各位功能描述

SMB0 的各个位	功能描述
SM0.0	常闭触点,在程序运行时一直保持闭合状态
SM0.1	该位在程序运行的第一个扫描周期闭合,常用于调用初始化子程序
SM0.2	若永久保持的数据丢失,则该位在程序运行的第一个扫描周期闭合,可用于存储器错误标志位
SM0.3	开机后进行 RUN 方式,该位将闭合一个扫描周期。可用于启动操作前为设备提供预热时间
SM0.4	该位为一个 1 min 时钟脉冲,30 s 闭合,30 s 断开
SM0.5	该位为一个 1 s 时钟脉冲,0.5 s 闭合,0.5 s 断开
SM0.6	该位为扫描时钟,本次扫描闭合,下次扫描断开,不断循环
SM0.7	该位指示 CPU 工作方式开关的位置(断开为 TERM 位置,闭合为 RUN 位置)。利用该位状态。当开关在 RUN 位置时,可使自由口通信方式有效,开关切换至 TERM 位置时,同编程设置的正常通信有效

表 6.5　其他状态字功能表

状态字	功能描述
SMB1	包含了各种潜在的错误提示,可在执行某些指令或执行出错时由系统自动对相应位进行置位或复位
SMB2	在自由口通信时,自由接口接收字符的缓冲区
SMB3	在自由口通信时,发现接收到的字符中有奇偶校验错误时,可将 SM3.0 置位,根据该位来丢弃错误的信息,其他位保留
SMB4	标志中断队列中是否溢出或通信接口使用状态
SMB5	标志 I/O 系统错误
SMB6	CPU 模块识别(ID)寄存器
SMB7	系统保留
SMB8～SMB21	I/O 模块识别和错误寄存器,按字节对形式(相邻两个字节)存储扩展模块 0~6 的模块类型、I/O 类型、I/O 点数和测得的各模块 I/O 错误
SMB22～SMB26	记录系统扫描时间
SMB28～SMB29	存储 CPU 模块自带的模拟电位器所对应的数字量
SMB30 和 SMB130	SMB30 为自由口通信时,自由接口 0 的通信方式控制字节;SMB130 为自由口通信时,自由接口 1 的通信方式控制字节;两字节可读可写
SMB31～SMB32	永久存储器(EEPROM)写控制
SMB34～SMB35	用于存储定时中断的时间间隔
SMB36～SMB65	高速计数器 HSC0、HSC1、HSC2 的监视及控制寄存器
SMB66～SMB85	高速脉冲(PTO/PWM)的监视及控制寄存器

续表

状态字	功能描述
SMB86～SMB94 SMB186～SMB194	自由口通信时,接口 0 或接口 1 接收信息状态寄存器
SMB98～SMB99	标志扩展模块总线错误号
SMB131～SMB165	高速计数器 HSC3、HSC4、HSC5 的监视及控制寄存器
SMB166～SMB194	高速脉冲(PTO)的包络定义表
SMB200～SMB299	预留给智能扩展模块,保存其状态信息

8)定时器(T)

在 PLC 中,定时器的作用相当于继电器控制系统中的时间继电器。定时器的工作过程与时间继电器基本相同,须提前置入时间预设值,当定时值的输入条件满足时开始计时,当前值从 0 开始按一定时间单位增加;当定时器的当前值达到预定值时定时器发生动作,即常开触点闭合,常闭触点断开。利用定时器的输入和输出触点可以得到控制所需的延时时间。

S7-200 系列 PLC 中包括 1 ms、10 ms、100 ms 三种精度的定时器,每个定时器对应一个 16 位的当前值寄存器和一个状态位。16 位的寄存器存储定时器所累积的时间,以及状态位标志定时器定时时间到达时的动作。当前值寄存器和状态位均可由(T+定时器号)来表示,如 T10。区分依赖于对其操作的指令,带位操作指令数的存取定时器的状态位,而带字操作数的指令对定时器当前值寄存器进行操作。

S7-200 PLC 定时器存储器的有效地址范围:T0～255。

9)计数器（C）

在 PLC 中,计数器用于累积输入脉冲的个数,当计数值达到由程序设置的数值时,执行特定功能。S7-200 系列 PLC 提供了三种类型的计数器,即增计数器、减计数器和增减计数器。通常计数器的设定值由程序赋予,需要时也可在外部设定。

计数器的地址表示格式为:(C+计数器号),如 C10。每个计数器也对应一个 16 位的当前值寄存器和一个状态位。

计数器位:表示计数器是否发生动作的状态,当计数器的当前值达到预置值时,该位被置为"1"。

计数器当前值:存储计数器当前值所累计的脉冲个数,它用 16 位带符号整数表示。

当前值寄存器和状态位均可由 C10 来表示,区分依赖于对其操作的指令,带位操作数的指令存取计数器的状态位,而带字操作数的指令存取计数器的当前值。

S7-200 PLC 计数器的有效地址范围:C0～C255。

10)高速计数器(HC)

高速计数器用来累计高速脉冲信号。当高速脉冲信号的频率比 CPU 扫描速率更快时,必须要用高速计数器计数。高速计数器的当前值寄存器为 32 位,读取高速计数器当前值应以双字(32 位)来寻址。高速计数器的当前值为只读数据。

高速计数器地址格式为:HC[高速计数器号],如 HC1。

CPU226 模块高速计数器的有效地址范围:HC0～HC5。

11) 模拟量输入映像寄存器(AI)

模拟量输入模块将外部输入的模拟信号的模拟量转换成 1 个字长的数字量,存放在模拟量输入映像寄存器中,供 CPU 运算处理。模拟量输入映像寄存器的值为只读数据。模拟量输入映像寄存器的地址格式为 AIW[起始字节地址],如 AIW4。

模拟量输入映像寄存器的地址必须用偶数字节地址(如 AIW0,AIW2…)来表示。

CPU226 模块模拟量输入映像寄存器的有效地址范围:AIW0~AIW62。

12) 模拟量输出映像寄存器(AQ)

CPU 运算的相关结果存放在模量输出映像寄存器中,供 D/A 转换器将 1 个字长的数字量转换成模拟量,供外部电路使用。模拟量输出映像寄存器中的数字量为只写数据。

模拟量输出映像寄存器的地址格式为:AQW[起始字节地址],如 AQW4。

模拟量输出映像寄存器的地址必须用偶数字节地址(如 AQW0,AQW2…)来表示。

CPU226 模块模拟量输出映像寄存器的有效地址范围:AIW0~AIW62。

13) 累加器(AC)

累加器是可以像存储器一样使用的读/写区间,它可以用于向子程序传递参数或从子程序返回参数,也可以用于存储计算过程的中间值。S7-200 系列 PLC 提供了 4 个 32 位的累加器,地址编号分别为 AC0、AC1、AC2、AC3,使用时只需写出累加器的地址编号即可。

累加器是可读写单元,可以按字节、字、双字存取累加器的字节,DECW 指令存取累加器字,INCD 指令存取累加器的双字。按字节、字存取时,累加器只存取存储器中数据的低 8 位、低 16 位,以双字存取时,则存取存储器的 32 位。

6.1.4 寻址方式

指令中如何提供操作数或操作数地址,称为寻址方式。S7-200 PLC 的寻址方式有:立即寻址、直接寻址、间接寻址。

(1)立即寻址

立即寻址方式是指令直接给出操作数,操作数紧跟着操作码,在取出指令的同时也就取出了操作数,立即有操作数可用,所以称为立即操作数或立即寻址。立即寻址方式可用来提供常数、设置初始值等。

CPU 以二进制方式存储所有常数。指令中可用十进制、十六进制、ASCII 码或浮点数形式来表示。表示格式举例如下:

十进制常数:30112　　　　十六进制常数:16#42F

ASCII 常数:' INPUT '　　　实数或浮点常数:+1.1E-10

二进制常数:2#0101 1110

(2)直接寻址

直接寻址方式是指令直接使用存储器或寄存器的元件名称或地址编号,根据这个地址就可以立即找到该数据。操作数的地址应按规定的格式表示。指令中,数据类型应与指令标识符相匹配。

不同数据长度的直接寻址指令举例如下:

位寻址:　 AND　 Q5.5

字节寻址:ORB　 VB33,LB21

字寻址： MOVW　AC0,AQW2

双字寻址：MOVD　AC1,VD200

（3）间接寻址

间接寻址方式是数据存放在存储器或寄存器中,在指令中只出现所需数据所在单元的内存地址的地址。存放操作数地址的存储单元的地址也称地址指针。这种间接寻址方式与计算机的间接寻址方式相同。间接寻址在处理内存连续地址中的数据时非常方便,而且可以缩短程序所生成代码的长度,使编程更加灵活。可间接寻址的存储区域有:I、Q、V、M、S、T(仅当前值)、C(仅当前值)。对独立的位(BIT)值或模拟量值不能进行间接寻址。使用间接寻址方式存取数据的方法如下:

1）建立指针

间接寻址前,应先建立指针。指针为双字长,指针中存放的是所要访问的存储单元的 32 位物理地址。只能使用变量存储器(V)、局部存储器(L)或累加器(AC1、AC2、AC3)作为指针,AC0不能用作间接寻址的指针。建立指针时,将存储器的某个地址移入另一个存储器或累加器中作为指针。建立指针后,就可把从指针处取出的数值传送到指令输出操作数指定的位置。

例: MOVD　&VB200　　VD10;把 VB200 的 32 位物理地址送入 AC1,建立指针。

上例中"&"为取地址符号,它与存储单元地址编号结合表示对应单元的 32 位物理地址。物理地址是指存储单元在整个存储器中的绝对位置。VB200 只是存储单元的一个直接地址编号。指令中第二个存储器单元或寄存器必须为双字长度(32 位),如 VD、LD 或 AC。

2）利用地址指针存取数据

在存储器单元或寄存器前面加" * "号表示一个地址指针。

例：MOVD　　&VB200　　　AC1

　　MOVW　　*AC1　　　VW100

该程序表示将 VW200 中的数据传送到 VW100 中。AC1 中存储着 VB200 的物理地址,*AC1直接指向 VB200 存储单元,MOVW 指令决定了指针指向的是一个字长的数据。在本例中,存储在 VB200,VB201 中的数据被送到 VB100,VB101 中,如图 6.5 所示。

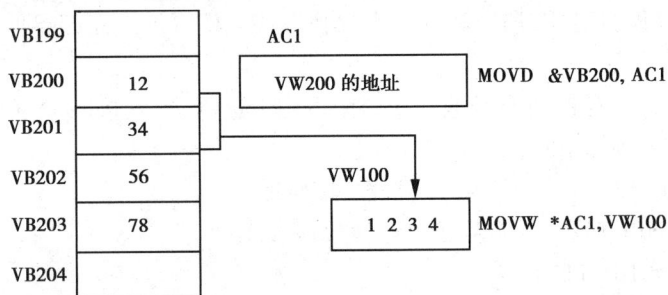

图 6.5　使用指针间接寻址

3）修改地址指针

通过修改地址指针,可以方便地存取相邻存储单元的数据,如进行查表或多个连续数据两两计算。只需要使用加法、自增等算术运算指令就可以实现地址指针的修改,但要注意指针所指向数据的长度。存取字节时,指针值加 1;存取一个字、定时器或计数器的当前值时,指针值加 2;存取双字时,指针值加 4。

6.2　S7-200 PLC 基本逻辑指令及编程

基本逻辑指令是 PLC 中最简单、最基本的指令,是构成梯形图和语句表的基本成分。基本逻辑指令一般指位逻辑指令、定时器指令及计数器指令。位逻辑指令又包括触点连接指令、线圈指令、逻辑堆栈指令、RS 触发器等指令。这些指令处理的对象大多为位逻辑量,主要用于逻辑控制类程序中。

6.2.1　位逻辑操作指令及应用

（1）基本触点及线圈指令

触点及线圈是梯形图最基本的元素。从元件角度出发,触点及线圈是元件的组成部分,线圈得电则该元件的常开触点闭合,常闭触点断开;反之,线圈失电则常开触点恢复断开,常闭触点恢复接通。从梯形图的结构来看,触点是线圈的工作条件,线圈的动作是触点运算的结果。

1）LD、LDN 与 = 指令

指令的符号名称及功能见表 6.6。

表 6.6　LD、LDN 与 = 指令格式

指令、名称	梯形图符号	数据类型	操作数	指令功能
LD 载入	—| |—	BOOL	I、Q、V、M、SM、S、T、C、L	载入指令通常是打开一个常开触点,同时将地址位数值置于堆栈顶部
LDN 载入取反	—| / |—			载入取反指令通常是打开一个常闭触点,同时将地址位数值置于堆栈顶部
= 输出	—( )		Q、V、M、SM、S、T、C、L	指令将输出位的新值写入过程映像寄存器,同时位于堆栈顶端的数值被复制至指定的位

在梯形图和语句表程序中的应用如图 6.6 所示。

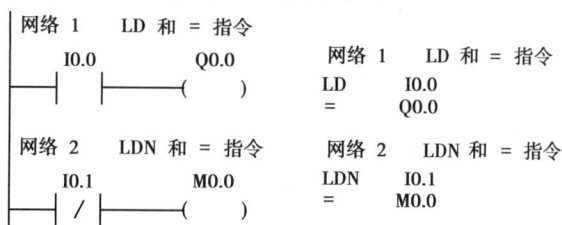

```
网络 1    LD 和 = 指令              网络 1    LD 和 = 指令
   I0.0        Q0.0           LD        I0.0
 —| |———————( )              =         Q0.0

网络 2    LDN 和 = 指令             网络 2    LDN 和 = 指令
   I0.1        M0.0           LDN       I0.1
 —| / |———————( )             =         M0.0
```

图 6.6　LD、LDN 与 = 指令应用举例

当网络 1 中的常开触点 I0.0 接通,则线圈得电;当网络 2 中的常闭触点 I0.1 接通,则线圈 M0.0 得电。此梯形图的含义与以前学过的电气控制中的电气图类似。

137

指令使用注意事项：

①LD 与 LDN 指令对应的触点一般与左侧母线相连，若与后述的 OLD、ALD 指令组合，则可用于串并联电路块的起始触点。

② = 指令不能用于驱动输入继电器 I，因为输入继电器的状态由外部输入信号决定。

③在同一程序中尽量不要使用双线圈输出，即同一个元器件在同一程序中只使用一次 = 指令。

2）触点串联指令 A、AN

触点串联指令的符号，名称及功能见表 6.7。

表 6.7 A、AN 指令格式

指令、名称	梯形图符号	数据类型	操作数	指令功能
A 与	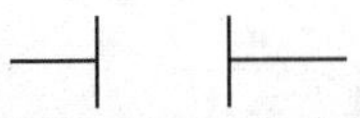	BOOL	I、Q、V、M、SM、S、T、C、L	与操作，用于单个常开触点串联连接
AN 与非	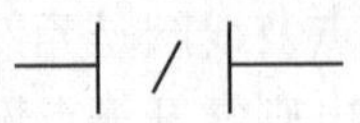			与反操作，用于单个常闭触点串联连接

A、AN 指令的应用如图 6.7 所示。

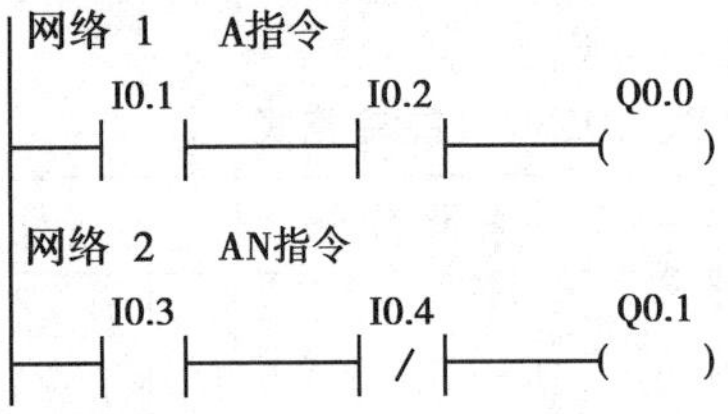

网络 1 A指令

```
LD    I0.1
A     I0.2
=     Q0.0
```

网络 2 AN指令

```
LD    I0.3
AN    I0.4
=     Q0.1
```

图 6.7 触点串联指令的应用

I0.1 与 I0.2 执行相与的逻辑运算，在 I0.1 与 I0.2 均闭合时，线圈 Q0.0 接通，在 I0.1 与 I0.2只要有一个不闭合，线圈 Q0.0 不能接通；I0.3 与常闭触点 I0.4 执行相与的逻辑运算，I0.3 闭合，I0.4 断开时，线圈 Q0.1 接通；I0.3 断开或 I0.4 闭合，则线圈 Q0.1 不能接通。

指令使用注意事项：

①A/AN 是单个触点串联连接指令，可以连续使用，但是用梯形图编程是会受到打印宽度和屏幕显示的限制，S7-200 PLC 的编程软件中规定的串联触点的上限为 11 个。

②若要串联多个触点组合回路时，须采用后面说明的 ALD 指令。

③在使用=指令进行线圈驱动后，仍然可以使用 A、AN 指令，然后再次使用=指令，如图 6.8 所示。

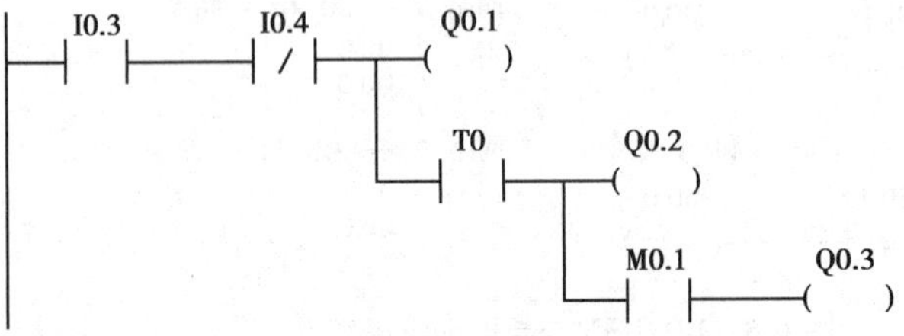


```
LD    I0.3
AN    I0.4
=     Q0.1
A     T0
=     Q0.2
A     M0.1
=     Q0.3
```

图 6.8 A、AN 指令与=指令的多次连续使用

如图 6.8 所示程序的上下次序不能随意更改，否则 A、AN 指令与=指令不能连续使用，如图 6.9 所示程序，在指令表中就需要使用堆栈指令过渡。这是因为 S7-200 系列 PLC 提供一个

9 层堆栈,栈顶用于存储逻辑运算的结果,即每次运算后结果都保存在栈顶,而且下一次运算结果会覆盖前一个结果;若要使用中间结果,必须对该中间结果进行压栈处理才能保存下来。

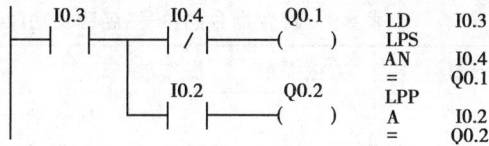

```
LD    I0.3
LPS
AN    I0.4
=     Q0.1
LPP
A     I0.2
=     Q0.2
```

图 6.9　A、AN 指令与=指令不能多次连续使用

3)触点并联指令 O、ON

触点并联指令的符号、名称及功能见表 6.8。

表 6.8　触点并联指令的符号、名称及功能

指令、名称	梯形图符号	数据类型	操作数	指令功能
O　或		BOOL	I、Q、V、M、SM、S、T、C、L	或操作,用于单个常开触点并联连接
ON　或非				或非操作,用于单个常闭触点并联连接

触点并联指令的应用如图 6.10 所示。

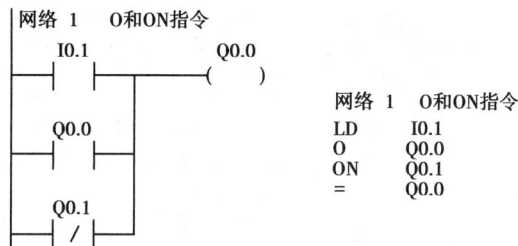

```
网络 1    O和ON指令
LD    I0.1
O     Q0.0
ON    Q0.1
=     Q0.0
```

图 6.10　O 和 ON 指令应用举例

当网络 1 中的常开触点 I0.0、Q0.0,常闭触点 Q0.1 有一个或者多个接通,则线圈 Q0.0 接通;常开触点 I0.0、Q0.0 和常闭触点 Q0.1 都不接通,则线圈 Q0.0 不接通。

指令使用注意事项:

①O/ON 指令是将一个触点从当前步开始,直接并联到左母线上,且并联次数不限。但是因为图形编程器和打印机的功能有限制,所以连续输出的次数不超过 24 次。

②O 和 ON 用于单个触点与前面电路的并联,并联触点的左端接到该指令所在电路块的起始点(LD 点)上,右端与前一条指令对应的触点的右端相连,即单个触点并联到它前面已经连接好的电路的两端(两个以上触点串联连接的电路块再并联连接时,要用后续的 ORB 指令)。

4）跳变指令 EU、ED

跳变指令的符号、名称及功能见表6.9。

表 6.9　跳变指令的符号、名称及功能

指令、名称	梯形图符号	数据类型	操作数	指令功能
EU 正跳变	─┤P├─	无	无	执行指令时，一旦在堆栈顶部数值中检测到0至1转换时，则将堆栈顶值设为1；否则，将其设为0
ED 负跳变	─┤N├─			执行指令时，一旦在堆栈顶部数值中检测到1至0转换时，则将堆栈顶值设为1；否则，将其设为0

跳变指令的应用如图6.11所示。

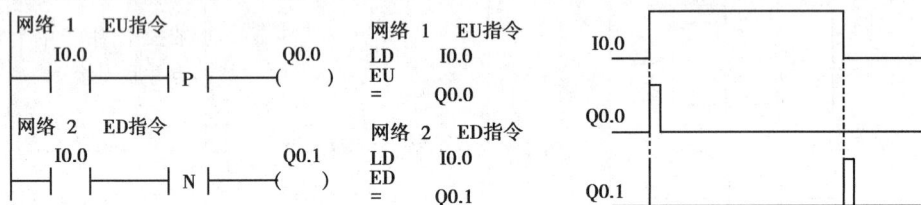

图 6.11　跳变指令的应用举例

当触点 I0.0 上有正"边缘向上"输入时，Q0.0 输出一个扫描周期的脉冲。

当触点 I0.0 上有负"边缘向下"输入时，Q0.1 输出一个扫描周期的脉冲。

5）置位、复位指令 S、R

线圈置位，复位指令的符号、名称及功能见表6.10。

表 6.10　线圈置位，复位指令的符号、名称及功能

指令、名称	梯形图符号	数据类型	操作数	指令功能
S 置位	bit ─(S) N	BOOL	Q、M、SM、T、C、V、S、L	置位指令设置指定的点数（N），从指定的地址（位）开始。可以设置1~255个点
R 复位	bit ─(R) N			复位指令复位指定的点数（N），从指定的地址（位）开始。可以设置1~255个点

置位、复位指令的应用如图6.12所示。

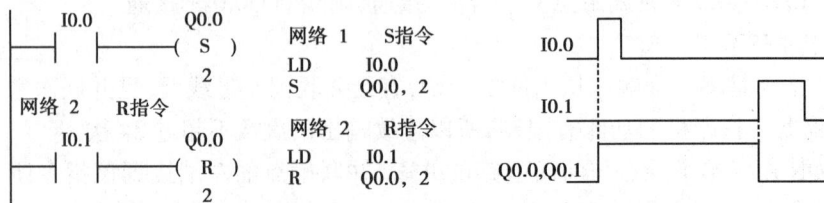

图 6.12　置位、复位指令应用举例

S、R 指令中的2表示从指定的 Q0.0 开始的两个触点，即 Q0.0 与 Q0.1；在检测到 I0.0 闭合

的上升沿时,输出线圈 Q0.0、Q0.1 被置为 1,并保持,而不论 I0.0 为何状态;在检测到 I0.1 闭合的上升沿时,输出线圈 Q0.0、Q0.1 被复位为 0,并保持,而不论 I0.0 为何状态。

指令使用注意事项:

①指定触点一旦被置位,则保持接通状态,直到对其进行复位操作;而指定触点一旦被复位,则变为断开状态,直到对其进行置位。

②如果对定时器和计数器进行复位操作,则被指定的 T 或 C 的位被复位,同时其当前值被清 0。

③S、R 指令可多次使用相同编号的各类触点,使用次数不限。

6)RS、SR 指令

RS、SR 指令的符号、名称及功能见表 6.11。

表 6.11　RS、SR 指令的符号、名称及功能

指令、名称	梯形图符号	数据类型	操作数	指令功能
RS 复位优先锁存器	bit S1　OUT SR R	BOOL	Q、M、SM、T、C、V、S、L	当置位信号和复位信号都有效时,复位信号优先,输出线圈不接通
SR 置位优先锁存器	bit S　OUT RS R1			当置位信号和复位信号都有效时,置位信号优先,输出线圈接通

RS、SR 指令的应用如图 6.13 所示。

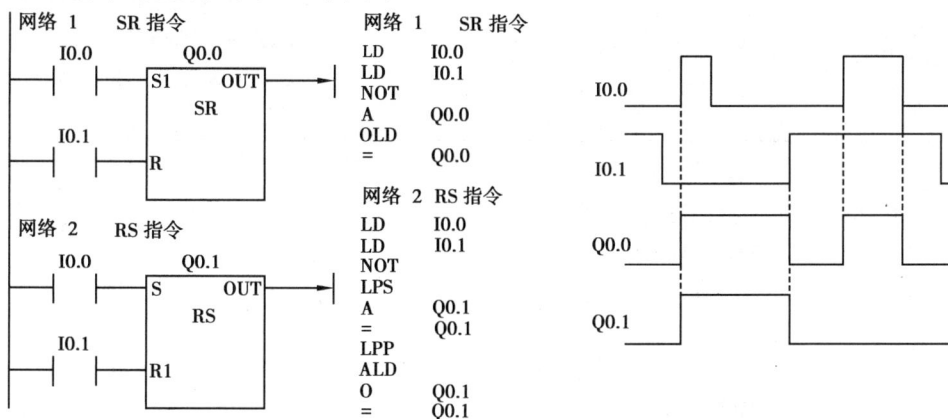

图 6.13　RS、SR 指令应用举例

7)逻辑堆栈指令

在 PLC 中有 11 个存储器,它们用来存储运算的中间结果,这些存储器被称为栈寄存器。LPS、LRD、LPP 指令分别为进栈、读栈和出栈指令。

逻辑堆栈指令的符号、名称及功能见表 6.12。

表 6.12 逻辑堆栈指令的符号、名称及功能

指令、名称	梯形图符号	梯形图说明	操作数	指令功能
ALD 栈装载 与指令		将多个触点的组合块进行串联	无	指令采用逻辑 AND（与）操作将堆栈第一级和第二级中的数值组合，并将结果载入堆栈顶部执行 ALD 后，堆栈深度减 1
OLD 栈装载 或指令		将多个触点的组合块进行并联		指令采用逻辑 OR（或）操作将堆栈第一级和第二级中的数值组合，并将结果载入堆栈顶部，执行 OLD 后，堆栈深度减 1
LPS 逻辑进栈			无	逻辑进栈（LPS）指令复制堆栈中的栈顶值并使该数值进栈，堆栈底值被推出栈并丢失
LRD 逻辑读栈			无	逻辑读栈（LRD）指令将堆栈中第二层数据复制到栈顶。不执行进栈或出栈，但旧的栈顶值被复制破坏
LPP 逻辑出栈			无	逻辑出栈（LPP）指令使堆栈中各层的数据依次向上移动一层，第二层的数据成为堆栈新顶值，栈顶原来的数据从栈内消失
LDS 载入堆栈			无	载入堆栈（LDS）指令复制堆栈内第 n 层的值到栈顶。堆栈中原来的数值依次向下一层推移，堆底值被推出挂失

ALD、OLD 指令的应用如图 6.14 所示。

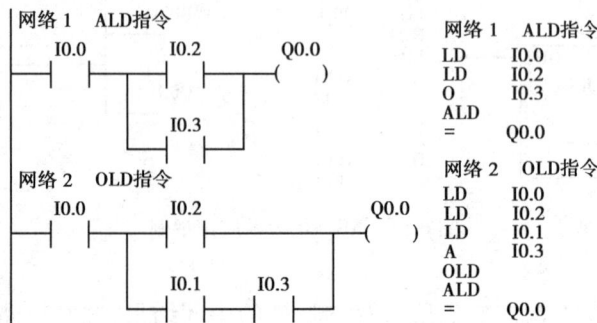

```
网络 1    ALD指令
LD    I0.0
LD    I0.2
O     I0.3
ALD
=     Q0.0

网络 2    OLD指令
LD    I0.0
LD    I0.2
LD    I0.1
A     I0.3
OLD
ALD
=     Q0.0
```

图 6.14 ALD、OLD 指令应用举例

网络 1 中,触点 I0.2 和 I0.3 的组合触点块与触点 I0.0 进行块串联。

网络 2 中,触点 I0.1 和 I0.3 的组合触点块与触点 I0.2 进行块并联,形成的新的组合块再与 I0.0 串联。

LPS、LRD、LPP 指令的应用如图 6.15 所示。

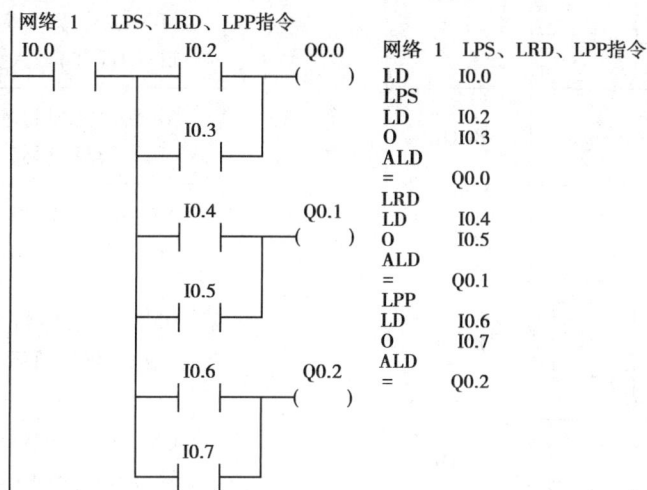

图 6.15　LPS、LRD、LPP 指令应用举例

指令使用注意事项:

OLD 指令是将串联电路块与前面的电路并联,相当于电路块右侧的一段垂直连线。并联电路块的起始触点要使用 LD 或 LDN 指令,完成了电路块的内部连接后,用 OLD 指令将它与前面的电路并联。

ALD 指令是将并联电路块与前面的电路串联,相当于两个电路之间的串联连线。要串联的电路块的起始触点使用 LD 或 LDN 指令,完成了电路块的内部连接后,用 ANB 指令将它与前面的电路串联。

OLD、ALD 指令可以多次重复使用,但是,连续使用 OLD 时,应限制在 8 次以下,所以在写指令时,按照"先组块,再连接"的原则进行编写指令。

①LPS 和 LPP 指令必须成对使用。在它们之间可以多次使用 LRD 指令。

② LPS 和 LPP 指令的连续使用次数不能超过 9 次。

③LPS、LRD、LPP 指令后如果有其他触点串联要用 A 或 AN 指令;若有电路块串联,要用 ALD 指令;若直接与线圈相连,应该用 OUT 指令。

8)立即指令

为了不受 PLC 循环扫描工作方式的影响,提高 PLC 对输入/输出过程的响应速度,S7-200PLC 允许对 I/O 点进行快速直接存取。当用立即指令读取输入点的状态时,对 I 进行操作,相应的输入映像寄存器中的值并未更新;当用立即指令访问输出点时,对 Q 进行操作,新值同时写到 PLC 的物理输出点和相应的输出映像寄存器。

立即指令的符号,名称及功能见表 6.13。

表 6.13   立即指令一览表

指令、名称	梯形图符号	数据类型	操作数	指令功能
LDI 立即取	┤ I ├	BOOL	I	LDI 指令立即将实际输入值载入至堆栈顶部
LDNI 立即取反	┤ /I ├			LDNI 指令立即将实际输入值的逻辑 NOT(非)载入至堆栈顶部
AI 立即与	┤ I ├	BOOL		AI 指令立即将实际输入值 AND(与)至堆栈顶部
ANI 立即与反	┤ /I ├	BOOL		ANI 指令立即将实际输入值的逻辑 NOT(非)AND(与)至堆栈顶部
OI 立即或	┤ I ├	BOOL		OI 指令立即将实际输入值 OR(或)至堆栈顶部
ONI 立即或反	┤ /I ├	BOOL		ONI 指令立即将实际输入值的逻辑 NOT(非)OR(或)至堆栈顶部
=I 立即输出	─(I)	BOOL	Q	指令将新值写入实际输出和对应的过程映像寄存器位置,同时将位于堆栈顶部的数值复制至指定的实际输出位
SI 立即置位	bit ─(SI) N	bit :BOOL N:字节型、范围为 1~128	bit :Q N:VB、IB、QB、MB、SMB、LB、SB、AC、*VD、*AC、*LD、常数	将指定位(bit)开始的 N 个物理量输出端立即置 1
RI 立即复位	bit ─(RI) N			将指定位(bit)开始的 N 个物理量输出端立即置 0

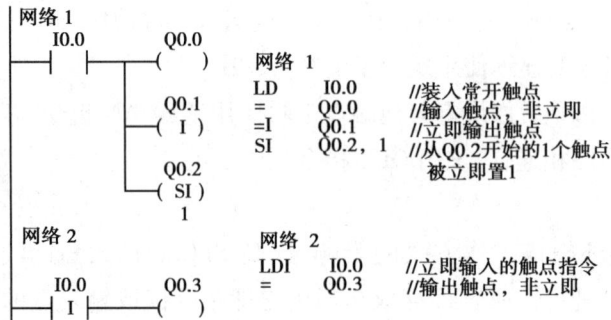

网络 1

I0.0	Q0.0
	Q0.1 ─(I)
	Q0.2 ─(SI) 1

```
网络 1
LD    I0.0      //装入常开触点
=     Q0.0      //输入触点,非立即
=I    Q0.1      //立即输出触点
SI    Q0.2, 1   //从 Q0.2 开始的 1 个触点
                  被立即置 1
```

网络 2

| I0.0 | Q0.3 |
| ┤ I ├ | ( ) |

```
网络 2
LDI   I0.0      //立即输入的触点指令
=     Q0.3      //输出触点,非立即
```

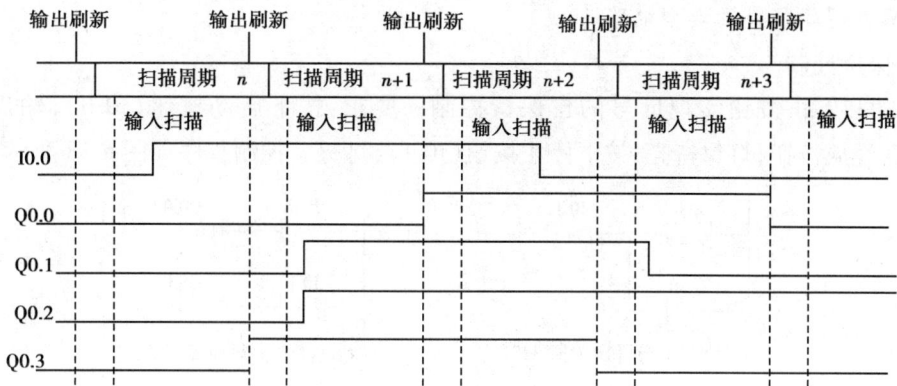

图 6.16　立即指令的应用

图 6.15 中,Q0.0、Q0.1 和 Q0.2 的输入逻辑是 I0.0 的普通常开触点。Q0.0 是普通输出,当程序执行到它时,I0.0 的映像寄存器的状态会随着本次扫描周期采集到的 I0.0 状态而改变,而 Q0.0 的物理触点要等到本次扫描周期的输出刷新阶段才改变。Q0.1、Q0.2 为立即输出,当程序执行到它们时,它们的物理触点和输出映像寄存器同时改变。对 Q0.3 而言,它的输入逻辑是 I0.0 的立即触点,所以在程序执行到它时,Q0.3 的映像寄存器的状态随着 I0.0 即时状态的改变而立即改变,而它的物理触点要等到本次扫描周期的输出刷新阶段而改变。

9)NOT 和 NOP 指令

NOT 和 NOP 指令的符号、名称及功能见表 6.14。

表 6.14　NOT 和 NOP 指令

指令、名称	梯形图符号	数据类型	操作数	指令功能
NOT	─┤NOT├─	无	无	逻辑结果取反
NOP	N ─┤NOP├			空操作

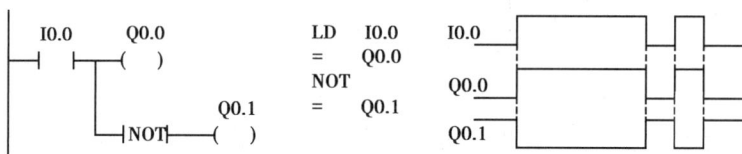

图 6.17　NOT 指令的应用举例

指令使用注意事项:

①NOP 操作指令是一条无动作、无目标元件,占一个程序步的指令。空操作指令使该步序作空操作。

②用 NOP 指令代替已写入的指令,可以改变电路。在程序中加入 NOP 指令,在改变或追加程序时,可以减少步序号的改变。执行完清除用户存储器操作后,用户存储器的内容全部变为空操作指令。

（2）基本逻辑指令的典型电路

1）自保持控制

用启动和停止按钮实现信号的自保持控制。要求：按下启动按钮（I0.0），输出指示灯（Q0.0）亮，释放按钮，灯保持亮；按下停止按钮（I0.1），灯灭。控制程序如图 6.18 所示。

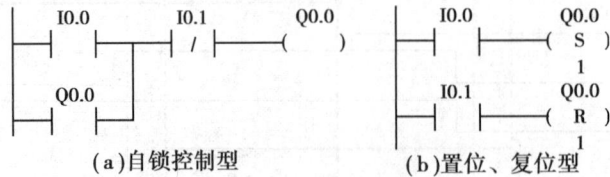

图 6.18　自保持控制电路

自锁控制型程序常用于以无锁定开关作启动开关，或者用只接通一个扫描周期的触点去启动一个持续动作的控制电路。置位、复位控制型程序中，常开触点 I0.0 将输出继电器 Q0.0 置位，常开触点 I0.1 将输出继电器 Q0.0 复位，同样启动了一个持续动作的控制电路。自保持控制电路使用频率非常高，希望读者熟练掌握。

2）互锁电路

互锁控制是 PLC 控制程序中常用的控制程序形式。继电器网络中，只能保证其中一个输出继电器接通输出，而不能让两个或两个以上输出继电器同时输出，避免了两个或两个以上不能同时动作的控制对象同时动作。互锁控制程序如图 6.19 所示。

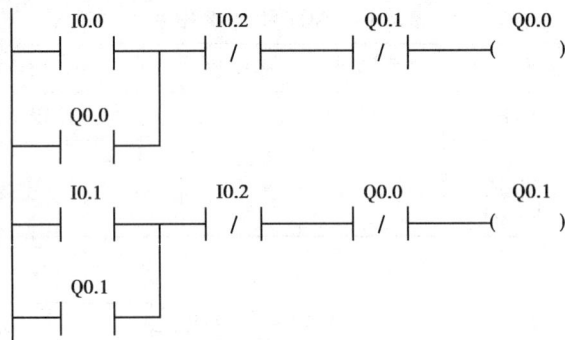

图 6.19　互锁控制程序

在如图 6.19 所示的程序中，当 I0.0 得电闭合，Q0.0 输出。由于 Q0.0 的常闭触点接在 Q0.1 的网络中。即使当 I0.1 得电闭合，Q0.1 也不输出，只有当 I0.2 的常闭触点断开，Q0.0 断电后，I0.1 得电闭合，Q0.1 才输出。由于 Q0.1 的常闭触点接在 Q0.0 的网络中，此时当 I0.0 得电闭合，Q0.0 也不输出。

3）二分频电路

在许多场合，需要对控制信号进行分频，常见的有二分频、四分频控制，下面以二分频为例介绍分频控制的实现方法。控制要求：将输入信号脉冲 I0.1 分频输出，输出脉冲 Q0.0 为 I0.1 的二分频。二分频电路程序如图 6.20 所示。

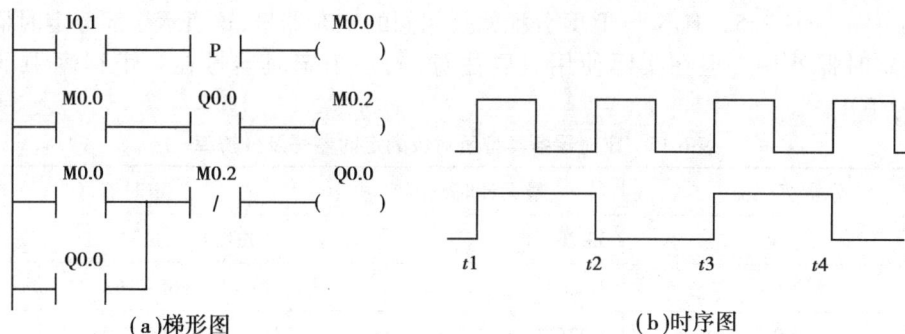

图 6.20　二分频电路

在如图 6.20 所示的二分频电路的梯形图和时序图中,当输入 I0.1 在 t1 时刻接通(ON),此时内部标志位存储器 M0.0 上将产生单脉冲。然而输出继电器 Q0.0 在此之前并未得电,其对应的常开触点处于断开状态。因此,扫描程序至第 2 行时,尽管 M0.0 得电,内部标志位 M0.2 也不可能得电。扫描至第 3 行时,Q0.0 得电并自锁。此后这部分程序虽然多次扫描,但由于仅接通一个扫描周期,不可能得电,Q0.0 对应的常开触点闭合,为 M0.2 的得电做好了准备,等到 t2 时刻,输入 I0.1 再次接通(ON),M0.0 上再次产生单脉冲。因此,在扫描第 2 行时,内部标志位存储器 M0.2 条件满足得电,M0.2 对应的常闭触点断开,执行第 3 行程序时,输出继电器 Q0.0 断电,输出信号消失。以后,虽然 I0.1 继续存在,但由于 M0.0 是单脉冲信号 ,虽多次扫描第 3 行,输出继电器 Q0.0 也不可能得电。在 t3 时刻,输入 I0.1 第 3 次出现(ON),M0.0 上又产生单脉冲,输出 Q0.0 每当有控制信号时,就有状态翻转(ON→OFF→ON→OFF→……),因此也可用作脉冲发生器。

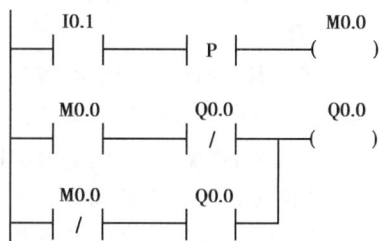

图 6.21　二分频电路的另一种形式

二分频电路的程序设计方法很多,图 6.21 也是二分频电路的另一种形式,工作过程由读者自行分析。

6.2.2　定时器指令及应用

(1)S7-200PLC 中的定时器

S7-200PLC 的定时器为增量型定时器,用于实现时间控制,可以按照工作方式和时间基准分类。

按工作方式,定时器可分为通电延时型(TON)、有记忆的通电延时型(TONR)、断电延时型(TOF)三种类型:

按照分辨率(时基),定时器可分为 1 ms、10 ms、100 ms 三种类型。分辨率是指定时器中能够区分的最小时间增量,即精度。定时器具体的定时时间 T 由预置值 PT 和分辨率的乘积决定。

例如设置预置值 PT = 1 000,选用的定时器的分辨率为 10 ms,定时时间为 T = 10 ms×1 000 = 10 s。

定时器的分辨率见表 6.15,由定时器号决定。S7-200 系列 PLC 共提供定时器 256 个,定时器号的范围为 0~255。TON 与 TOF 分配的是相同的定时器号,这表示该部分定时器号能作为这两种定时器使用。但在实际使用时要注意,同一个定时器号在一个程序中不能既为 TON,又为 TOF。

表 6.15　定时器各类型所对应的定时器号及分辨率

分辨率/ ms	最大计时范围 / s	定时器号
1	32.767	T0,T64
10	327.67	T1~T4,T65~T68
100	3 276.7	T5~T31,T69~T95
1	32.767	T32,T96
10	327.67	T33~T36,T97~T100
100	3 276.7	T37~T63,T101~T255

定时器号由定时器的名称和常数来表示,即 Tn,如 T4。T4 不仅仅是定时器的编号,它还包含两方面的变量信息:定时器位和定时器当前值。

定时器当前值用于存储定时器当前所累计的时间,它用 16 位符号整数来表示,故最大计数值为 32 767。

对于 TONR 和 TON,当定时器的当前值等于或大于预置值时,该定时器位被置为 1,即所对应的定时器触点闭合;对于 TOF,当输入 IN 接通时,定时器位被置 1,当输入信号由高变低,负跳变时启动定时器,达到预定值 PT 时,定时器位断开。

（2）定时器指令的表示格式

定时器指令的符号、名称及参数见表 6.16。

表 6.16　定时器指令的符号、名称及参数

指令、名称	梯形图符号	参数	数据类型	参数说明	操作数
TON 通电延时型定时器	Txxx　IN TON　PT-PT	TXXX	WORD	表示要启动的定时器	T32,T96,T33~T36,T97~T100, T37~T63,T101~T255
TOF 断电延时型定时器	Txxx　IN TOF　PT-PT	PT	INT	定时器的设定值	VW, IW, QW, MW, SW, SMW, LW, AIW, T, C, AC, 常数, *VD, *LD, *AC
		IN	BOOL	使能端	I, Q, M, SM, T, C, V, S, L
TONR 有记忆通电延时型定时器	Txxx　IN TONR　PT-PT	TXXX	WORD	表示要启动的定时器	T0,T64,T1~T4,T65~T68,T5~ T31,T69~T95
		PT	INT	定时器的设定值	VW, IW, QW, MW, SW, SMW, LW, AIW, T, C, AC, 常数, *VD, *LD, *AC
		IN	BOOL	使能端	I, Q, M, SM, T, C, V, S, L

（3）定时器指令应用举例

1）接通延时定时器 TON(On-Delay Timer)

接通延时定时器用于单一时间间隔的定时,其应用如图 6.22 所示。

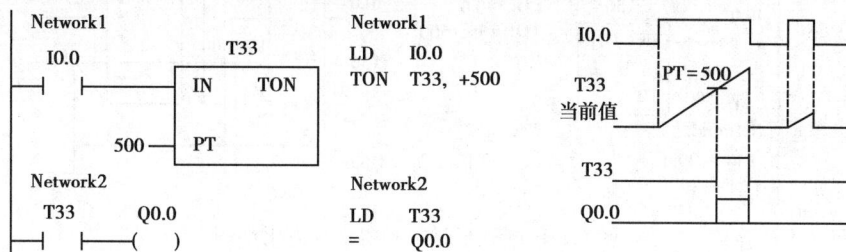

图 6.22　接通延时定时器指令应用举例

PLC 上电后的第一个扫描周期,定时器位为断开(OFF)状态,当前值为 0。输入端 I0.0 接通后,定时器当前值从 0 开始定时,在当前值达到预置值时定时器位闭合(ON),当前值仍会连续计数到 32 767。

在输入端断开后,定时器自动复位,定时器位同时断开(OFF),当前值恢复为 0。

若再次将 I0.0 闭合,则定时器重新开始定时,若未到定时时间 I0.0 已断开,则定时器复位,当前值也恢复为 0。

在本例中,在 I0.0 闭合 5 s 后,定时器位 T33 闭合,输出线圈 Q0.0 接通。I0.0 断开,定时器复位,Q0.0 断开。I0.0 再次接通时间较短,定时器没能动作。

2）有记忆接通延时定时器指令 TONR

有记忆接通延时定时器具有记忆功能,它用于累计输入信号的接通时间,其应用如图6.23 所示。

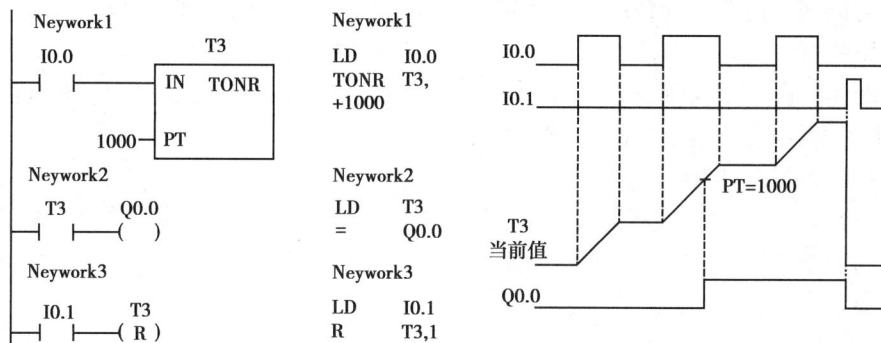

图 6.23　有记忆接通延时定时器指令应用举例

PLC 上电后的第一个扫描周期,定时器位为断开(OFF)状态,当前值保持掉电前的值。输入端每次接通时,定时器当前值从上次保持值开始继续定时,在当前值达到预置值时定时器位闭合(ON),当前值仍会连续计数到 32 767。

TONR 的定时器位一旦闭合,只能用复位指令 R 进行复位操作,同时清除当前值。

在本例中,当前值最初为 0,每一次 I0.0 闭合,当前值开始累计,输入端断开,当前值保持不变。在输入端 I0.0 闭合时间累计到 10 s 时,定时器位 T3 闭合,输出线圈 Q0.0 接通。当I0.1 闭合时,由复位指令复位 T3 的位及当前值。

3)断开延时定时器 TOF(Off-Delay Timer)

断开延时定时器 TOF 用于输入端断开后的单一时间间隔定时,其应用如图 6.24 所示。

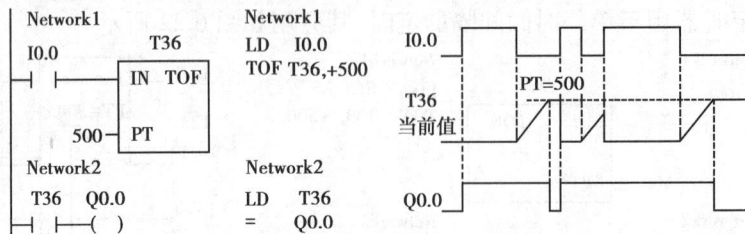

图 6.24 断开延时定时器指令应用举例

PLC 上电后的第一个扫描周期,定时器位为断开(OFF)状态,当前值为 0。输入端闭合时,定时器位为 ON,当前值保持为 0。当输入端由闭合变为断开时,定时器开始计时。在当前值达到预置值时定时器位断开(OFF),同时停止计时。

定时器动作后,若输入端由断开变闭合,TOF 定时器位闭合且当前值复位;若输入端再次断开,定时器可以重新启动

若再次将 I0.0 闭合,则定时器重新开始定时,若未到定时时间 I0.0 已断开,则定时器复位,当前值也恢复为 0。

在本例中,PLC 刚刚加电运行时,输入端 I0.0 没有闭合,定时器 T36 为断开状态;I0.0 由断开变为闭合时,定时器位 T36 闭合,输出线圈 Q0.0 接通,定时器并不开始定时;I0.0 由闭合变为断开时,定时器当前值开始累计时间,达到 5 s 时,定时器位 T36 断开,输出端 Q0.0 同时断开。

(4)定时器指令使用说明

定时器精度高时(1 ms),定时范围较小(0~32.767);而定时范围大时,精度又比较低,所以应用时要恰当地使用不同精度等级的定时器,以便适用于不同的现场要求。

定时器的复位是其重新启动的先决条件,若希望定时器重复定时动作,一定要设计好定时器的复位动作。由于不同分辨率的定时器在运行时当前值的刷新方式不同,所以在使用方法上,尤其是在复位方式上也有很大的不同。

1)1 ms 分辨率定时器

1 ms 定时器采用中断刷新方式,由系统每隔 1 ms 刷新一次,与扫描周期和程序运行无关。在扫描周期大于 1 ms 时,在一个扫描周期中 1 ms 定时器会被刷新多次,所以当前值在一个扫描周期内会发生变化。

2)10 ms 分辨率定时器

10 ms 分辨率定时器由系统在每次扫描周期开始时刷新一次,其当前值在一个扫描周期内保持不变。

3)100 ms 分辨率定时器

100 ms 分辨率定时器是在程序运行过程中,定时器指令被执行刷新,所以该定时器不能应用于一个扫描周期被多次运行或不是每个扫描周期都运行的场合,否则会造成定时器定时不准的情况。

正是由于不同精度定时器的刷新方式不同,所以在定时器复位方式选择上不能简单使用定时器本身的常闭触点。如图 6.25 所示的程序,同样的程序内容,使用不同精度的定时器,有些是正确的,有些是错误的。

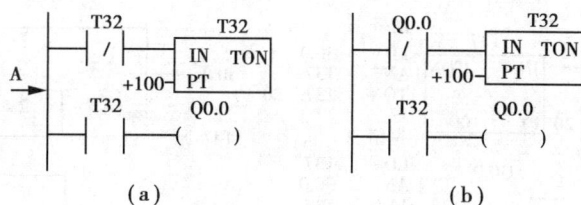

图 6.25　使用定时器生成宽度为一个扫描周期的脉冲

举例说明:在图 6.25(a)中,T32 定时器 1 ms 更新一次。只有当定时器当前值等于 100 的那次刷新发生在图示 A 处,Q0.0 才可以产生一个宽度为一个扫描周期的脉冲,而在 A 处刷新的概率是很小的。若改为图 6.25(b),就可保证当定时器当前值达到设定值时 Q0.0 会接通一个扫描周期。

若为 10 ms 分辨率定时器,图 6.25(a)同样不适合,因为该种定时器每次扫描开始时刷新当前值,所以 Q0.0 永远不可能为 ON,因此也不会产生脉冲。若要产生宽度为 1 个扫描周期的脉冲要使用图 6.25(b)的程序。

若为 100 ms 分辨率定时器,图 6.25(a)是正确的。在执行程序中的定时器指令时,当前值才被刷新,若该次刷新使当前值等于预置值,则定时器常开触点闭合,Q0.0 接通。下一次扫描时,定时器又被常闭触点复位,常开触点断开,Q0.0 断开。由此产生一个宽度为一个扫描周期的脉冲,而使用图 6.25(b)同样正确。

(5)定时器应用典型电路

1)用定时器构成的脉冲发生电路

在控制系统里,往往还需要一种周期性的重复信号,如巡回检测,或者报警用的闪光灯等。用两个定时器即可组成一个振荡电路,其脉宽和周期都可用定时常数来设定,其单元电路如图 6.26 所示。

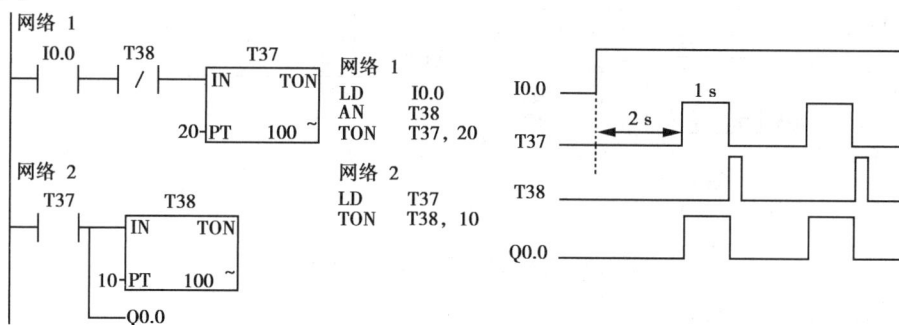

图 6.26　定时器构成的脉冲发生电路

图 6.26 中,I0.0 是输入的开关信号。当 I0.0 由 0 变为 1 时,由于 T38 的常闭触点是闭合状态,T37 定时器开始定时,2 s 定时到,T37 的常开触点闭合,T38 定时器开始定时,T38 定时,1 s 定时到,T38 常闭触点断开,T37 定时器被复位,同时,T37 的常开触点断开使 T38 定时器被复位。T38 复位后,T38 常闭触点恢复闭合,由于 I0.0 一直为接通状态,T37 再次启动定时,依此循环。

2)脉宽可调,占空比为 50% 的振荡电路

用一个定时器也可以组成一个脉宽可调,占空比为 50% 的振荡电路,其脉宽可用定时常数来设定,其单元电路如图 6.27 所示。

网络 1

```
网络  1
LD      I0.0
AN      T37
TON     T37, 20

网络  2
LD      T37
AN      Q0.0
LDN     T37
A       Q0.0
OLD
=       Q0.0
```

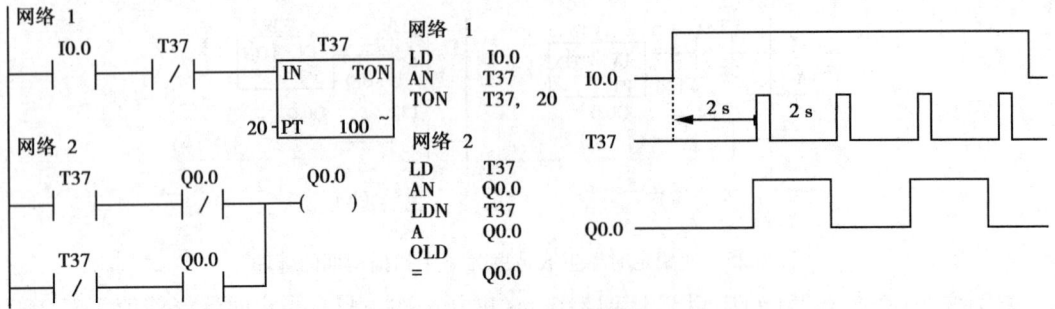

图 6.27　脉宽可调,占空比为 50%的振荡电路

图 6.27 中,I0.0 为输入信号,网络 1 产生一个周期为 2 s 的脉冲信号,网络 2 是对 T37 的脉冲信号进行二分频,所以 Q0.0 输出的是一个占空比为 50 %,周期为 4 s 的脉冲。

3)定时器的延时扩展

一个定时器最长的延时时间是 3 276.7 s,若需要延时时间超过 3 276.7 s,则可以用三种方法来扩展定时器的延时时间。方法一是连续编制定时器,每一个定时器定时结束标志用于启动下一个定时器。简单的例子是两个 900.0 s(15 分钟)定时器结合成为一个 30 分钟功能定时器,如图 6.28 所示。方法二是用定时器与计数器结合,如图 6.35 所示。方法三是计数器与特殊辅助继电器中的时钟脉冲位计数以延长定时器,如图 6.36 所示。

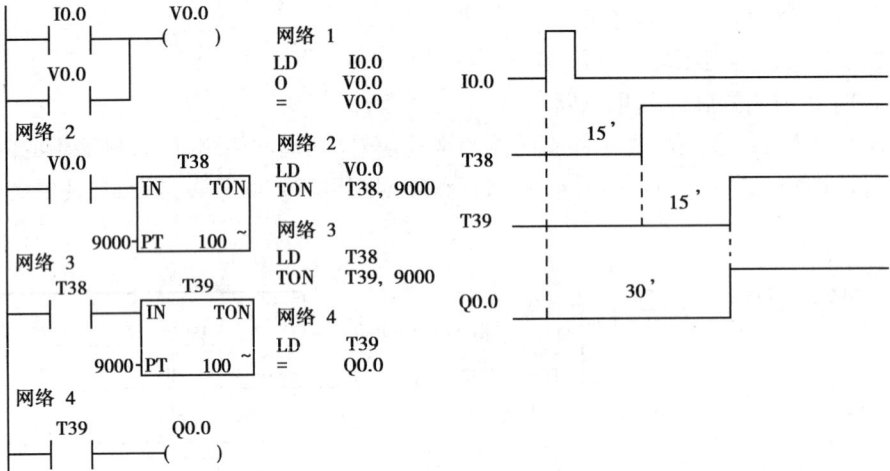

```
网络  1
LD      I0.0
O       V0.0
=       V0.0

网络  2
LD      V0.0
TON     T38, 9000

网络  3
LD      T38
TON     T39, 9000

网络  4
LD      T39
=       Q0.0
```

图 6.28　连续编制定时器延长定时时间

4)车间排风系统状态监控

某车间排风系统采用 S7-200PLC 控制,并利用工作状态指灯的不同状态进行监控,指示灯状态输出的控制要求如下:

①排风系统共由 3 台风机组成,利用指示进行报警显示;

②当系统中有两台以上风机工作时,指令灯保持连续发光;

③当系统中没有风机工作时,指示灯以 2 Hz 频率闪烁报警;

④当系统中只有 1 台风机工作时,指示灯以 0.5 Hz 频率闪烁报警。

根据以上要求,PLC 的程序设计可以按照如下步骤进行:

①确定 I/O 地址分配表。某车间排风系统的 I/O 地址分配表见表 6.17。

表 6.17　某车间排风系统 I/O 地址分配表

名称及地址	状　态	类　型
风机 1 工作:I0.1	1:风机 1 工作,0:风机 1 停止	常开输入
风机 2 工作:I0.2	1:风机 2 工作,0:风机 2 停止	常开输入
风机 3 工作:I0.3	1:风机 3 工作,0:风机 3 停止	常开输入
报警指示灯:Q0.0	1:两台以上风机工作; 2 Hz 频率闪烁,无风机工作; 0.5 Hz 频率闪烁,1 台风机工作	输出

②程序设计。在以上 PLC 地址确定以后,即可以进行 PLC 程序设计。PLC 程序的设计可以根据系统的基本动作要求分步进行编制,并充分应用前述的典型程序。

a.闪烁信号的生成程序。

为了实现控制要求中的报警灯闪烁,可以首先设计报警灯的闪烁信号生成程序,注意在大多数 PLC 中,一般都有特定的闪烁信号(系统内部继电器或标志位),当闪烁频率与系统信号一致时,可以直接使用系统信号。

本控制要求中有 2 Hz、0.5 Hz 两种频率的闪烁信号,可以采用如图 6.29 所示的闪烁信号生成程序。

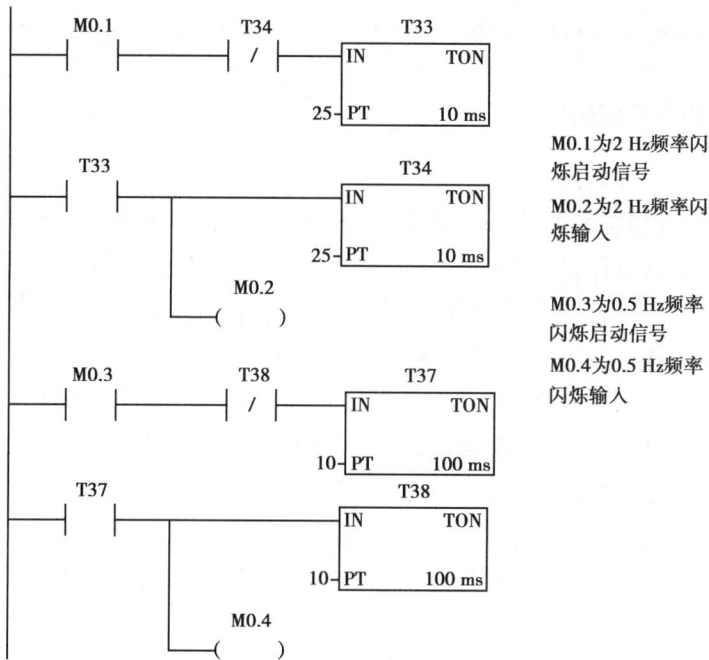

图 6.29　闪烁信号程序

图 6.29 即是利用定时器设计脉宽可调的振荡波电路。2 Hz 的闪烁信号,周期为 0.5 s,可采用 T33,T34(设定值为 25);0.5 Hz 的闪烁信号,周期为 2 s,可采用 T37,T38(设定值为 10)。

b.风机工作状态的检测程序。

风机工作状态检测程序可根据已知条件及 I/O 地址表,分别对两台以上风机运行、没有风机运行和只有 1 台风机运行这 3 种情况进行编程。假设以上 3 种情况对应的内部继电器存储元件分别为 M0.0、M0.1、M0.3,可以得到程序如图 6.30 所示。

c.指示灯输出程序。指示灯输出程序只需要根据风机的运行状态与对应的报警灯要求,将以上两部分程序的输出信号进行合并,并按照规定的输出地址控制输出即可。

合并图 6.29 和图 6.30 的程序后,可以得到指示灯输出程序,如图 6.31 所示。

作为本控制要求的完整程序,只需要将以上三部分梯形图进行合并即可。对于指示灯信号来说,无须考虑一个 PLC 循环时间的影响,因此,程序的先后次序对实际动作不产生影响。

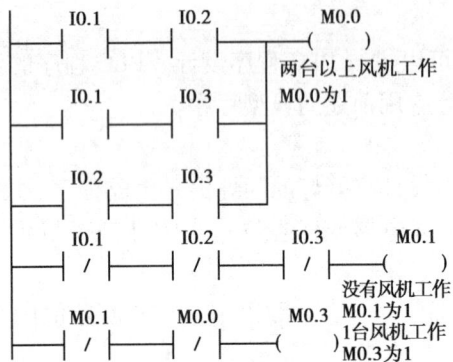

图 6.30　风机工作状态检测程序　　　　图 6.31　指示灯输出程序

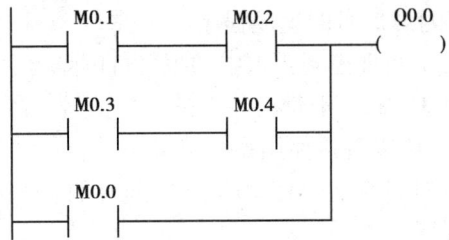

6.2.3　计数器指令及应用

(1)S7-200PLC 中的计数器

定时器对时间的计量是通过对 PLC 内部时钟脉冲的计数实现的。计数器的运行原理和定时器基本相同,只是计数器是对外部或内部由程序产生的计数脉冲进行计数。在运行时,首先为计数器设置预置值 PV,计数器检测输入端信号的正跳变个数,当计数器当前值与预置值相等时,计数器发生动作,完成相应控制任务。

S7-200 系列 PLC 提供了 3 种类型的计数器:增计数 CTU、增减计数 CTUD 和减计数 CTD,共 256 个。计数器编号由计数器名称和常数(0~255)组成,表示方法为 Cn,如 C8。3 种计数器使用同样的编号,所以在使用中要注意:同一个程序中每个计数器编号只能出现一次。计数器编号包括两个变量信息:计数器当前值和计数器位。

计数器的当前值用于存储计数器当前所累计的脉冲数。它是一个 16 位的存储器,存储 16 位带符号的整数,最大计数值为 32 767。

对于增计数器来说,当计数器的当前值等于或大于预置值时,该计数器位被置为 1,即所对应的计数器触点闭合;对于减计数器来说,当计数器当前值减为 0 时,计数器位置为 1。

(2)计数器指令的表示格式

计数指令的符号、名称及参数见表 6.18。

表 6.18　计数器指令的符号、名称及参数

指令、名称	梯形图符号	参数	数据类型	参数说明	操作数
CTUD 增减计数器	Cxxx —CU　CTUD —CD —R PV—PV	CXXX	WORD	表示要启动的计数器	C0~C255
		CU	BOOL	加计数输入端	I, Q, M, SM, T, C, V, S, L
		CD	BOOL	减计数输入端	
		R	BOOL	复位	
		PV	INT	计数器的设定值	VW, IW, QW, MW, SW, SMW, LW, AIW, T, C, AC, 常数, *VD, *LD, *AC
CTD 减计数器	Cxxx —CD　CTD —LD PV—PV	CXXX	WORD	表示要启动的计数器	C0~C255
		CD	BOOL	减计数输入端	I, Q, M, SM, T, C, V, S, L
		LD	BOOL	预置值(PV)载入当前值	
		PT	INT	计数器的设定值	VW, IW, QW, MW, SW, SMW, LW, AIW, T, C, AC, 常数, *VD, *LD, *AC
CTU 减计数器	Cxxx —CU　CTU —R PT—PV	CXXX	WORD	要启动的计数器	C0~C255
		CU	BOOL	加计数输入端	I, Q, M, SM, T, C, V, S, L
		R	BOOL	复位	
		PT	INT	预置值	VW, IW, QW, MW, SW, SMW, LW, AIW, T, C, AC, 常数, *VD, *LD, *AC

（3）计数器指令应用举例

1）增计数器（CTU）

当 CU 端的输入上升沿脉冲时，计数器的当前值增 1。当前值保存在 CXX 如（C1）中，当 CXX 的当前值大于等于预置值 PV 时，计数器位 CXX 置位。当复位端（R）接通或者执行复位指令后，计数器状态位复位，当前值计数器值清 0。当计数值达到最大值（32 767）后，计数器停止计数。增计数器的应用举例如图 6.32 所示。

2）增/减计数器（CTUD）

增减计数器有两个脉冲输入端，CU 用于递增计数，CD 用于递减计数。当 CU 端的输入上升沿脉冲时，计数器的当前值增 1。当 CD 端的输入上升沿脉冲时，计数器的当前值减 1。计器的当前值 CXX 保存当前计数值。在每一次计数器执行时，预置值 PV 与当前值作比较。当达到最大值（32 767）时，在增计输入处的下一个上升沿导致当前计数值变为最小值（−32 768）。当达到最小值（−32 768）时，在减计数输入端的下一个上升沿导致当前计数值变为最大值（32 767）。

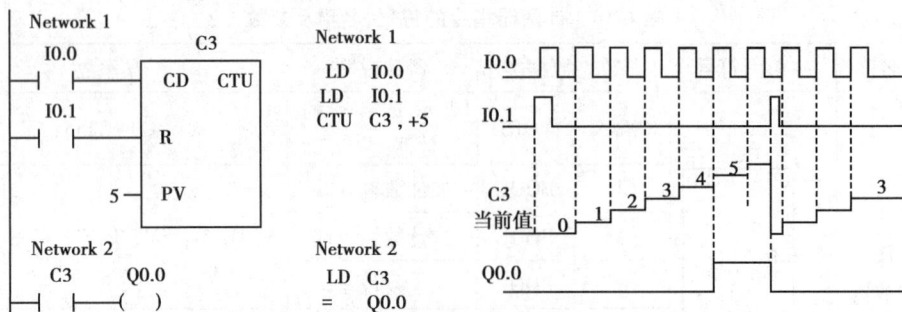

图 6.32　增计数器指令应用举例

当 CXX 的当前值大于等于预置值 PV 时,计数器位 CXX 置位。否则,计数器位关断。当复位端(R)接通或者执行复位指令后,计数器被复位。当达到预置值 PV 时,CTUD 计数器停止计数。增/减计数器的应用举例如图 6.33 所示。

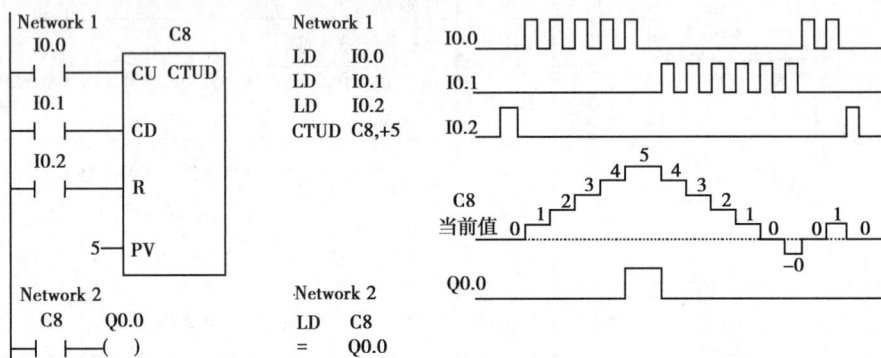

图 6.33　增/减计数器指令应用举例

3)减计数器(CTD)

复位输入(LD)有效时,计数器把预置值(PV)装入当前值寄存器,计数器状态位复位。当CD 端的输入上升沿脉冲时,计数器的当前值从预置值开始递减计数。当前值等于 0 时,计数器状态位置位,并停止计数。减计数器的应用举例如图 6.34 所示。

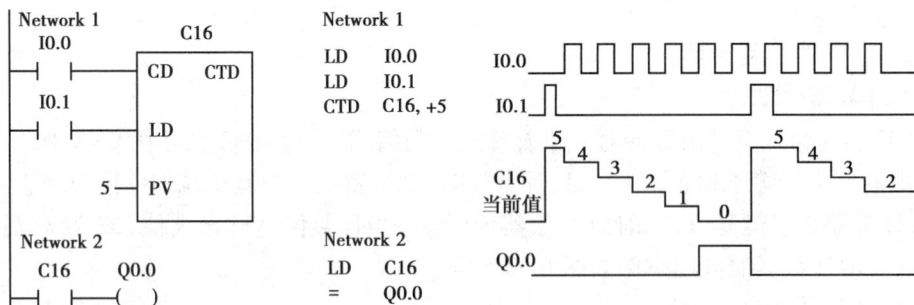

图 6.34　减计数器指令应用举例

(4)计数器应用典型电路

1)定时器的延时扩展

使用定时器和计数器组合实现时钟控制。要求:当按下启动按钮,延时 1 h 后指示灯点亮。采用计数器和定时器结合使用延长定时时间电路如图 6.35 所示;采用计数器和特殊辅助继电器结合延长定时时间电路如图 6.36 所示。

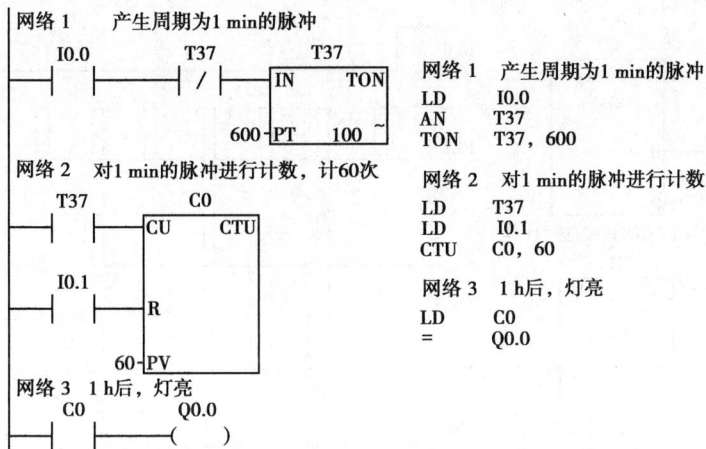

网络 1　产生周期为 1 min 的脉冲

```
网络 1  产生周期为1 min的脉冲
LD    I0.0
AN    T37
TON   T37, 600
```

网络 2　对 1 min 的脉冲进行计数,计 60 次

```
网络 2  对1 min的脉冲进行计数
LD    T37
LD    I0.1
CTU   C0, 60
```

网络 3　1 h 后,灯亮

```
网络 3  1 h后,灯亮
LD    C0
=     Q0.0
```

图 6.35　定时器与计数器结合,延长定时时间

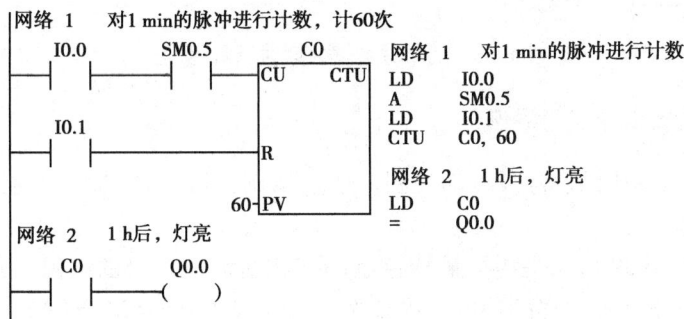

网络 1　对 1 min 的脉冲进行计数,计 60 次

```
网络 1    对1 min的脉冲进行计数
LD    I0.0
A     SM0.5
LD    I0.1
CTU   C0, 60
```

网络 2　1 h 后,灯亮

```
网络 2    1 h后,灯亮
LD    C0
=     Q0.0
```

图 6.36　内部时钟脉冲与计数器结合,延长定时时间

2)计数器的扩展

当需要计数值超过单个计数器的最大值,需要扩展计数器的容量。方法一:可将两个计数器串联,得到一个计数值为 n1+n2 的计数器,其应用电路如图 6.37 所示;方法二:将两个计数器级联,得到一个计数值为 n1×n2 的计数器,其应用电路如图 6.38 所示。

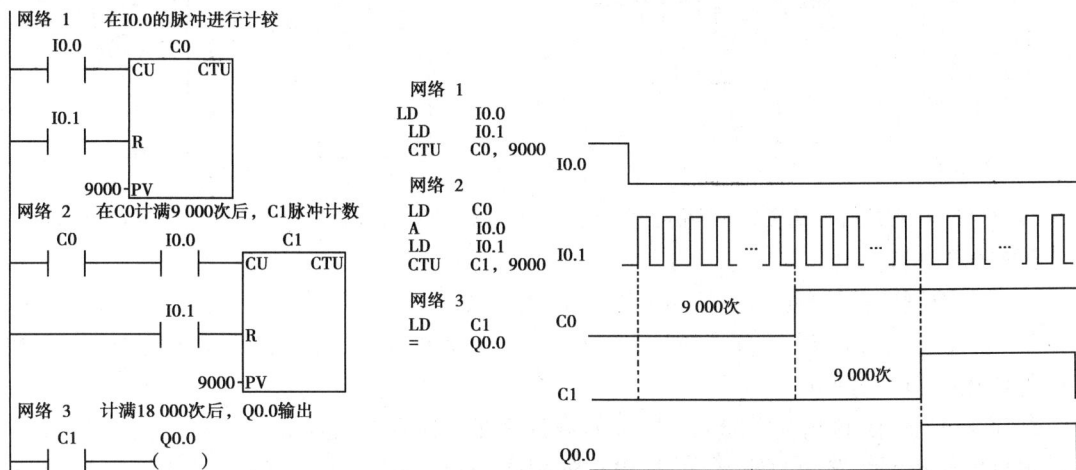

网络 1　在 I0.0 的脉冲进行计较

网络 2　在 C0 计满 9 000 次后,C1 脉冲计数

网络 3　计满 18 000 次后,Q0.0 输出

```
网络 1
LD    I0.0
LD    I0.1
CTU   C0, 9000
网络 2
LD    C0
A     I0.0
LD    I0.1
CTU   C1, 9000
网络 3
LD    C1
=     Q0.0
```

图 6.37　两个计数器串联,扩展计数器

网络 1   C0对I0.0的脉冲进行计算，
每计满2个，C0产生一个脉冲

网络 2   C1对C0的脉冲进行计算

网络 3   计满6次后，Q0.0输出

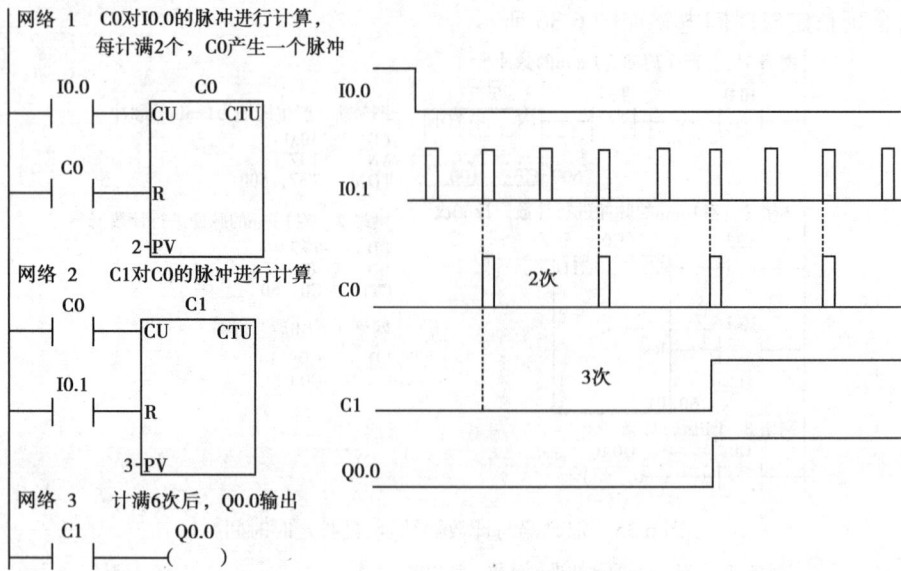

图 6.38   两个计数器级联，扩展计数器

6.2.4   基本逻辑指令应用举例

【例 6.1】交流电动机的启停及点动控制。通过本例，认识西门子 PLC 控制系统的硬件连接及程序开发过程。

控制要求：如图 6.39 所示是用接触器控制的三相交流电动机的起停及点动控制电路，现在要求用 PLC 控制来完成同样的功能。PLC 选用 CPU 226AC/DC/RELAY。

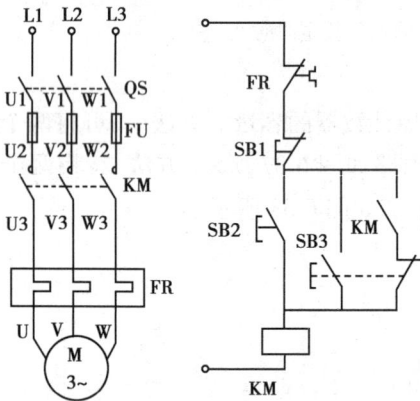

图 6.39   电动机的启停及点动控制电路   图 6.40   电动机启停及点动控制的 I/O 接线图

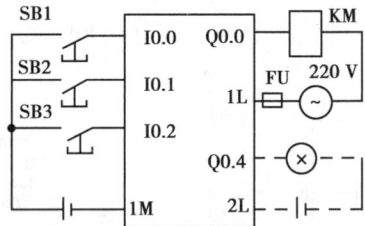

【解题思路】

1）根据控制要求，分配 PLC 的输入输出端口，并画出端口的接线原理图

如表 6.15 所示，介绍了例 6.1 中用到的输入/输出元件及控制功能。电动机起停及点动控制的 I/O 接线图如图 6.40 所示。

2）用 PLC 输入、输出和中间元件的编号设计满足控制要求的梯形图

根据电气控制线路图的特点，写出 PLC 的程序如图 6.41 所示。

表 6.19　PLC 的 I/O 端口分配表

序号	输入设备及符号	输入点	序号	输出设备	输出点
1	停止按钮 SB1	I0.0	1	接触器 KM	Q0.0
2	连续启动按钮 SB2	I0.1	2	运行指示灯	Q0.4
3	点动按钮 SB3	I0.2			

3）对照控制要求,看梯形图能否满足控制要求

根据控制要求,按下启动按钮 SB2,接触器线圈 KM 通电,电机启动并连续运行,按下停止按钮 SB1,KM 线圈失电,电机停转;按下点动按钮 SB3,电机启动,松开按钮 SB3,电机停转。对照程序,当按下启动按钮 SB2,I0.1 接通,Q0.0 通电自锁,电机启动并运行,当按下停止按钮 SB1,I0.0 常闭触点断开,Q0.0 失电,电动机停转;按下点动按钮 SB3,I0.2 接通,Q0.0 接通,松开 SB3 时,I0.2 的常开触点断开,常闭触点闭合,使 Q0.0 形成自锁,电动机不能停转。即如图 6.41(a)所示的程序不能实现点动功能。修改程序如图 6.41(b)所示。

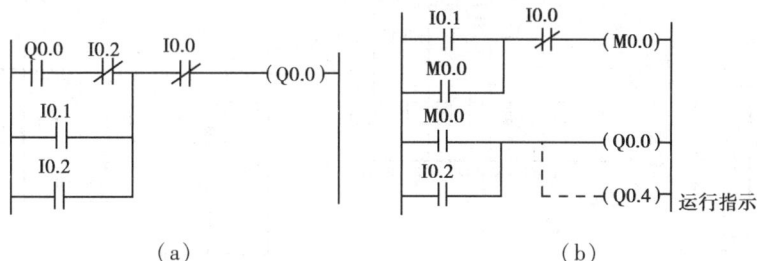

（a）　　　　　　　　　　　（b）

图 6.41　梯形图程序

4）输入并调试程序

程序编制好后,利用编程工具输入 PLC,首先纠正程序句法上的错误,然后在输入端口接上相应的模拟开关,按工艺要求输入对应的开关信号,观察 PLC 输出指示灯,借助编程工具即可对程序进行调试、修改,使其满足控制要求。

调试好后,再把程序下载到 PLC,接上相应的外部执行元件,进行最后的现场调试。

【例 6.2】电动机 Y-△减压启动控制

控制要求:电动机 Y-△减压启动控制是异步电动机启动控制中的典型控制环节,属常用控制小系统。其电动机的线路如图 6.42 所示。试用 PLC 完成对电动机 Y-△减压启动控制。PLC 选用 CPU226AC/DC/RELAY。

【解题思路】

1）根据控制要求,分配 PLC 的输入输出端口并画出端口的接线原理图

从如图 6.43 所示的电气原理图中,可以看出 SB1 和 SB2 外部按钮是 PLC 的输入变量,KM1、KM2、KM3 是 PLC 的输出变量。其 I/O 地址分配见表 6.20。端口的接线原理图如图6.43所示。

在控制线路中,电动机由接触器 KM1、KM2、KM3 控制,其中 KM3 将电动机定子绕组连接成星形,KM2 将电动机定子绕组连接成三角形。KM2 和 KM3 不能同时吸合,否则将产生电源短路。在程序设计过程中,应充分考虑由 Y 向△切换的时间,即由 KM3 完全断开到 KM2 接通这段时间应互锁住,以防电源短路。

表 6.20　PLC 的 I/O 端口分配表

序号	输入设备及符号	输入点	序号	输出设备	输出点
1	停止按钮 SB1	I0.0	1	接触器 KM1	Q0.0
2	启动按钮 SB2	I0.1	2	接触器 KM2	Q0.1
3	热继电器 FR	I0.2	3	接触器 KM3	Q0.2

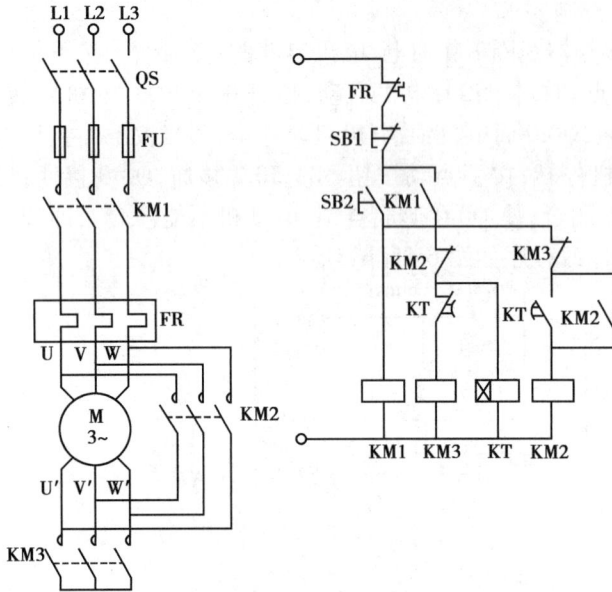

图 6.42　电动机 Y-△减压启动控制线路　　图 6.43　电动机 Y-△减压启动控制接线图

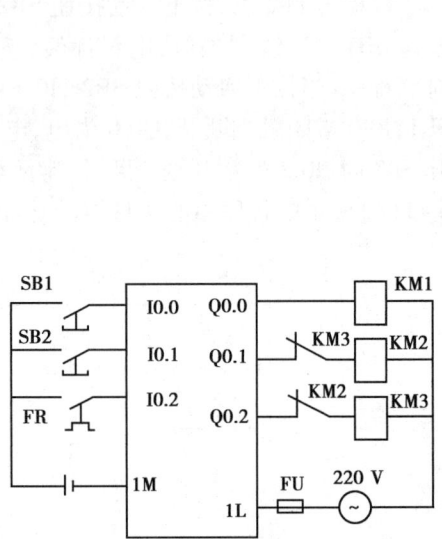

2）设计满足控制要求的梯形图

根据电气控制线路图的特点,写出 PLC 的程序,如图 6.44 所示。两个控制程序功能相同。下面简要介绍其控制原理。

在如图 6.44(a)所示的方案 1 梯形图程序中,启动时,按下 SB2,I0.1 常开闭合,此时 M0.0 接通,定时器 T37 和 T38 接通,Q0.2 也接通,KM3 接触器通电,T38 定时 1 s 后,Q0.0 接通,KM1 接触器通电,此时电动机进入 Y 降压启动;Y 降压启动 5 s 后,定时器 T37 已定时 6 s,KM3 接触器断电,定时器 T39 开始计时,计时 0.5 s 后,Q0.1 接通,KM2 通电,KM1 接触器已通电,此时电动机进入△连接,进入正常工作状态,按 SB1,M0.0 断电,电动机停止运行。这里 T39 定时器延时的目的就是防止 KM3 触点还没有完全断开,而 KM2 触点已经闭合的情况,延迟时间的大小与电机有关。

在如图 6.44(b)所示的方案 2 梯形图程序中,启动时,按下 SB2,I0.1 常开闭合,此时 M0.0 接通,定时器 T37 接通,Q0.0、Q0.2 也接通,KM1、KM3 接触器通电,电动机进入 Y 降压启动;Y 降压启动 5 s 后,定时器 T37 动作,其常闭触点断开,使 Q0.0、Q0.2 断开,KM1、KM3 接触器断电。T37 的常开触点闭合,接通定时器 T38 开始计时,计时 0.2s 后,Q0.0、Q0.1 接通,KM1、KM2 通电,此时电动机变为△连接,进入正常工作状态,按 SB1,M0.0 断电,电动机停止运行。

3）实例分析

电动机 Y-△减压启动属于常用控制系统。在如图 6.44(a)所示的程序中,使用 T37、T38、T39 定时器将电动的 Y 减压启动到全压运行过程进行控制,在 Q0.1、Q0.2 两梯级中,分别加入了互锁触点,保证 KM2 和 KM3 不能同时通电。此外,定时器 T39 定时 0.5 s,目的是使 KM3 接触器断电灭弧,避免了电源瞬时短路。在如图 6.44(b)所示的程序中,使用 T38 定时器将 KM2 通电后,再让 KM1 通电,同样避免了电源瞬时短路。两控制程序均实现了电动机启动到平衡运行,说明实现相同的控制任务,可以设计出不同的控制程序。读者可以根据控制的实际情况,开发出更好更优的控制程序。

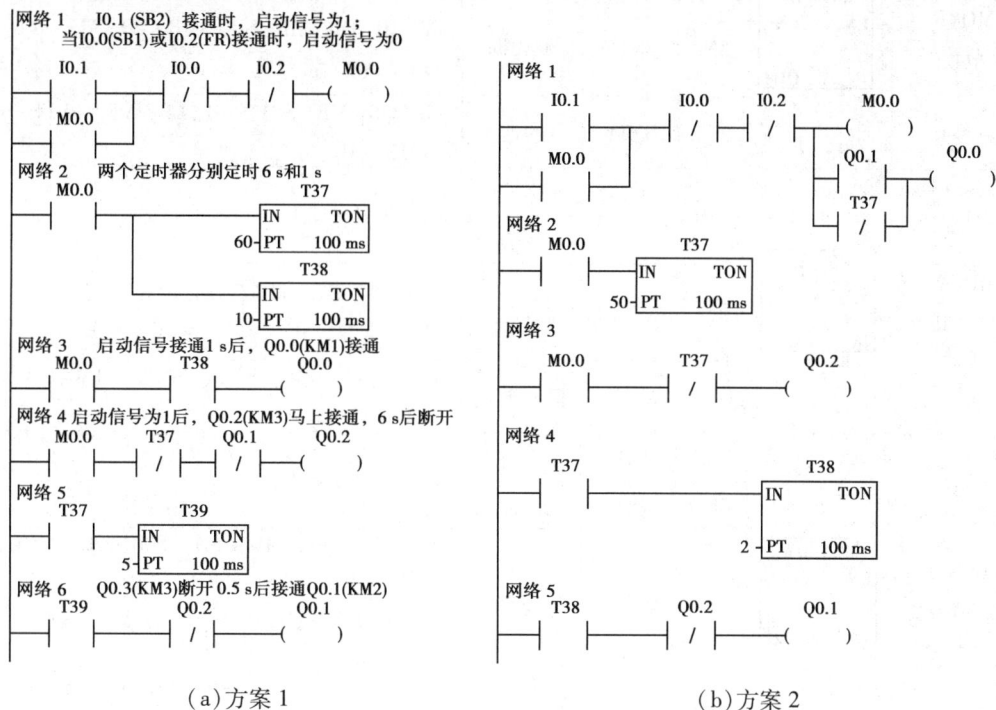

图 6.44　3 电动机 Y-△减压启动控制梯形图程序

6.3　S7-200 PLC 的功能指令

S7-200 PLC 的功能指令涉及的数据类型很多,编程时要确保操作数在规定的合法范围内。由于 S7-200 PLC 不支持完全数据类型检查,因此,要特别注意操作数所选的数据类型应与指令标识符相匹配。下面简述一些常用的功能指令。

6.3.1　数据处理指令及其应用

(1)传送类指令

传送指令包括单个数据传送及一次性传送多个连续字块的传送,每一种又可依传送数据的类型分为字、字节、双字或者实数等几种情况。传送指令用于 PLC 内部数据的流转和生成,可用于存储单元的清零、程序初始化等场合。

1)字节、字、双字、实数传送指令

字节传送指令(MOVB)、字传送指令(MOVW)、双字传送指令(MOVD)、实数传送指令(MOVR)在不改变原值的情况下将 IN 中的数值传送到 OUT 指定的存储单元输出。表 6.21 给出了以上指令的符号名称和参数。

表 6.21 字节、字、双字、实数传送指令的符号名称和参数

指令、名称	梯形图符号	参数	数据类型	参数说明	操作数
MOVB 字节传送	MOV_B EN ENO IN OUT	EN	BOOL	允许输入	V,I,Q,M,SM,L
		ENO	BOOL	允许输出	
		IN	BYTE	源数据	VB, IB, QB, MB, SB, SMB, LB, AC, *VD, *LD, *AC,常数
		OUT	BYTE	目的地址	VB, QB, MB, SB, SMB, LB, AC, *VD, *LD, *AC
MOVW 字传送	MOV_W EN ENO IN OUT	EN	BOOL	允许输入	V,I,Q,M,SM,L
		ENO	BOOL	允许输出	
		IN	WORD	源数据	VW, IW, QW, MW, SW, SMW, LW, T, C, AIW, 常数, AC, *VD, *AC, *LD
		OUT	WORD	目的地址	VW, QW, SW, MW, SMW, LW, AC, AQW, *VD, *AC, *LI
MOVD 双字传送	MOV_DW EN EBO IN OUT	EN	BOOL	允许输入	V,I,Q,M,SM,L
		ENO	BOOL	允许输出	
		IN	DINT	源数据	VD, ID, QD, MD, SD, SMD, LD, HC, &VB, &IB, &QB, &MB, &SB, &T, &C, &SMB, &AIW, &AQW AC, 常数, *VD, *LD, *AC
		OUT	DINT	目的地址	VD, QD, MD, SD, SMD, LD, AC, *VD, *LD, *AC
MOVR 实数传送	MOV_R EN ENO IN OUT	EN	BOOL	允许输入	V,I,Q,M,SM,L
		ENO	BOOL	允许输出	
		IN	REAL	双字、双整数	VD, ID, QD, MD, SD, SMD, LD, HC, &VB, &IB, &QB, &MB, &SB, &T, &C, &SMB, &AIW, &AQW AC, 常数, *VD, *LD, *AC
		OUT	REAL	双字、双整数	VD, QD, MD, SD, SMD, LD, AC, *VD, *LD, *AC

以双字传送指令为例说明传送指令的使用方法，如图 6.45 所示。

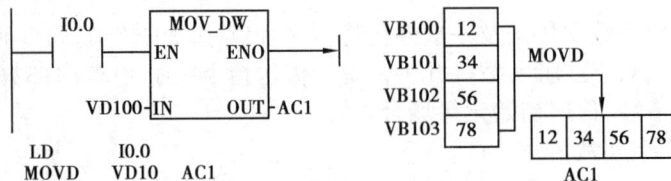

图 6.45 传送指令用法举例

当 I0.0 闭合时,将 VD100(包含 4 个字节:VB100~VB103)中的数据,传送到 AC1 中。在 I0.0 闭合期间,MOVD 指令每个扫描周期运行一次。若希望其只在 I0.0 闭合时运行一个扫描周期,需要在 I0.0 后串联一个正跳变指令。

2)字节立即传送(读和写)

字节立即传送指令含字节立即读指令(BIR)及字节立即写(BIW)指令,允许在物理 I/O 和存储器之间立即传送一个字节的数据。字节立即读指令(BIR)读物理输入 IN,并存入 OUT,不刷新过程映像寄存器。字节立即写指令(BIW)从存储器 IN 读取数据,写入物理输出,同时刷新相应的过程映像区。表 6.22 给出了以上指令的符号名称和参数。

表 6.22　字节立即传送指令的符号名称和参数

指令、名称	梯形图符号	参　数	数据类型	参数说明	操作数
BIR 字节立即读	MOV_BIR EN ENO IN OUT	EN	BOOL	允许输入	V,I,Q,M,SM,L
		ENO	BOOL	允许输出	
		IN	BYTE	源数据	IB, *VD, *LD, *AC
		OUT	BYTE	目的地址	VB, QB, MB, SB, SMB, LB, AC, *VD, *AC, *LD
BIW 字节立即写	MOV_BIW EN ENO IN OUT	EN	BOOL	允许输入	V,I,Q,M,SM,L
		ENO	BOOL	允许输出	
		IN	BYTE	源数据	VB, IB, QB, MB, SB, SMB, LB, AC, 常数, *VD, *AC, *LD
		OUT	BYTE	目的地址	QB, *VD, *LD, *AC

3)数据块传送指令

数据块指令一次完成 N 个数据的成组传送,数据块传送指令是一个效率很高的指令,应用很方便,有时使用一条数据块传送指令可以取代多条传送指令,其指令格式见表 6.23。

表 6.23　数据块传送指令的符号名称和参数

指令、名称	梯形图符号	参　数	数据类型	参数说明	操作数
BMB 字节块传送	BLKMOV_B EN ENO IN OUT N	EN	BOOL	允许输入	V,I,Q,M,SM,L
		ENO	BOOL	允许输出	
		IN	BYTE	源数据首地址	VB, IB, QB, MB, SB, SMB, LB, *VD, *AC, *LD
		OUT	BYTE	目的地首地址	VB, QB, MB, SB, SMB, LB, *VD, *AC, *LD
		N	BYTE	要移动的字节数	VB, IB, QB, MB, SB, SMB, LB, AC, 常数, *VD, *AC, *LD

续表

指令、名称	梯形图符号	参　数	数据类型	参数说明	操作数
BMW 字块传送	BLKMOV_W EN　ENO IN　OUT N	EN	BOOL	允许输入	V,I,Q,M,SM,L
		ENO	BOOL	允许输出	
		IN	WORD	源数据首地址	VW, IW, QW, MW, SW, SMW, LW, T, C, AIW, *VD, *LD, *AC
		OUT	WORD	目的地首地址	VW, QW, MW, SW, SMW, LW, T, C, AQW, *VD, *LD, *AC
		N	BYTE	要移动的字节数	VB, IB, QB, MB, SB, SMB, LB, AC, 常数, *VD, *AC, *LD
BMD 双字块传送	BLKMOV_D EN　ENO IN　OUT IN	EN	BOOL	允许输入	V,I,Q,M,SM,L
		ENO	BOOL	允许输出	
		IN	DINT	源数据首地址	VD, ID, QD, MD, SD, SMD, LD, *VD, *AC, *LD
		OUT	DINT	目的地首地址	VD, QD, MD, SD, SMD, LD, *VD, *AC, *LD
		N	BYTE	要移动的字节数	VB, IB, QB, MB, SB, SMB, LB, AC, 常数, *VD, *AC, *LD

4）字节交换指令（SWAP）

字节交换指令用来实现字中高、低字节内容的交换。当使能端（EN）输入有效时，将输入字 IN 中的高、低字节内容交换，结果仍放回字 IN 中。其格式见表 6.24。

表 6.24　字节交换指令的符号名称和参数

指令、名称	梯形图符号	参　数	数据类型	参数说明	操作数
SWAP 字节交换	SWAP EN　ENO IN	EN	BOOL	允许输入	V,I,Q,M,SM,L
		ENO	BOOL	允许输出	
		IN	WORD	源数据	VW, QW, MW, SW, SMW, T, C, LW, AC, *VD, *AC, *LD 字

高低字节交换指令的用法举例如图 6.46 所示。

在 I0.0 闭合的第 1 个扫描周期，首先执行 MOVW 指令，将 16 进制数 12EF 传送到 AC0 中，接着执行字节交换指令 SWAP，将 AC0 中的值变为 16 进制数 EF12。

SWAP 指令使用时，若不使用正跳变指令，则在 I0.0 闭合的每一个扫描周期执行一次高低字节交换，不能保证结果正确。

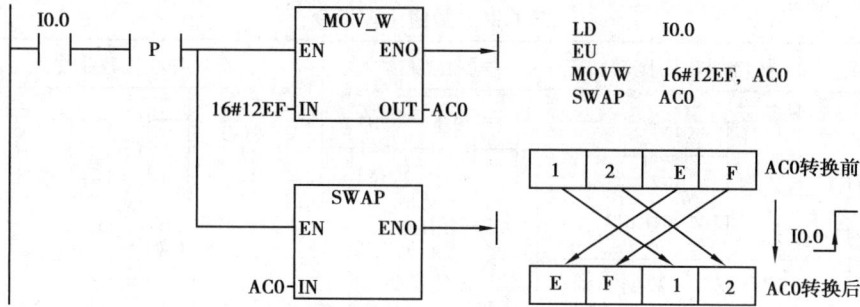

图 6.46　SWAP 指令的用法举例

5)字节填充指令(FILL)

字节填充指令用来实现存储器区域内容的填充。当使能端输入有效时,将输入字 IN 填充至从 OUT 指定单元开始的 *N* 个字存储单元。

字节填充指令可归类为表格处理指令,用于数据表的初始化,特别适合于连续字节的清零。字节填充指令的格式见表 6.25。

表 6.25　字节填充指令的格式

指令、名称	梯形图符号	参　数	数据类型	参数说明	操作数
FILL 字节填充	FILL_N EN　ENO IN　OUT N	EN	BOOL	允许输入	V,I,Q,M,SM,L
		ENO	BOOL	允许输出	
		IN	INT	要填充的数	VW, IW, QW, MW, SW, SMW, LW, T, C, AIW, AC, 常数, *VD, *LD, *AC
		OUT	INT	目的数据首地址	VW, QW, MW, SW, SMW, LW, T, C, AQW, *VD, *LD, *AC
		N	BYTE	填充的个数	VB, IB, QB, MB, SB, SMB, LB, AC, 常数, *VD, *LD, *AC

(2)比较类指令

比较指令包括数值比较指令和字符串比较指令,数值比较指令用于比较两个数值,字符串比较指令用于比较两个字符串的 ASCII 码字符。比较指令在程序中主要用于建立控制节点。本节主要介绍数值比较指令。

数值比较有 IN1=IN2,IN1≥IN2,IN1≤IN2,IN1>IN2,IN1<IN2,IN1<>IN2 等 6 种情况。被比较的数据可以是字节、整数、双字及实数。其中,字节比较是无符号的,整数、双字、实数的比较是有符号的。

比较指令以触点形式出现在梯形图及指令表中,有 LD、A、O 3 种基本形式。

对于 LAD,当比较结果为真时,指令使触点接通;对于 STL,比较结果为真时,将栈顶值置 1。比较指令为上下限控制及事件的比较判断提供了极大的方便。以字比较指令为例的符号名称和参数见表 6.26。

表 6.26　数值比较指令

梯形图符号	从母线取用比较触点	串联比较指令	并联比较指令
—┤==I├— —┤<>I├— —┤>=I├— —┤<=I├— —┤>I├— —┤<I├—	┤ IN1 ==I ├ IN2　　LDW　IN1,IN2	I0.0　┤ IN1 ├ ┤ >=I ├ IN2　LD　I0.0　AW>= IN1,IN2	I0.1 ┤ ├ ┤ IN1 <I IN2 ├　LD　I0.1　OW< IN1,IN2

参　数	数据类型	参数说明	存储区
IN1/IN2	INT	参与比较的数值	IW，QW，MW，SW，SMW，T，C，VW，LW，AIW，AC，常数，*VD，*LD，*AC
OUT	BOOL	比较结果输出	I，Q，M，SM，T，C，V，S，L

数值比较指令的应用举例如图 6.47 所示。

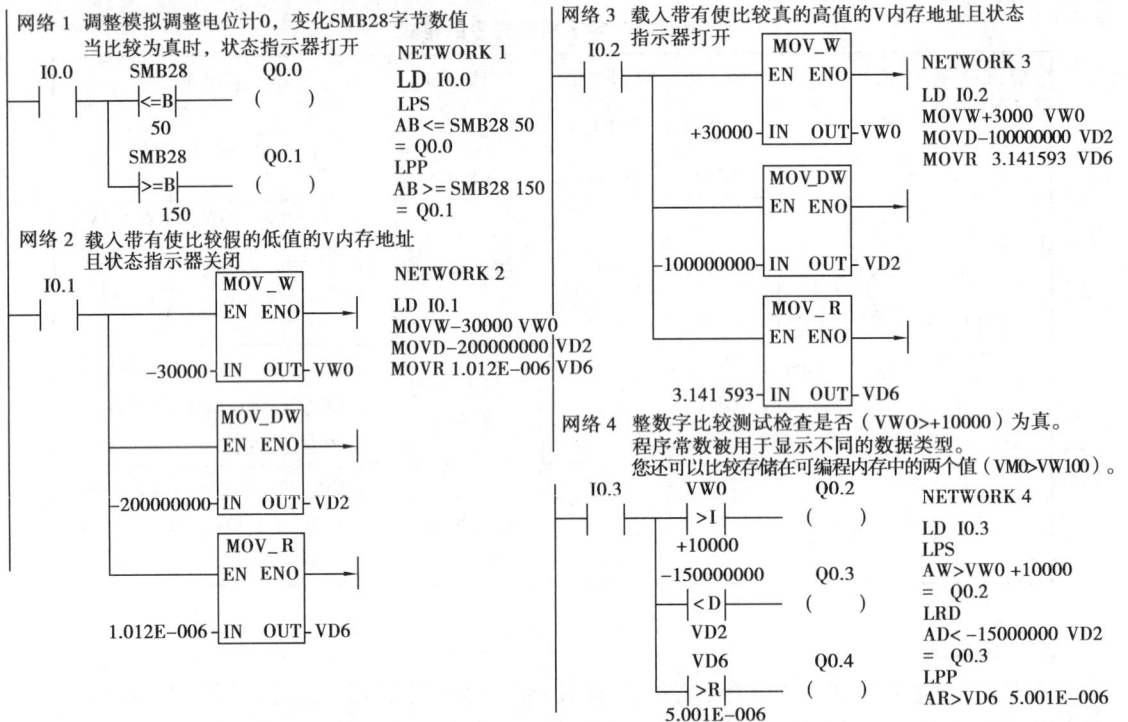

图 6.47　数值比较指令的应用举例

（3）移位与循环指令

移位指令含移位、循环移位、移位寄存器及字节交换等指令。移位指令在程序中可方便地实现某些运算，如乘 2 及除 2 等，可用于取出数据中的有效位数字。移位寄存器可用于实现顺序控制。

1）字节、字、双字左移和右移指令

字节、字、双字左移和右移指令是把输入 IN 左移或右移 N 位后，把结果输出到 OUT 中。移位指令对移出的位自动补零。如果所需移位次数 N 大于或等于 8（字节）、16（字）、32（双

166

字)这些移位实际最大值,则按最大值移位。如果移位次数非 0,"溢出"标志位 SM1.1 保存最后一次被移出位的值;如果移位操作结果为零,SM1.0 就置位。字节(字、双字)左移位或右移位操作是无符号的。对于字和双字操作,当使用符号数据时,符号位也被移动。字节、字、双字左移和右移指令的符号名称和参数见表 6.27。

表 6.27　字节、字、双字左移和右移指令的符号名称和参数

指令、名称	梯形图符号	参　数	数据类型	参数说明	操作数
SLB 字节左移指令	SHL_B EN ENO IN OUT N	EN	BOOL	允许输入	V,I,Q,M,SM,L
		ENO	BOOL	允许输出	
SRB 字节右移指令	SHR_B EN ENO IN OUT N	N	BYTE	移动的位数	VB, IB, QB, MB, SB, SMB, LB, AC, 常数, *VD, *LD, *AC
		IN	BYTE	移位对象	
		OUT	BYTE	移位操作结果	VB, QB, MB, SB, SMB, LB, AC, *VD, *LD, *AC
SLW 字左移指令		EN	BOOL	允许输入	V,I,Q,M,SM,L
		ENO	BOOL	允许输出	
SRW 字右移指令	SHL_W EN ENO IN OUT N SHR_W EN ENO IN OUT N	N	WORD	移动的位数	VB, IB, QB, MB, SB, SMB, LB, AC, 常数, *VD, *LD, *AC
		IN	WORD	移位对象	VW, IW, QW, MW, SW, SMW, LW, T, C, AIW, AC, 常数, *VD, *LD, *AC
		OUT	WORD	移位操作结果	VW, QW, MW, SW, SMW, LW, T, C, AC, *VD, *LD, *AC
SLD 双字左移指令		EN	BOOL	允许输入	V,I,Q,M,SM,L
		ENO	BOOL	允许输出	
SRD 双字右移指令	SHL_DW EN ENO IN OUT N SHR_DW EN ENO IN OUT N	N	WORD	移动的位数	VB, IB, QB, MB, SB, SMB, LB, AC, 常数, *VD, *LD, *AC
		IN	WORD	移位对象	VD, ID, QD, MD, SD, SMD, LD, AC, HC, 常数, *VD, *LD, *AC
		OUT	WORD	移位操作结果	VD, QD, MD, SD, SMD, LD, AC, *VD, *LD, *AC

字左移、字循环右移指令的应用举例如图 6.48 所示。

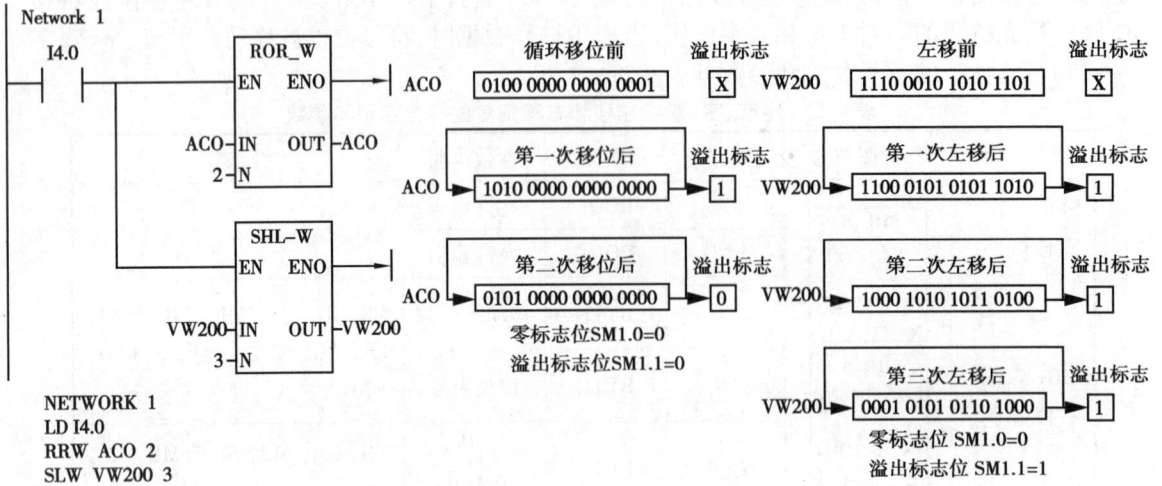

图 6.48　字左移、字循环右移指令的应用举例

2) 字节、字、双字循环移位指令

字节、字、双字循环左移和循环右移指令把输入 IN(字节、字、双字)循环左移或循环右移 N 位后,把结果输出到 OUT 中。如果所需移位次数 N 大于最大允许值(字节操作数为 8,字操作数为 16,双字操作数为 32)则按最大值移位。那么在执行循环移位前,先对 N 执行取模操作,得到一个有效的移位次数。取模的结果对于字节操作为 0~7,字操作为 0~15,双字操作为 0~31。如果所需移位次数为零,循环移位指令不执行。循环移位指令执行后,最后一位的值会复制到溢出标志位 SM1.1。如果移位次数不是移位次数的最大允许值的整数倍,最后一位移出的值会复制到溢出标志位 SM1.1。如果移位的结果为零,零标志 SM1.0 就被置位。

字节操作是无符号的。对于字和双字操作,当使用符号数据时,符号位也被移动。字节、字、双字循环左移和循环右移指令的符号名称和参数见表 6.28。

表 6.28　字节、字、双字循环左移和循环右移指令的符号名称和参数

指令、名称	梯形图符号	参　数	数据类型	参数说明	操作数
RLB 字节循环左移	ROL_B EN　ENO IN　OUT N	EN	BOOL	允许输入	V,I,Q,M,SM,L
		ENO	BOOL	允许输出	
		N	BYTE	移动的位数	VB, IB, QB, MB, SB, SMB, LB, AC, 常数, *VD, *LD, *AC
RRB 字节循环右移	ROR_B EN　ENO IN　OUT N	IN	BYTE	移位对象	
		OUT	BYTE	移位操作结果	VB, QB, MB, SB, SMB, LB, AC, *VD, *LD, *AC

续表

指令、名称	梯形图符号	参　数	数据类型	参数说明	操作数
RLW 字循环左移		EN	BOOL	允许输入	V,I,Q,M,SM,L
		ENO	BOOL	允许输出	
RRW 字循环右移	ROL_W EN ENO IN OUT N ROR_W EN ENO IN OUT N	N	WORD	移动的位数	VB, IB, QB, MB, SB, SMB, LB, AC, 常数, *VD, *LD, *AC
		IN	WORD	移位对象	VW, IW, QW, MW, SW, SMW, LW, T, C, AIW, AC, 常数, *VD, *LD, *AC
		OUT	WORD	移位操作结果	VW, QW, MW, SW, SMW, LW, T, C, AC, *VD, *LD, *AC
RLD 双字循环左移		EN	BOOL	允许输入	V,I,Q,M,SM,L
		ENO	BOOL	允许输出	
RRD 双字循环右移	ROL_DW EN ENO IN OUT N ROR_DW EN ENO IN OUT N	N	WORD	移动的位数	VB, IB, QB, MB, SB, SMB, LB, AC, 常数, *VD, *LD, *AC
		IN	WORD	移位对象	VD, ID, QD, MD, SD, SMD, LD, AC, HC, 常数, *VD, *LD, *AC
		OUT	WORD	移位操作结果	VD, QD, MD, SD, SMD, LD, AC, *VD, *LD, *AC

3）移位寄存器指令

移位寄存器指令（SHRB）把输入的 DATA 数值移入移位寄存器,而该移位寄存器是由 S-BIT 和 N 决定的。其中,S-BIT 指定移位寄存器的最低位,N 指定移位寄存器的长度和移位的方向。（正向移位＝N、反向移位＝－N）。SHRB 指令移出的每一位都相继被放在溢出位（SM1.1）中。

移位寄存器提供一种排列和控制产品流或数据的简单方法。使用该指令时,每个扫描周期整个移位寄存器移动一位。

移位寄存器指令的符号名称和参数见表 6.29。

表 6.29　移位寄存器指令的符号名称和参数

指令、名称	梯形图符号	参　数	数据类型	参数说明	操作数
SHRB 移位寄存器指令	SHRB EN　ENO DATA S_BIT N	EN	BOOL	允许输入	V, I, Q, M, SM, L
		ENO	BOOL	允许输出	
		DATE	BYTE	移动的位数	I, Q, M, SM, T, C, V, S, L
		S-BIT	BYTE	移位对象	
		N	BYTE	移位操作结果	VB, IB, QB, MB, SB, SMB, LB, AC, 常数, *VD, *LD, *AC

移位寄存器器指令的应用举例如图 6.49 所示。

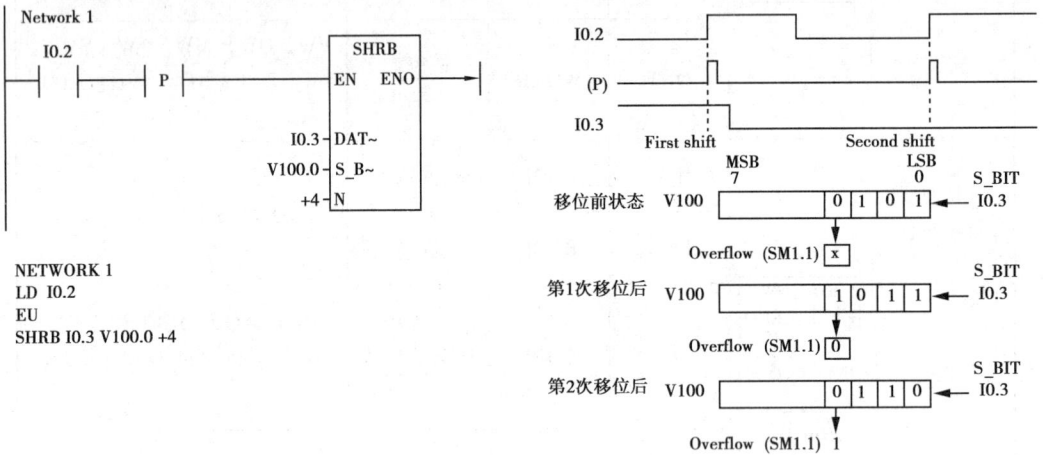

Network 1

NETWORK 1
LD I0.2
EU
SHRB I0.3 V100.0 +4

图 6.49　移位寄存器器指令的应用举例

（4）转换指令

由于编程过程中要用到不同长度及各种编码方式的数据,因此设置了转换指令。它包括数据长度转换(如字节和整数、整数和双整数的转换)及数据编码方式(如 BCD 码与二进制、整数与实数)等。另外,有些程序有时还有解读某存储单元号的任务,这就需要编码和解码指令。

1）标准转换指令

标准转换指令的符号名称、参数见表 6.30。

2）标准转换指令使用说明

字节转换为整数指令是将字节值转换成整数并存入 OUT 指定的变量中,字节是无符号的,没有符号扩展位。

整数转换为字节指令是将整数值转换成字节并存入 OUT 指定的变量中,只有 0～255 范围内的值被转换,其他值会溢出且输出不变。

整数转换为双整数指令是将整数值转换成双整数并存入 OUT 指定的变量中,符号位扩展到高字节中。

双整数转换为整数指令是将双整数值转换成整数并存入 OUT 指定的变量中,如果所转换的数值太大以至于无法在输出中表示,则溢出标志置位且输出不变。

表 6.30　标准转换指令的符号名称、参数

指令、名称	梯形图符号	参　数	数据类型	操作数
字节转换成整数	B_I EN　ENO IN　OUT	IN	BYTE	VB, IB, QB, MB, SB, SMB, LB, AC, 常数, *AC, *VD, *LD
整数转换成字节	I_B EN　ENO IN　OUT		WORD	VW, IW, QW, MW, SW, SMW, LW, T, C, AIW, AC, 常数, *VD, *LD, *AC
整数转换成双整数	I_DI EN　ENO IN　OUT		DINT	VD, ID, QD, MD, SD, SMD, LD, HC, AC, 常数, *VD, *LD, *AC
双整数转换成整数	DI_I EN　ENO IN　OUT		REAL	VD, ID, QD, MD, SD, SMD, LD, AC, *VD, *LD, *AC 常数
双整数转换成实数	DI_R EN　ENO IN　OUT	OUT	BYTE	VB, QB, MB, SB, SMB, LB, AC, *VD, *AC, *LD
BCD 码转换成整数	BCD_I EN　ENO IN　OUT		WORD	VW, QW, MW, SW, SMW, LW, AQW, T, C, AC, *VD, *LD, *AC
整数转换成 BCD 码	I_BCD EN　ENO IN　OUT		DINT、REAL	VD, QD, MD, SD, SMD, LD, AC, *VD, *LD, *AC
实数四舍五入取整指令	TRUNC EN　ENO IN　OUT	IN	REAL	VD, ID, QD, MD, SD, SMD, LD, AC, 常数, *VD, *LD, *AC
实数截位取整指令	ROUND EN　ENO IN　OUT	OUT	DINT	VD, QD, MD, SD, SMD, LD, AC, *VD, *AC, *LD
七段码指令	SEG EN　ENO IN　OUT	IN	BYTE	VB, IB, QB, MB, SB, SMB, LB, AC, 常数, *VD, *AC, *LD
		OUT	BYTE	VB, QB, MB, SMB, LB, SB, AC, *VD, *AC, *LD

双整数转换为实数指令是将一个 32 位有符号整数值转换成一个 32 位实数并存入 OUT 指定的变量中。

BCD 码转换为整数(整数转换为 BCD 码)指令是将 BCD 码(整数)转换在整数(BCD)码并存入 OUT 指定的变量中,有效输入是 0~9 999 的 BCD 码(整数)。

四舍五入指令是将实数(IN)转换成 32 位有符号整数,结果四舍五入。

取整指令是将实数(IN)转换成 32 位有符号整数(OUT),只有实数的部分被转换(舍去小数部分)。如果转换的值是无效的实数或太大使输出无法表示,则溢出标志置位且输出不变。

七段码指令点亮七段译码显示器中的段,将 IN 中指定的字符转换成一个点阵存入 OUT 指定的变量中。

3)标准转换指令应用举例

图 6.50 是标准转换指令应用的例子。网络 1 的功能是将存在 C10 中的英寸数转换为厘米后,存放在 VD12 中。网络 2 的功能是将存在 AC0 中的 BCD 码转换为整数。

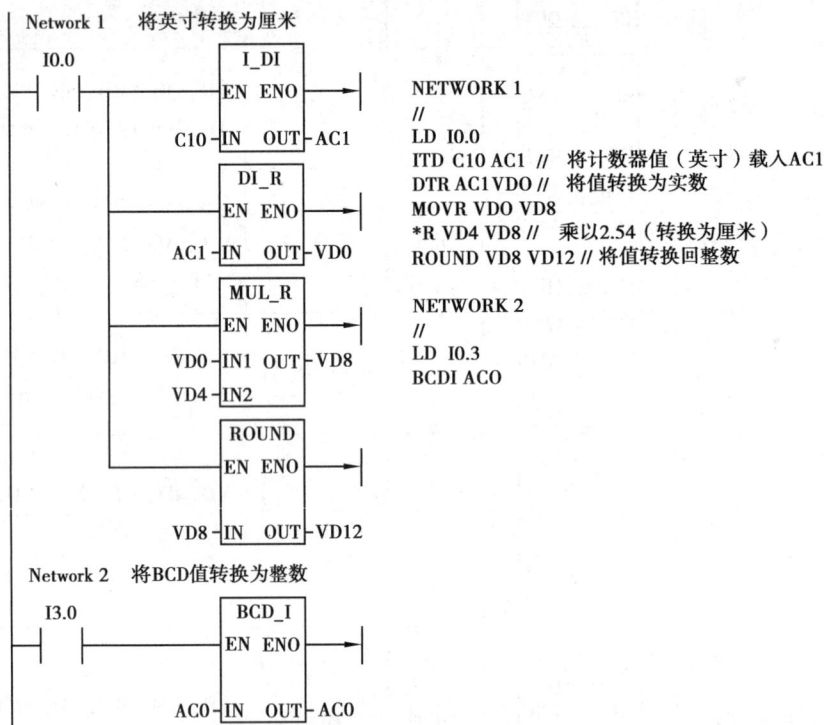

```
NETWORK 1
//
LD  I0.0
ITD C10 AC1 //  将计数器值（英寸）载入AC1
DTR AC1 VD0 //  将值转换为实数
MOVR VD0 VD8
*R VD4 VD8 //  乘以2.54（转换为厘米）
ROUND VD8 VD12 // 将值转换回整数

NETWORK 2
//
LD  I0.3
BCDI AC0
```

图 6.50 标准转换指令应用举例

4)编码和解码指令

编码指令(ENCO)将输入字(IN)的最低有效位(有效位的值为 1)的位号编码成二进制代码写入输出字节(OUT)的低 4 位;译码指令(DECO)根据输入字节(IN)的低 4 位所表示的位号置输出字(OUT)的对应位为 1,其他清 0。编码和解码指令的符号、名称及参数见表 6.31。

编码和解码指令的应用举例如图 6.51 所示。

表 6.31　编码和解码指令的符号,名称及参数

指令、名称	梯形图符号	参数	数据类型	参数说明	操作数
ENCO 编码指令	ENCO EN ENO IN OUT	EN	BOOL	允许输入	V,I,Q,M,SM,L
		ENO	BOOL	允许输出	
		IN	WORD		VW, IW, QW, MW, SMW, LW, SW, AIW, T, C, AC, 常数, *VD, *AC, *LD
		OUT	BYTE		VB, QB, MB, SMB, LB, SB, AC, *VD, *LD, *AC
DECO 解码指令	DECO EN ENO IN OUT	EN	BOOL	允许输入	V,I,Q,M,SM,L
		ENO	BOOL	允许输出	
		IN	BYTE		VB, IB, QB, MB, SMB, LB, SB, AC, 常数, *VD, *LD, *AC
		OUT	WORD		VW, QW, MW, SMW, LW, SW, AQW, T, C, AC, *VD, *AC, *LD

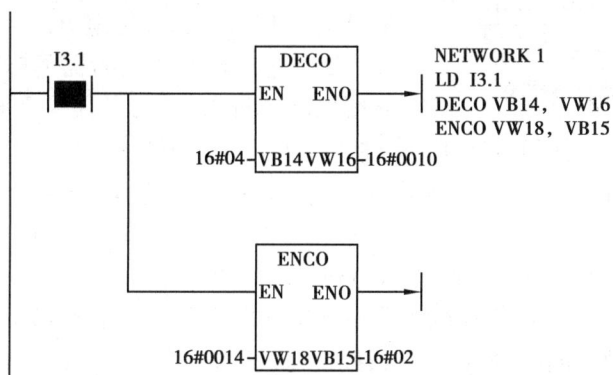

图 6.51　编码和解码指令的应用举例

图 6.51 中的 VB14 中是错误代码 4,译码指令 DECO 将输出字 VW16 的第 4 位置 1,VW16 中的二进制数为 2#0000 0000 0001 0000(16#0010)。DECO 指令相当于自动电话交换机的功能,源操作数的最低 4 位为电话号码,交换机根据它接通对应的电话机(将目标操作数的某一位置 1)。

图 6.51 中的 VW18 中是错误信息为 16#0014(2#0000 0000 0001 0100,第 2 位和第 4 位为 1,低位的错误优先),编码指令 ENCO 将错误信息转换为输出字节 VB15 中的错误代码 2。假设 VW18 的各位对应于指示电梯所在楼层的 16 个限位开关,执行编码指令后,VB15 中是轿厢所在的楼层数。

(5)数据处理类指令应用举例

【例 6.3】试设计一个简易定时报时器,具体控制要求如下:

①早上 6 点半,电铃(Q0.0)每秒响一次,六次后自动停止。

②9:00—17:00,启动住宅报警系统(Q0.1)。

③晚上 6 点开园内照明(Q0.2)。

④晚上 10 点关园内照明(Q0.2)。

【控制方案设计】

1)根据控制要求,分配输入输出端口,并画出端口的接线原理图

I/O 端口分配见表 6.32,I/O 端口接线图如图 6.52 所示。

表 6.32　简易定时报时器 I/O 分配表

序号	输入设备	输入点	序号	输出设备	输出点
1	系统启动开关 QS	I0.0	1	电铃	Q0.0
2	校时粗调按钮 SB1	I0.1	2	启动住宅报警系统继电器 KA1	Q0.1
3	校时微调按钮 SB2	I0.2	3	开/关园内照明继电器 KA2	Q0.2

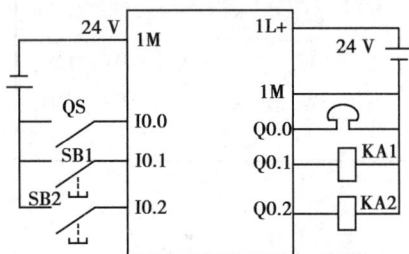

图 6.52　I/O 端口接线图

2)梯形图程序设计

完成本例的控制要求要解决以下几个问题:

①产生一个实时时钟,即一个周期为 24 小时循环的时钟信号。利用内部时钟脉冲信号和计数器结合使用即可构成,从控制要求来看,时钟的定时精度不高,故可按每 15 min 为一设定单位,共 96 个时间单元。

②能进行校时。定时器的时间要是实时时间,就必须能够进行校时,可设计一个周期为 0.02 s 的脉冲信号作为粗调脉冲,结合按钮 SB1 进行控制粗调校时,采用按钮 SB2 进行微调校时。

③能按设定时间进行控制。应用计数器产生的实时时间与设定值时行比较,利用比较结果进行相关控制。

简易定时报时器的梯形图程序如图 6.53 所示。

【例 6.4】单按钮控制 5 台电动机的启停。其控制要求如下:按钮按数次,最后一次保持1 s以上后,则号码与次数相同的电机运行;再按按钮,该电机停止,五台电动机接于 Q0.0 ~ Q0.4。

【控制方案设计】

1)根据控制要求,分配输入输出端口,并画出端口的接线原理图

①I/O 分配见表 6.33。

表 6.33　单按钮控制 5 台电动机的 I/O 分配表

序号	输入设备	输入点	序号	输出设备	输出点
1	启动按钮 SB1	I0.0	1	电动机 1	Q0.0
			2	电动机 2	Q0.1
			3	电动机 3	Q0.2
			4	电动机 4	Q0.3
			5	电动机 5	Q0.4

网络 1　当按钮I0.1按下进，T33产生周期为0.02 s脉冲

```
  I0.1      T34         T33
──┤ ├──────┤/├──────┤IN    TON│
                     │         │
                  1──┤PT  10 ms│
```

网络 2
```
  T33                 T34
──┤ ├──────────────┤IN    TON│
                   │         │
                1──┤PT  10 ms│
```

网络 3　对1 s的时钟脉冲进行计数，每计满900个，
即每隔15 min,C0产生一个脉冲

```
  I0.0      SM0.5       C0
──┤ ├──────┤ ├────────┤CU    CTU│
                      │         │
  C0                  │         │
──┤ ├─────────────────┤R        │
                      │         │
  SM0.1               │         │
──┤ ├──────────────900┤PV       │
```

网络 4　对C0的脉冲信号进行计数，每计满96次，即96×15 min=24 h,
自动复位重新循环。C1的当前值即实时时间

```
  C0        I0.1      I0.2              C1
──┤ ├──────┤/├──────┤/├──────────────┤CU    CTU│
  I0.1      T33                       │         │
──┤ ├──────┤ ├───────────────────────┤R        │
  I0.2                                │         │
──┤ ├────────────────────────────── 96┤PV       │
  C1                                  │         │
──┤ ├─────────────────────────────────┘
```

网络 5　早上6：30，电铃响，每隔1 s响一次，响6次后自动停

```
  C1        SM0.5       T37         Q0.0
──┤==I├─────┤ ├────────┤/├─────────( )
  26
                                    T37
                                ──┤IN    TON│
                                  │         │
                              60──┤PT 100 ms│
```

网络 6　晚上6点开圆内照明

```
  C1                  Q0.2
──┤==I├──────────────( S )
  72                   1
                       │     T37
                       └─┤P├─( R )
                               1
```

网络 7　晚上10点关圆内照明

```
  C1                  Q0.2
──┤==I├──────────────( R )
  88                   1
```

网络 8　9：00~17：00,启动住宅报警系统

```
  C1        C1                  Q0.1
──┤>=I├─────┤<=I├──────────────( )
  36         68
```

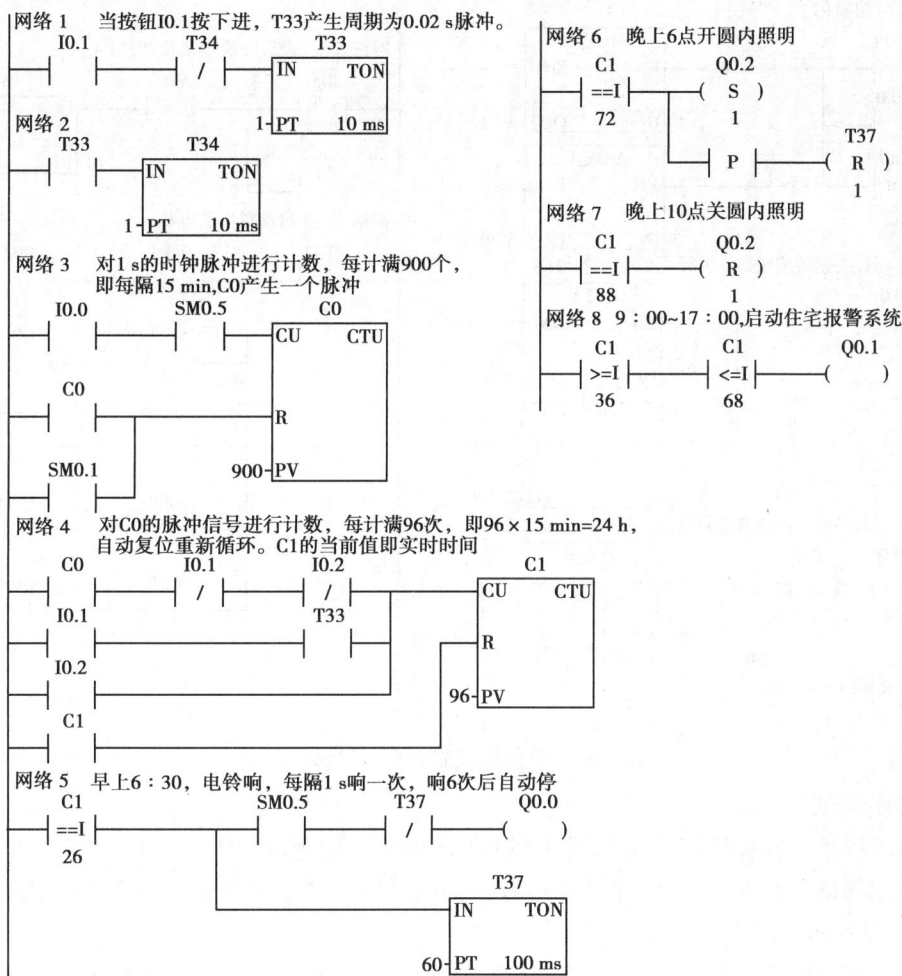

图 6.53　简易定时报时器的梯形图程序

②I/O 外部接线如图 6.54 所示。

2）梯形图程序设计

本任务采用解码指令来实现其控制要求。主要解决以下几个问题：

①用一个按钮控制 5 台电机,则需对按钮所按次数进行计数。设 VB0 为计数器,用来存放按钮所按的次数。

②对 VB0 的内容进行解码,结果放在 VW2 中,用定时器的触点作为主控条件,利用解码结果启动相应的电机。

③当按下 5 次后,再按一次则使电机停止。可设置计数器 VB1,对按钮成功输入计数一次,VB1 = 1;当再按一下时,VB1 = 2 则控制电机停止。

单按钮控制 5 台电动机的梯形图如图 6.55 所示。

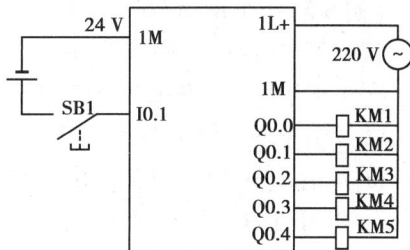

图 6.54　单按钮控制 5 台电动机的I/O 接线图

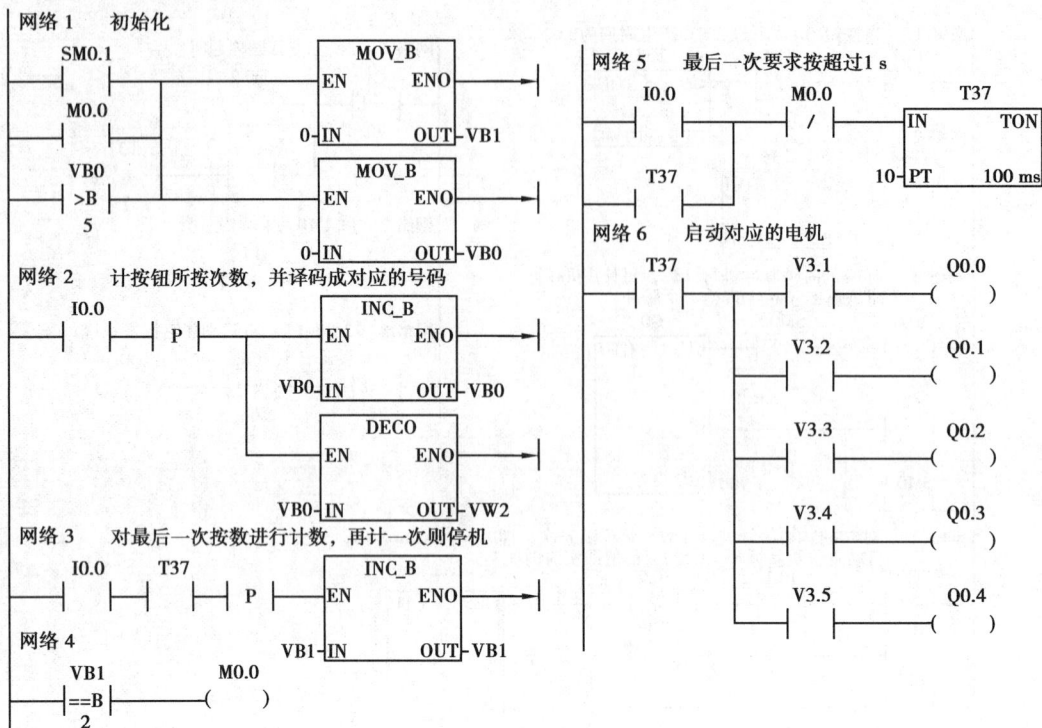

图 6.55 单按钮控制五台电机梯形图

3）程序调试

①编写程序。通过计算机将如图 6.55 所示的梯形图正确编写。

②静态调试。按如图 6.46 所示的 PLC 外围电路图正确连接好输入设备,将程序传入 PLC 进行 PLC 程序的模拟静态调试。

③动态调试。按图所示的 PLC 外围电路图正确接好输出设备,进行系统的空载调试,观察交流接触器能否按控制要求动作。如不能正确动作,检查电路接线或修改程序,直到交流接触器能按照控制要求动作;再连接好主电路及电动机,进行带载动态调试。

④修改,保存程序。

【例 6.5】小车自动选向,自动定位控制。某车间有 4 个工作台,小车往返于工作台之间运料。每个工作台设有一个到位开关(SQ)和一个呼叫按钮(SB)。具体控制要求如下:

①小车初始时应停在 4 个工作台中的任意一个到时位开关位置上;

②设小车现暂停于 M 号工作台(此时 SQm 动作),这时 n 号工作台有呼叫(即 SBn 动作)。

m > n:小车左行,直至 SQn 动作,到位停车。即小车所停位置 SQ 的编号大于呼叫的 SB 的编号时,小车往左运行至呼叫的 SB 位置后停止。

m < n:小车右行,直至 SQn 动作,到位停车。即小车所停位置 SQ 的编号小于呼叫的 SB 的编号时,小车往左运行至呼叫的 SB 位置后停止。

m=n:小车原地不动。即当小车位置 SQ 与呼叫 SB 编号相同时,小车不动作。

【控制方案设计】

1）根据控制要求,分配输入输出端口,并画出端口的接线原理图

①I/O 分配见表 6.34。

表 6.34　送料小车的自动定位控制的 I/O 分配表

序号	输入设备	输入点	序号	输出设备	输出点
1	呼叫按钮 SB1	I0.0	1	小车前进 KM1	Q0.0
2	呼叫按钮 SB2	I0.1	2	小车后退 KM2	Q0.1
3	呼叫按钮 SB3	I0.2			
4	呼叫按钮 SB4	I0.3			
5	1 号工位行程开关 SQ1	I0.4			
6	2 号工位行程开关 SQ2	I0.5			
7	3 号工位行程开关 SQ3	I0.6			
8	4 号工位行程开关 SQ4	I0.7			
9	启动信号	I1.0			
10	停止信号	I1.1			

②I/O 接线图如图 6.56 所示。

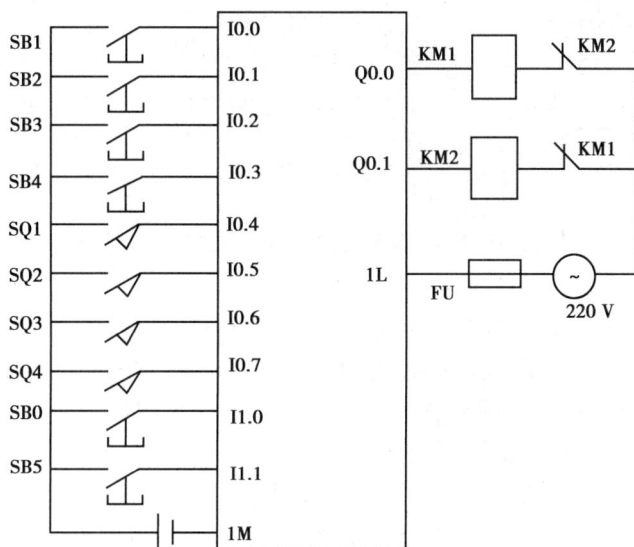

图 6.56　送料小车自动定位控制的 I/O 接线图

2)梯形图程序设计

方法一:利用传送,比较指令来实现。主要需解决以下几个问题:

①工位号和呼叫位置的确定。

因为小车同时只可能停在一个工位上,所以小车的位置值是确定的,通过使用移位指令存放在 VB0 中,即 1 号位为 1,2 号位为 2,三号位为 4,4 号位为 8。

呼叫位置的编号由传送指令完成。即当 1 号位有呼叫即给 VB1 送值 1;2 号位有呼叫,则送 2;3 号位有呼叫,则送 4;4 号位有呼叫,则送 8。这样 m,n 在任意位置,都给它们赋了一个确定的值。

②小车行进方向的确定:通过比较指令来完成。

③到位停车:通过比较结果来控制。

送料小车自动选向,自动定位控制梯形图如图 6.57 所示。

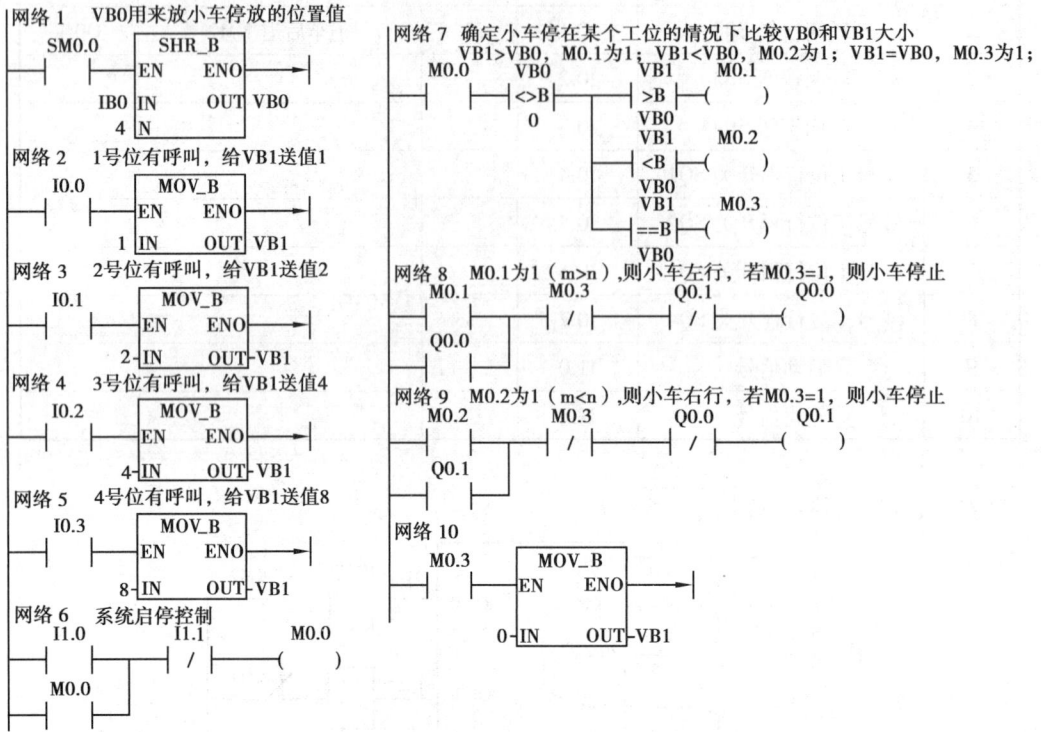

图 6.57　送料小车自动选向,自动定位控制梯形图(1)

程序说明:

如果同时有多个呼叫,则先响应呼叫号大的位置的呼叫。

这是一个典型的随机控制,在电梯控制中,电梯的自动选向和自动定位即属于这一种。

当生产线上工位增多时,使用传送指令来设计本例会使程序增长。可考虑在增加工位时,不需改变程序就能实现控制(编码,译码指令)。

方法二:利用编码、解码指令实现。主要解决以下问题:

①首先判断有无键按下,采用比较指令实现。

②有键按下则先编码,再解码。主要是如果有同时多个呼叫,则先响应呼叫号小的呼叫。

③确定有键按下,则判小车是否在某工位上。正常情况时,小车应在某个工位上。如果不在工位上,则暂停;如果在工位上,则自动判定方向并运动。

用编码、解码指令实现的梯形图如图 6.58 所示。

3)程序调试

①编写程序:通过计算机将如图 6.58 所示的梯形图正确编写。

②仿真调试:利用编程软件的仿真调试功能,结合控制要求进行仿真调试。

③静态调试:按如图 6.56 所示的 PLC 外围电路图正确连接好输入设备,将程序传入 PLC 进行 PLC 程序的模拟静态调试。

④动态调试:按如图 6.56 所示的 PLC 外围电路图正确接好输出设备,进行系统的空载调

试,观察交流接触器能否按控制要求动作。如不能正确动作,检查电路接线或修改程序,直到交流接触器能按照控制要求动作;再连接好主电路及电动机,进行带载动态调试。

⑤修改,保存程序。

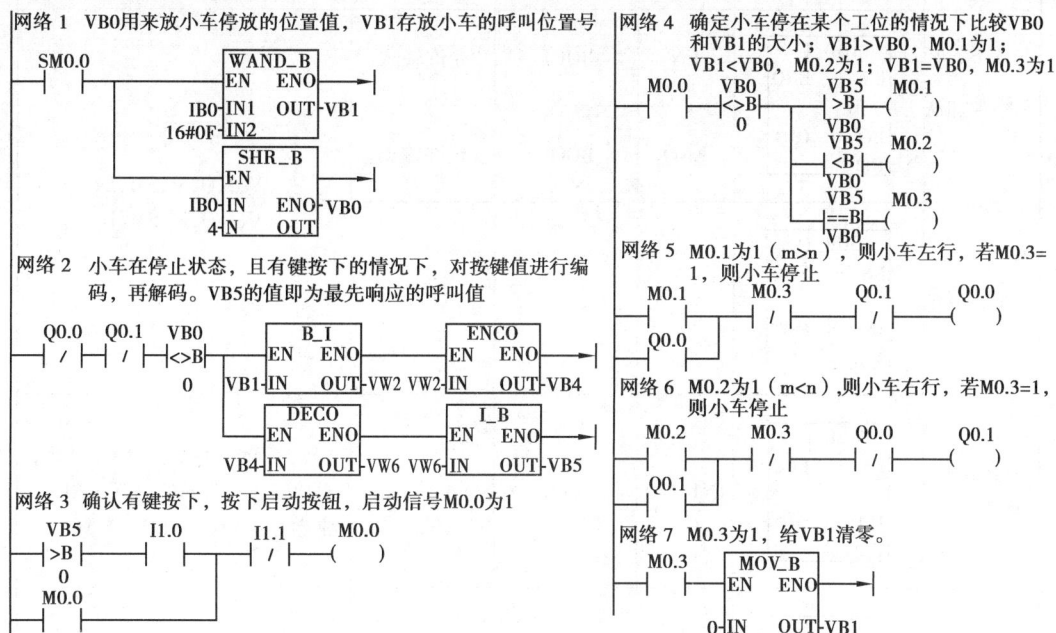

图 6.58 送料小车自动选向,自动定位控制梯形图(2)

6.3.2 数学运算指令其应用

数学运算指令是运算功能的主体指令,包括四则运算、数学功能指令及递增、递减指令。四则运算包括整数、双整数、实数四则运算。一般来说,源操作数与目标操作数具有一致性,但也有整数运算产生双整数的指令。数学功能指令包括三角函数、对数及指数、平方根指令。运算类指令与存储器及标志位的关系密切,使用时需注意。

(1)四则运算指令

1)整数的四则运算指令

整数的四则运算指令使两个 16 位整数运算后产生一个 16 位结果(OUT)。整数除法不保存余数。

在 LAD 中:IN1+IN2＝OUT,IN1−IN2＝OUT,IN1×IN2＝OUT,IN1/IN2＝OUT。

在 STL 中:IN1+ OUT ＝OUT,OUT － IN1＝OUT,IN1×OUT ＝OUT,OUT /IN1＝OUT。

整数四则运算指令的表达形式及操作数见表 6.35。

图 6.59 给出了整数运算的例子,其对应的计算过程示意图如图所示。

2)双整数的四则运算指令

双整数的四则运算指令使两个 32 位整数运算后产生一个 32 位结果(OUT)。双整数除法不保留余数。双整数乘法若结果大于 32 位二进制表示的范围,则产生溢出。

在 LAD 中:IN1+IN2＝OUT,IN1−IN2＝OUT,IN1×IN2＝OUT,IN1/IN2＝OUT。

在 STL 中:IN1+ OUT =OUT,OUT - IN1=OUT,IN1×OUT =OUT,OUT /IN1=OUT。

表 6.35　整数四则运算指令

指令、名称	梯形图符号	参　　数	数据类型	参数说明	操作数
+I 整数加法	ADD_I EN　ENO IN1　OUT IN2	EN	BOOL	允许输入	V,I,Q,M,SM,L V,I,Q,M,SM,L
		ENO	BOOL	允许输出	
-I 整数减法	SUB_I EN　ENO IN1　OUT IN2				
*I 整数乘法	MUL_I EN　ENO IN1　OUT IN2	IN1,IN2	INT		VW, IW, QW, MW, SW, SMW, T, C, AC, LW, AIW, 常数, *VD, *LD, *AC
/I 整数除法	DIV_I EN　ENO IN1　OUT IN2	OUT	BYTE		VW, IW, QW, MW, SW, SMW, T, C, LW, AC, *VD, *LD, *AC

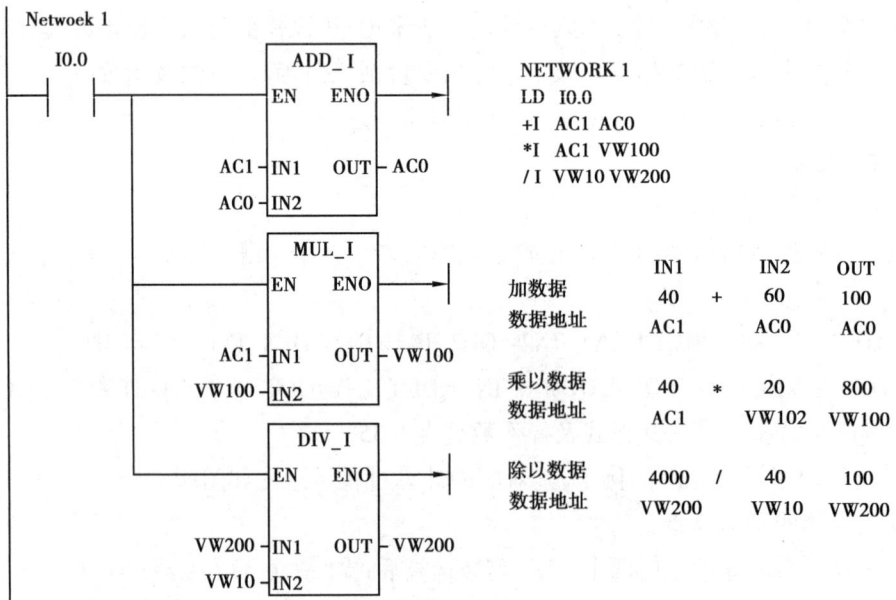

图 6.59　整数的四则运算指令应用举例

双整数四则运算指令的表达形式及操作数见表 6.36。

表 6.36　双整数四则运算指令

指令、名称	梯形图符号	参　数	数据类型	参数说明	操作数
+D 整数加法	ADD_DI EN ENO IN1 OUT IN2	EN	BOOL	允许输入	V,I,Q,M,SM,L
−D 整数减法	SUB_DI EN ENO IN1 OUT IN2	ENO	BOOL	允许输出	
*D 整数乘法	MUL_DI EN ENO IN1 OUT IN2	IN1,IN2	INT		VD, ID, QD, MD, SMD, SD, LD, AC, HC, 常数, *VD, *LD, *AC
/D 整数除法	DIV_DI EN ENO IN1 OUT IN2	OUT	BYTE		VD, QD, MD, SMD, SD, LD, AC, *VD, *LD, *AC

3）实数的四则运算指令

实数的四则运算指令使两个 32 位实数运算后产生一个 32 位实数结果（OUT）。实数乘法指令指两个实数相乘，结果大于 32 位二进制表示的范围，则产生溢出，实数除法不保留余数。

在 LAD 中：IN1+IN2＝OUT，IN1−IN2＝OUT，IN1×IN2＝OUT，IN1/IN2＝OUT。

在 STL 中：IN1＋ OUT ＝OUT，OUT−IN1＝OUT，IN1×OUT ＝OUT，OUT ／IN1＝OUT。

实数四则运算指令的表达形式及操作数见表 6.37。

表 6.37　实数四则运算指令

指令、名称	梯形图符号	参　数	数据类型	参数说明	操作数
+R 整数加法	ADD_R EN ENO IN1 OUT IN2	EN	BOOL	允许输入	V,I,Q,M,SM,L
−R 整数减法	SUB_R EN ENO IN1 OUT IN2	ENO	BOOL	允许输出	

续表

指令、名称	梯形图符号	参　数	数据类型	参数说明	操作数
*R 整数乘法	MUL_R EN　ENO IN1　OUT IN2	IN1,IN2	INT		VD、ID、QD、MD、SD、SMD、LD、AC、常数、*VD、*LD、*AC
/R 整数除法	DIV_R EN　ENO IN1　OUT IN2	OUT	BYTE		VD、ID、QD、MD、SD、SMD、LD、AC、*VD、*LD、*AC

实数的四则运算使用方法如图 6.60 所示。

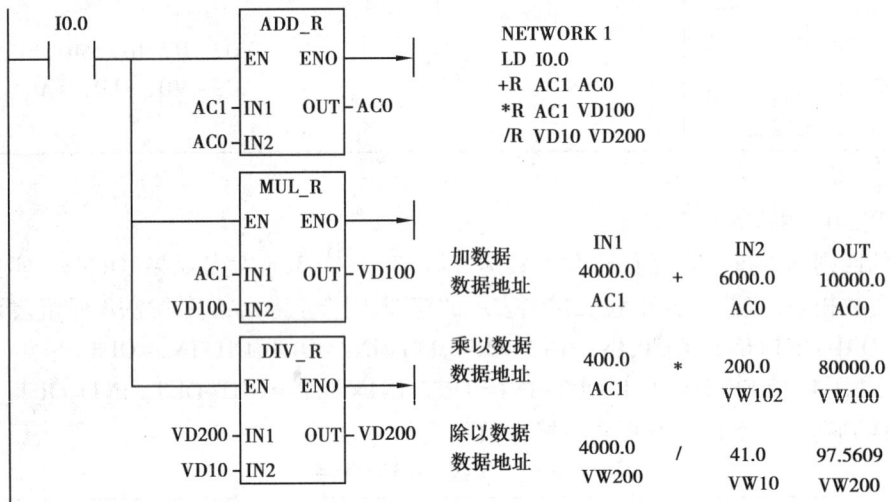

图 6.60　实数的四则运算指令应用举例

4)整数乘法产生双整数指令和带余数的整数除法指令

整数乘法产生双整数指令(MUL),将两个 16 位整数相乘,得到 32 位结果(OUT)。

在 LAD 中,IN1×IN2＝OUT;

在 STL 中,INI×OUT＝OUT。

带余数的整数除法指令(DIV)将两个 16 位整数相除,得到 32 位结果。高 16 位为余数,低 16 位为商。

在 LAD 中,IN1/IN2＝OUT;在 STL 中,OUT/IN1＝OUT。表 6.38 为整数乘法产生双整数和带余数的整数除法指令的表达形式及操作数。

表 6.38　整数乘法产生双整数和带余数的整数除法指令

指令、名称	梯形图符号	参　数	数据类型	参数说明	操作数
MUL 整数乘法产生双整数	MUL EN　ENO IN1　OUT IN2	EN	BOOL	允许输入	V,I,Q,M,SM,L
		ENO	BOOL	允许输出	
DIV 带余数的整数除法	DIV EN　ENO IN1　OUT IN2	IN1,IN2	INT		VW, IW, QW, MW, SW, SMW, T, C, LW, AC, AIW, 常数, *VD, *LD, *AC
		OUT	DINT		VD, QD, MD, SMD, SD, LD, AC, *VD, *LD, *AC

MUL 和 DIV 指令应用举例如图 6.61 所示。

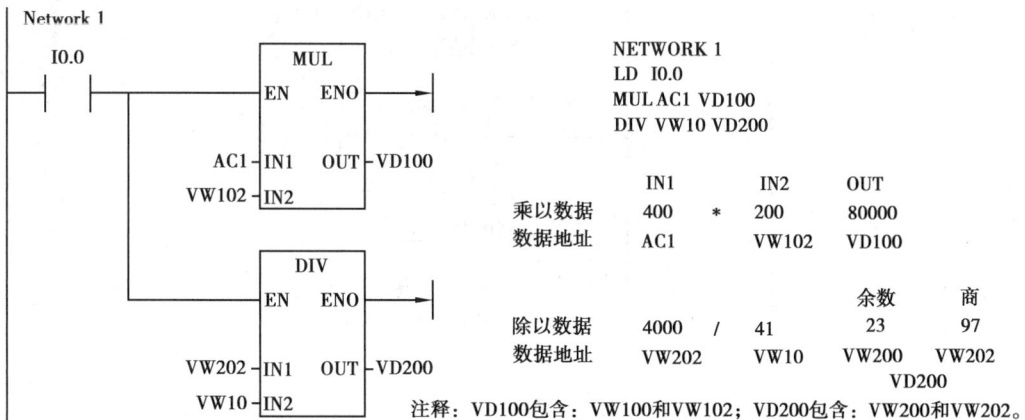

图 6.61　MUL 和 DIV 指令应用举例 MUL 和 DIV

（2）数学功能指令

数学功能指令包括正弦（SIN）、余弦（COS）和正切（TAN）指令计算角度值 IN 的三角函数值，并将结果存放在 OUT 中，输入角度为弧度值。自然对数指令（LN）计算输入值 IN 的自然对数，并将结果存放在 OUT 中。自然指数指令（EXP）计算输入值 IN 为指数的自然指数值，并将结果存放在 OUT 中。平方根指令（SQRT）计算实数 IN 的平方根，结果存放在 OUT 中。

在 LAD 及 STL 中，SIN（IN）＝ OUT, COS（IN）＝ OUT, TAN（IN）＝ OUT, LN（IN）＝ OUT, EXP（IN）＝ OUT, SQRT（IN）＝ OUT。这些指令的使用比较简单，这里仅以 SIN（正弦）为例说明数学功能指令的使用方法。正弦指令的表达形式及操作数见表 6.39。

数学函数指令的应用举例如图 6.62 所示。如果需要求解 SIN75°的值，就可以利用图6.63所示的梯形图程序求解，得到的结果存放在 AC1 中。

表 6.39　正弦指令的符号名称参数

指令、名称	梯形图符号	参　数	数据类型	参数说明	操作数
SIN 正弦	SIN EN　ENO IN　OUT	EN	BOOL	允许输入	V,I,Q,M,SM,L
		ENO	BOOL	允许输出	
		IN	REAL	输入角以弧度为单位	VD, ID, QD, MD, SMD, SD, LD, AC, 常数, *VD, *LD, *AC
		OUT	REAL		VD, QD, MD, SMD, SD, LD, AC, *VD, *LD, * AC

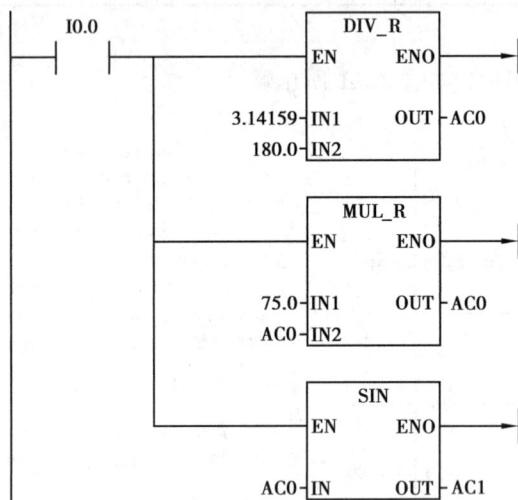

图 6.62　正弦指令的应用举例

（3）递增和递减指令

字节、字、双字递增或递减指令把输入字节（IN）加 1 或减 1,并把结果存放到输出单元（OUT）。字节增减指令是无符号的,字增减指令是有符号的(16# 7FFF>16# 8000)双字增减指令是有符号的(16# 7FFFFFFF>16# 80000000)。

在 LAD 中:IN+1= OUT,IN-l=OUT;在 STL 中:OUT+1=OUT,OUT-1=OUT。

表 6.40 为递增和递减指令的表达形式及操作数。

表 6.40　递增和递减指令

指令、名称	梯形图符号	参　数	数据类型	参数说明	操作数
字节加 1	INC_B EN　ENO IN　OUT	IN	BYTE	将要递增/减的数	VB, IB, QB, MB, SB, SMB, LB, AC, 常数, *VD, *LD, *AC

续表

指令、名称	梯形图符号	参　数	数据类型	参数说明	操作数
字节减 1	DEC_B EN　ENO IN　OUT	OUT	BYTE	递增 /减的结果	VB, QB, MB, SB, SMB, LB, AC, *VD, *LD, *AC
字加 1	INC_W EN　ENO IN　OUT	IN	INT	将要递增 /减的数	VW, IW, QW, MW, SW, SMW, AC, AIW, LW, T, C, 常数, *VD, *LD, *AC
字减 1	DEC_W EN　ENO IN　OUT	OUT	INT	递增 /减的结果	VW, QW, MW, SW, SMW, LW, AC, T, C, *VD, *LD, *AC
双字加 1	INC_DW EN　ENO IN　OUT	IN	DINT	将要递增 /减的数	VD, ID, QD, MD, SD, SMD, LD, AC, HC, 常数, *VD, *LD, *AC
双字减 1	DEC_DW EN　ENO IN　OUT	OUT	DINT	递增 /减的结果	VD, QD, MD, SD, SMD, LD, AC, *VD, *LD, *AC

受影响的 SM 标志位:SM1.0(结果为零)、SM1.1(溢出)、SM1.2(结果为负)。

(4)逻辑运算指令其应用

1)字节、字、双字取反指令

字节取反、字取反、双字取反指令是指将输入(IN)取反的结果存入 OUT 中。字节、字和双字取反指令的符号、名称及操作数见表 6.41。

表 6.41　字节、字和双字取反指令

指令、名称	梯形图符号	参　数	数据类型	参数说明	操作数
字节取反	INV_B EN　ENO IN　OUT	IN	BYTE	将要取 反的数	VB, IB, QB, MB, SB, SMB, LB, AC, 常数, *VD, *LD, *AC
		OUT	BYTE	取反后 的结果	VB, QB, MB, SB, SMB, LB, AC, *VD, *LD, *AC
字取反	INV_W EN　ENO IN　OUT	IN	INT	将要取 反的数	VW, IW, QW, MW, SW, SMW, AC, AIW, LW, T, C, 常数, *VD, *LD, *AC
		OUT	INT	取反后 的结果	VW, QW, MW, SW, SMW, LW, AC, T, C, *VD, *LD, *AC

续表

指令、名称	梯形图符号	参　数	数据类型	参数说明	操作数
双字取反	INV_DW EN　ENO IN　OUT	IN	DINT	将要取反的数	VD, ID, QD, MD, SD, SMD, LD, AC, HC, 常数, *VD, *LD, *AC
		OUT	DINT	取反后的结果	VD, QD, MD, SD, SMD, LD, AC, *VD, *LD, *AC

受影响的 SM 标志位:SM1.0(结果为零)、SM1.1(溢出)、SM1.2(结果为负)。

2)与、或、异或指令

逻辑运算指令在功能上包括与、或、异或。根据操作数的数据类型又分为字节型(8 位)、字型(16 位)和双字型(32 位)。三者的功能相同,指令形式相式,只是数据宽度不同,都是按位操作。这里仅以字数据类型为例介绍与、或、异或指令。

与、或、异或指令的符号、名称及参数见表 6.42。

表 6.42　与、或、异或指令的符号、名称及参数

指令、名称	梯形图符号	参　数	数据类型	参数说明	操作数
ANDW 字与	WAND_W EN　ENO IN1　OUT IN2	EN	BOOL	允许输入	V,I,Q,M,SM,L
		ENO	BOOL	允许输出	
ORW 字或	WOR_W EN　ENO IN1　OUT IN2	IN1/IN2	WORD	将要逻辑运算的数	VW, IW, QW, MW, SW, SMW, T, C, AC, LW, AIW, 常数, *VD, *AC, *LD
XORW 字异或	WXOR_W EN　ENO IN1　OUT IN2	OUT	WORD	逻辑运算的结果	VW, QW, MW, SW, SMW, T, C, LW, AC, *VD, *AC, *LD

逻辑运算指令的应用举例如图 6.63 所示。

(5)数学运算类指令应用举例

【例 6.6】工程量转换

在工业控制中,经常使用传感器来检测一些模拟量,如使用温度传感器检测温度。但是,传感器所采集到的是电压值。如何把传感器所采集到的值换算成实际的物理量,这就需要按比例放大模拟值。例如,温度传感器在最低测温度 T_{min} 时,其输出电压为 V_{min},在最高检测温度 T_{max} 时,其输出电压为 V_{max},需要找到输出电压为 V 时所对应的温度 T。这一问题可以通过 PLC 的四则运算实现。

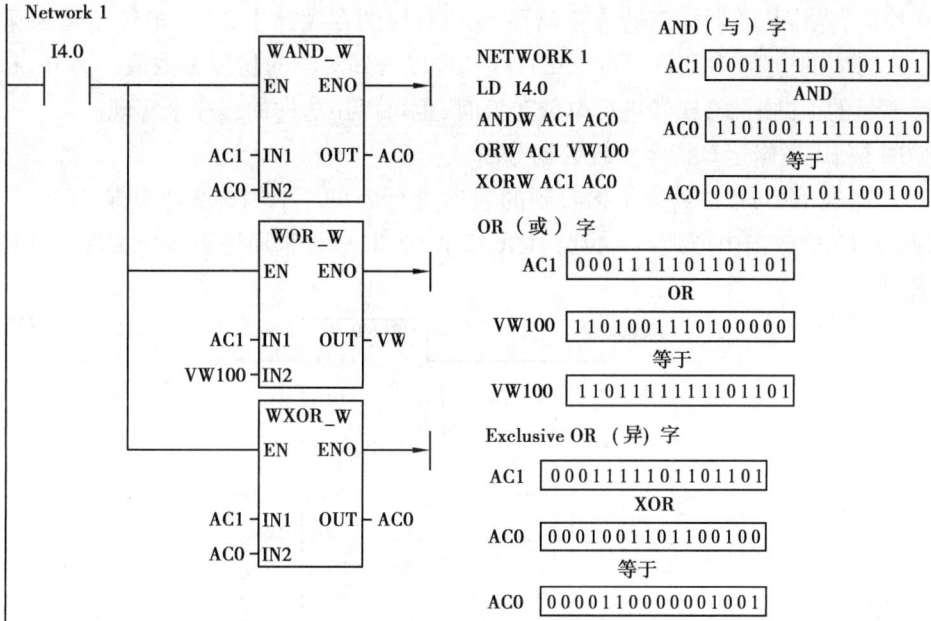

图 6.63　逻辑运算指令的应用举例

对于比例传感器，温度可以由下式算出：

$$T=\frac{(T_{\max}-T_{\min})\cdot(V-V_{\min})}{(V_{\max}-V_{\min})}+T_{\min}$$

利用 PLC 来实现，其梯形图程序如图 6.64 所示。

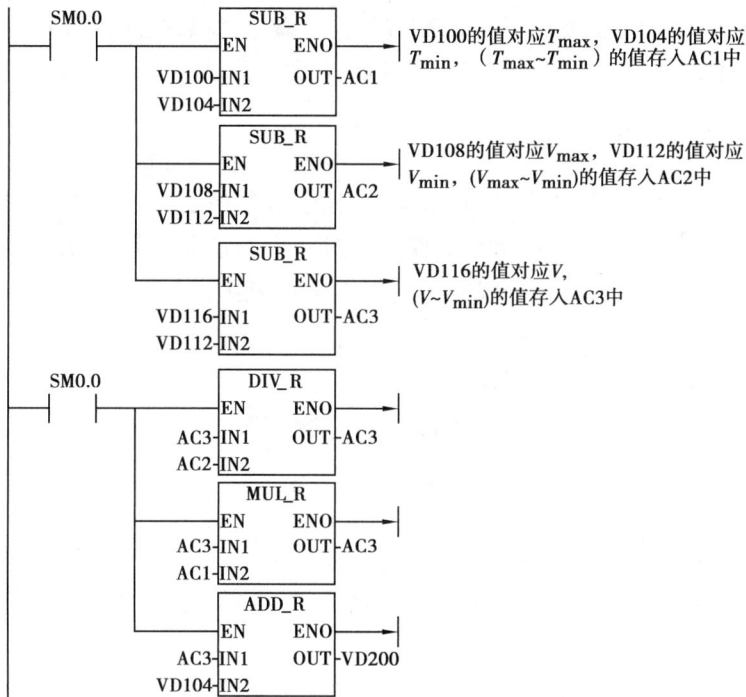

图 6.64　按比例放大模拟值程序

在转换前,先将传感器标定的值存储在 PLC 对应的存储器中,然后把传感器所采集的模拟量也存入对应的位置,利用图 6.64 中的程序,可以得到对应的物理参数值。另外,在一些需要放大模拟量的值的时候,或者进行单位转换时,也可以用这样的程序来实现。

【例 6.7】利用逻辑运算指令实现数据分离。

在 PLC 的通信中,往往需要把接收到的数据进行分离。本例中接收到某 16 位二进制数据,需要从这 16 位数据中把其高 4 位与其低 12 位分离,可以采用逻辑指令实现。其梯形图如图 6.65 所示。

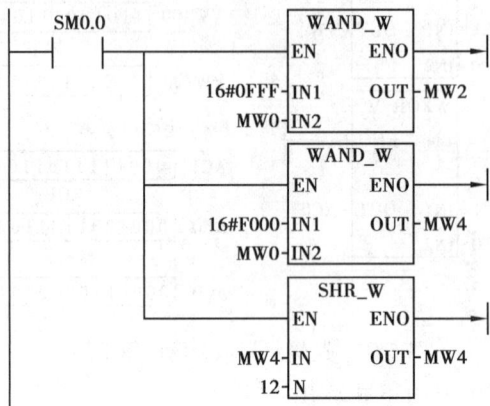

图 6.65　采用逻辑运算指令实现数据分离程序

程序运行中,将 MW0 中的数据与 16#0FFF 进行逻辑与运算后,将 MW0 的高 4 位全部变成了 0,因此也就实现了 MW0 的低 12 位的分离;将 MW0 中的数据与 16#F000 进行逻辑与运算后,将 MW0 的低 12 位全部变成了 0,然后进行移位操作,将数据向右移 12 位,就实现了高 4 位的分离。灵活采用进行逻辑运算的值,同时结合移位指令,可以分离出任何所需位的值。

6.3.3　程序控制类指令其应用

程序控制类指令包括循环指令、跳转指令、子程序指令、中断指令和顺控继电器指令。

程序控制类指令用于程序执行流程的控制。对一个扫描周期而言,循环指令可多次重复执行指定的程序段;跳转指令可以使程序出现跨越或跳跃以实现程序段的选择;子程序指令可调用某段子程序;中断指令则用于中断信号引起的子程序调用;顺控继电器指令及状态编程法可形成状态程序段中各状态的激活及隔离。

程序控制类指令可以影响程序执行的流向及内容,对于合理安排程序的结构、提高程序功能以及实现某些技巧性运算,具有重要的意义。

(1)循环指令

循环指令(FOR-NEXT)用于一段程序的重复执行,由 FOR 指令和 NEXT 指令构成程序的循环体。FOR 标记循环的开始,NEXT 为循环体的结束指令。循环指令的符号名称及参数见表 6.43。

表 6.43 FOR 和 NEXT 循环指令的符号、名称及参数

指令、名称	梯形图符号	参数	数据类型	参数说明	操作数
FOR 循环开始	FOR EN ENO INDX INIT FINAL	EN	BOOL	允许输入	V,I,Q,M,SM,L
		ENO	BOOL	允许输出	
		INDX	INT	循环次数计数器	VW,QW,MW,SW,SMW,LW,T,C,AC,*VD,*LD,*AC
		INIT	INT	循环次数初始值	VW,IW,QW,MW,SW,SMW,T,C,AC,LW,AIW,常数,*VD,*LD,*AC
		FINAL	INT	循环次数终值	
NEXT 循环结束	—(NEXT)	无	无		

1)循环指令使用方法举例

在图 6.66 中,当输入 I0.0 有效时,循环体(INC_W 指令)开始执行,执行到 NEXT 指令时返回。每执行一次循环体,当前值计数器 INDX(VW0)增 1,达到终值 FINAL＝10 时,循环结束。

2)指令使用注意事项

①使能输入无效时,循环体程序不执行。

②FOR 和 NEXT 指令必须成对使用。

③FOR-NEXT 指令可以嵌套使用,最多为 8 层嵌套。在嵌套程序中距离最近的 FOR 指令及 NEXT 指令是一对。图 6.67 是一个 2 层循环嵌套的应用实例,当 2 层循环同时满足条件,程序执行后,循环了 200 次。

(2)跳转指令

跳转指令使程序流程跳转到指定标号 N 处的程序分支执行。标号指令标记跳转目的地的位置 N。使能端输入有效时,程序跳转到指定标号处(同一程序内),使能端输入无效时,程序顺序执行。跳转及标号指令的符号名称及功能见表 6.44。

图 6.66 循环指令使用方法举例

表 6.44 跳转及标号指令的符号名称及功能

指令、名称	梯形图符号	参数	数据类型	参数说明	操作数
JMP 跳转	N —(JMP)	N	BYTE	跳转标号	常数(0~255)
LBL 跳转标号	N LBL				

1)跳转指令使用方法举例

图 6.68 是跳转指令在梯形图中应用的例子。网络 1 中的跳转指令使程序流程跨过一些程序分支(网络 2~7)跳转到标号 1 处继续运行。跳转指令中的 N 与标号指令中的 N 值相同。在跳转发生的扫描周期中,被跳过的程序段停止执行,该程序段涉及的各输出器件的状态保持

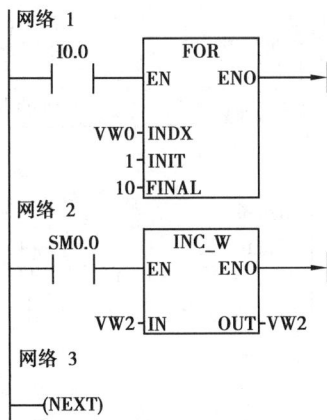

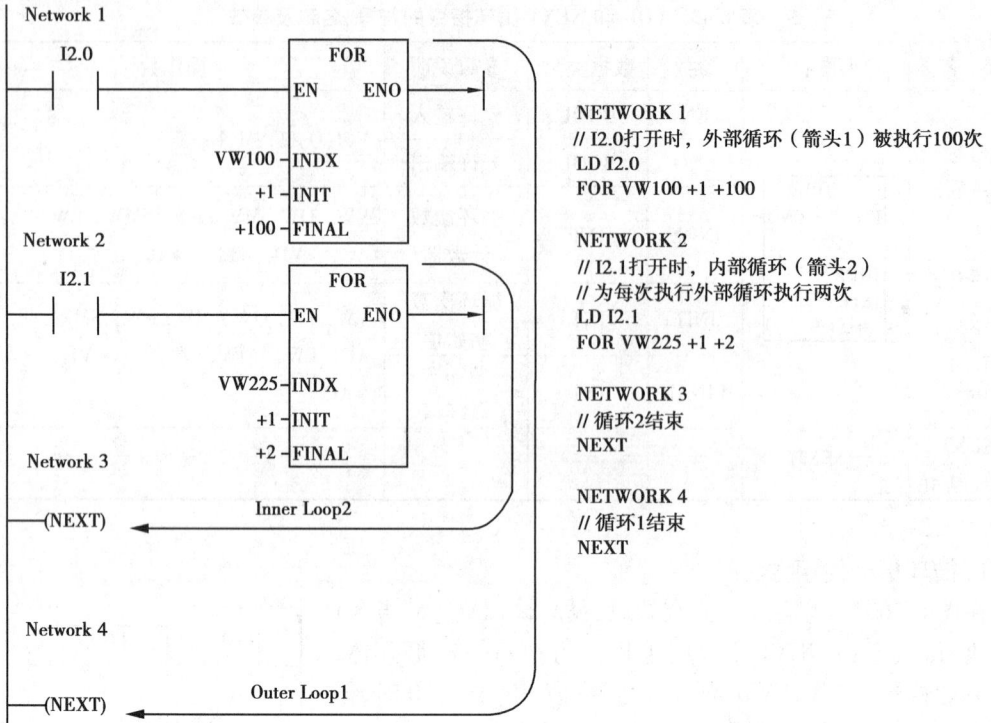

图 6.67　2 层循环嵌套的应用实例

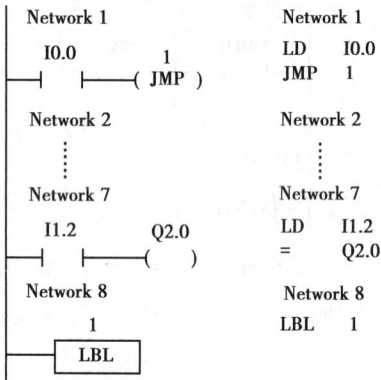

图 6.68　跳转指令应用举例

跳转前的状态不变,不响应程序相关各种工作条件的变化。

2)跳转指令使用注意事项

①由于跳转指令具有选择程序段的功能,在同一程序且位于因跳转而不会被同时执行程序段中的同一线圈不被视为双线圈。

②可以有多条跳转指令使用同一标号,但不允许一个跳转指令对应两个标号的情况,即在同一程序中不允许存在两个相同的标号。

③可以在主程序、子程序或者中断服务程序中使用跳转指令,跳转与之相应的标号必须位于同一段程序中(无论是主程序、子程序还是中断子程序)。可以在状态程序段中使用跳转指令,但相应的标号也必须在同一个 SCR 段中。一般将标号指令设在相关跳转指令之后,这样可以减少程序的执行时间。

④在跳转条件中引入上升沿或下降沿脉冲指令时,跳转只执行一个扫描周期,但若用特殊辅助继电器 SM0.0 作为跳转指令的工作条件,跳转就成为无条件跳转。

跳转指令最常见的应用例子是程序初始化及设备的自动、手动两种工作方式涉及的程序段选择。图 6.69 是手动/自动转换梯形图。

在图 6.69 所示的程序段中,当 I0.0 常开触点接通时,执行第 1 条跳转指令,跳到标号 1 处,而 I0.0 的常闭触点断开,第 2 条跳转指令的条件不满足,顺序执行自动程序。同样,当 I0.0 的常开触点断开时,第 1 条跳转指令的条件不满足,顺序执行手动程序。此时,第 2 条跳转指令的条件满足,跳到标号 2 处。从程序中可以看到任何时刻,只可能执行其中的一段程序。这样可以避免由于手动和自动控制的对象一致而引起的双线圈输出。

（3）子程序指令

在程序设计中,可以把功能独立的且需要多次使用的程序段单独编写,设计成子程序的形式,供主程序调用。要使用子程序,首先要建立子程序,然后才能调用子程序。

1）建立子程序

建立子程序是通过编程来完成的。可用编程软件"编辑"菜单中的"插入"子菜单下的"子程序"命令来建立一个新的子程序。默认的子程序名为 SBR-N,编号 N 从 0 开始按顺序递增,范围为 0~63,也可以通过重命名命令为子程序改名。

2）子程序指令

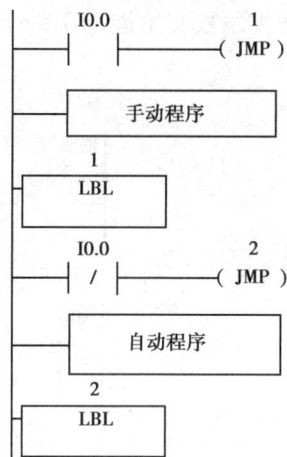

图 6.69　手动/自动转换梯形图

子程序指令包括子程序调用指令 CALL 和子程序返回指令。子程序调用指令（CALL）将程序控制权交给子程序 SBR-N,该子程序执行完成后,程序控制权返回到子程序调用指令的下一条指令。SBR-N 是子程序名,表示子程序入口地址。子程序调用可以带参数,也可以不带参数。有条件子程序返回指令（CRET）是指当逻辑条件成立时,结束子程序的执行,返回主程序中的子程序调用处继续向下执行。

子程序指令的符号名称及参数见表 6.45。

表 6.45　子程序指令的符号名称及参数

指令、名称	梯形图符号	参数	数据类型	参数说明	操作数
CALL 子程序调用	SBR_0 EN	N	WORD	子程序入口标号	常数 对于 CPU221、CPU222、CPU224: 0~63 对于 CPU224XP、CPU226:0~127
CRET 子程序条件返回	─(RET)				

3）子程序指令的使用举例

子程序指令在梯形图中使用的情况如图 6.70 所示。主程序段中安排有子程序调用指令 CALL SBR-0,SM0.1 是子程序执行的条件。子程序 SBR_0 安排在子程序段中,其中也给出了子程序条件返回指令的举例:当 M14.3 置 1 时,子程序 0 将在结束前返回。如果子程序中没有安排 CRET 指令,子程序将在子程序运行完毕后返回。

4）子程序的执行过程及子程序的嵌套

子程序是为一些特定的控制要求而编制的相对独立的程序。为了和主程序区别,S7-200 编程手册中规定子程序与中断子程序分区排列在主程序的后边,且当子程序或中断子程序数量多于 1 时,应分序列编号加以区别。

每个子程序必须以无条件返回指令 RET 作为结束,编程软件 STEP-Micro/WIN32 为每个子程序自动加入无条件返回指令,不需要编程人员手工输入该指令。

当有一个子程序被调用时,系统会保存当前的逻辑堆栈,置栈顶值为 1,堆栈的其他值为零,把控制权交给被调用的子程序。当子程序完成后,恢复逻辑堆栈,把控制权交还给调用程序。

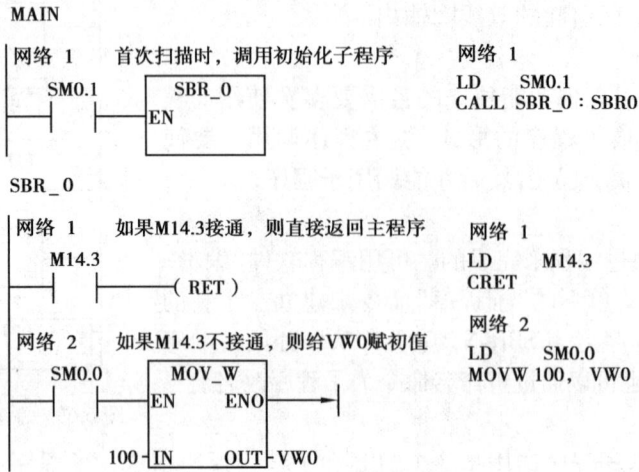

MAIN

网络 1　首次扫描时,调用初始化子程序

SM0.1	SBR_0
	EN

网络 1

LD　　SM0.1
CALL SBR_0 : SBR0

SBR_0

网络 1　如果M14.3接通,则直接返回主程序

M14.3 ──────(RET)

网络 1

LD　　　M14.3
CRET

网络 2　如果M14.3不接通,则给VW0赋初值

SM0.0	MOV_W
	EN　　ENO
100─ IN　　OUT ─VW0	

网络 2

LD　　　SM0.0
MOVW 100, VW0

图 6.70　子程序和子程序返回指令程序举例

在主程序中,可以嵌套调用子程序(在子程序中调用子程序),最多嵌套 8 层。在中断服务程序中,不能嵌套调用子程序。

在被中断服务程序调用的子程序中不能再出现子程序调用。不禁止递归调用(子程序调用自己),但是当使用带子程序的递归调用时应慎重。

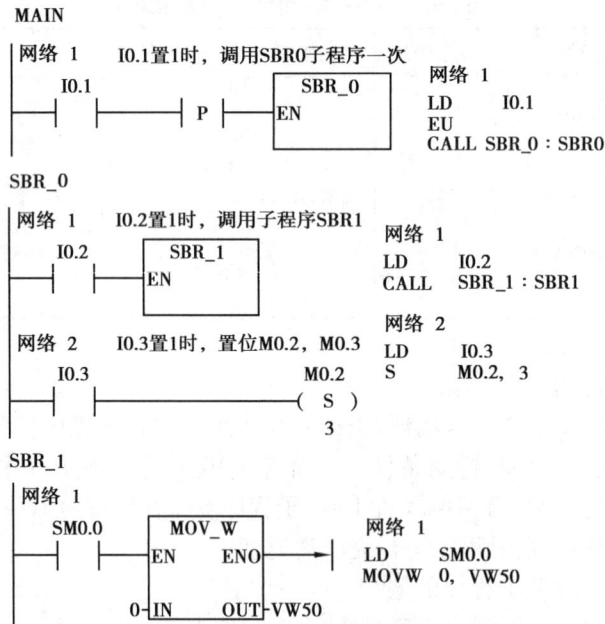

MAIN

网络 1　I0.1置1时,调用SBR0子程序一次

I0.1		SBR_0
──┤├── P ──		EN

网络 1

LD　　　I0.1
EU
CALL SBR_0 : SBR0

SBR_0

网络 1　I0.2置1时,调用子程序SBR1

I0.2	SBR_1
	EN

网络 1

LD　　　I0.2
CALL　　SBR_1 : SBR1

网络 2　I0.3置1时,置位M0.2,M0.3

I0.3	M0.2
──┤├──	──(S)
	3

网络 2

LD　　　I0.3
S　　　M0.2, 3

SBR_1

网络 1

SM0.0	MOV_W
	EN　　ENO
0─ IN　　OUT ─VW50	

网络 1

LD　　　SM0.0
MOVW 0, VW50

图 6.71　子程序一级嵌套程序举例

图 6.71 是子程序一级嵌套的例子。子程序 SBR0 中嵌套子程序 SBR1。在主程序中,当 I0.1 置 1 时,调用 SBR0 子程序一次。此时,若 I0.2 置 1 条件满足,则调用于程序 SBR1,执行完成后返回子程序 0,完成子程序 0 后返回主程序。

5）带参数调用子程序

在调用子程序的过程中,允许带参数调用,这增加了程序的灵活性。带参数调用的子程序指令如图 6.72 所示。

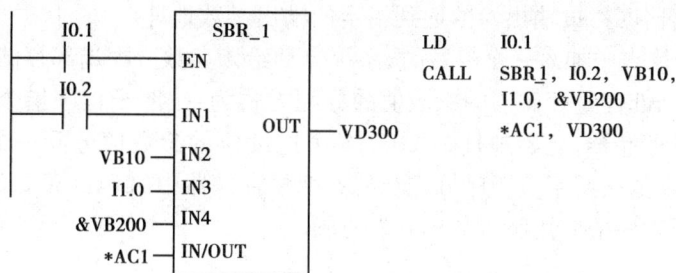

图 6.72　带参数调用的子程序指令

①子程序中的参数含义。子程序在带参数调用时,最多可以带 16 个参数。参数在子程序的局部变量表中的定义见表 6.46。参数由地址、参数名称（最多 8 个字符）、变量类型和数据类型来描述。

局部变量表中的变量类型区定义的变量有:输入子程序参数（IN）、输入/输出子程序参数（IN/OUT）、输出子程序参数（OUT）、暂时变量（TEMP）4 种类型。

输入子程序参数（IN）:输入子程序参数的寻址方式可以是直接寻址（如:VB10）、间接寻址（如：*AC1）、立即数寻址（如:16#1234）或地址（&VB100）。

表 6.46　子程序带参数调用时的局部变量表

L 地址	参数名称	变量类型	数据类型	说　明
	EN	IN	BOOL	使能输入
L0.0	IN1	IN	BOOL	第 1 个输入参数
LB1	IN2	IN	BYTE	第 2 个输入参数
L2.0	IN3	IN	BOOL	第 3 个输入参数
LD3	IN4	IN	DWORD	第 4 个输入参数
LW7	IN/OUT	IN/OUT	WORD	第 1 个输入/输出参数
LD9	OUT	OUT	DWORD	第 1 个输出参数

输入/输出子程序参数（IN/OUT）:在调用子程序时,将指定地址的参数值输入子程序,子程序返回时,从子程序得到的结果值被返回到同一个地址。参数的寻址方式可以是直接寻址和间接寻址,但常数和地址不允许作为输入/输出参数。

输出子程序参数（OUT）:将从子程序返回的结果值传送到指定的参数位置,参数的寻址方式可以是直接寻址和间接寻址,但不可以是常数或地址。

暂时变量（TEMP）:只能在子程序内部暂时存储变量,不能用来与主程序传递参数数据。

在带参数调用子程序指令中,参数必须按照一定顺序排列,先是输入参数（IN）,然后是输入/输出参数（IN/OUT）,最后是输出参数（OUT）。

②子程序中参数使用规则。

a.必须对常数作数据类型说明,否则常数会被当作不同类型使用。例如,把值为 12345 的无符号双字作为参数传递时,必须用 DW#12345 来指明。

b.在参数传递的过程中,数据类型不能自动转换。例如,局部变量表中声明一个参数为实型,而在调用时使用的是一个双字,则子程序中的值就是双字。

c.当子程序调用时,输入参数值被拷贝到子程序的局部变量存储器中,当子程序结束时,则从局部变量存储器区拷贝输出参数值到指定的输出参数地址。

d.当在局部变量表中加入一个参数时,系统自动给该参数分配局部存储空间。

在子程序中,局部变量存储器的参数值的分配方式为:按照子程序指令的调用顺序,参数值分配给局部变量存储器,起始地址是 L0.0;8 个连续位的参数值分配一个字节,从 LX.0 到 LX.7,字节、字、双字值按照字节顺序分配在局部变量存储器中(LBx,LWX,LDX)

带参数调用子程序的应用举例如图 6.73 所示。

	符号	变量类型	数据类型	注释
	EN	IN	BOOL	
LD0	地址指针	IN	DWORD	
LB4	字节数	IN	BYTE	
		IN_OUT		
LB5	异或结果	OUT	BYTE	
		OUT	BOOL	
LW6	循环计数器	TEMP	INT	
LW8	字节数1	TEMP	INT	

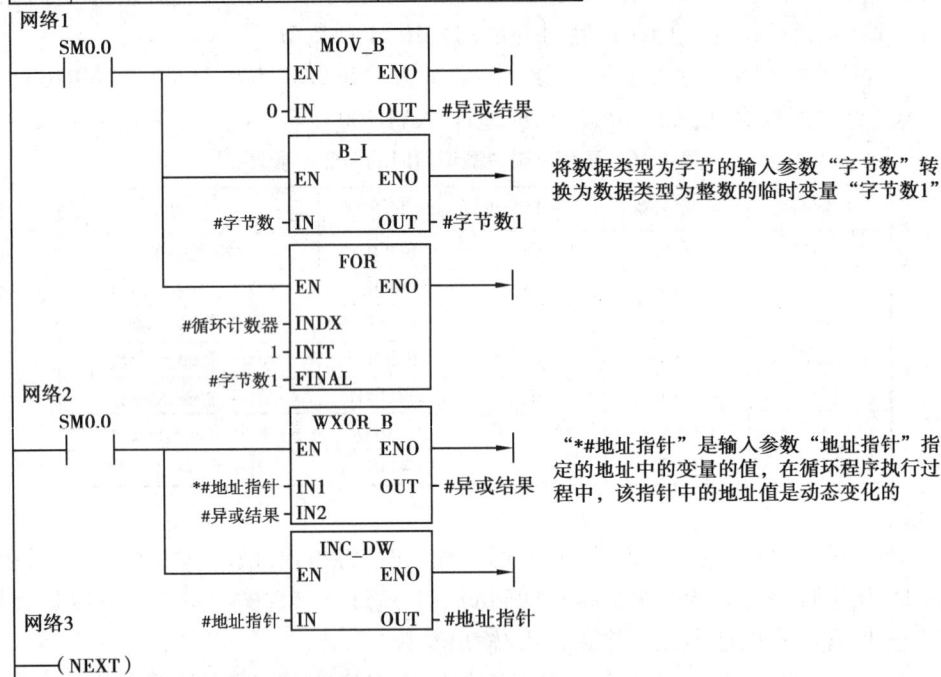

网络1

SM0.0

MOV_B
EN ENO
0 - IN OUT - #异或结果

B_I
EN ENO
#字节数 - IN OUT - #字节数1

将数据类型为字节的输入参数"字节数"转换为数据类型为整数的临时变量"字节数1"

FOR
EN ENO
#循环计数器 - INDX
1 - INIT
#字节数1 - FINAL

网络2

SM0.0

WXOR_B
EN ENO
*#地址指针 - IN1 OUT - #异或结果
#异或结果 - IN2

"*#地址指针"是输入参数"地址指针"指定的地址中的变量的值,在循环程序执行过程中,该指针中的地址值是动态变化的

INC_DW
EN ENO
#地址指针 - IN OUT - #地址指针

网络3

——(NEXT)

(a)异或运算子程序

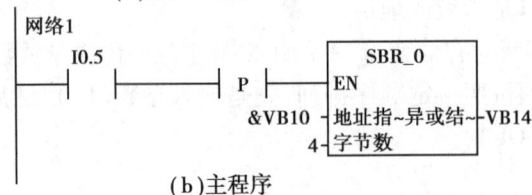

网络1

I0.5   P

SBR_0
EN
&VB10 - 地址指~异或结~ VB14
4 - 字节数

(b)主程序

图 6.73 带参数调用的子程序应用举例

（4）中断指令

1）中断与中断源

中断是指在主程序执行的过程中,中断当前主程序而去执行中断子程序。和前面谈到子程序一样,中断子程序也是为某些特定的控制功能而设定的。和普通子程序不同的是,中断子程序是为随机发生且必须立即响应的事件安排的,其响应时间应小于机器的扫描周期。

中断源是中断事件向 PLC 发出中断请求的信号。S7-200 系列 PLC 至多具有 34 个中断源,每个中断源都被分配了一个编号加以识别,称为中断事件号。不同的 CPU 模块,可使用的中断源有所不相同,具体见表 6.47。

表 6.47　不同 CPU 模块可使用的中断源

CPU 模块	CPU221、CPU222	CPU224	CPU226
可使用的中断源（中断事件）	0~12,19~23,27~33	0~23,27~33	0~33

34 个中断源大致可分为 3 大类:通信中断、I/O 中断、时基中断。

①通信中断 。在自由口通信模式下(通信口由程序来控制),可以通过编程来设置通信的波特率、每个字符位数、起始位、停止位及奇偶校验,可以通过接收中断和发送中断来简化程序对通信的控制。

②I/O 中断 。I/O 中断包含了上升沿和下降沿中断、高速计数器中断、高速脉冲输出中断。上升沿和下降沿中断是系统利用 I0.0~I0.3 的上升沿或下降沿所产生的中断,用于连接某些一旦发生就必须引起注意的外部事件;高速计数器中断可以响应诸如当前值等于预置值、计数方向的改变、计数器外部复位等事件所产生的中断;高速脉冲输出中断可以响应给定数量脉冲输出完毕所产生的中断。

③时基中断。时基中断包括定时中断和定时器中断。定时中断按指定的周期时间循环执行,周期时间以 1 ms 为计量单位,周期可以设定为 1~255 ms。S7-200 系列 PLC 提供了两个定时中断,即定时中断 0 和定时中断 1。对于定时中断 0,把周期时间值写入 SMB34;对于定时中断 1,把周期时间值写入 SMB35。当定时中断允许,则相关定时器开始计时,当达到定时时间值时,相关定时器溢出,开始执行定时中断所连接的中断处理程序。定时中断一旦允许就连续地运行,按指定的时间间隔反复执行被连接的中断程序,通常可用于模拟量的采样周期或执行一个 PID 控制。定时器中断就是利用定时器来对一个指定的时间段产生中断,只能使用 1 ms 定时器 T32 和 T96 来实现;在定时器中断被允许时,当定时器的当前值和预置值相等,则执行被连接的中断程序。

2）中断优先级

所谓中断优先级,是指当多个中断事件同时发出中断请求时 CPU 响应中断的先后次序。优先级高的先执行,优先级低的后执行。SIMATIC 公司 CPU 规定的中断优先级由高到低的顺序是:通信中断、输入输出中断、时基中断。同类中断中的不同中断事件也有不同的优先权,见表 6.48。

表 6.48　CPU226 中的中断事件及其优先级

中断事件号	中断描述	优先组	组内优先级
8	通信口 0:接收字符	通信(最高)	0
9	通信口 0:发送信息完成		0
23	通信口 0:接收信息完成		0
24	通信口 1:接收信息完成		1
25	通信口 1:接收字符		1
26	通信口 1:发送信息完成		1
19	PTO0 脉冲串输出完成中断:	I/O 中断(中等)	0
20	PTO1 脉冲串输出完成中断		1
0	I0.0 上升沿		2
2	I0.1 上升沿		3
4	I0.2 上升沿		4
6	I0.3 上升沿		5
1	I0.0 下降沿		6
3	I0.1 下降沿		7
5	I0.2 下降沿		8
7	I0.3 下降沿		9
12	HSC0 当前值等于预置值中断		10
27	HSC0 输入方向改变中断		11
28	HSC0 外部复位中断		12
13	HSC1 当前值等于预置值中断		13
14	HSC1 输入方向改变中断		14
15	HSC1 外部复位中断		15
16	HSC2 当前值等于预置值中断		16
17	HSC2 输入方向改变中断		17
18	HSC2 外部复位中断		18
32	HSC3 当前值等于预置值中断		19
29	HSC4 当前值等于预置值中断		20
30	HSC4 输入方向改变中断		21
31	HSC4 外部复位中断		22
33	HSC5 当前值等于预置值中断		23
10	定时中断 0	定时中断(最低)	0
11	定时中断 1		1
21	定时器 T32 当前值等于预置值中断		2
22	定时器 T96 当前值等于预置值中断		3

在 PLC 中,CPU 按先来先服务的原则处理中断,一个中断程序一旦执行,它会一直执行到结束,不会被其他高优先级的中断事件所打断。在任一时刻,CPU 只能执行一个用户中断程序,正在处理某中断程序时,新出现的中断事件则按照优先级排队等候处理。中断队列可保存的最大中断数是有限的,如果超出队列容量,则产生溢出,某些特殊标志存储器被置位。S7-200 系列 PLC 各 CPU 模块最大中断数及溢出标志位见表 6.49。

表 6.49　各 CPU 模块最大中断数及溢出标志位

中断队列种类	CPU221、CPU222、CPU224	CPU226、CPU226XM	中断队列溢出标志位
通信中断队列	4	8	SM4.0
I/O 中断队列	16	16	SM4.1
时基中断队列	8	8	SM4.2

3)中断程序

中断程序是用户为处理中断事件而事先编制的程序。建立中断程序的方法为:选择编程软件中的"编辑"菜单中的"插入"子菜单下的"中断程序"选项,就可以建立一个新的中断程序。默认的中断程序名(标号)为 INT_N,编号 N 的范围为 0~127,从 0 开始按顺序递增,也可以通过"重命名"命令为中断程序改名。

中断程序名 INT_N 标志着中断程序的入口地址,可以通过中断程序名在中断连接指令中将中断源和中断程序连接起来。在中断程序中,可以用有条件中断返回指令或无条件中断返回指令来返回主程序。

4)中断连接指令(ATCH)、中断分离指令(DTCH)

中断连接指令(ATCH)、中断分离指令(DTCH)的符号名称和参数见表 6.50。

表 6.50　中断连接与中断分离指令的符号、名称和参数

指令、名称	梯形图符号	参　数	数据类型	参数说明	操作数
ATCH 中断连接	ATCH EN　ENO INT EVNT	INT	BYTE	中断程序	常数 0~127
DTCH 中断分离	DTCH EN　ENO EVNT	EVNT	BYTE	中断事件号	CPU 221/ 222: 0~12, 19~23, 27~33 CPU 224: 0~23;27~33 CPU 226/226XM:0~33

中断连接指令(ATCH)是指当 EN 端口执行条件存在时,把一个中断事件(EVNT)和一个中断程序(INT)联系起来,并允许该中断事件,INT 为中断服务程序的标号,EVNT 为中断事件号。

中断分离指令(DTCH)是指当 EN 端口执行条件存在时,切断一个中断事件和中断程序之间的联系,并禁止该中断事件。EVNT 端口指定被禁止的中断事件。

5）中断允许指令（ENI）、中断禁止指令（DISI）

中断允许指令（ENI）、中断禁止指令（DISI）指令的符号、名称和参数见表 6.51。

表 6.51　中断允许与中断禁止指令的符号、名称和参数

指令、名称	梯形图符号	参数	数据类型	参数说明	功　能
ENI 中断允许	——（ENI）	无	无		指令全局性启用所有附加中断事件进程
DISI 中断禁止	——（DISI）	无	无		指令全局性禁止所有中断事件进程

6）中断返回指令

中断返回指令包含有条件中断返回指令（CRETI）和无条件中断返回指令（RETI）两条。

有条件中断返回指令（CRETI）：当逻辑条件成立时，从中断程序中返回到主程序，继续执行。

无条件中断返回指令（RETI）：由编程软件在中断程序末尾自动添加。

中断处理提供了对特殊的内部或外部事件的快速响应。因此中断程序应短小、简单，执行时间不宜过长。在中断程序中不能使用 DISI、ENI、HDEF、LSCR 和 END 指令。中断程序的执行影响触点、线圈和累加器状态，中断前后，系统会自动保存和恢复逻辑堆栈、累加器及特殊存储标志位（SM）来保护现场。

7）中断指令应用举例

【例 6.8】在 I0.0 的上升沿到来时，通过中断使 Q0.0 立即置位。在 I0.1 的下降沿到来时，通过中断使 Q0.0 立即复位。

其控制梯形图程序如图 6.74 所示。

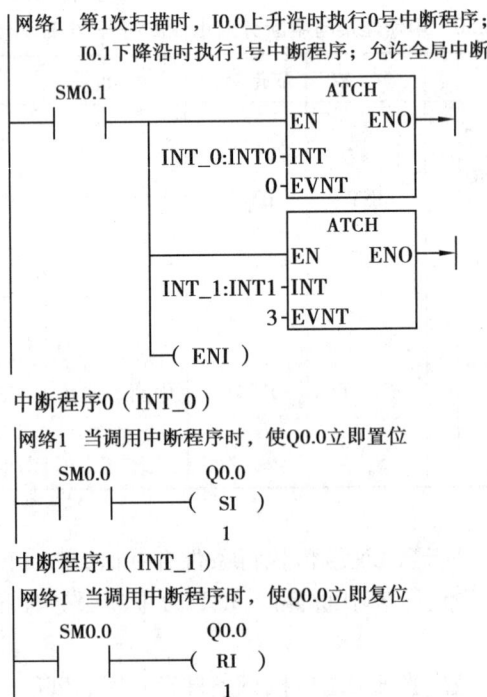

图 6.74　I/O 中断应用

【例 6.9】定时中断的定时时间最长为 255 ms,用定时中断 1 实现周期为 2 s 的高精度定时。

为了实现周期为 2 s 的高精度周期性操作的定时,可以将定时中断的定时时间间隔设为 250 ms,在定时中断 1 的中断程序中将 VB0 加 1,然后再比较 VB0 的值是否等于 8,若相等(中断了 8 次,对应的时间间隔为 2 s),在中断程序中执行每 2 s 一次的操作,例如 QB0 加 1。

其梯形图程序图 6.75 所示。

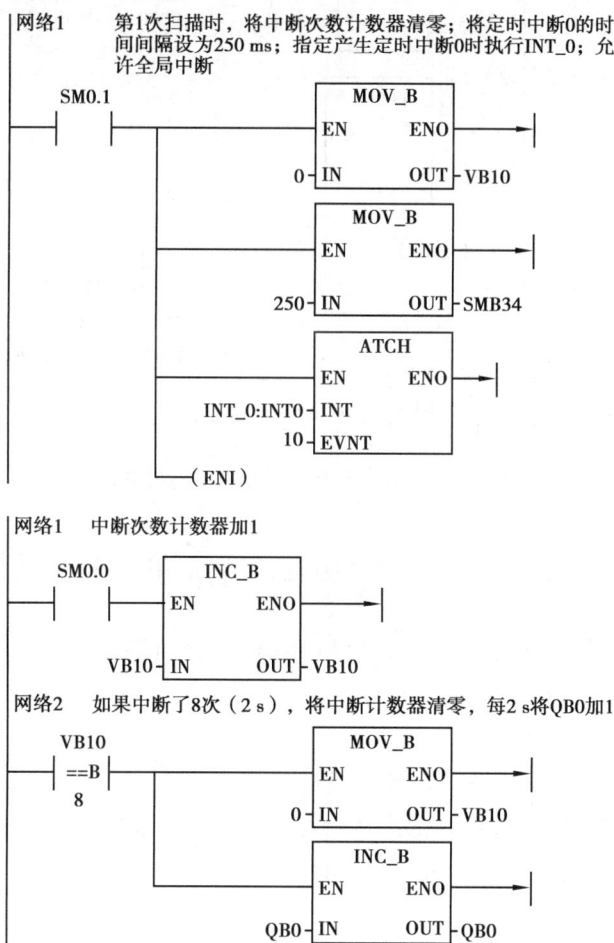

图 6.75 定时中断应用

【例 6.10】用定时中断指令采集模拟量。

程序如图 6.76 所示。

在图 6.76 所示的程序中,首次扫描时调用子程序 0;在子程序中设置定时中断的时间间隔为 100 ms,连接中断程序 0 到定时中断 0(中断事件号为 10),全局中断允许;在中断程序中,每隔 100 ms 读取 AIW4 中的值。

(5)程序控制类指令应用举例

【例 6.11】数据逆序传输。控制要求:使用自增、自减指令和数据指针,将 MB10~MB90 中的数据逆序传送到 VB110~VB190 中。

```
OB1
   SM0.1      SBR_0              LD      SM0.1
   ─┤├─       EN                 CALL    SBR_0


SBR_0
   SM0.0      MOV_B              LD      SM0.0
   ─┤├──┬──   EN ENO             MOVB    100,SMB34
        │                        ATCH    INT_0,10
       100 ─  IN OUT ─ SMB34     ENI
        │
        │     ATCH
        ├──   EN  ENO
        │
     INT_0 ─  INT
        │
       10 ─   EVNT
        │
        └──( ENI )


INT_0
   SM0.0      MOV_W              LD      SM0.0
   ─┤├─       EN ENO             MOVW    AIW4,VW100
   AIW4 ─     IN OUT ─ VW100
```

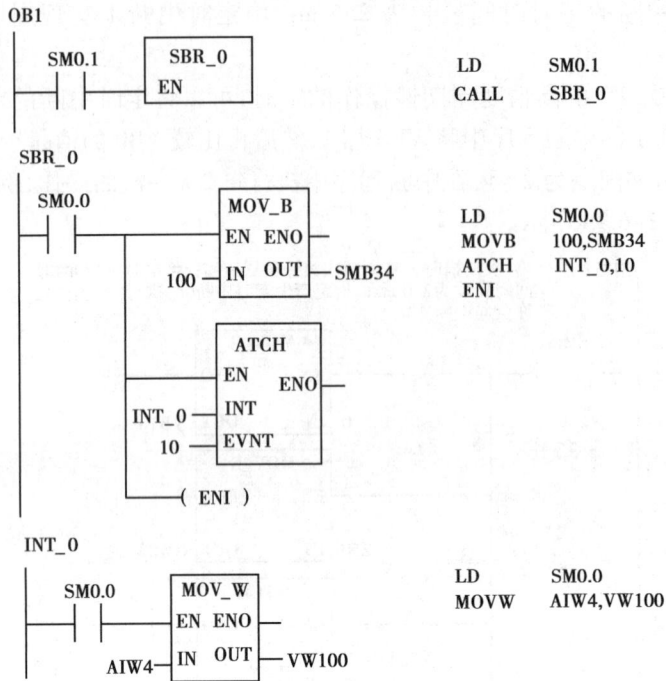

图 6.76　定时中断指令采集模拟量的程序

【控制方案设计】

根据控制要求,本例要传送 81 个字节数据,可以采用循环指令。控制程序如图 6.77 所示。

在图 6.77 中,首次扫描时进行初始化操作,给 VW100 开始的 50 个字清零,建立间接寻址的指针,AC1 指向 VB110 的地址,AC2 指向 MB90 的地址;当 I0.0 接通时,调用循环指令,循环体完成数据的传送,并修改指针。

【例 6.12】彩灯控制。设计一彩灯控制程序实现如下功能:①前 64 s,16 个输出(Q0.0~ Q1.7),初态为 Q0.0 闭合,其他打开,依次从最低位到最高位移位闭合,循环 4 次;②后 64 s,16 个输出(Q0.0~Q1.7),初态为 Q1.7 和 Q1.6 闭合,其他打开,依次从最高位到最低位两两移位闭合,循环 8 次。

【控制方案设计】

1)根据控制要求,分配输入输出端口

彩灯控制的 I/O 分配表见表 6.52。

表 6.52　彩灯控制的 I/O 分配表

序号	输入设备	输入点	序　号	输出设备	输出点
1	启动开关	I0.0	1~16	16 个彩灯	QW0

2)梯形图程序设计

根据控制要求,可以把控制任务分解成以下几个小问题,分别用子程序来实现:

①设计一个周期为 128 s,占空比为 50%的连续脉冲信号。

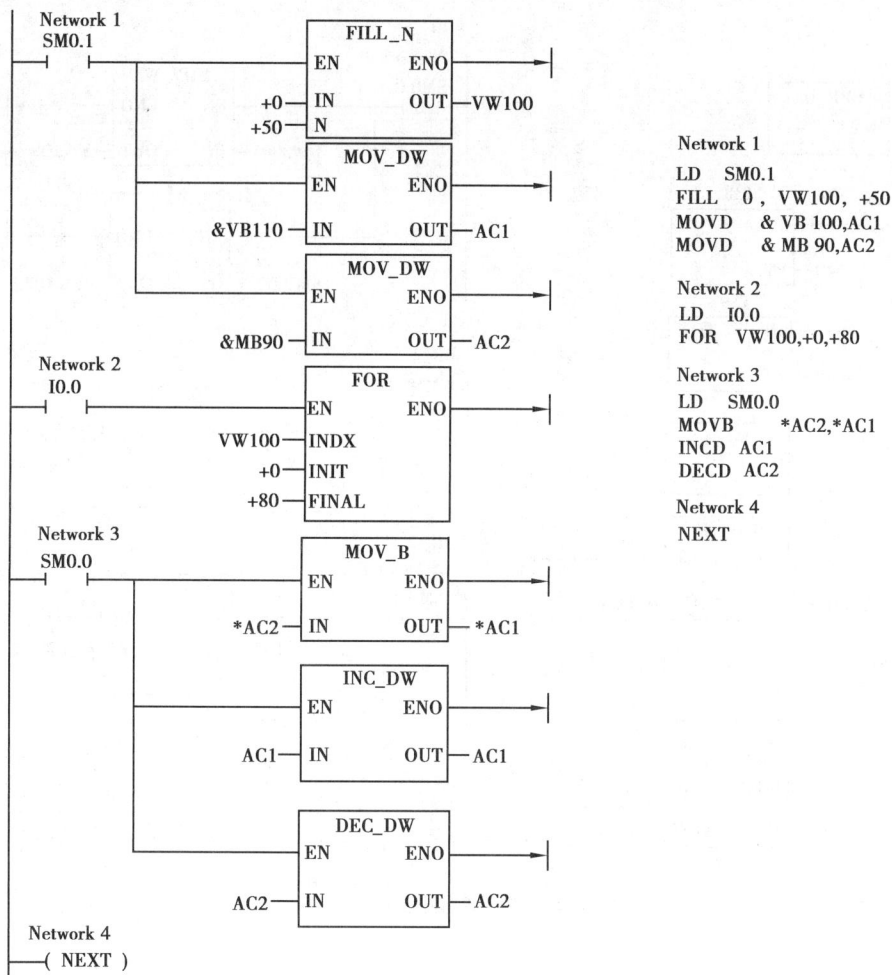

图 6.77　数据逆序传输控制程序

根据控制要求,彩灯的点亮方式有两种:前 64 s,单灯循环点亮;后 64 s,双灯循环点亮,整个循环周期则是 128 s,故可以采用设计的脉冲信号作为作为彩灯循环点亮的启动信号。

②设计单灯循环点亮的子程序。

前 64 s,要求 16 个灯从低位到高位依次循环点亮,每次亮一个灯,可以采用字循环左移指令实现。

③设计双灯循环点亮的子程序。

后 64 s,要求 16 个灯从高位到低位依次循环点亮,每次亮两个灯,可以采用字循环右移指令实现。

彩灯控制的梯形图程序如图 6.78 所示。

在图 6.78 所示的程序中,首次扫描时,调用初始化子程序 SBR0,分别给 VW100 和 VW102 赋初值。当启动开关合上时,网络 2 中的程序段产生周期为 128 s 的脉冲。前 64 s,T38 的常闭触点接通,调用单灯循环点亮子程序 SBR1;后 64 s,T38 的常开触点接通,调用双灯循环点亮子程序 SBR2。

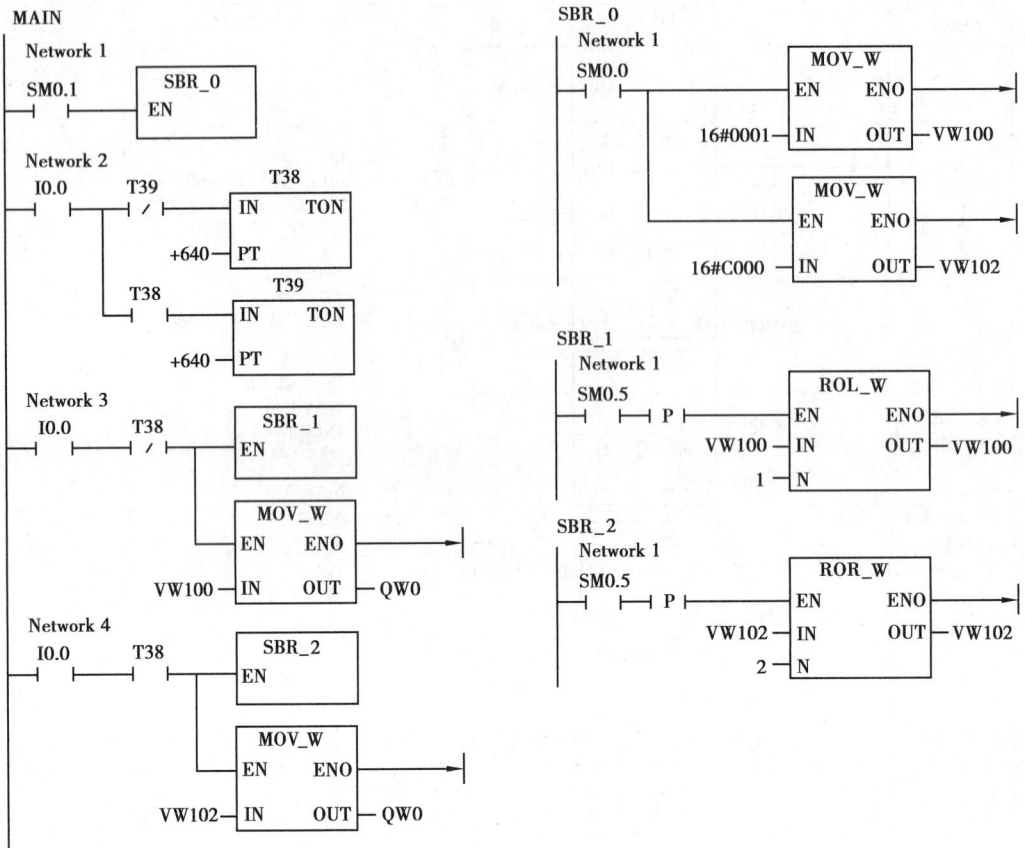

图 6.78　彩灯控制程序

6.4　其他功能指令及其应用

本节介绍 PLC 中执行特殊功能的部分指令,这部分指令是 PLC 在发展过程中适应工业需要逐渐增加的,多用于电动机定位控制的高速计数及高速脉冲指令。

6.4.1　高速计数器指令

PLC 普通计数器的计数过程与扫描工作方式有关。CPU 通过每一扫描周期读取一次被测信号的方法来捕捉被测信号的上升沿,被测信号的频率较高时,会丢失计数脉冲,因此普通计数器的工作频率很低,一般仅有几十赫兹。

PLC 提供的高速计数器独立于扫描周期之外,可以对脉宽小于扫描周期的高速脉冲准确计数。S7-200 有 6 个高速计数器 HSC0~HSC5,可以设置多达 12 种不同的操作模式。

(1)高速计数器指令

HDEF、HSC 指令的符号、名称及参数见表 6.53。

表 6.53　HDEF、HSC 指令的符号、名称及参数

指令、名称	梯形图符号	参　数	数据类型	参数说明	操作数
HDEF 高速计数器定义	HDEF EN　ENO HSC MODE	EN	BOOL	允许输入	V,I,Q,M,SM,L
		ENO	BOOL	允许输出	
		HSC	BYTE	指定高速计数器的标号	常数(0~5)
		MODE	BYTE	选择操作模式	常数(0~11)
HSC 高速计数器指令	HSC EN　ENO N	N	WORD	指定高速计数器的标号	常数(0~5)

S7-200PLC 系列 PLC 中规定了 6 个高速计数器,在程序中使用时用 HCn 来表示高速计数器的地址,n 的取值范围为 0~5。HCn 还表示高速计数器的当前值,该当前值是一个只读的 32 位双字,可使用数据传送指令随时读出计数当前值。不同的 CPU 模块中可使用的高速计数器数是不同的, CPU221、CPU222 可以使用 HC0、HC3、HC4 和 HC5; CPU224、CPU226 可使用HC0~HC5。

(2)指令功能

HDEF:定义高速计数器指令,"HSC"端口指定高速计数器编号,"MODE"端口指定具体的运行模式(各高速计数器最多有 12 种工作模式)。EN 端口执行条件存在时,HDEF 指令可指定具体的高速计数器编号,并将其与某一工作模式联系起来。在一个程序中,每一个高速计数器只能且必须使用一次 HDEF 指令。

HSC:高速计数器指令,根据高速计数器特殊存储位的设置,按照 HDEF 指令指定的工作模式,控制高速计数器的工作。

(3)高速计数器的工作模式与外部输入端子分配

每一高速计数器都有多种运行模式,其使用的输入端子各有不同,主要分为脉冲输入端子、方向控制输入端、复位输入端子、启动输入端子等。高速计数器的工作模式和输入点如表6.53 所示。

高速计数器的工作模式分为下面四大类:

1)有内部方向控制的单相加/减计数器(模式 0~2)

有内部方向控制的单相加/减计数器有一个计数输入端,没有外部方向控制输入信号。计数方向由内部控制字节中的方向控制位设置,只能进行单向增计数或减计数。例如 HC0 的模式 0,其计数方向控制位为 SM37.3,该位为 1 时为加计数,为 0 时为减计数。

2)有外部方向控制的单相加/减计数器(模式 3~5)

有外部方向控制的单相加/减计数器有一个计数输入端,由外部输入信号控制计数方向,只能进行单向增计数或减计数。如 HC1 的模式 3,I0.7 为 0 时减计数,I0.7 为 1 时为加计数。

3)带加/减计数时钟脉冲输入的双相计数器(模式 6~8)

带加/减计数时钟脉冲输入的双相计数器有两个计数输入端,一个为加计数输入,一个为减计数输入。加计数输入端有一个脉冲到达时,计数器当前值加 1;减计数输入端有一个脉冲

到达时,计数器当前值减 1。若加计数脉冲和减计数脉冲的上升沿出现的时间间隔不到 0.3 ms,高速计数器会认为这两个事件是同时发生的,当前值不变,也不会有计数方向变化的指示。反之,高速计数器能够捕捉到每一个独立事件。

4)A/B 相正交计数器(模式 9~11)

A/B 相正交计数器有两个计数输入端 A 相和 B 相,A/B 相正交计数器利用两个输入脉冲的相位确定计数方向。A 相脉冲上升沿超前 B 相脉冲上升沿时为加计数,反之为减计数。

高速计数器的输入信号见表 6.54。有些高速计数器的输入点相互间或它们与边沿中断(I0.0~I0.3)的输入点有重叠,同一输入点不能用两种不同的功能。但是高速计数器当前模式未使用的输入点可以用于其他功能。例如 HSC0 工作模式 1 时只使用 I0.0 及 I0.2 可供边沿中断或 HSC3 使用。

表 6.54　高速计数器的工作模式和输入点

模式	中断描述	输入点			
	HSC0	I0.0	I0.1	I0.2	
	HSC1	I0.6	I0.7	I1.0	I1.1
	HSC2	I1.2	I1.3	I1.4	I1.5
	HSC3	I0.1			
	HSC4	I0.3	I0.4	I0.5	
	HSC5	I0.4			
0	带内部方向控制的单相加/减计数器	计数			
1		计数		复位	
2		计数		复位	启动
3	带外部方向控制的单相加/减计数器	计数	方向		
4		计数	方向	复位	
5		计数	方向	复位	启动
6	带加/减计数时钟脉冲输入的双相计数器	加计数	减计数		
7		加计数	减计数	复位	
8		加计数	减计数	复位	启动
9	A/B 相正交计数器	A 相计数	B 相计数		
10		A 相计数	B 相计数	复位	
11		A 相计数	B 相计数	复位	启动

当复位输入信号有效时,将清除计数当前值并保持清除状态,直至复位信号关闭。当启动输入有效时,将允许计数器计数。关闭启动输入时,计数器当前值保持恒定,时钟脉冲不起作用。如果在关闭启动时使复位输入有效,将忽略复位输入,当前值不变。如果激活复位输入后再激活启动输入,则当前值被清除。

（4）高速计数器控制位、当前值、预置值设置及状态位定义

要正确使用高速计数器,除用好两个指令外,还要正确设置高速计数器的控制字节及当前值与预置值。而状态位则表明了高速计数器的运行状态,可以作为编程的参考点。

各高速计数器控制字节及其功能见表6.55。复位及启动输入可以设置其高电平有效还是低电平有效;A/B 相正交计数器模式中可以设置计数器计数速率是按外部脉冲速率(1X),还是按 4 倍外部脉冲速率(4X);可设置在高速计数器运行过程中能否修改计数方向、当前值和预置值;通过各最高位还可控制高速计数器的运行和禁止。

表 6.55　高速计数器的控制字节

HSC0	HSC1	HSC2	HSC3	HSC4	HSC5	控制位功能
SM37.0	SM47.0	SM57.0	—	SM147.0	—	复位有效电平控制位:0 高电平有效;1 低电平有效
—	SM47.1	SM57.1	—	—	—	启动有效电平控制位:0 高电平有效;1 低电平有效
SM37.2	SM47.2	SM57.2	—	SM147.2	—	正交计数器计数速率选择:0(4X);1(1X)
SM37.3	SM47.3	SM57.3	SM137.3	SM147.3	SM157.3	计数方向控制位:0(减计数);1(增计数)
SM37.4	SM47.4	SM57.4	SM137.4	SM147.4	SM157.3	向 HSC 中写入计数方向:0(不更新);1(更新计数方向)
SM37.5	SM47.5	SM57.5	SM137.5	SM147.5	SM157.3	向 HSC 中写入预置值:0(不更新);1(更新预置值)
SM37.6	SM47.6	SM57.6	SM137.6	SM147.6	SM157.3	向 HSC 中写入新的当前值:0(不更新);1(更新当前值)
SM37.7	SM47.7	SM57.7	SM137.7	SM147.7	SM157.3	HSC 允许:0(禁止 HSC);1(允许 HSC)

表 6.56 为当前值和预置值装载单元分配表。当前值和预置值都是 32 位带符号整数。必须先将当前值和预置值存入如表 6.56 所示的特殊存储器中,然后执行 HSC 指令,才能够将新值送入高速计数器当中。

表 6.56　当前值和预置值单元

要装入的值	HSC0	HSC1	HSC2	HSC3	HSC4	HSC5
初始当前值	SMD38	SMD48	SMD58	SMD138	SMD148	SMD158
预置值	SMD42	SMD52	SMD62	SMD142	SMD152	SMD162

表 6.57 为高速计数器状态字节,其中某些位指出了当值计数方向,当前值与预置值是否相等、当前值是否大于预置值的状态。可以通过监视高速计数器的状态位产生相应中断,完成重要操作,但是注意,状态位只有在执行高速计数器终端程序时才有效。

表 6.57 高速计数器状态字节

HSC0	HSC1	HSC2	HSC3	HSC4	HSC5	状态位功能
SM36.0~ SM36.4	SM46.0~ SM46.4	SM56.0~ SM56.4	SM136.0~ SM136.4	SM146.0~ SM146.4	SM156.0~ SM156.4	不用
SM36.5	SM46.5	SM56.5	SM136.5	SM146.5	SM156.5	当前计数方向状态位:0 (减计数);1(加计数)
SM36.6	SM46.6	SM56.6	SM136.6	SM146.6	SM156.6	当前值等于预置值状态位:0(不等数);1(相等)
SM36.7	SM46.7	SM56.7	SM136.7	SM146.7	SM156.7	当前值大于预置值状态位:0(小于等于);1(大于)

(5)高速计数器的设置过程

为了更好地理解和使用高速计数器,下面给出高速计数器的一般设置过程:

①使用初始化脉冲触点 SM0.1 调用高速计数器初始化操作子程序。这个结构可以使系统在后续的扫描过程中不再调用这个子程序,从而减少了扫描时间,而且程序更加结构化。

②在初始化子程序中,对相应高速计数器的控制字节写入希望控制字。如果使用 HSC1,则对 SMB47 写入 16#F8,表示允许高速计数器运行,允许写入新的当前值,允许写入新的预置值,可以改变计数器方向,置计数器的计数方向为加计数,置启动和复位输入为高电平有效。

③执行 HDEF,根据所选的计数器号和运行模式将高速计数器号与具体运行模式进行连接。

④在所选计数器号对应的当前值单元内装入所希望的当前值,若装入 0,则清除原当前值。

⑤在所选计数器号对应的预置值单元内装入所希望的预置值。

⑥为捕获高速计数器对应的中断事件(当前值等于预置值、计数方向改变、外部复位),编写相应的中断程序,并参考中断事件及其优先级表,用 ATCH 中断连接指令建立中断事件和中断程序的联系。

⑦执行全局中断允许指令(ENI)来允许高速计数器中断。

⑧执行 HSC 指令,使高速计数器开始运行。

(6)高速计数器应用举例

【例 6.13】HSC1 工作在带复位和启动输入的正交模式(模式 11)下,计满 1 000 个数时,清除 HSC1 的当前值。

【解题思路】

根据高速计数器的设置步骤,设计梯形图程序如图 6.79 所示。子程序如图 6.80 所示。

网络 1 首次扫描标志 SM0.1=ON,调用子程序

```
  SM0.1        SBR_0
───┤ ├───────────┤EN
```

图 6.79 主程序

网络 1

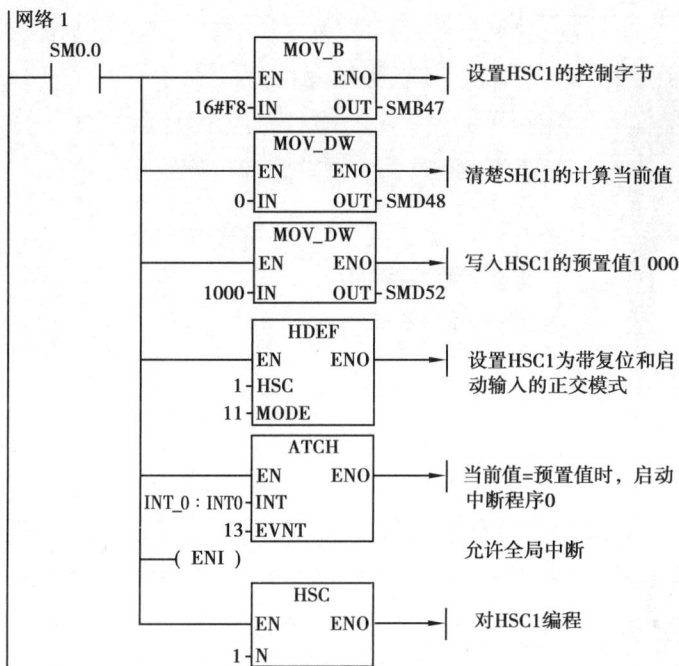

图 6.80　子程序

子程序 SBR_0：在 HSC1 初始化时将它的控制字节 SMB47 设置为 16#F8（允许计数，写入新的当前值，写入新的预置值，确定计数方向，设置初始计数方向为加计数，启动输入和复位输入高电平有效（设为"4X"模式）。

中断程序 INT_0：当 HSC0 的计数脉冲达到第一设定值 1 000 时，调用中断程序 0，如图 6.81所示。

网络 1

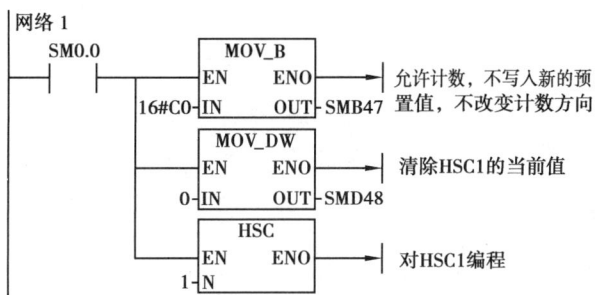

图 6.81　中断服务程序

【例 6.14】用指令向导生成高速计数器 1 的初始化程序和中断程序，要求同上例。

执行菜单命令"工具"→"指令向导"按下面的步骤设置高速计数器的参数。

①在第 1 页选择"HSC"配置高速计数器，每次操作完成后单击"下一步"按钮。操作界面如图 6.82 所示。

②在第 2 页选择 HSC1 和模式 11。操作界面如图 6.83 所示。

③在第 3 页设置计数器的设定值为 1 000，当前值为 0，初始计数方向为加计数，启动输入和复位输入高电平有效，计数速率为"4X"。操作界面如图 6.84 所示

④在第 4 页设置当前值＝预置值时产生中断，使用默认的中断程序符号名，如图 6.85 所示。

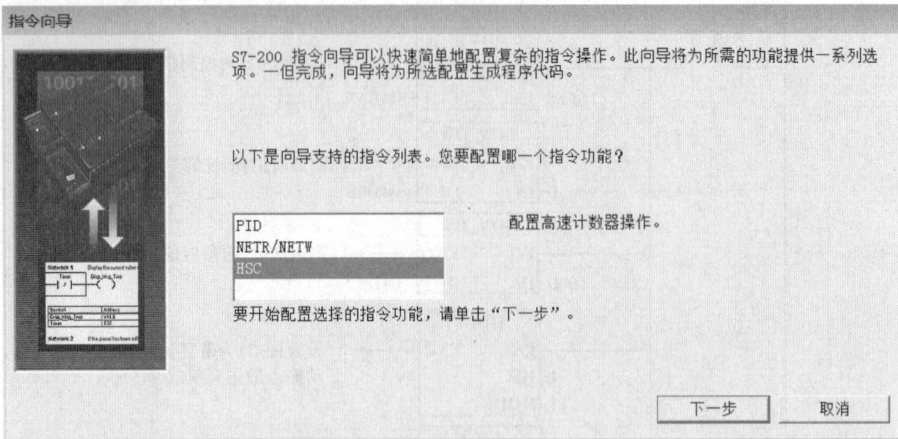

图 6.82　打开高速计数指令向导

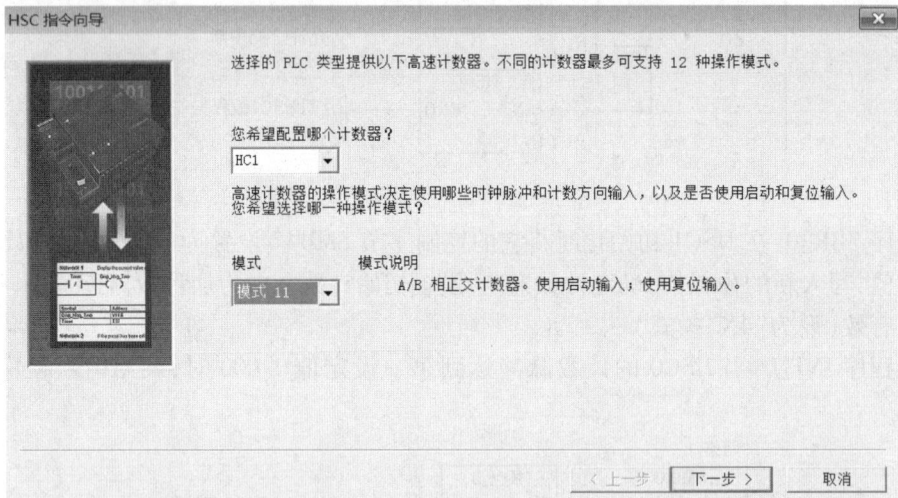

图 6.83　选择 HSC1 和工作模式

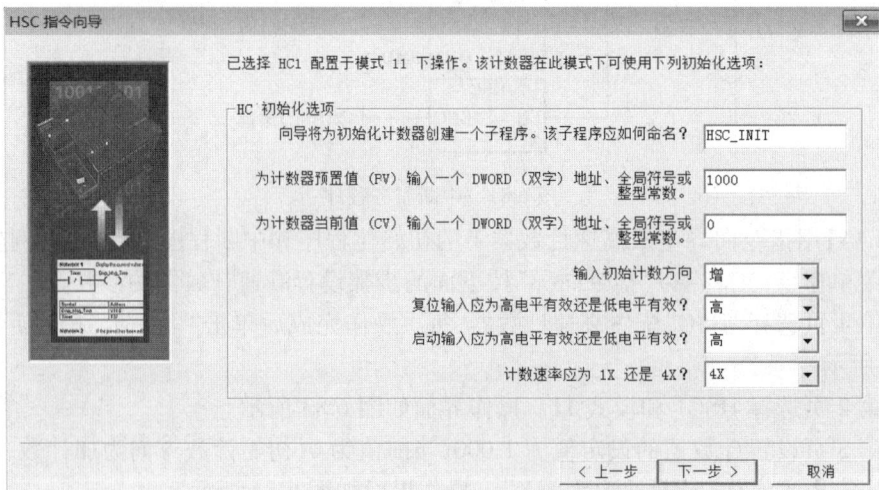

图 6.84　设置计数库的设定值、当前值、计数方向

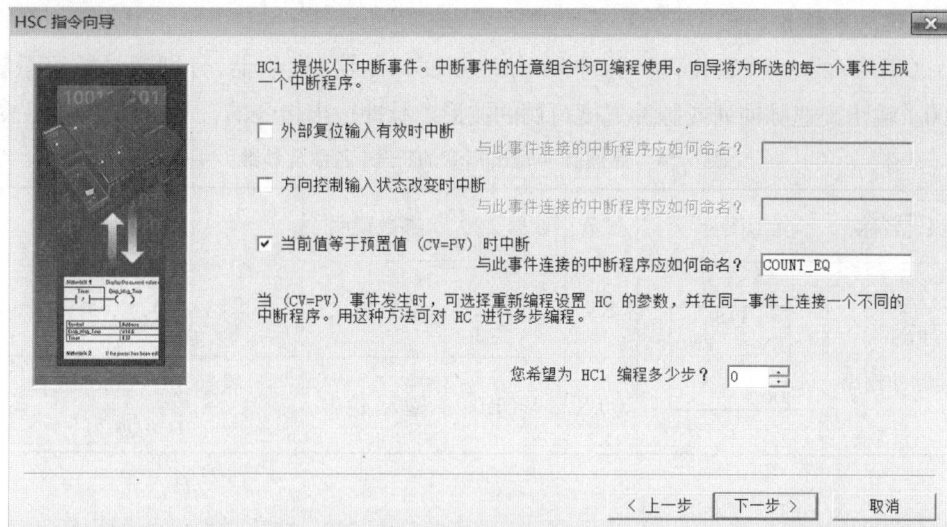

图 6.85　设置当前值=预置值时产生中断

向导允许高速计数器按多个步骤进行计数,即在断程序中修改某些参数。例如修改预置值,并将另一个中断程序连接至相同的中断事件。最后一个步骤可以重新连接第一个中断程序,使计数器循环工作。操作界面如图 6.86 所示。

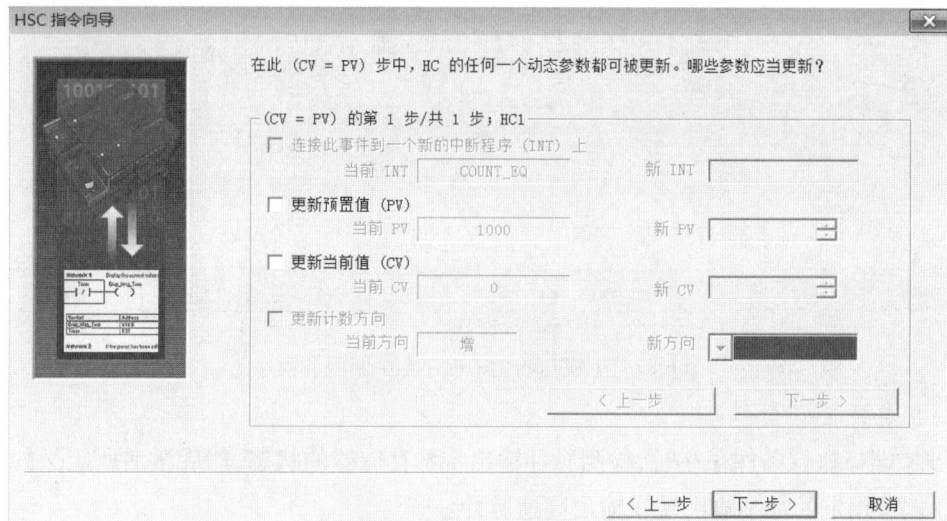

图 6.86　设置高速计数器的计数步骤

本例只设置了 1 个步骤,在唯一的中断程序中将 HSC1 的当前值清零。完成设置后自动生成初始化子程序 HSC_INIT_0 和中断程序 COUT_EQ_0,它们与例 6.13 中的完全相同。操作界面如图 6.87 所示。

6.4.2　高速脉冲指令

高速脉冲输出功能可以使 PLC 在指定的输出点上产生高速 PWM 脉冲或输出频率可调的 PTO 脉冲,可以用于步进电机和直流伺服电动机的定位控制和调速。在使用高速脉冲输出功能时,CPU 模块应选择晶体管输出型,以满足高速脉冲输出的频率。

（1）高速脉冲输出

每个 CPU 有两个 PTO/PWM（脉冲列/脉冲宽度调制器）发生器，分别通过数字量输出点 Q0.0 或 00.1 输出高速脉冲列或脉冲宽度可调的波形。脉冲输出指令的符号名称、参数见表 6.58。

表 6.58　高速脉冲输出指令的符号、名称及参数

指令、名称	梯形图符号	参数	数据类型	参数说明	操作数
PLS 高速脉冲输出	PLS EN　ENO Q0.X	EN	BOOL	允许输入	V,I,Q,M,SM,L
		Q0.X	WORD	输入、输出	常数:0(=Q0.0)或者 1(=Q0.1)

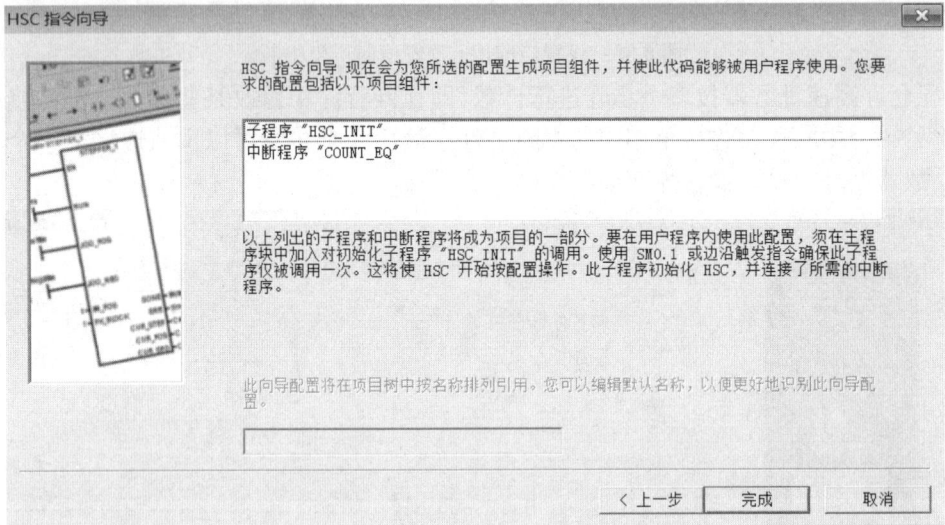

图 6.87　生成初始化子程序和中断服务程序

（2）指令功能

在 EN 端口执行条件存在时，检测脉冲输出特殊存储器的状态，然后激活所定义的脉冲操作，从 Q 端口指定的数字输出端口输出高速脉冲。

PLS 指令可在 Q0.0 及 Q0.1 两个端口输出可控的 PWM 脉冲和 PTO 高速脉冲串波形。由于只有两个高速脉冲输出端口，所以 PLS 指令在一个程序中可以最多使用两次。高速脉冲输出和输出映像寄存器共同对应 Q0.0 和 Q0.1 端口，但 Q0.0 和 Q0.1 端口在同一时间只能使用一种功能。在使用高速脉冲输出时，两输出点将不受输出映像寄存器、立即输出指令和强制输出的影响。

（3）高速脉冲输出所对应的特殊标志寄存器

为定义和监控高速脉冲输出，系统提供了控制字节、状态字节和参数设置寄存器。各寄存器分配见表 6.59。

表 6.59　高速脉冲输出的特殊标志寄存器

Q0.0 对应寄存器	Q0.1 对应寄存器	功能描述
SMB66	SMB76	状态字节,PTO 方式下,监控脉冲串的运行状态
SMB67	SMB77	控制字节,定义 PTO/PWM 脉冲的输出格式
SMB68	SMB78	设置 PTO/PWM 脉冲的周期值,范围:2~65 535
SMB70	SMB80	设置 PWM 脉冲宽度值,范围:0~65 535
SMB72	SMB82	设置 PTO 为脉冲串的输出脉冲数。范围:1~4 294 967 295
SMB166	SMB176	设置 PTO 多段操作时的段数
SMB168	SMB178	设置 PTO 多段操作时包络表的起始地址,使用从变量寄存器 V0 开始的字节偏移表示

1)状态字节

每个高速脉冲输出都有一个状态字节,以监控并记录程序运行时某些操作的相应状态。可以通过编程来读取相关位状态,表 6.60 是具体状态字节功能。

表 6.60　高速脉冲输出状态字节功能

Q0.0 对应寄存器	Q0.1 对应寄存器	状态位功能
SMB66.0~SMB66.3	SMB76.0~SMB76.3	不用
SMB66.4	SMB76.4	PTO 包络由于增量计算错误终止:0(无错误);1(终止)
SMB66.5	SMB76.5	PTO 包络由于用户命令终止:0(无错误);1(终止)
SMB66.6	SMB76.6	PTO 管线上溢/下溢:0(无溢出);1(溢出)
SMB66.7	SMB76.7	PTO 空闲:0(执行中);1(空闲)

2)控制字节

通过对控制字节的设置,可以选择高速脉冲输出的时间基准、具体周期、输出模式、更新方式等,是编程时初始化操作中必须完成的内容。各控制位具体功能见表 6.61。

表 6.61　高速脉冲输出控制功能

Q0.0	Q0.1	控制位功能
SM67.0	SM77.0	PTO/PWM 周期更新允许:0(不更新);1(允许更新)
SM67.1	SM77.1	PWM 脉冲宽度更新允许:0(不更新);1(允许更新)
SM67.2	SM77.2	PTO 脉冲数更新允许:0(不更新);1(允许更新)
SM67.3	SM77.3	PTO/PWM 时间基准选择:0(1 μs/时基);1(1 ms/时基)
SM67.4	SM77.4	PWM 更新方式:0(异步更新);1(同步更新)
SM67.5	SM77.5	PTO 单/多段选择:0(单段管线);1(多段管线)
SM67.6	SM77.6	PTO/PWM 模式选择:0(PTO 模式);1(PWM 模式)
SM67.7	SM77.7	0(禁止脉冲输出);1(允许脉冲输出)

（4）PWM 脉冲输出设置

1）PWM 脉冲含义及周期及脉宽设置要求

PWM 脉冲是指占空比可调而周期固定的脉冲。其周期和脉宽的增量单位可以设为微秒（μs）或毫秒（ms），周期变化范围分别为 50~65 535 μs 和 2~65 535 ms。周期设置时，设置值应为偶数，若设为奇数会引起输出波形占空比的轻微失真。周期设置值应大于 2，若设置值小于 2，系统将默认为 2。

2）PWM 脉冲波形更新方式

由于 PWM 占空比可调，且周期可设置，所以存在脉冲连续输出时的波形更新问题。系统提供了同步更新和异步更新两种波形更新方式。

①同步更新。PWM 输出的典型操作是周期不变而变化脉冲宽度，这时由于不需要更改时间基准，可以使用同步更新。同步更新时波形的变化发生在周期的边缘，可以形成平滑转换。

②异步更新。若在脉冲输出时要改变时间基准，就要使用异步更新方式。异步更新会造成 PWM 功能瞬间被禁止，使得 PWM 波形转换时不同步，可能会引起被控设备的振动。所以应尽量避免使用异步更新。

3）PWM 脉冲输出设置

下面以 Q0.0 为脉冲输出介绍 PWM 脉冲输出的设置步骤：

①使用初始化脉冲触点 SM0.1 调用 PWM 脉冲输出初始化操作子程序。这个结构可以使系统在后续的扫描过程中不再调用这个子程序，从而减少了扫描时间，而且程序更加结构化。

②在初始化子程序中，将 16#D3 写入 SMB67 控制字节中。设置内容为脉冲输出允许；选择 PWM 方式；使用同步更新；选择以微秒为增量单位；可以更新脉冲宽度和周期。

③向 SMW68 中写入希望的周期值。

④向 SMD70 中写入希望的脉冲宽度。

⑤执行 PLS 指令，开始输出脉冲。

⑥若要在后续程序运行中修改脉冲宽度，则向 SMB67 中写入 16#D2，即可以改变脉冲宽度，但不允许改变周期值。再次执行 PLS 指令。

（5）PTO 脉冲串输出设置

1）PTO 脉冲串含义及周期、脉冲数设置要求

PTO 脉冲串用于输出占空比为 1∶1 的方波，可以设置其周期和输出的脉冲数量。周期的增量单位可以设为微秒（μs）或毫秒（ms），周期变化范围分别为 50~65 535 μs 和 2~65 535 ms。周期设置时，设置值应为偶数，若设为奇数会引起输出波形占空比的轻微失真。周期设置值应大于 2，若设置值小于 2，系统将默认为 2。脉冲数设置范围为 1~4 294 967 295。若设置值为 0，系统将默认为 1。

2）PTO 脉冲串的单段管线和多段管线输出控制

PTO 功能允许脉冲串的排队输出，当前脉冲串完成时，可以立即开始新脉冲的输出，从而形成管线，保证了脉冲串顺序输出的连续性。根据管线的实现形式，将 PTO 分为单段管线和多段管线两种。

①单段管线。管线中只能存放一个脉冲串控制参数，一旦启动了一个脉冲串输出，就要立即为下一个脉冲串设置控制参数，并再次执行 PLS 指令。第一个脉冲串输出完毕后，第二个脉冲串自动开始输出。重复以上过程就可输出多个脉冲串。若前后脉冲串的时间基准产生变

化或利用 PLS 指令捕捉到新脉冲串之前上一个脉冲串已经完成,在脉冲串之间会出现不平滑转换。

在管线满时,若要再装入一个脉冲串的控制参数,则状态位 SM66.6 或 SM76.6 会置位,表示 PTO 管线溢出。

单段管线编程较复杂,主要注意新脉冲串控制参数的写入时机。

②多段管线。在多段管线方式下,需要在变量存储器区(V)建立一个包络表。包络表中包含各脉冲串的参数(初始周期、周期增量和脉冲数)及要输出脉冲串的段数。使用 PLS 指令启动输出后,系统自动从包络表中读取每个脉冲串的参数进行输出。

编程时,必须向 SMW168 或 SMW178 装入包络表的起始变量的偏移地址(从 V0 开始计算偏移地址),例如包络表从 VB300 开始,则需向 SMW168 或 SMW178 中写入十进制数 300。包络表中的周期增量可以选择微秒或毫秒,但一个包络表中只能选择一个时间基准,运行过程中也不能改变。包络表的格式见表 6.62。

表 6.62　包络表格式

从包络表起始地址开始的字节偏移地址	包络表各段	描　述
VBn		段数(1~255):设为 0 则产生非致命错误,不产生 PTO 输出
VWn+1	第 1 段	初始周期(2~65 535时间基准单位)
VWn+3		每个脉冲的周期增量(−32 768~32 767)
VWn+5		脉冲数(1~4 294 967 295)
VWn+9	第 2 段	初始周期(2~65 535时间基准单位)
VWn+11		每个脉冲的周期增量(−32 768~32 767)
VWn+13		脉冲数(1~4 294 967 295)
…	…	…

包络表中各段的长度均为 8 个字节,前两个字节为该段起始时脉冲的周期值;接下来的两个字节为前后两个脉冲之间周期值的变化量,若为正则输出脉冲周期变大,若为负则输出脉冲周期变小,若为 0 则输出脉冲周期不变;最后四个字节设置本段内输出脉冲的数量。一般来说,为了使各脉冲段之间能够平滑过渡,各段的结束周期(ECT)与下一段的初始周期(ICT)应相等,在各段输出脉冲数(Q)确定的情况下,脉冲的周期增量(N)需要经过计算来确定。例如:第 1 段中的初始周期为 500 μs,脉冲数为 400 个;而第 2 段的初始周期为 100 μs,为保证平滑过渡,第 1 段的结束周期设为与第 2 段初始周期相同,则脉冲的周期增量为

$$N = \frac{ECT-ICT}{Q} = \frac{100-500}{400} = -1$$

3)PTO 脉冲串输出设置

下面以 Q0.0 为输出端介绍 PTO 脉冲串输出设置步骤:

①使用初始化脉冲触点 SM0.1 调用 PTO 脉冲串输出初始化操作子程序。这个结构可以使系统在后续的扫描过程中不再调用这个子程序,从而减少了扫描时间,而且程序更为结构化。

②在子程序中,若设置单段操作,则将 16#85 写入 SMB67,表示脉冲输出允许、选择 PTO 功能、单段操作、以微秒为增量单位、可以更新脉冲数和周期值;若设置多段操作,则将 16#A0 写入 SMB67,表示脉冲输出允许、选择 PTO 功能、多段操作、以微秒为增量单位。

③单段操作中向 SMW68 中写入希望的周期值,向 SMD72 中写入希望的脉冲数;多段操作中则要向 SMW168 中写入包络表的起始变量存储器偏移地址,然后建立包络表。

④为捕获高速脉冲输出对应的中断事件(PTO 脉冲输出完成中断)编写相应的中断程序,并参考中断事件及其优先级表,用 ATCH 中断连接指令建立中断事件和中断程序的联系。本步骤可选。

⑤执行 PLS 指令。

(6)高速脉冲输出指令应用举例

【例 6.15】直流伺服电动机精确定位控制。如图 6.88(a)所示为使用多段管线 PTO 方式控制直流伺服电动机进行精确定位的控制系统。控制中遵循图 6.88(b)中所画运行轨迹,并可以实现任意时刻停止直流伺服电动机。控制程序如图 6.89 所示。

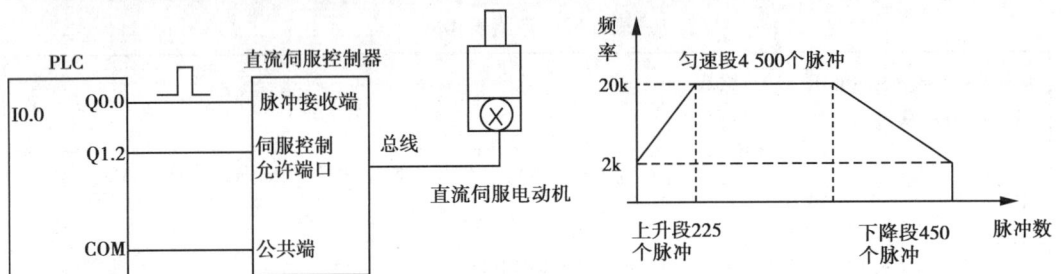

图 6.88　直流伺服电动机精确定位系统示意图

【解题思路】

1)根据控制要求分配直流伺服电动机精确定位控制系统的 I/O 地址

其 I/O 地址分配表见表 6.63。

表 6.63　直流伺服电动机精确定位控制的 I/O 分配表

输入点	功能说明	输出点	功能说明
I0.0	伺服电机的启动按钮	Q0.0	高速脉冲输出端口
I0.1	伺服电机的停止按钮	Q1.2	伺服控制允许输出

2)设计控制程序

①设计初始化子程序,将高速脉冲输出设置为 PTO 模式、多段管线、μs 模式,并允许脉冲输出。故控制字为 16#20,同时设置 PTO 的包络表起始地址为 VB300,通过 SETBAOLUO 子程序设置包络表。

包络表的第 1 段:第 1 个字是初始周期为 $1/2\,000 = 0.5$ ms $= 500$ μs;第 2 个字是每个脉冲的周期增量 $N = \dfrac{ECT-ICT}{Q} = \dfrac{50-500}{225} = -2$。

第 3 个双字存放第一段的脉冲数为 225。

第 2、3 段的计算方法与第 1 段一致。

②I0.0 闭合启动了高速脉冲,并使伺服控制允许开启。

网络 1 调用初始化子程序

SM0.1 ── SBR_0
　　　　　EN

网络 2

I0.0 ──────────────── Q1.2
　　　　　　　　　　　　（ S ）
　　　　　　　　　　　　　1

　　　　　PLS
　　　　　EN　　ENO
　　　0─Q0.X

网络 3

I0.1 ──────────────── Q1.2
　　　　　　　　　　　　（ R ）
　　　　　　　　　　　　　1

　　　　　MOV_B
　　　　　EN　　ENO
16#20─IN　　OUT─SMB67

　　　　　PLS
　　　　　EN　　ENO
SBR_0 初始化子程序　0─Q0.X

网络 1　　网络标题

SM0.0 ──　MOV_B
　　　　　EN　　ENO
16#A2─IN　　OUT─SMB67

　　　　　MOV_W
　　　　　EN　　ENO
　+300─IN　　OUT─SMW168

　　　　　SETBAOLUO
　　　　　EN

　　　　　ATCH
　　　　　EN　　ENO
INT0─INT
　19─EVNT

（ ENI ）

INT_0 中断服务程序

SM0.0 ── Q1.6
　　　　　（ R ）
　　　　　　1

SETBAOLUO　　设置包络子程序

SM0.0 ──　MOV_B
　　　　　EN　　ENO ──→ 共3段
　　　3─IN　　OUT─VB300

　　　　　MOV_W
　　　　　EN　　ENO ──→ 第1段初始周期
　+500─IN　　OUT─VW301　　500 μs

　　　　　MOV_W
　　　　　EN　　ENO ──→ 第1段周期增量
　　−2─IN　　OUT─VW303

　　　　　MOV_DW
　　　　　EN　　ENO ──→ 第1段脉冲数
　+225─IN　　OUT─VD305

　　　　　MOV_W
　　　　　EN　　ENO ──→ 第2段初始周期
　　50─IN　　OUT─VW309　　50 μs

　　　　　MOV_W
　　　　　EN　　ENO ──→ 第2段周期增量
　　　0─IN　　OUT─VW311

　　　　　MOV_DW
　　　　　EN　　ENO ──→ 第2段脉冲数
+4500─IN　　OUT─VD313

　　　　　MOV_W
　　　　　EN　　ENO ──→ 第3段初始周期
　　50─IN　　OUT─VW317

　　　　　MOV_W
　　　　　EN　　ENO ──→ 第3段周期增量
　　+1─IN　　OUT─VW319

　　　　　MOV_DW
　　　　　EN　　ENO ──→ 第3段脉冲数
　+450─IN　　OUT─VD321

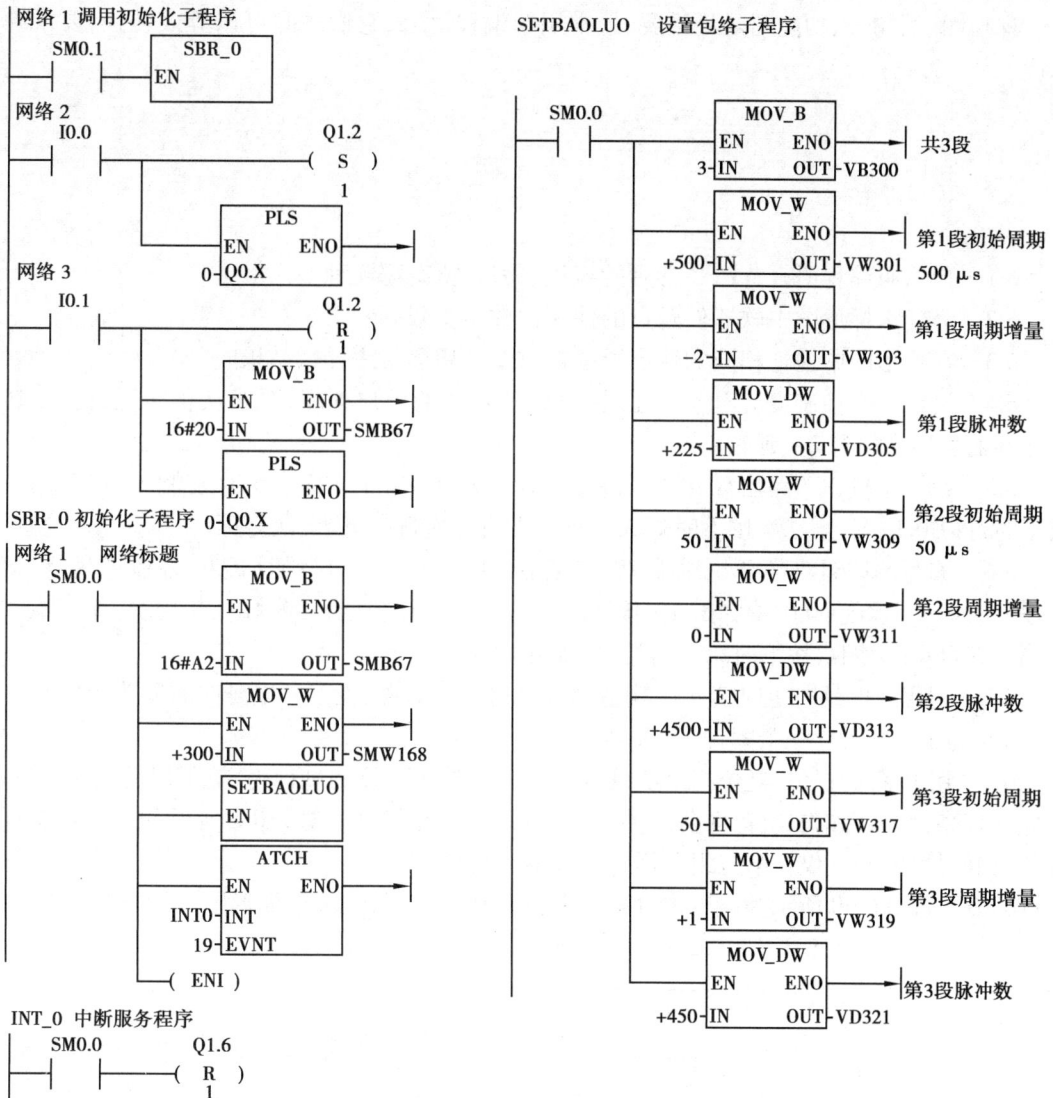

图 6.89　直流伺服电动机精确定位控制程序

③I0.1 闭合可以通过设置 SM67.7 为零禁止高速脉冲输出，同时使用伺服控制允许关闭，使得直流伺服电动机停止。

本章小结

根据被控对象的构成和控制要求编制用户程序是 PLC 应用开发中的主要任务。本章介绍了 PLC 常用的编程语言，并且以西门子 S7-200 系列 PLC 为例介绍了 PLC 的基本指令、常用功能指令和其他指令的格式、功能、使用方法，举例说明如何应用这些指令去设计用户程序。对于同样的 PLC 控制系统可以用不同的编程语言、不同的编程方法、不同类型指令去完成用户程序编制，达到同样的控制目的。

梯形图、语句表、功能图是最重要、最常用的编程语言,它们之间可以等效转换,要求熟练掌握。

习　题

6.1　什么叫编程语言? PLC 常用的编程语言主要有哪几种?

6.2　为什么梯形图中软器件触点的使用次数不受限制?

6.3　在梯形图中地址相同的输出继电器重复使用会带来什么结果?

6.4　设计一个控制交流电动机正转、反转和停止的用户程序,要求从正转运行到反转运行之间的切换必须有 2 s 延时。

6.5　编写单按钮单路启/停控制程序,控制要求为:单个按钮(I0.0)控制一盏灯,第一次按下时灯(Q0.1)亮,第二次按下时灯灭,……,即奇数次灯亮,偶数次灯灭。

6.6　编写单按钮双路启/停控制程序,控制要求为:用一个按钮(I0.0)控制两盏灯,第一次按下时第一盏灯(Q0.0)亮,第二次按下时第一盏灯灭,同时第二盏灯(Q0.1)亮,第三次按下时第二盏灯灭,第四次按下时第一盏灯亮,如此循环。

6.7　请用通电延时定时器 T37 构造断电延时型定时器,设定断电延时时间为 10 s。

6.8　用 PLC 设计一个闹钟,每天早上 6:00 闹铃。

6.9　用 PLC 的置位、复位指令实现彩灯的自动控制。控制过程为:按下启动按钮,第一组花样绿灯亮;10 s 后第二组花样蓝灯亮,20 s 后第三组花样红灯亮,30 s 后返回第一组花样绿灯亮,如此循环,并且仅在第三组花样红灯亮后方可停止循环。

6.10　如图 6.90 所示为一台电动机启动的工作时序图,试画出梯形图。

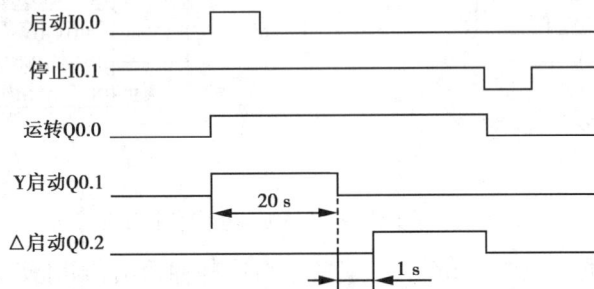

图 6.90　习题 6.10 附图

6.11　用 3 个开关(I0.1、I0.2、I0.3)控制一盏灯 Q1.0,当 3 个开关全通或者全断时灯亮,其他情况灯灭。(提示:使用比较指令。)

6.12　用 3 台电动机相隔 5 s 启动,各运行 20 s,循环往复。使用移位指令和比较指令完成控制要求。

6.13　现有 3 台电动机 M1、M2、M3,要求按下启动按钮 I0.0 后,电动机按顺序启动(M1 启动,接着 M2 启动,最后 M3 启动),按下停止按钮 I0.1 后,电动机按顺序停止(M3 先停止,接着 M2 停止,最后 M1 停止)。试设计其梯形图并写出指令表。

6.14　如图 6.91 所示为两组带机组成的原料运输自动化系统。该自动化系统的启动顺序为:盛料斗 D 中无料,先启动带机 C,5 s 后再启动带机 B,经过 7 s 后再打开电磁阀 YV,该自动化系统停机的顺序恰好与启动顺序相反。试完成梯形图设计。

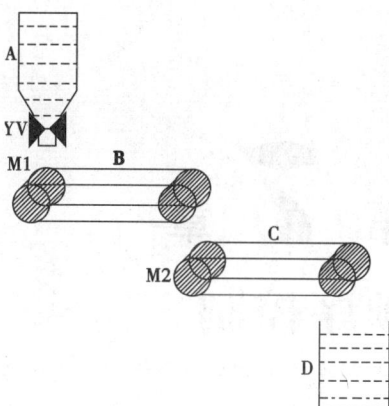

6.15　如图 6.92 所示,若传送带上 20 s 内无产品通过则报警,并接通 Q0.0。试画出梯形图并写出指令表。

6.16　编写将 MW100 的高、低字节内容互换并将结果送入定时器 T37 作为定时器预置值的程序段。

6.17　移位指令构成移位寄存器,实现广告牌字的闪耀控制。用 HL1 ~ HL4 四只灯分别照亮"欢迎光临"四个字,其控制要求见表 6.64,每步间隔 1 s。

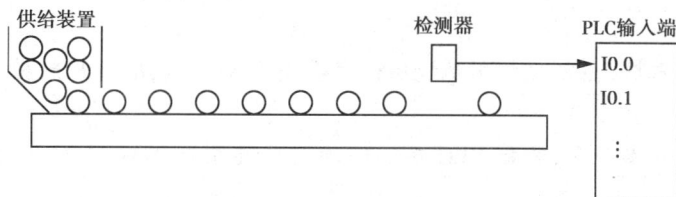

图 6.91　习题 6.14 附图

图 6.92　习题 15 附图

表 6.64　广告牌字闪耀流程

流　程	1	2	3	4	5	6	7	8
HL1	√				√		√	
HL2		√			√		√	
HL3			√		√		√	
HL4				√	√		√	

6.18　运用算术运算指令完成算式[(100+200)×10]/3 的运算,并画出梯形图。

6.19　编写一段检测上升沿变化的程序。每当 I0.1 接通一次,VB0 的数值增加 1,如果计数达到 18 时,Q0.1 接通,用 I0.2 使 Q0.1 复位。

6.20　编写一段程序,将 VB100 开始的 50 个字的数据传送到 VB1000 开始的存储区。

6.21　试用 DECO 指令实现某喷水池花式喷水控制。控制流程要求为第一组喷嘴喷水 4 s,第二组喷嘴喷水 2 s,两组喷嘴同时喷水 2 s,都停止喷水 1 s,重复以上过程。

6.22　S7-200 系列 CPU226 提供多少个中断源? 中断事件号 10 表示什么意思?

6.23　用 Q0.0 输出 PTO 高速脉冲,对应的控制字节、周期值、脉冲数寄存器分别为 SMB67、SMW68、SMD72,要求 Q0.0 输出 500 个周期为 20 ms 的 PTO 脉冲。请设置控制字节,编写能实现此控制要求的程序。

6.24　定义 HSC0 工作于模式 1,I0.0 为计数脉冲输入端,I0.2 为复位端,SMB37、SMD38、SMD42 分别为控制字节、当前值、预置值寄存器。控制要求:允许计数,更新当前值,不更新预置值,设置计数方向为加计数,不更新计数方向,复位设置为高电平有效。请设置控制字节,编写 HSC0 的初始化程序。

217

第 **7** 章
顺序控制

【知识要点】

顺序控制的基本概念；顺序控制功能图的主要类型和结构；顺序控制指令及其使用方法。

【学习目标】

理解功能图的基本概念；掌握 PLC 功能图的主要类型和编程方法；掌握 S7-200PLC 顺序控制指令及其应用。

【本章讨论的问题】

1.什么叫顺序控制？顺序控制功能图的三要素是什么？

2.怎样使用 PLC 的顺序控制指令来编写顺序控制程序？

3.顺序控制功能图有哪几种结构形式？各有何特点？

7.1 顺序控制概述

7.1.1 顺序控制的基本概念

顺序流程控制是按照生产工艺预先规定的顺序，在各个输入信号的作用下，根据内部的状态和时间的顺序，在生产过程中各个执行机构自动有序地进行操作。它是一种效率较高的编程调试方法，其基本思想方法就是将系统的一个工作周期划分为若干个顺序相连的阶段，通过步进的方式，实现系统的各种要求。在工程上，用梯形图或语句表的一般指令编程，程序虽然简单但需要一定的编程技巧，特别是工艺过程比较复杂的控制系统。对于一些顺序控制过程，各过程之间的逻辑关系复杂，给编程带来较大的困难。此时，利用顺序控制语言来编制程序会比较方便。

在工业控制过程应用中，先根据控制要求绘制顺序功能图，然后根据顺序功能图编写程序。西门子 S7-200 PLC 中专门设计了顺序控制指令，也制定了顺序功能图这一方式，辅助顺序控制程序的设计。

7.1.2　顺序功能图与状态的基本结构

顺序功能图即功能流程图,是一种描述顺序控制系统的图形表示方法,是专用于工业顺序控制程序设计的一种功能性说明语言。它能完整地描述控制系统的工作过程、功能和特性,是分析、设计电气控制系统程序的重要工具。

顺序功能图主要由"状态""转移"及有向线段等元素组成。如果适当运用组成元素,就可得到控制系统的静态表示方法,再根据转移触发规则模拟系统的运行就可以得到控制系统的动态过程。

(1)状态

状态是控制系统一个相对不变的性质,对应于一个稳定的情形。状态的图形符号如图 7.1(a)所示。矩形框中可写上该状态的编号和代码。

①初始状态。初始状态是顺序功能图运行的起点,一个控制系统至少要有一个初始状态。初始状态的图形符号为双线的矩形框,如图 7.1(b)所示。在实际使用中,有时也有画单线矩形框的,有时画一条横线表示顺序功能图的开始。

②工作状态。工作状态是控制系统正常运行时的状态。根据控制系统是否运行,状态可分为动状态和静状态两种。动状态是指当前正在运行的状态,静状态是当前没有运行的状态。

③与状态对应的动作。在每个稳定的状态下,一般会有相应的动作。动作的表示方法如图 7.2 所示。

(2)转移

为了说明从一个状态到另一个状态的变化,要用转移概念。转移的方向用一个有向线段来表示,两个状态之间的有向线段上再用一段横线表示这一转移。转移符号如图 7.3 所示。

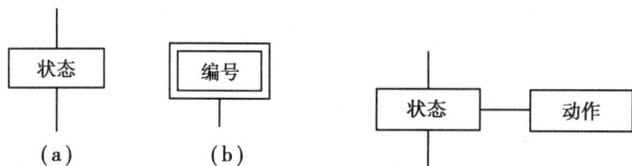

图 7.1　状态的图形符号　　　图 7.2　状态下动作的表示　　　图 7.3　转移符号

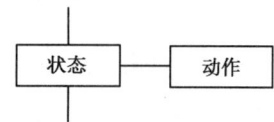

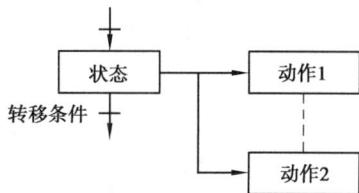

转移是一种条件,当此条件成立时,称作转移使能。该转移如果能使状态发生转移,则称为触发。一个转移能够触发必须满足:状态为动状态及转移使能。转移条件是使系统从一个状态向另一个状态转移的必要条件,通常用文字、逻辑方程及符号来表示。

(3)顺序功能图的构成规则

控制系统顺序功能图的绘制必须满足以下规则:

①状态与状态不能相连,必须用转移分开。

②转移与转移不能相连,必须用状态分开。

③状态与转移、转移与状态之间的连接采用有向线段,从上向下画时,可以省略箭头;当有向线段从下向上画时,必须画上箭头,以表示方向。

④一个顺序功能图至少要有一个初始状态。

(4)顺序功能图绘制举例

某一个冲压机的初始位置是冲头抬起,处于高位。当操作者按动启动按钮时,冲头向工件

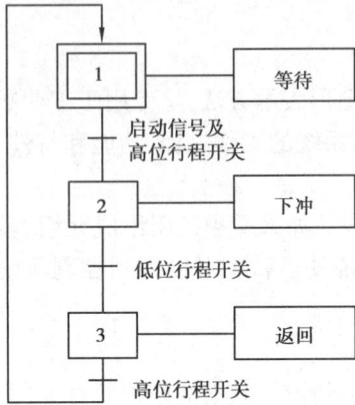

图 7.4 冲压机功能流程图

冲击到最低位置时,触动低位行程开关;然后冲头抬起,回到高位,触动高位行程开关,停止运行。如图 7.4 所示为顺序功能表示的冲压机运行过程。冲压机的工作顺序可分为三个状态:初始状态、下冲状态和返回状态。从初始状态转移到下冲状态,须满足启动信号和高位行程开关信号同时为 ON 时才能发生;从下冲状态到返回状态,须满足低位行程开关为 ON 时才能发生。

从该例可以进一步知道,顺序功能图就时由许多个状态及连线组成的图形,它可以清晰地描述系统的工序要求,使复杂问题简单化,并且使 PLC 编程成为可能,编程的质量和效率也会大大提高。

7.2 顺序控制指令

7.2.1 S7-200 顺序控制指令

顺序控制指令是 PLC 生产厂家为用户提供的可使顺序功能图编程简单化和规范化的指令。S7-200 系列 PLC 提供了 4 条顺序控制的指令,即顺序控制继电器指令 SCR、SCRT、SCRE、CSCRE。其中,CSCRE 使用较少。其指令的名称、功能、梯形图符号见表 7.1。

(1)指令梯形图和指令格式表

表 7.1 顺序控制指令的符号、名称及参数

指令、名称	梯形图符号	数据类型	参数说明	操作数
LSCR 装载顺控继电器	Sx.y SCR	BOOL	开始,标记 SCR 段的开始	S0.0~S31.7
SCRT 顺控继电器转换	Sx.y ─(SCRT)	BOOL	提供一种从现用 SCR 段向另一个 SCR 段转换控制的方法	S0.0~S31.7
SCRE 顺控继电器结束	┤─(SCRE)		顺序状态结束	无

从表中可以看出,顺序控制指令的操作对象为顺控继电器。S 也称为状态器,每一个 S 位都表示顺序功能图中的一种状态。S 的范围为 S0.0~S31.7。

(2)指令功能

LSCR:装载顺序控制继电器指令,标志一个顺序控制继电器段(SCR 段)的开始。LSCR 指令将 S 位的值装载到 SCR 堆栈和逻辑堆栈的栈顶,其值决定 SCR 段是否执行,值为 1 执行该 SCR 段;值为 0 不执行该段。

SCRT:顺序控制继电器转换指令,用于执行 SCR 段的转换。SCRT 指令包括两方面功能:一是通过置位下一个要执行的 SCR 段的 S 位,使下一个 SCR 段开始工作;二是使当前工作的

SCR 段的 S 位复位,使该段停止工作。

SCRE:顺序控制继电器结束指令,使程序退出当前正在执行的 SCR 段,表示一个 SCR 段的结束。每个 SCR 段由 SCRE 指令结束。

由此可以总结出每一个 SCR 程序段一般有以下三种功能:

①驱动处理即在该段状态器有效时要做什么工作,有时也可能不做任何工作;

②指定转移条件和目标即满足什么条件后状态转移到何处;

③转移源自动复位功能状态发生转移后,置位下一个状态的同时自动复位原状态。

7.2.2　顺序控制指令使用举例

在使用功能图编程时,应先画出功能图,然后对应于功能图画出梯形图。图 7.5 所示为顺序控制指令使用的一个简单例子。

在图 7.5 中,初始化脉冲 SM0.1 用来置位 S0.1,即把 S0.1(状态 1)状态激活;在状态 1 的 SCR 段要做的工作是置位 Q0.4、复位 Q0.5 和 Q0.6,同时启动 T37 定时。1 s 计时到后状态发生转移,T37 即为状态转移条件,T37 的常开触点将 S0.2(状态 2)置位(激活)的同时,自动使原状态 S0.1 复位。

在状态 2 的 SCR 段,要做的工作是输出 Q0.2,同时 T38 计时,1 s 计时到后,状态从状态 2(S0.2)转移到状态 3(S0.3),同时状态 2 复位。

注意:在 SCR 段输出时,常用特殊中间继电器 SM0.0(常 ON 继电器)执行 SCR 段的输出操作。因为线圈不能直接和母线相连,所以必须借助于一个常 ON 的 SM0.0 来完成任务。

7.2.3　指令使用注意事项

①顺控指令对元件 S 有效。顺控继电器 S 也具有一般继电器的功能,所以对它能够使用其他指令。

②SCR 段程序能否执行取决于该状态器 S 是否被置位,SCRE 与下一个 LSCR 之间的指令逻辑不影响下一个 SCR 段程序的执行。

③不能把同一个 Sx.y 位用于不同程序中,例如在主程序中用了 S0.1,则在子程序中就不能再使用它。在使用顺序功能图时,状态器的编号可以不按顺序编排。

④在 SCR 段中不能使用 JMP 和 LBL 指令,就是说不允许跳入、跳出 SCR 段或在 SCR 段内部跳转。

⑤在 SCR 段中不能使用 FOR、NEXT 和 END 指令。

⑥在状态发生转移后,所有的 SCR 段的元件一般也要复位,如果希望继续输出,可使用置位/复位指令。

⑦每一个 SCR 段都要注意 3 个方面的内容:

a.本 SCR 段要完成什么样的工作;

b.什么条件下才能实现状态的转移;

c.状态转移的目标是什么。

网络1　　　顺序控制指令使用举例

```
     SM0.1        S0.1
  ├──┤├────────┤├──( S )
                        1
网络2
        S0.1
    ┌──────────┐
    │   SCR    │
    └──────────┘

网络3
     SM0.0                    Q0.4
  ├──┤├──┬───────────────────( S )
         │                      1
         │                    Q0.5
         │                    ( R )
         │                      2
         │                    T37
         └────────┤IN    TON├
            10──┤PT    100 ms├

网络4
      T37          S0.2
  ├──┤├────────┤├──( SCRT )
网络5
  ──( SCRE )

网络6
        S0.2
    ┌──────────┐
    │   SCR    │
    └──────────┘

网络7
     SM0.0                    Q0.2
  ├──┤├──┬───────────────────(   )
         │                    T38
         └────────┤IN    TON├
            10──┤PT    100 ms├

网络8
      T38          S0.3
  ├──┤├────────┤├──( SCRT )
网络9
  ──( SCRE )
```

（b）梯形图

（a）功能图

网络1　　　顺序控制指令使用举例

LD	SM0.1
S	S0.1，1

网络2

LSCR	S0.1

网络3

LD	SM0.0
S	Q0.4，1
R	Q0.5，2
TON	T37，10

网络4

LD	T37
SCRT	S0.2

网络5

SCRE

网络6

LSCR	S0.2

网络7

LD	SM0.0
=	Q0.2
TON	T38，10

网络8

LD	T38
SCRT	S0.3

网络9

SCRE

（c）语句表

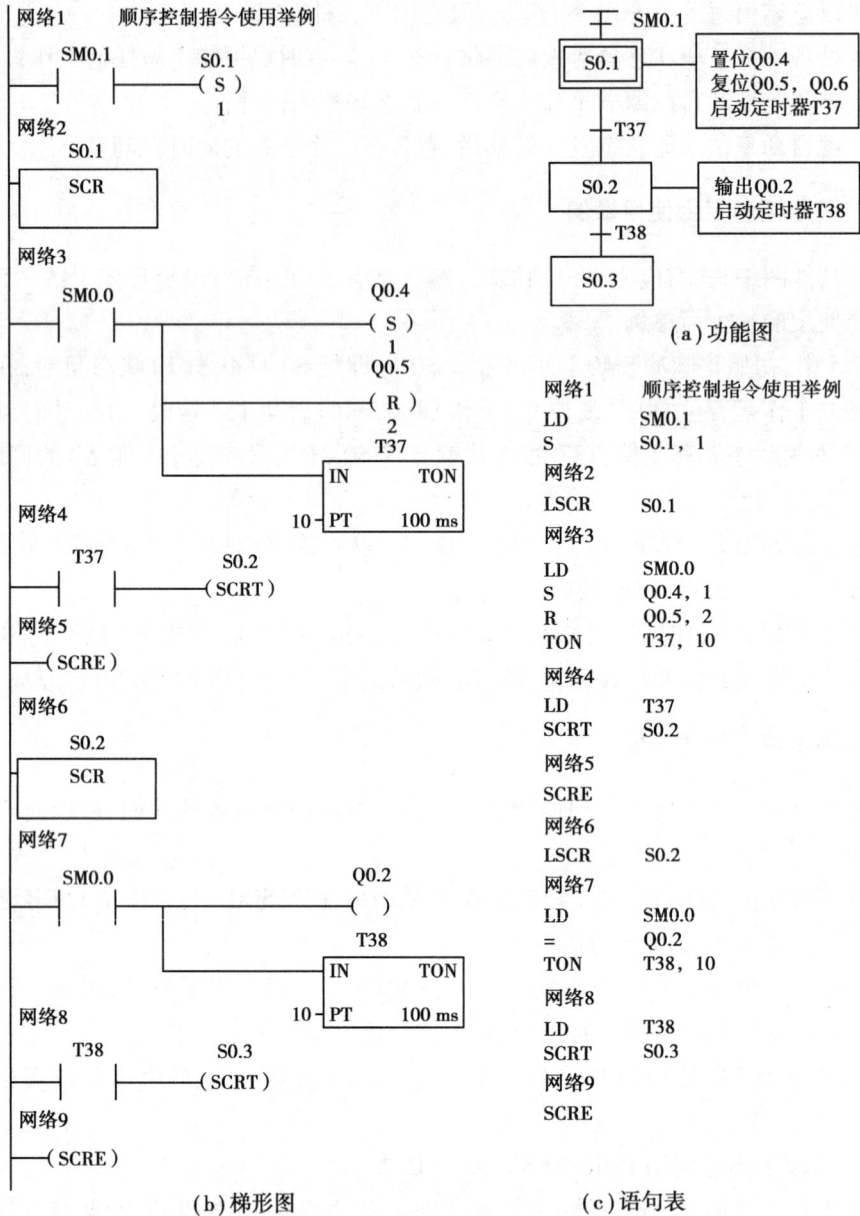

图 7.5　顺序控制指令使用举例

7.3　顺序控制功能图的结构形式

根据顺序控制功能图中序列有无分支及实现转换的不同,功能图的基本结构可以分为三种形式:单流程、选择性分支流程和并行分支流程。

7.3.1　单流程控制

单流程控制是最简单的功能图,其动作是一个接一个地完成。每个状态仅连接一个转移,每个转移也仅连接一个状态。单流程控制的功能图、梯形图和语句表如图 7.6 所示。

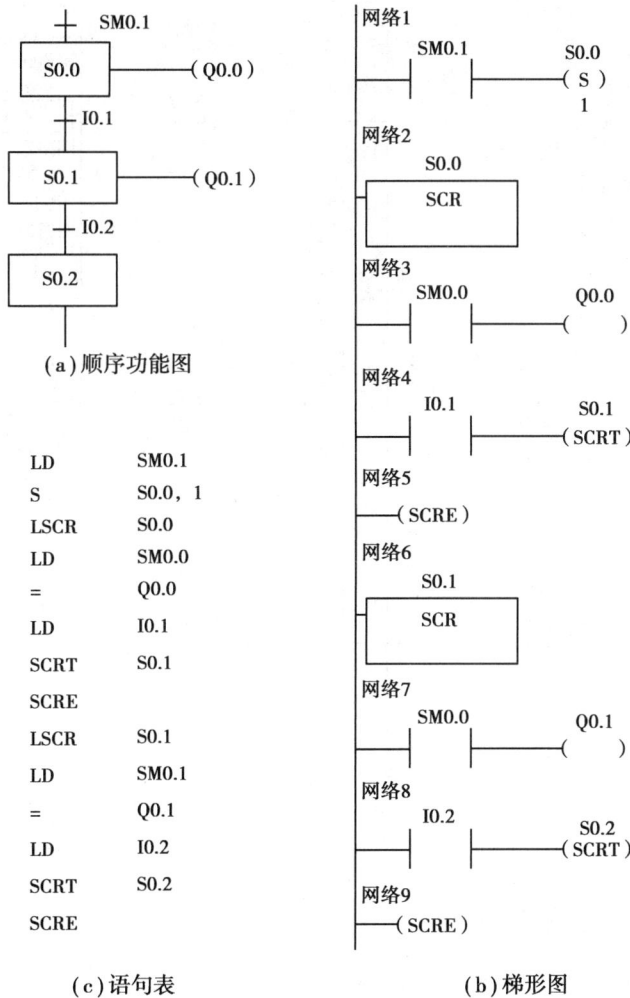

（a）顺序功能图

（b）梯形图

LD	SM0.1
S	S0.0，1
LSCR	S0.0
LD	SM0.0
=	Q0.0
LD	I0.1
SCRT	S0.1
SCRE	
LSCR	S0.1
LD	SM0.1
=	Q0.1
LD	I0.2
SCRT	S0.2
SCRE	

（c）语句表

图 7.6　单流程控制

7.3.2 选择分支过程控制

在生产实际中,很多控制需要根据条件进行流程选择,即一个控制流可能转入多个可能控制流中的某一个,但不允许多路分支同时执行。到底进入哪一个分支,取决于控制流前面的转移条件哪一个为真。选择分支过程控制的顺序功能图、梯形图格式如图 7.7 所示。

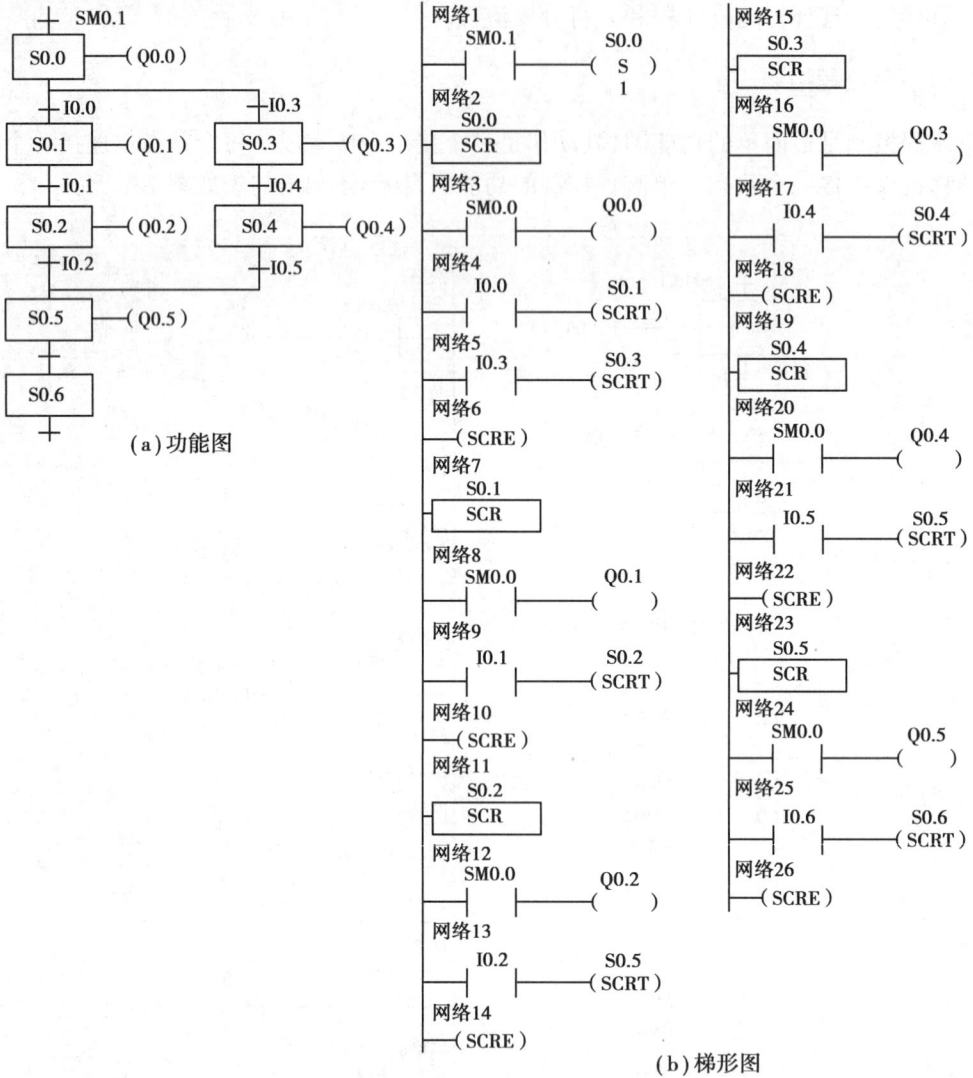

图 7.7 选择性分支控制

7.3.3 并行分支和联接过程控制

除了非此即彼的选择分支控制外,还有很多情况下,一个顺序控制流必须分成两个或多个不同分支控制流同时动作,这就是并行分支。当一个控制状态流分成多个分支时,所有的分支控制流必须同时激活。当多个控制流产生的结果相同时,可以把这些控制流合并成一个控制流,即并行分支的联接。使用顺序控制指令完成该功能时要注意两个关键点:

①多分支的同时运行,需要在一个 SCR 段中同时激活多个 SCR 段;

224

②多分支的合并由于多个分支是同时执行的,合并时必须等到所有的分支都执行完,才能共同进入到下一个 SCR 段。

并行分支和联接的功能图和梯形图如图 7.8 所示。

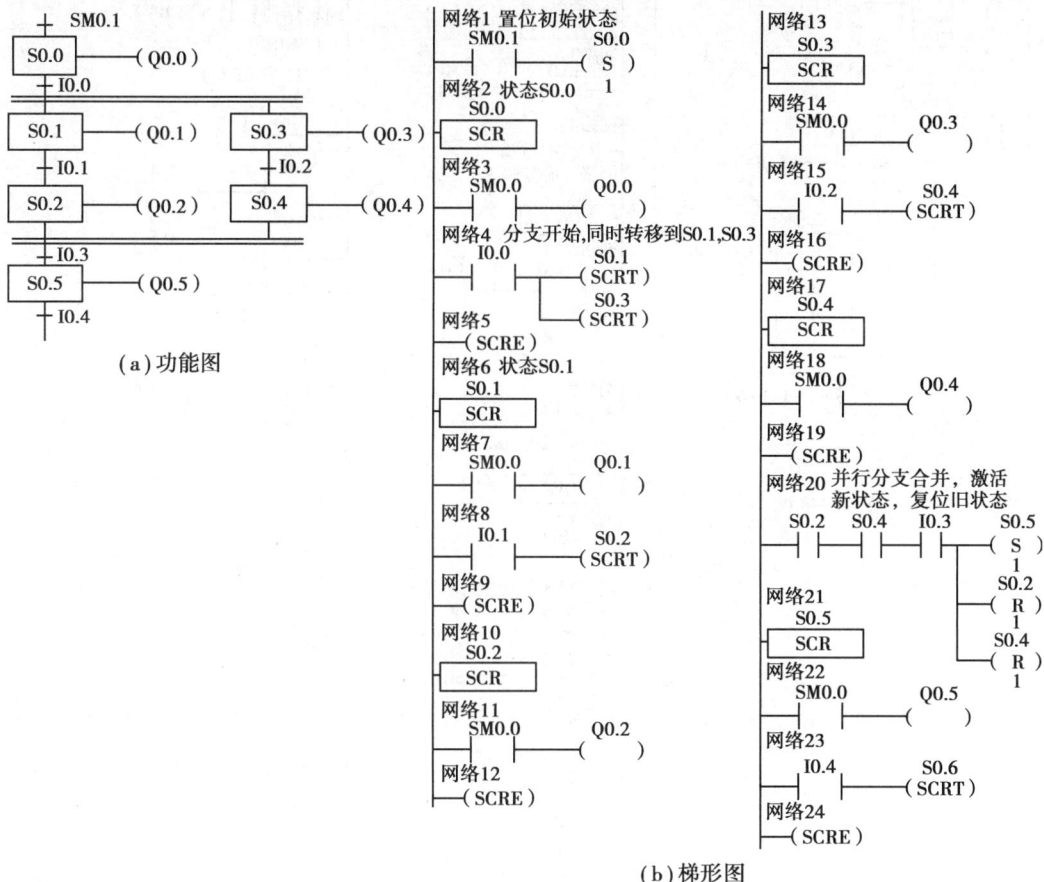

(a)功能图

(b)梯形图

图 7.8　并行分支与联接过程

在图 7.8 中,通过 I0.0 的闭合使用两个 SCRT 指令同时置位 S0.1 和 S0.3,使 S0.1 和 S0.3 表示的两个 SCR 段同时开始运行,进入并行分支状态。

在 S0.2 和 S0.4 表示的两个 SCR 段进行分支联接时,将表示 SCR 段状态的 S0.2 和 S0.4 和下一段 SCR 段触发触点 I0.3 串联在一起,只有 3 个触点均闭合,才能进入下一个 SCR 段。

由于 S0.2 和 S0.4 的 SCR 程序段中,没有使用 SCRT 指令,所以 S0.2 和 S0.4 的复位不能自动进行,最后要用复位指令对其进行复位。

7.3.4　跳转和循环控制

单流程、并行分支和选择性分支是功能图的基本形式。多数情况下,这些基本形式是混合出现的。跳转和循环是其典型代表。

利用功能图语言可以很容易实现流程的循环重复操作。在程序设计过程中,可以根据状态的转移条件决定流程是单周期操作还是多周期循环,是跳转还是顺序向下执行。跳转和循环控制的功能图和梯形图如图 7.9 所示。

（a）状态功能图

（b）梯形图

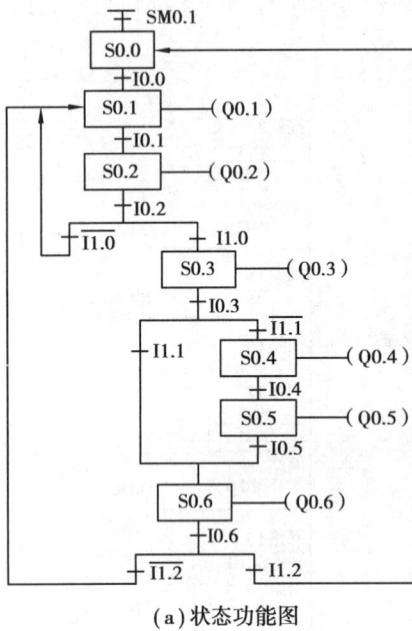

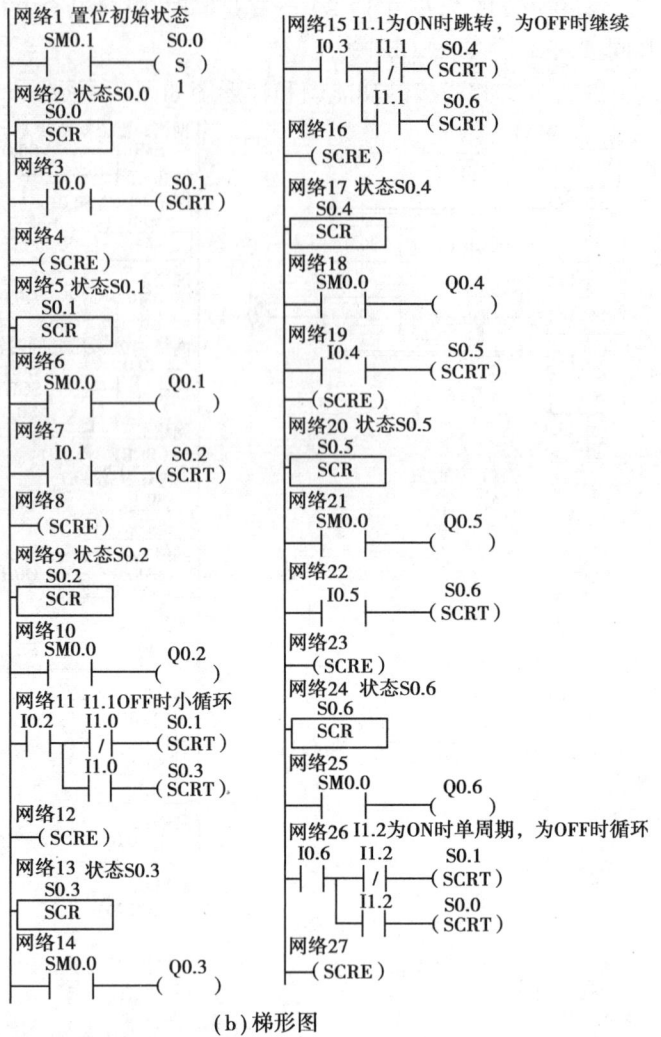

图 7.9　跳转和循环控制

在图 7.9 所示的梯形图程序中，I0.2 闭合和 I1.0 断开的状态使程序从 S0.2 表示的 SCR 段跳转到 S0.1 表示的 SCR 段，进行局部循环操作；I0.2 和 I1.0 的闭合状态使程序顺序向下运行。

I0.3 和 I1.1 的闭合使程序从 S0.3 表示的 SCR 段跳转到 S0.6 表示的 SCR 段，进行正向跳转；I0.3 闭合和 I1.1 断开的状态使程序顺序转向 S0.4 表示的 SCR 段运行。

在 S0.6 表示的 SCR 段中，使用 I0.6 闭合和 I1.2 的闭合触发 SCRT 指令，使 S0.0 再次置位，从而实现程序的单周期循环操作；使用 I0.6 闭合和 I1.2 的断开触发 SCRT 指令，使 S0.1 再次置位，从而实现程序的多周期循环操作。

7.4 顺序控制指令应用举例

7.4.1 选择和循环控制举例

【例7.1】多种液体混合装置控制。总体控制要求:如面板图7.10所示,本装置为三种液体混合模拟装置,由液面传感器 SL1、SL2、SL3,液体 A、B、C 阀门与混合液阀门由电磁阀 YV1、YV2、YV3、YV4,搅匀电机 M,加热器 H,温度传感器 T 组成。实现三种液体的混合、搅匀、加热等功能。

①打开"启动"开关,装置投入运行时首先液体 A 阀门打开,液体 A 流入容器。当液面到达 SL3 时,SL3 接通,关闭液体 A 阀门,打开液体 B 阀门。液面到达 SL2 时,关闭液体 B 阀门,打开液体 C 阀门。液面到达 SL1 时,关闭液体 C 阀门。

②搅匀电机开始搅匀、加热器开始加热。当混合液体在6 s 内达到设定温度,加热器停止加热,搅匀电机工作6 s 后停止搅动;当混合液体加热6 s 后还没有达到设定温度,加热器继续加热,当混合液达到设定的温度时,加热器停止加热,搅匀电机停止工作。

③搅匀结束以后,混合液体阀门打开,开始放出混合液体。当液面下降到 SL3 时,SL3 由接通变为断开,再过2 s 后,容器放空,混合液阀门关闭,开始下一周期。

④关闭"启动"开关,在当前的混合液处理完毕后停止操作。

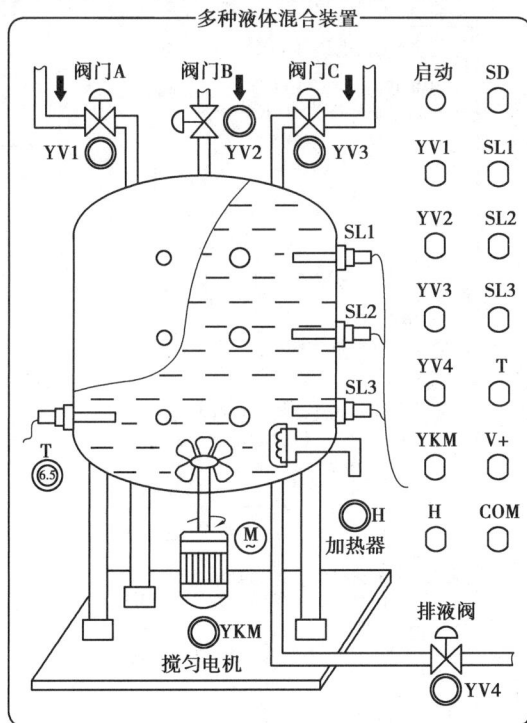

图7.10　多种液体混合装置控制面板图

【解题思路】

1)根据控制要求分配 I/O 地址

多种液体混合装置的 I/O 地址分配见表7.2。

表 7.2　多种液体混合装置的 I/O 地址分配表

序号	符号	地址	注　释	序号	符号	地址	注　释
1	SB	I0.0	启动(SB)	1	YV1	Q0.0	进液阀门 A
2	SL1	I0.1	高液位传感器 SL1	2	YV2	Q0.1	进液阀门 B
3	SL2	I0.2	中液位传感器 SL2	3	YV3	Q0.2	进液阀门 C
4	SL3	I0.3	低液位传感器 SL3	4	YV4	Q0.3	排液阀门
5	T	I0.4	温度传感器 T	5	YKM	Q0.4	搅拌电机
				6	H	Q0.5	加热器

2) 编写控制程序

该系统的顺序控制为初始状态→进液体 A→进液体 B→进液体 C→搅拌、加热→放混合液。多种液体混合装置的顺序控制功能图与梯形图程序如图 7.11 所示。

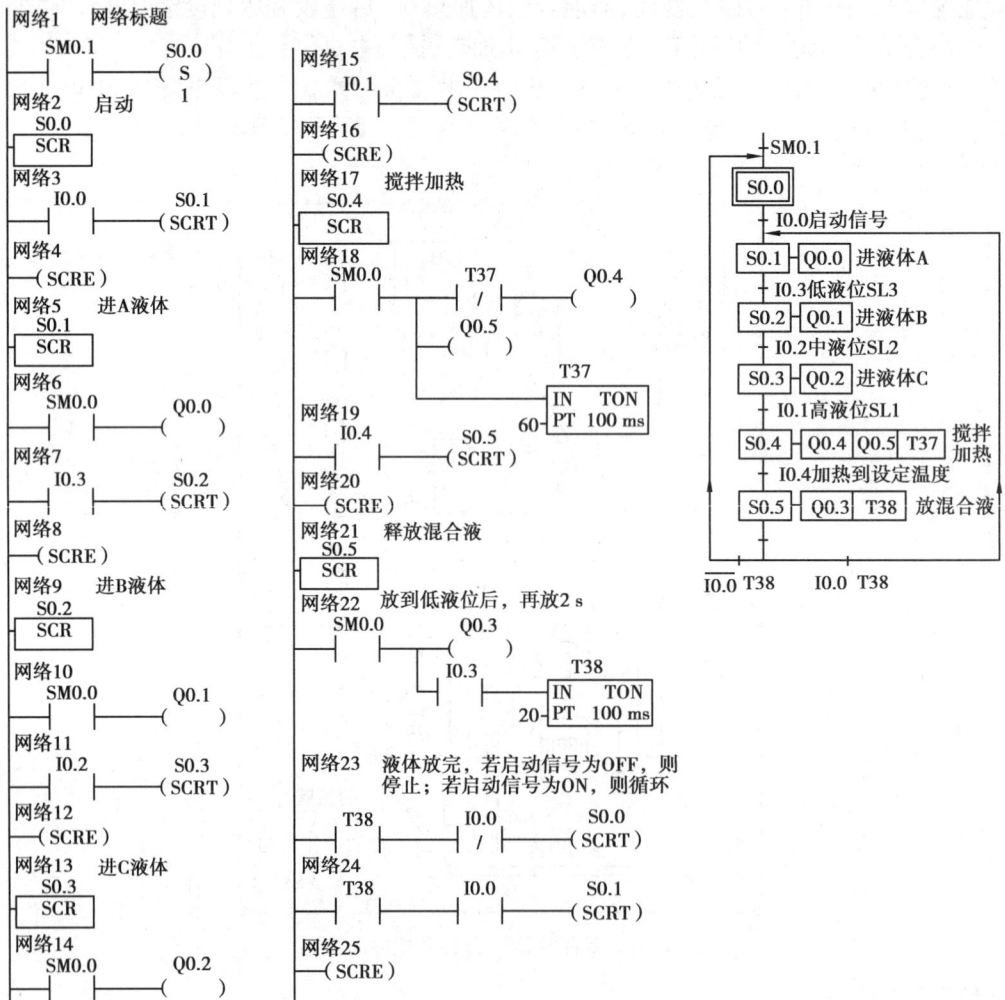

图 7.11　多种液体混合装置的顺序控制功能图与梯形图程序

7.4.2　并行分支和联接电路举例

【例 7.2】化学反应过程控制。某化学反应过程的装置由四个容器组成,容器之间用泵连接,以此来进行化学反应。每个容器都装有检测容器空满的传感器,2#容器还带有加热器和温度传感器,3#容器带有搅拌器。当1#、2#容器中的液体抽入3#容器时,启动搅拌器。3#、4#容器是1#、2#容器体积的两倍,可以由1#、2#容器的液体装满。化学反应过程如图7.12所示。

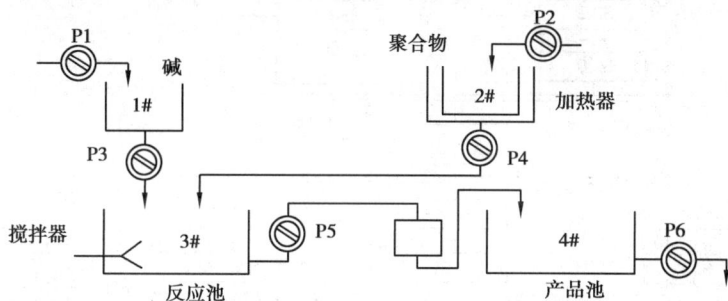

图 7.12　化学反应过程示意图

该化学反应的工作原理是:按启动按钮后,1#、2#容器分别用泵P1、P2从碱和聚合物库中将其抽满。抽满后传感器发出信号,P1、P2关闭,然后2#容器加热到60 ℃时,温度传感器发出信号,关掉加热器。P3、P4分别将1#、2#容器中的溶液送到3#反应器中,同时启动搅拌器,搅拌时间为60 s。一旦3#满或1#、2#空,则泵P3、P4停止并等待。当搅拌时间到,P5将液体抽到产品池4#容器,直到4#满或3#空。成品由P6抽走,直到4#空。至此,整个过程结束,再次按动启动按钮,新的循环可以开始。

【解题思路】

1)根据控制要求分配I/O地址

化学反应过程控制的I/O地址分配见表7.3。

表 7.3　化学反应过程控制的 I/O 地址分配表

序号	符号	地址	注　释	序号	符号	地址	注　释
1	SB	I0.0	手动启动按钮	1	P1	Q0.0	1#泵
2	SL1	I0.1	1#容器满	2	P2	Q0.1	2#泵
3	SL2	I0.2	1#容器空	3	P3	Q0.2	3#泵
4	SL3	I0.3	2#容器满	4	P4	Q0.3	4#泵
5	SL4	I0.4	2#容器空	5	P5	Q0.4	5#泵
6	SL5	I0.5	3#容器满	6	P6	Q0.5	6#泵
7	SL6	I0.6	3#容器空	7	YE	Q0.6	加热器
8	SL7	I0.7	4#容器满	8	YKM	Q0.7	搅拌电机
9	SL8	I1.0	4#容器空				
10	T	I1.1	温度传感器				

2）绘出功能图和梯形图程序

根据系统控制要求绘制的功能图如图 7.13 所示。由功能图设计出的梯形图程序如图7.14所示。

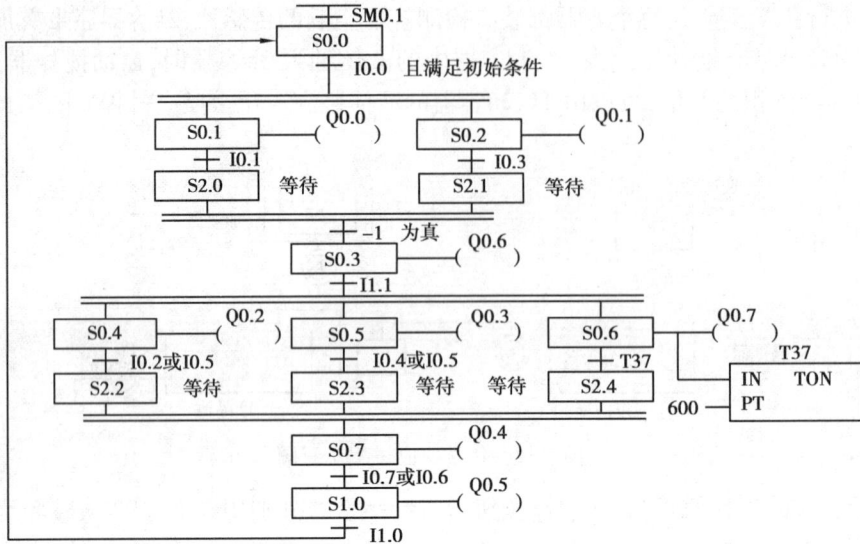

图 7.13　化学反应过程控制功能图

3）程序说明

①初始状态的设置。初始状态设泵 P1、P2、P3、P4、P5、P6 为停,加热器停和搅拌器停,并且 4#容器空。在使用编程软件画梯形图时受宽度以及教材排版的限制,所以用 M0.0 和 M0.1 进行了过渡。

②该例中的关键是进行并行分支的合并处理。在一些并行分支合并时,由于各分支不一定同时结束,所以,设计一些等待状态是必需的,也是合理的,对于这些等待的复位处理要使用复位指令。

③并行分支合并后转移到新的状态可以有转移条件,但有时看不到转移条件,其实这时的转移条件就是永远为"真"。即只要所有合并的分支最后一个状态都是 ON 时就可以转移了。分支状态 S2.0、S2.1 往状态 S0.3 转移时,就标出了转移条件"=1",即为真的条件。而在 S2.2、S2.3、S2.4 往状态 S0.7 转移时,就没有标出转移条件。

④并行分支合并前的状态编号最好是连续的,如本例中的 S2.0、S2.1 和 S2.2、S2.3、S2.4,这样在最后对它们进行复位时只用一条复位指令就可以了。

7.4.3　选择和跳转电路举例

【例 7.3】四节传送带控制。控制要求:有一个用四条皮带运输机的传送系统,分别用四台电动机带动,传送系统模型如图 7.15 所示,要求用顺序控制指令来实现控制要求。

启动(SB1)时,4 条传送带上均无重物,先启动最末一条皮带机 M4,经过 10 s 延时,再依次起动其他皮带机,时间间隔均为 10 s。

停止(SB2)时,应先停止最前一条皮带机 M1,待 M1 料运送完毕后 M1 停止,即该传送带上无重物;依次停止其他皮带机。

网络1　置位初始状态
SM0.1　S0.0
—| |—(S)

网络2　计算机做梯形图时的特殊处理
Q0.0　Q0.1　Q0.2　Q0.3　M0.0
—|/|—|/|—|/|—|/|—( )

网络3　计算机做梯形图时的特殊处理
Q0.4　Q0.5　Q0.6　Q0.7　M0.1
—|/|—|/|—|/|—|/|—( )

网络4　初始状态
S0.0
[SCR]

网络5　按启动按钮且满足初始条件时转移到S0.1和S0.2
I0.0　M0.0　M0.1　I1.0　S0.1
—| |—| |—| |—| |—(SCRT)
S0.2
—(SCRT)

网络6
—(SCRE)

网络7　状态S0.1
S0.1
[SCR]

网络8　P1工作
SM0.0　Q0.0
—| |—( )

网络9　1#容器满时转移到等待状态
I0.1　S2.0
—| |—(SCRT)

网络10
—(SCRE)

网络11　状态S0.2
S0.2
[SCR]

网络12　P2工作
SM0.0　Q0.1
—| |—( )

网络13　2#容器满时转移到等待状态
I0.3
—| |—(SCRT)

网络14
—(SCRE)

并行分支合并使用S/R指令，
网络15　置位新状态/复位旧状态
S2.0　S2.1　S0.3
—| |—| |—(S) 1
S2.0
(R) 2

网络16　状态S0.3
S0.3
[SCR]

网络17　加热器工作
SM0.0　Q0.6
—| |—( )

网络18　温度到产生分支流程S0.4，S0.5，S0.6
I1.1　S0.4
—| |—(SCRT)
S0.5
—(SCRT)
S0.6
—(SCRT)

网络19
—(SCRE)

网络20　状态S0.4
S0.4
[SCR]

网络21　P3工作
SM0.0　Q0.2
—| |—( )

网络22　1#容器空或3#容器满，转移到等待状态
I0.2　S2.2
—| |—(SCRT)
I0.5
—| |—

网络23
—(SCRE)

网络24　状态S0.5
S0.5
[SCR]

网络25　P4工作
SM0.0　Q0.3
—| |—( )

网络26　2#容器或3#容器满，转移到等待状态
I0.4
—| |—(SCRT)
I0.5
—| |—

网络27
—(SCRE)

网络28　状态S0.6
S0.6
[SCR]

网络29　搅拌器工作
SM0.0　Q0.7
—| |—( )
T37
IN TON
+600- PT

网络30　时间到、转移到等待状态
T37　S2.4
—| |—(SCRT)

网络31
—(SCRE)

网络32　合并时使用S/R置位新状态/复位旧状态
S2.2　S2.3　S2.4　S0.7
—| |—| |—| |—(S) 1
(R) 3

网络33　状态S0.7
S0.7
[SCR]

网络34　P5工作
SM0.0　Q0.4
—| |—( )

网络35　3#容器空和4#容器满转移
I0.7　S1.0
—| |—(SCRT)
I0.6
—| |—

网络36
—(SCRE)

网络37　状态S1.0
S1.0
[SCR]

网络38　P6工作
SM0.0　Q0.5
—| |—( )

网络39　4#容器空，转移到S0.0
I1.0　S0.0
—| |—(SCRT)

网络40
—(SCRE)

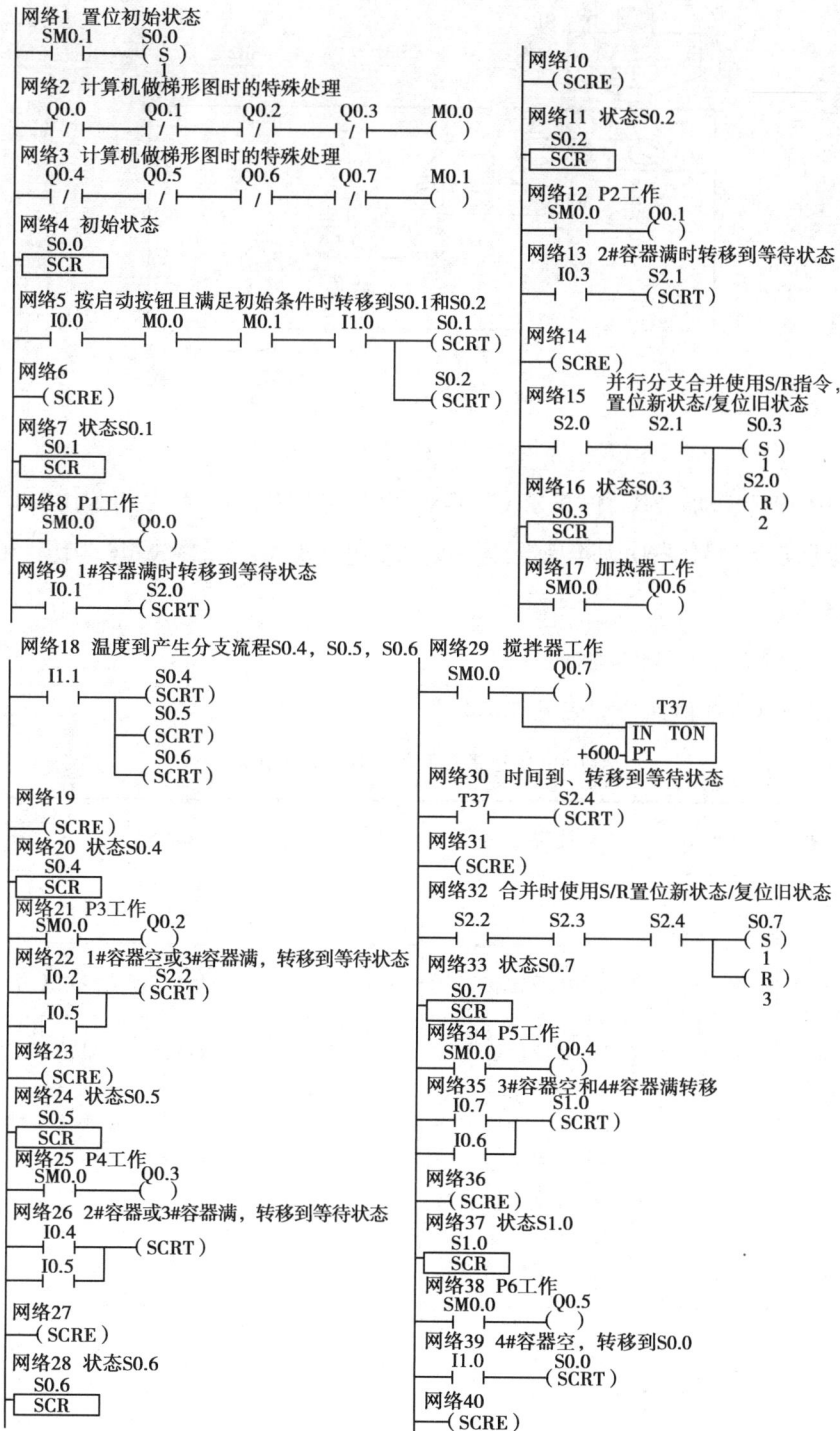

图 7.14　化学反应过程控制梯形图程序

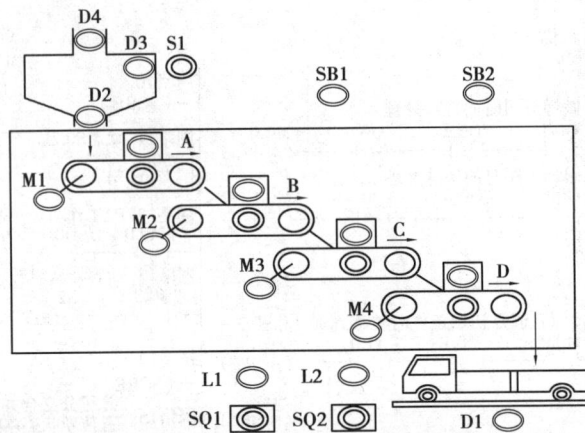

图 7.15 四节传送带示意图

图 7.15 中 SB1(启动)、SB2(停止),A 为 ON 代表 1 号带有重物,A 为 OFF 代表 1 号带卸料完毕;B 为 2 号带、C 为 3 号带、D 为 4 号带,含义同 A。电动机 M1,M2,M3,M4 为传送带电机。

【解题思路】

1)根据控制要求分配 I/O 地址

传送带控制的 I/O 地址分配表见表 7.4。

表 7.4 传送带控制的 I/O 地址分配表

序号	符号	地址	注释	序号	符号	地址	注释
1	SB1	I0.0	启动按钮	1	KM1	Q0.0	1 号传送带电机接触器
2	SB2	I0.1	停止按钮	2	KM2	Q0.1	2 号传送带电机接触器
3	A	I0.2	1 号传送带重物传感器	3	KM3	Q0.2	3 号传送带电机接触器
4	B	I0.3	2 号传送带重物传感器	4	KM4	Q0.3	4 号传送带电机接触器
5	C	I0.4	3 号传送带重物传感器	5			
6	D	I0.5	4 号传送带重物传感器	6			

2)分析控制要求,编写程序

如图 7.15 所示,四台电机在按下启动按钮后,该系统的启动顺序为:初始状态→M1→M2→M3→M4;若按下停止按钮后,系统的停止顺序为:M4→M3→M2→M1。在启动过程中,如果按下停止按钮,则立即中止启动过程,对已启动运行的电机,按停止顺序依次停止,直到全部结束。

传送带的启/停控制的示意图如图 7.16 所示,功能图如图 7.17 所示,梯形图程序如图 7.18 所示。

3)程序说明

①在启动过程中如果按下停止按钮,则马上转移到相应的状态,原状态随之复位,定时器也随之复位。

②在图 7.18 的最后一个状态 S0.8 后,要激活初始状态 S0.0,不然无法再次开始下一轮工作。按本例设计,再次按下启动按钮后,系统又可继续工作。

③本例中最关键的是要设计好选择分支的条件和跳转的目标状态,处理好结束状态的转移目标。

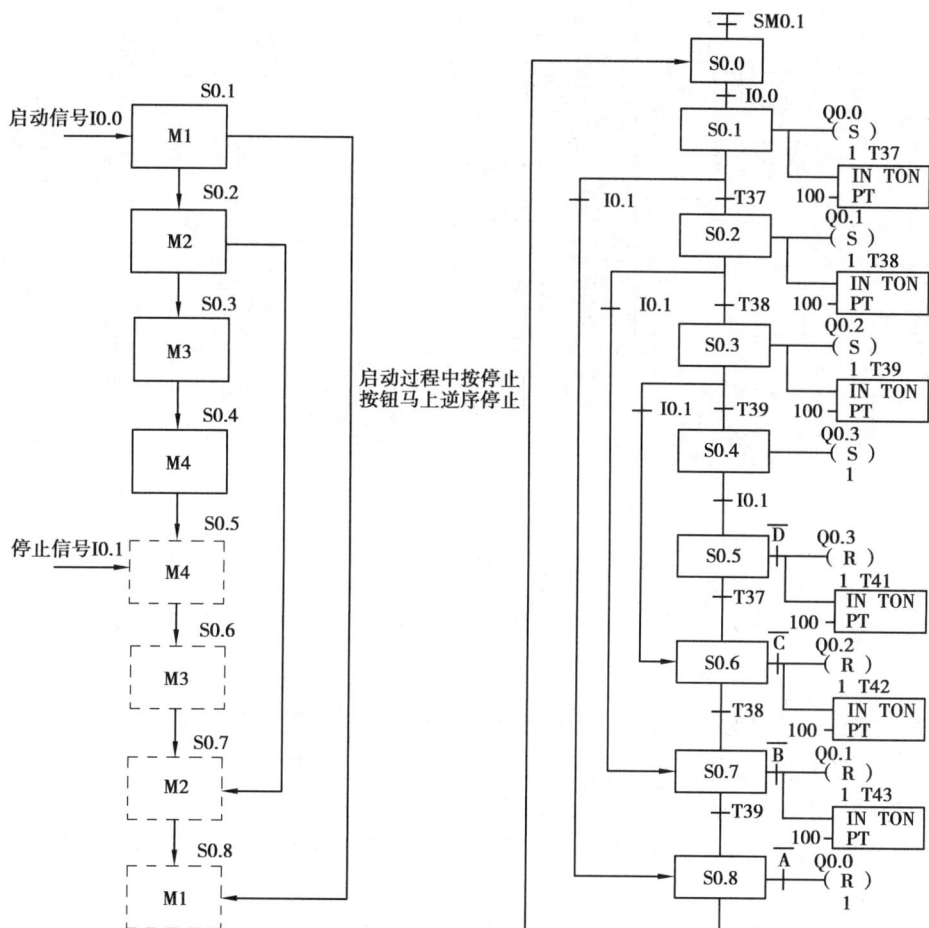

图 7.16　电机顺序启/停控制的示意图

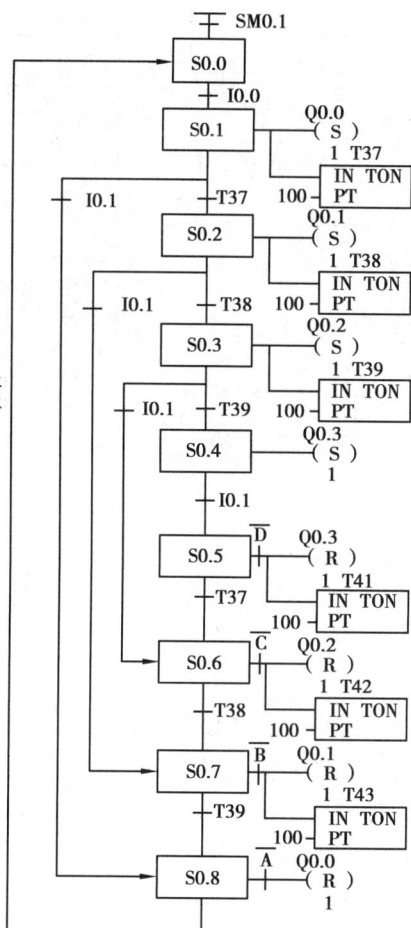

图 7.17　传送带控制的功能图

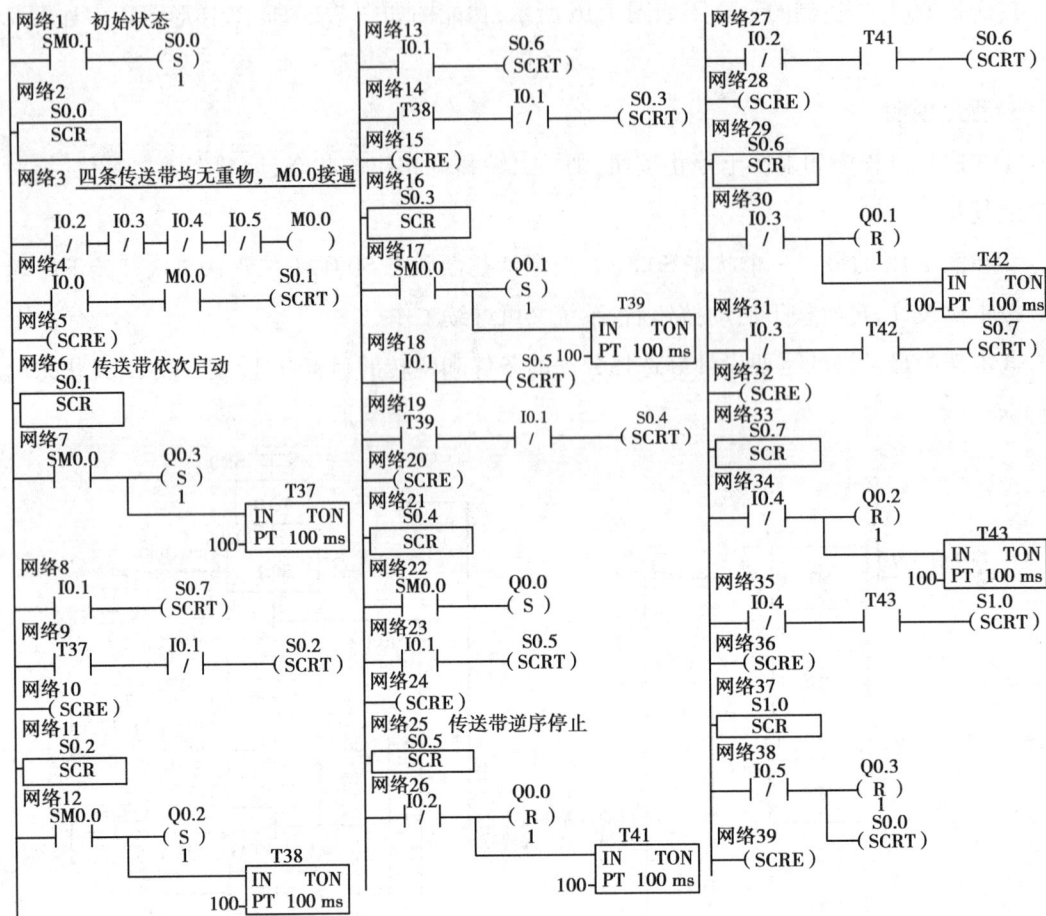

图 7.18　传送带控制的梯形图程序

本章小结

本章详细讲解了顺序功能图的基本概念和具体应用。功能图编程语言在 PLC 的程序设计中占有重要的地位,使用它可以轻松地完成复杂顺序控制逻辑任务的程序设计,这也就是为什么单独把顺序功能图语言列为一章进行重点介绍的原因。

7.1 节主要讲述了为什么要使用功能图以及功能图主要解决什么问题,简要介绍了功能图的几个概念。

7.2 节主要介绍了 S7-200 PLC 所提供的顺序控制指令及其使用注意事项,读者要理解 SCR 程序段的功能。

7.3 节给出了功能图的几种类型及使用方法。

7.4 节给出了 3 个应用实例,在这些应用实例中,希望读者能学会其中的一些使用技巧。

西门子 S7-200 PLC 的顺序控制指令是有缺陷的,即它不支持双线圈输出,这为在不同的 SCR 段使用同一线圈带来了不便。在使用过程中,若出现了两段 SCR 段中同时都需要用同一个输出线圈时,可以借助中间继电器过渡一下,在 SCR 段中先用中间继电器表示出分段的输出逻辑,在程序的最后再进行合并输出处理。

习　题

7.1　什么是功能图?功能图主要由哪些元素组成?

7.2　简述转移实现的条件和转移实现时应完成的操作。

7.3　试画出图 7.19 所示波形对应的顺序功能图

7.4　某组合机床的工作循环图及元件动作表如图 7.20 所示。要求用顺序控制继电器指令编写控制程序。

7.5　试画出图 7.21 所示信号灯控制系统的顺序功能图,I0.0 为启动信号。

7.6　使用功能图方法设计一个对锅炉鼓风机和引风机控制的程序,控制要求:

(1)开机时首先启动引风机,10 s 后自动启动鼓风机;

(2)停止时,立即关断鼓风机,经 20 s 后自动关断引风机。

要求画出功能图、梯形图、写出语句表。设计完成后,试体会用顺序功能图设计顺序控制逻辑程序的好处。

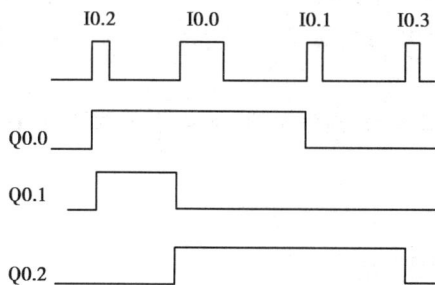

图 7.19

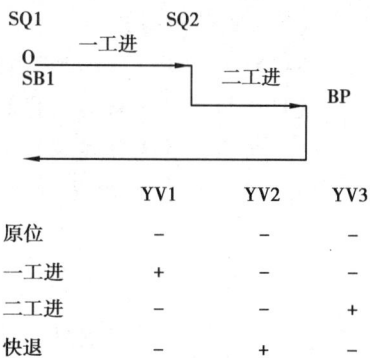

图 7.20

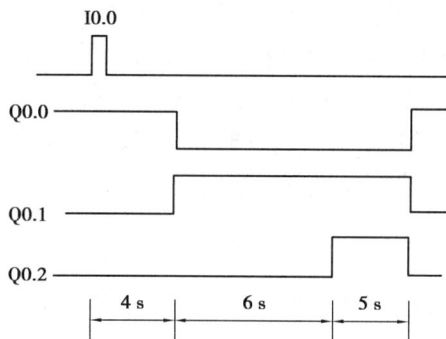

图 7.21

第 **8** 章
S7-200 PLC 的数据采集与回路控制

【知识要点】

S7-200 PLC 的模拟量模块,S7-200 PLC 的 PID 控制指令及其使用方法。

【学习目标】

了解 S7-200 PLC 的模拟量模块的使用方法;掌握数据采集程序设计的方法;掌握模拟量闭环控制的编程方法。

【本章讨论的问题】

1.S7-200 系列 PLC 的有哪些模拟量模块,怎样使用这些模块?

2.使用模拟量模块采集数据的方法有哪几种? 怎样编写数据采集程序?

3.什么叫模拟量闭环控制系统?

4.PLC 的 PID 控制器是如何实现的? 怎样用 PLC 编程软件的指令向导来配置 PID 控制器?

8.1 S7-200 PLC 的模拟量模块

西门子 S7-200 系列的模拟量模块主要有 EM231 模拟量输入模块、EM232 模拟量输出模块、EM235 模拟量混合模块、EM231 热电偶模块和 EM231 热电阻模块,可以根据实际情况来选择合适的转换模块。S7-200 系列的模拟量模块使用比较简单,只要正确地选择好模块,了解接线方法并对模块正确地接线,不需要过多的准备与操作,就能够顺利地实现模拟量的输入与输出。下面介绍一下这些模拟量模块使用。

8.1.1 模块简介

根据不同的输入信号,EM231、EM232 和 EM235 模拟量模块可以细分成电压电流型、热电偶型和热电阻型,这些可以从其订货号上加以区分。模拟量模块的订货号见表 8.1。

表 8.1　模拟量模块的订货号

订货号	扩展模块	输　入	输出	可拆卸连接
6ES7 231-0HC22-0XA0	EM231 模拟量输入,4 输入	4	—	否
6ES7 232-0HB22-0XA0	EM232 模拟量输出,2 输出	—	2	否
6ES7 235-0KD22-0XA0	EM235 模拟量混合模块,4 输入/1 输出	4	1[①]	否
6ES7 231-7PD22-0XA0	EM231 模拟量输入热电偶,4 输入	4 热电偶	—	否
6ES7 231-7PB22-0XA0	EM231 模拟量输入 RTD,2 输入	2RTD	—	否

①CPU 为该模块保留两个模拟量输出通道,但是使用的时候只能选择一种输出模式。

（1）EM231 和 EM235 模拟量输入模块

EM231 与 EM235 模拟量输入模块的外形如图 8.1 所示。

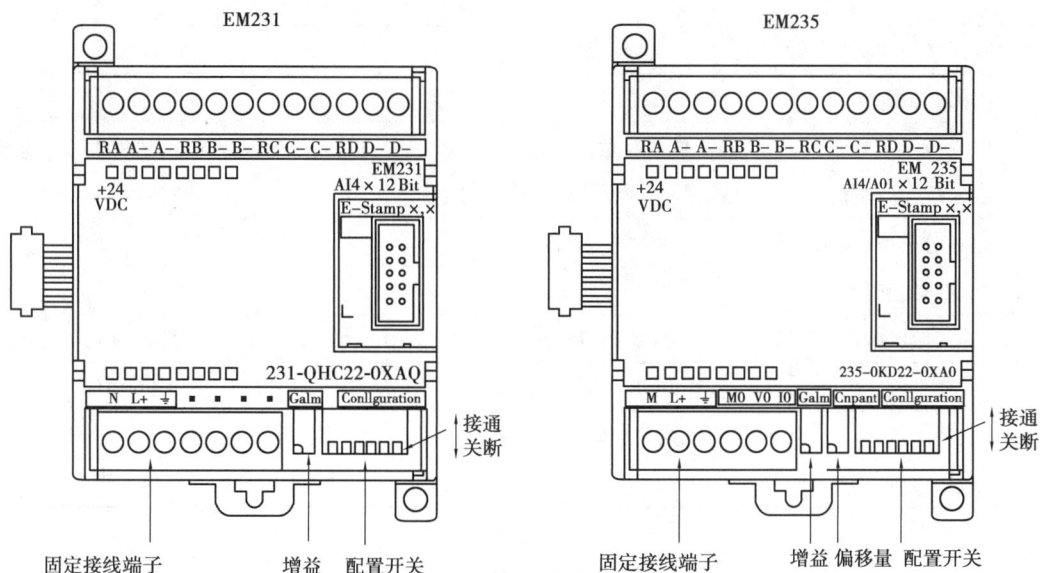

图 8.1　EM231 和 EM235 模拟量模块的外形图

从图 8.1 中可以看出,模块上面部分是输入接线端子,下面部分有输出接线端子、增益旋钮和配置开关。模块的面板右边还标注了该模块的型号、通道数、分辨率以及订货号等。

EM231 和 EM235 模拟量输入模块的一些重要参数和说明见表 8.2,其中包括用户在选型时最关心的量程、输入/输出电压范围和 A/D 转换时间等参数。

用户在选型时,可以查看表 8.2 中所列出的参数,特别要注意的就是模块的极性、转换量程、精度和转换时间。

（2）EM232 和 EM235 模拟量输出模块

EM232 与 EM235 模拟量输出模块的外形可以参照图 8.1。需要指出的是,EM232 只有模拟量输出通道,用户在选择时应特别注意。

表 8.3 给出了 EM232 和 EM235 模拟量输出模块的一些重要参数和说明,其中包括用户在选型时最关心的量程、输入/输出电压范围和 A/D 转换时间等参数。

表 8.2   模拟量输入扩展模块的参数及说明

常 规		6ES7 231-0HC22-0XA0	6ES7 235-0KD22-0XA0
双极性,满量程 单极性,满量程		−32 000～+32 000 0～+32 000	−32 000～+32 000 0～+32 000
DC 输入阻抗		≥10 MΩ 电压输入 250 电流输入	≥10 MΩ 电压输入 250 电流输入
输入滤波衰减		−3 dB,3.1 kHz	−3 dB,3.1 kHz
最大输入电压		DC30 V	DC30 V
最大输入电流		32 mA	32 mA
精度	单极性	11 位加 1 符号位	
	双极性	12 位	
隔离(现场与逻辑)		无	无
输入类型		差分	差分
输入范围	电压	可选择的,对于可用的范围,见表 8.8	可选择的,对于可用的范围,见表 8.9
	电流	0～20 mA	0～20 mA
输入分辨率		见表 8.8	见表 8.9
模拟到数转换时间		< 250 μs	< 250 μs
模拟输入阶跃响应		1.5 ms 到 95%	1.5 ms 到 95%
共模抑制		40 dB,DC 到 60 Hz	40 dB,DC 到 60 Hz
共模电压		信号电压加共模电压必须小于±12 V	信号电压加共模电压必须小于±12 V
电压范围		DC20.4～28.8(等级 2,有限电源,或来自 PLC 的传感器电源)	

表 8.3   模拟量输出扩展模块的参数及说明

常 规			6ES7 232-0H B22-0XA0	6ES7 235-0KD22-0XA0
信号范围		电压输出	±10 V	±10 V
		电流输出	0～20 mA	0～20 mA
分辨率,满量程		电压	12 位,加符号位	12 位,加符号位
		电流	11 位	11 位
数据字格式		电压	−32 000～+32 000	−32 000～+32 000
		电流	0～32 000	0～32 000
精度	最差情况 0～50 ℃	电压输出	±2%满量程	±2%满量程
		电流输出	±2%满量程	±2%满量程
	典型 25 ℃	电压输出	±0.5%满量程	±0.5%满量程
		电流输出	±0.5%满量程	±0.5%满量程

续表

常　　规		6ES7 232-0H B22-0XA0	6ES7 235-0KD22-0XA0
建立时间	电压输出	100 μs	100 μs
	电流输出	2 ms	2 ms
最大驱动	电压输出	5 000 Ω 最小	5 000 Ω 最小
	电流输出	500 Ω 最大	500 Ω 最大
电压范围		DC20.4~28.8（等级 2,有限电源,或来自 PLC 的传感器电源）	

对于模拟量输出模块的选择,应该注意模块的信号输出范围、数字格式、精度和驱动能力等。

西门子公司建议,不要将前面介绍的 EM231 和 EM235 输入模块用作热电偶输入模块。用户可以选用表 8.1 中所列出的热电偶模块。

（3）EM231 热电偶和热电阻(RTD)模块

EM231 热电偶模块为 S7-200 系列产品提供了 7 种连接和使用方便且带隔离的接口,接口类型有 J、K、E、N、S、T 和 R。它可以使 S7-200 能连接低电平模拟信号,测量范围为±80 mV。所有连接到该模块的热电偶都必须是同一类型的。

EM231 热电阻模块为 S7-200 连接各种型号的热电阻提供了方便的接口,它允许 S7-200 测量不同的电阻范围,但连接到模块的热电阻必须是相同的类型。EM231 热电偶和 RTD(热电阻)模块的技术规范见表 8.4。

表 8.4 中所列出的技术规范为选型提供了依据。根据该表,在选型时应该注意使用时的隔离事项、输入类型、分辨率、导线长度的设定、数据格式、冷端补偿等。只有严格地遵守这些规范,才能在使用中尽量排除干扰所造成的不必要的麻烦,加快设计周期。

表 8.4　EM231 热电偶和 RTD（热电阻）模块的技术规范

常　　规			6ES7 231-7PD22-0XA0 热电偶	6ES7 231-7PB22-0XA0 RTD 热电阻
隔离	现场侧到逻辑地		500 VAC	500 VAC
	现场侧到 DC24 V		500 VAC	500 VAC
	DC24 V 到现场侧		500 VAC	500 VAC
共模输入范围（输入通道到输入通道）			120 DVC	0
共模抑制			>120 dB @ 120 VAC	>120 dB @ 120 VAC
输入类型			悬浮型热电偶	模块参考接地的热电阻
输入范围			TC 类型（选择一种） S、T、R、E、N、K、J 电压范围为±80 mV	热电阻类型（选择一种） 铂(Pt)铜(Cu)镍(Ni)或电阻 对于可用的 RTD 类型
输入分辨率		温度	0.1℃/0.1 ℉	0.1℃/0.1 ℉
		电压	15 位加符号位	—
		电阻	—	15 位加符号位

续表

常 规	6ES7 231-7PD22-0XA0 热电偶	6ES7 231-7PB22-0XA0 RTD 热电阻
测量原理	Sigma-delta	Sigma-delta
模块更新时间:所有通道	405 ms	405 ms(Pt10 000 为 700 ms)
导线长度	到传感器最长为 100 m	到传感器最长为 100 m
导线回路电阻	100 Ω 最小	20 Ω,2.7 Ω(Cu max)
干扰抑制	85 dB 50 Hz/60 Hz /400 Hz 时	85 dB 50 Hz/60 Hz /400 Hz 时
数据字格式	电压为−27 648~+27 648	电阻为 0~+27 648
传感器最大散热	—	1 mW
输入阻抗	≥1 MΩ	≥10 MΩ
输入最大电压	DC30 V	DC30 V(检测),DC5 V(源)
输入滤波衰减	−3 dB 21 kHz	−3dB 3.6 kHz
基本误差	0.1%FS(电压)	0.1%FS(电阻)
重复性	0.05%FS(电压)	0.05%FS
冷端误差	±1.5℃	—
电压范围	DC20.4~28.8 V	DC20.4~28.8 V

EM231 热电偶和热电阻(RTD)模块在使用时的接线方式如图 8.2 所示。

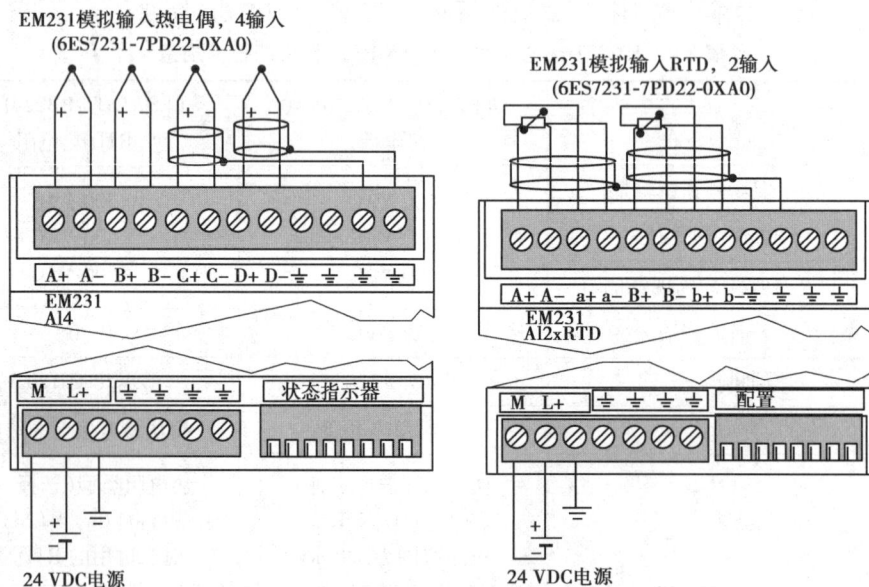

图 8.2　EM231 热电偶模块接线图

　　EM231 热电偶模块有专门的冷端补偿电路,该电路在模块连接器处测量温度,并对测量值给出必要的修正,以补偿基准温度和模块处温度之间的温度差。如果 EM231 热电偶模块安装环境的温度变化很剧烈,则会引起附加的误差。

为了达到最大的精度和重复性,西门子公司建议,S7-200 RTD 和热电偶模块要安装在环境温度稳定的地方。

对没有使用的热电偶输入,则短接未使用的通道,或者将其并联到其他通道上,这样可以有效地抑制噪声。

在使用热电偶模块前,必须了解并能够正确地配置位于模块底部的 DIP 开关。通过一定设置可以选择热电偶模块的类型、断线检测、温度范围和冷端补偿。要使 DIP 开关设置起作用,需要给 PLC 或用户的 24 V 电源重新上电。

DIP 开关 4 为以后的应用而保留。将 DIP 开关 4 设定为 0 位置(向下),其他 DIP 开关的设定见表 8.5。

表 8.5　EM231 热电偶模块 DIP 开关的设置

开关 1、2、3、4	热电偶类型	设置	描　述
SW1,2,3 1 2 3 4* 5 6 7 8　配置 ↑1—接通 ↓0—断开 *将DIP开关4 设定为0(向下)位置	J	000	开关 1~3 为模块上的所有通道选择热电偶类型(或 mV 操作)。例如,选 E 型,热电偶开关 SW1=0,SW2=1,SW3=1
	K	001	
	T	010	
	E	011	
	R	100	
	S	101	
	N	110	
	+/-80 mV	111	
开关 5	断线检测方向	设置	描　述
SW5 1 2 3 4 5 6 7 8　配置 ↑1—接通 ↓0—断开	正向标定 (+3 276.7°)	0	0 指示正向断线检测 1 指示负向断线检测
	负向标定 (-3 276.8°)	1	
开关 6	断线检测使能	设置	描　述
SW6 1 2 3 4 5 6 7 8　配置 ↑1—接通 ↓0—断开	使能	0	通过加 25 μA 电流到输入端进行断线检测,断线检测使能开关可以使能或禁止检测电流,断线检测始终在进行,即使关闭了检测电流,如果输入信号超过±200 mV,则 EM231 热电偶模块开始断线检测,如检测到断线,测量读数被设定成由断线检测所选定的值
	禁止	1	

开关 7	温度单位	设置	描　述
SW7 配置 1—接通 0—断开	摄氏度（℃）	0	EM231 热电偶模块能够报告摄氏温度和华氏温度，摄氏温度和华氏温度的转化在内部进行
	华氏度（℉）	1	
开关 8	冷端补偿	设置	描　述
SW8 配置 1—接通 0—断开	冷端补偿使能	0	使用热电偶必须进行冷端补偿，如果没有进行冷端补偿，模块的转换则会出现错误，因为热电偶导线连接到模块连接器时会产生电压，但选择±80 mV 的范围时，冷端补偿会自动禁止。
	冷端补偿禁止	1	

同样地，通过正确地设置 DIP 开关，可以选择 EM231 RTD 模块的类型、接线方式、温度测量单位和传感器熔断方向。DIP 配置开关位于模块的底部，要使 DIP 开关设置起作用，需要重新给 PLC 或用户的 24 V 电源上电。

可以通过设定 DIP 开关 1~5 来选择 RTD 的类型，见表 8.6。对于 6~8DIP 开关量设置，见表 8.7。

表 8.6　EM231 RTD 类型选择

RTD 类型[1]	SW1	SW2	SW3	SW4	SW5	RTD 类型[1]	SW1	SW2	SW3	SW4	SW5
100 ΩPt0.003850（缺省）	0	0	0	0	0	100 ΩPt0.003902	1	0	0	0	0
200 ΩPt0.003850	0	0	0	0	1	200 ΩPt0.003902	1	0	0	0	1
500 ΩPt0.003850	0	0	0	1	0	500 ΩPt0.003902	1	0	0	1	0
1 000 ΩPt0.003850	0	0	0	1	1	1 000 ΩPt0.003902	1	0	0	1	1
100 ΩPt0.003920	0	0	1	0	0	SPARE	1	0	1	0	0
200 ΩPt0.003920	0	0	1	0	1	100 ΩNi0.00672	1	0	1	0	1
500 ΩPt0.003920	0	0	1	1	0	120 ΩNi0.00672	1	0	1	1	0
1 000 ΩPt0.003920	0	0	1	1	1	1 000 ΩNi0.00672	1	0	1	1	1
100 ΩPt0.00385055	0	1	0	0	0	100 ΩNi0.006178	1	1	0	0	0
200 ΩPt0.00385055	0	1	0	0	1	120 ΩNi0.006178	1	1	0	0	1
500 ΩPt0.00385055	0	1	0	1	0	1 000 ΩNi0.006178	1	1	0	1	0
1 000 ΩPt0.00385055	0	1	0	0	1	10 000 ΩPt0.003850	1	1	0	1	1
100 ΩPt0.003916	0	1	1	0	0	10 ΩCu0.004270	1	1	1	0	0
200 ΩPt0.003916	0	1	1	0	1	150 ΩFS 电阻	1	1	1	0	1
500 ΩPt0.003916	0	1	1	1	0	300 ΩFS 电阻	1	1	1	1	0
1 000 ΩPt0.003916	0	1	1	1	1	600 ΩFS 电阻	1	1	1	1	1

1　除 1 Cu10 Ω 以外，当各 RTD 为表中对应的电阻值时，其表示的温度为 0 ℃。Cu10 Ω 在 10 Ω 时，表示温度为 25 ℃，在9.035 Ω时表示温度为 0 ℃。

表 8.7　EM231 RTD 模块 DIP 开关的设置(开关 6~8)

开关 6	断线检测/超出范围	设置	描　述
SW6 配置 ↑1—接通 ↓0—断开 1 2 3 4 5 6 7 8	正向标定 (+3 276.7°)	0	0 指示正向断线检测 1 指示负向断线检测
	负向标定 (-3 276.8°)	1	
开关 7	温度单位	设置	描　述
SW7 配置 ↑1—接通 ↓0—断开 1 2 3 4 5 6 7 8	摄氏度(℃)	0	RTD 模块可报告摄氏温度和华氏温度,摄氏温度和华氏温度的转化在内部进行
	华氏度(℉)	1	
开关 8	接线方式	设置	描　述
SW8 配置 ↑1—接通 ↓0—断开 1 2 3 4 5 6 7 8	3 线	0	RTD 模块与传感器的接线有 3 种方式,精度最高的是 4 线连接,2 线连接精度最低,推荐用于可忽略接线误差的场合
	2 线或 4 线	1	

其中,RTD3 线制,4 线制和 3 线制的接线方式如图 8.3 所示。

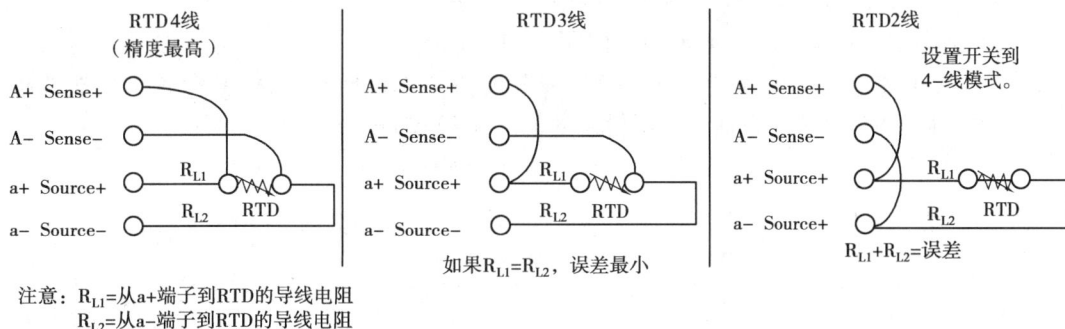

图 8.3　RTD 的 3 种接线方式

8.1.2　模块的使用

本小节以 EM231 和 EM235 模块为例来具体说明 S7-200 系列模拟量模块的使用方法。

(1)EM231 模拟量输入模块的使用

EM231 模拟量输入模块具有 4 个输入通道,没有输出通道。在投入使用前,用户必须对其进行正确的配置和接线,才能达到预期的效果。

1)模拟量模块的接线

按照图 8.4(a)所示接线。需要指出的是,可以单独接入电压信号或者电流信号,也可以同时接入电压和电流信号。

对于未用的输入通道应该用导线短接。图中的 RA、RB、RC、RD 分别与各通道的"-"端在模块内部接了一个 250 Ω 的电阻(不需另接)。

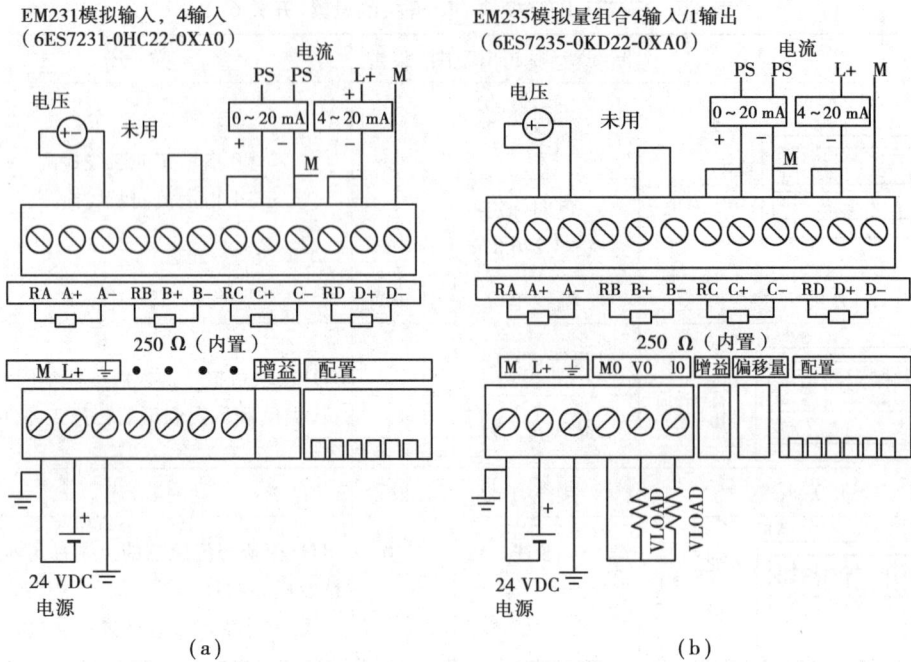

图 8.4　模拟量模块 EM231,EM235 的接线图

2)模拟量输入模块 EM231 工作方式的配置

通过设置 DIP 开关来配置 EM231 的工作方式,见表 8.8。

其中,SW1 规定了输入信号的极性:ON 配置模块按单极性转换;OFF 配置模块按双极性转换。SW2 和 SW3 的设置分别配置了模块的不同量程和分辨率。

表 8.8　EM231 模拟量输入模块配置

单极性			满量程输入	分辨率
SW1	SW2	SW3	满量程输入	分辨率
ON	OFF	ON	0~10 V	2.5 mV
	ON	OFF	0~5 V	1.25 mV
			0~20 mA	5 μA
双极性			满量程输入	分辨率
SW1	SW2	SW3	满量程输入	分辨率
OFF	OFF	ON	±5 V	2.5 mV
	ON	OFF	±2.5 V	1.25 mV

3)输入信号的校准方法

模拟量输入信号校准的步骤如下:

①切断模块电源,选择需要的输入范围。

②接通 CPU 和模块电源,使模块稳定 15 min。

③用一个变送器、一个电压源或一个电流源,将零值信号加到一个输入端。

④读取适当的输入通道在 CPU 中的测量值。

⑤调节 OFFSET(偏置)电位器,直到读数为零或所需的数字数据值。

⑥将一个满刻度值信号接到输入端子中的一个,并在程序中读出该值。

⑦调节 GAIN(增益)电位器,直到读数为 32 000 或所需要的数字数据值。

⑧必要时,重复偏置和增益校准过程。

经过上面的步骤,就可以编写程序来直接读取 A/D 转换的数据了。

(2)EM235 模拟量输入模块的使用

EM235 具有 4 个输入通道和 1 个输出通道。4 个输入通道可以接入标准的电压信号或者电流信号,没有用到的通道需要用导线进行短接。1 个输出通道既可以用作电压输出,也可以用作电流输出,但是不能同时用作两种输出。下面以一个水箱水位控制为例介绍 EM235 模块的使用方法。

【例 8.1】有一水箱的容积是 600 L,当水量达到 500 L 的时候,进水泵停止进水,当水位低于 50 L 的时候,进水泵重新启动进水。水位的模拟信号通过压力传感器测量得到。试编写程序实现。

【解题思路】

1)硬件安装

将 EM235 安装到导轨上,通过总线接到 CPU226 上。这里要特别注意的是不同型号的 CPU 带负载能力不同,应该将 EM235 安装到合适的位置。

2)模块配置

EM235 同样需要设置 DIP 开关来进行配置工作方式,见表 8.9。

SW6 为 ON 表示输入信号为单极性,OFF 为双极性。SW4、SW5 规定了增益,SW1、SW2、SW3 规定了衰减。

这里选择单极性 0~5 V 的满量程输入。通过查表 8.9,正确配置 DIP 开关。

表 8.9　EM235 模拟量模块 DIP 开关设置

单极性						满量程输入	分辨率
SW1	SW2	SW3	SW4	SW5	SW6		
ON	OFF	OFF	ON	OFF	ON	0~50 mV	12.5 μV
OFF	ON	OFF	ON	OFF	ON	0~1 000 mV	25 μV
ON	OFF	OFF	OFF	ON	ON	0~500 mV	125 μV
OFF	ON	OFF	OFF	ON	ON	0~1 V	250 μV
ON	OFF	OFF	OFF	OFF	ON	0~5 V	1.25 mV
ON	OFF	OFF	OFF	OFF	ON	0~20 mA	5 μA
OFF	ON	OFF	OFF	OFF	ON	0~10 V	2.5 mV
双极性						满量程输入	分辨率
SW1	SW2	SW3	SW4	SW5	SW6		
ON	OFF	OFF	ON	OFF	OFF	±25 mV	12.5 μV

续表

双极性						满量程输入	分辨率
SW1	SW2	SW3	SW4	SW5	SW6		
OFF	ON	OFF	ON	OFF	OFF	±50 mV	25 μV
OFF	OFF	ON	ON	OFF	OFF	±100 mV	50 μV
ON	OFF	OFF	OFF	ON	OFF	±250 mV	125 μV
OFF	ON	OFF	OFF	ON	OFF	±500 mV	250 μV
OFF	OFF	ON	OFF	ON	OFF	±1 V	500 μV
ON	OFF	OFF	OFF	OFF	OFF	±2.5 V	1.25 m V
OFF	ON	OFF	OFF	OFF	OFF	±5 V	2.5 mV
OFF	OFF	ON	OFF	OFF	OFF	±10 V	5 mV

使用一个 0~5 V 标准电压信号接到 RA 通道的(A+、A-),其余通道用导线短接来完成。

3)接线

按照图 8.4(b)所示正确接线,未用通道同样用导线短接。

①将 0~5 V 电源的两个线接到 RA 的 A+和 A-端,未用的通道短接。

②准备一块万用表,用于测量输出端的电压变化情况。

4)校准的方法和步骤

可以参照 EM231 的输入校准。

5)编写程序

本例的梯形图程序如图 8.5 所示。

为了能够准确地读取和输出模拟转换结果,设计者应该清楚每个转换通道与 CPU 内存的接口地址。模拟量模块转换通道与 CPU 的接口见表 8.10。

表 8.10　模拟量模块转换通道与 CPU 的接口

模拟量通道	CPU 内存地址
CH0(RA)	AIW0
CH1(RB)	AIW2
CH2(RC)	AIW4
CH3(RD)	AIW6
OUT(V)	AQW0
OUT(I)	AQW2

为了使参与计算的数据更有实际意义,在网络 2 中对模拟量数据进行了归一化,因为 AI 转换的数据范围是 0~27 648(单极性)。在自动控制系统中(如 PID 控制),控制器一般都是对设定值和过程值的差值进行计算。设定值可以是实际的物理值,也可以是没有单位的比例值(如 0~100%),所以过程值必须归一化,使该值与设定值具有同等的意义。

网络 1　　读取模拟量值存放到MW0中

```
SM0.0          MOV_W
 ─┤├─────────┤EN    ENO├────

       AIW0 ─┤IN    OUT├─ MW0
```

网络 2　　把读取的数字量转换成物理量（容量）存放到MD16

```
SM0.0          I_DI                      DI_R
 ─┤├────┬────┤EN    ENO├───────────────┤EN    ENO├────
         │                                          
    MW0 ─┤IN    OUT├─ MD4          MD4 ─┤IN    OUT├─ MD8
         │
         │       DIV_R                     MUL_R
         └────┤EN    ENO├───────────────┤EN    ENO├────

        MD8 ─┤IN1   OUT├─ MD12    MD12 ─┤IN1   OUT├─ MD16
     32000.0 ─┤IN2                600.0 ─┤IN2
```

网络 3　　当水箱容量>500 L时，停止进水泵Q0.0；当水箱容量<50 L时，重新启动进水泵Q0.0

```
 MD16          Q0.0
 ─┤>=R├────────( R )
 500.0           1
 MD16          Q0.0
 ─┤<=R├────────( S )
  50.0           1
```

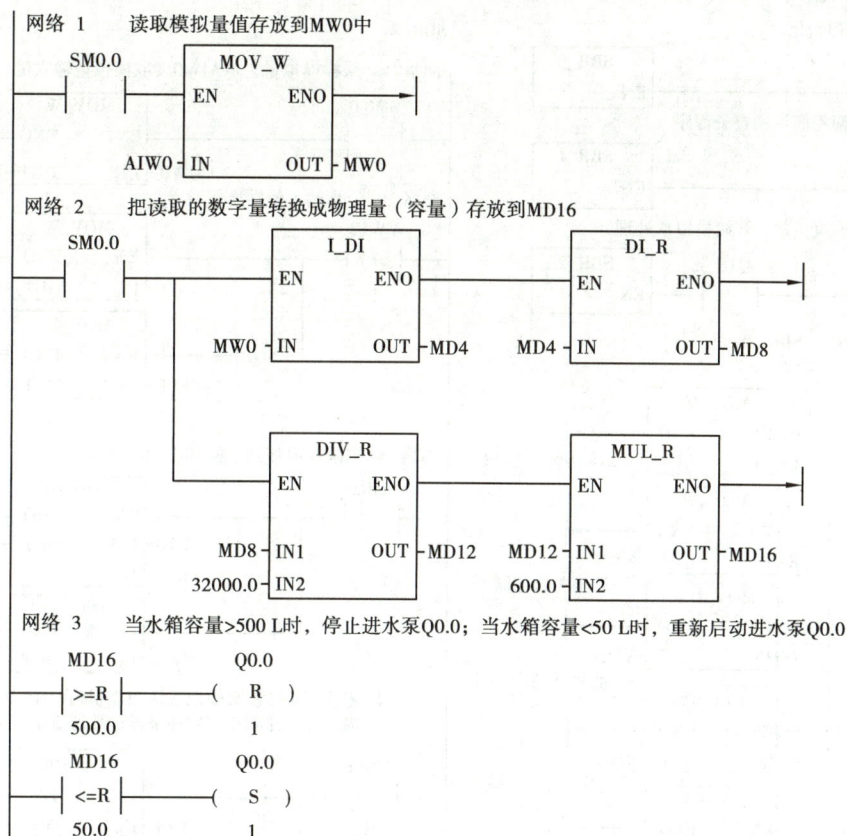

图 8.5　例 8.1 梯形图程序

8.1.3　模拟量模块的应用举例

【例 8.2】CPU 扩展 EM231 进行模拟量输入信号测量。

控制要求：模拟量输入模块 EM231 与 CPU 模块构成 PLC 控制系统，模拟输入信号的量程为±10 V。要求对模拟量输入信号进行测量。

【解题思路】

由于输入信号的量程为±10 V，因此应将 EM231 的组态开关设置为相应的量程。在工业现场存在较多的电磁干扰，会使模拟信号不稳定。在实际应用中，一般通过多次采样取平均值的方法来减小干扰信号的影响。本例也采用这种方法设计控制程序，如图 8.6 所示。

本例描述了模拟量模块 EM231 的功能，程序由三个子程序组成。程序开始执行时首先要调用第一个子程序进行有关的参数的初始化，然后调用第二个子程序对模拟量模块的状态进行检测，模拟量模块经过测试可以提供模块错误信息。如果第一个扩展模块不是模拟量模块，Q1.0 接通。另外，若模拟量模块检查到电源出错，则 CPU 上的 1.1 接通；若模拟量工作正常，则调用模拟量输入采样子程序和模拟量输出子程序。在采样子程序中，从 AIW0 中取输入值。为了增加稳定性而以 128 次采样的平均值作为模拟量的测量值。为了减少程序的扫描时间，在求平均值时采用了移位指令代替除法指令。

网络 1　初始化
```
    SM0.1           ┌─────────┐
   ──┤├──────────────┤ SBR_0   │
                    │EN       │
                    └─────────┘
```

网络 2　调用模块检查子程序
```
    SM0.0           ┌─────────┐
   ──┤├──────────────┤ SBR_1   │
                    │EN       │
                    └─────────┘
```

网络 3　模块正常，开始模拟量处理
```
    Q1.0    Q1.1    ┌─────────┐
   ──┤/├────┤/├──────┤ SBR_2   │
                    │EN       │
                    └─────────┘
```

初始化子程序　SBR 0

网络 1
```
    SM0.0    ┌───────────┐
   ──┤├──┬────┤  MOV_W    │
        │   │EN      ENO│
        │   │          │
        │  0┤IN    OUT├─VW0  采样计数器
        │   └───────────┘
        │   ┌───────────┐
        ├────┤  MOV_W    │
        │   │EN      ENO│
        │   │          │
        │128┤IN    OUT├─VW2  采样次数存储器
        │   └───────────┘
        │   ┌───────────┐
        ├────┤  MOV_DW   │
        │   │EN      ENO│
        │   │          │
        │  0┤IN    OUT├─VD10 当前采样值存储器
        │   └───────────┘
        │   ┌───────────┐
        ├────┤  MOV_DW   │
        │   │EN      ENO│
        │   │          │
        │  0┤IN    OUT├─VD14 当前采样和存储器
        │   └───────────┘
        │   ┌───────────┐
        └────┤  MOV_DW   │
            │EN      ENO│
            │          │
          0┤IN    OUT├─VD18 平均值存储器
            └───────────┘
```

SBR 1

网络 1　检查第一个扩展模块是否存在，如果不存在，则将Q1.0置1
```
    SMB8              Q1.0
   ──┤==B├──┤NOT├──────( S )
    16#19              1
```

网络 2　检查第一个扩展模块和电源是否正常，若不正常，则将Q1.0置1
```
    SMB9        SMB9     Q1.1
   ──┤==B├─┤NOT├─┤==B├────( S )
    16#0        16#04    1
```

SBR 2

网络 1　采样模拟量，从AIW0读取模拟量输入值，并存入VW12
```
    SM0.0           ┌───────────┐
   ──┤├──────────────┤  MOV_W    │
                    │EN      ENO│
                    │          │
                AIW0┤IN    OUT├─VW12
                    └───────────┘
```

网络 2　将输入值转换成双字
```
    VW12    ┌───────────┐
   ──┤>=1├──┬─┤  MOV_W    │
     0      │ │EN      ENO│
           │ │          │
           │ 0┤IN    OUT├─VW10
           │ └───────────┘
           │ ┌───────────┐
           └─┤NOT├┤  MOV_W    │
             │EN      ENO│
             │          │
       16#FFFF┤IN    OUT├─VW10
             └───────────┘
```

网络 3　把采样值加到采样和中，将采样次数加1
```
    SM0.0           ┌───────────┐
   ──┤├──────────────┤  ADD_DI   │
                    │EN      ENO│
                    │          │
                VD10┤IN1   OUT├─VD14
                VD14┤IN2       │
                    └───────────┘
                    ┌───────────┐
                    │  INC_W    │
                    │EN      ENO│
                    │          │
                 VW0┤IN    OUT├─VW0
                    └───────────┘
```

网络 4　若达到采样次数则把采样和复制到VD18中，并求平均值，最后将采样和存储器和采样计数器清零
```
    VW0     ┌───────────┐
   ──┤>=1├──┬─┤  MOV_DW   │
    VW2     │ │EN      ENO│
           │ │          │
           │VD14┤IN  OUT├─VD18
           │ └───────────┘
           │ ┌───────────┐
           ├─┤  ENCO     │
           │ │EN      ENO│
           │ │          │
           │VW2┤IN   OUT├─AC1
           │ └───────────┘
           │ ┌───────────┐
           ├─┤  SHR_DW   │
           │ │EN      ENO│
           │ │          │
           │VD18┤IN  OUT├─VD18
           │ AC1┤N        │
           │ └───────────┘
           │ ┌───────────┐
           ├─┤  MOV_DW   │
           │ │EN      ENO│
           │ │          │
           │ 0┤IN   OUT├─VD14
           │ └───────────┘
           │ ┌───────────┐
           └─┤  MOV_W    │
             │EN      ENO│
             │          │
           0┤IN    OUT├─VW0
             └───────────┘
```

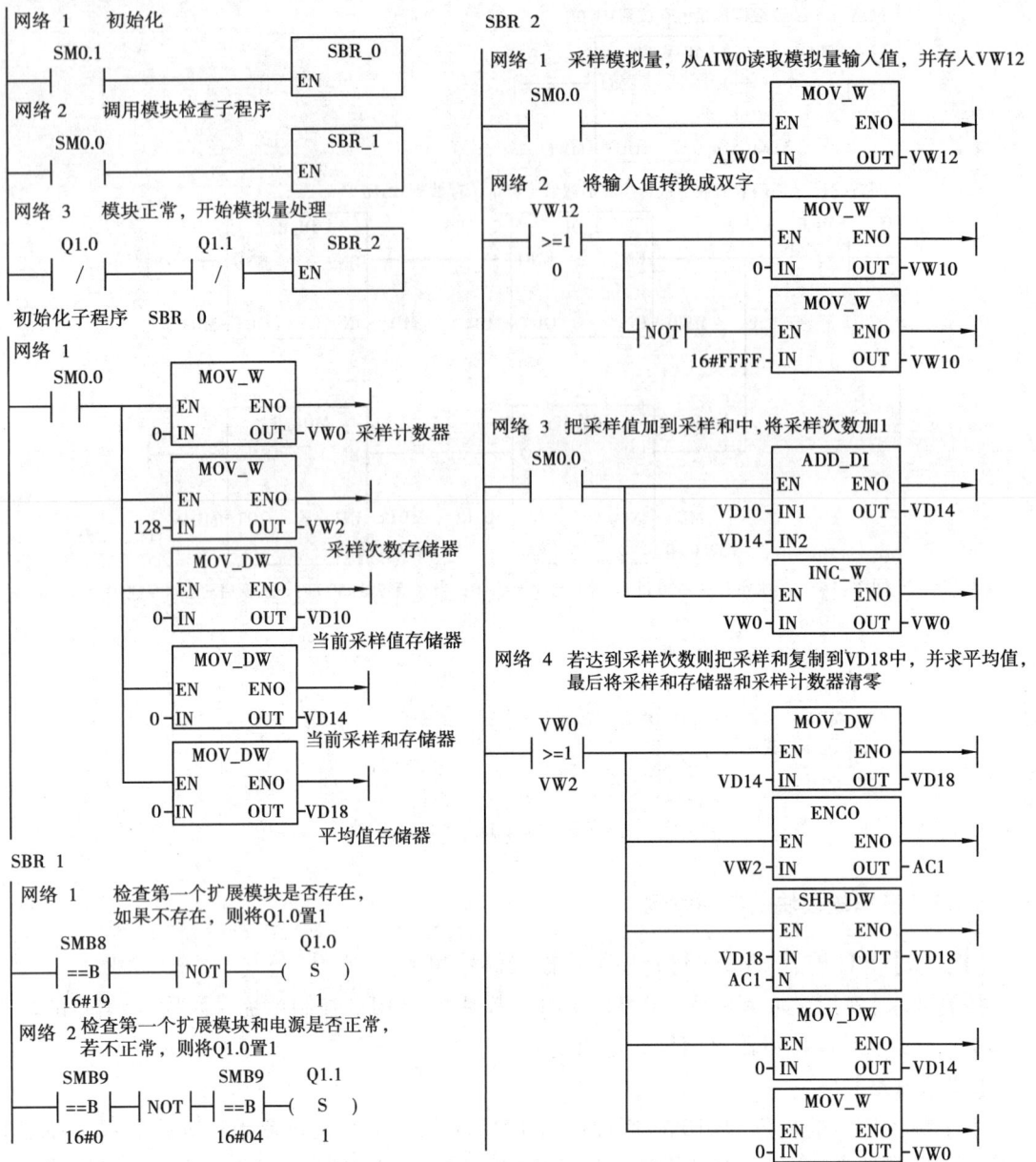

图 8.6　模块量输入处理梯形图程序

【例 8.3】CPU 扩展 EM235 实现温度控制。

控制要求：一个温度控制系统要求将被控系统的温度控制在 10～100 ℃。目标温度设定为 50 ℃，当温度低于 40 ℃ 或高于 60 ℃ 时，应能通过加热器或冷却风扇进行调节，并以不同的指示灯指示系统所处的温度区间。

【解题思路】

选用模拟量输入/输出模块 EM235，温度传感器 PT100 与 PLC CPU224 模块构成控制系统的基本单元。系统设置一个启动按钮来启动控制程序，设置绿（Q0.0）、红（Q0.1）、蓝（Q0.2）3 个指示灯来指示温度状态。当被控温度在要求范围内，绿灯亮，表示系统正常运行；当被控

温度超过上限,红灯亮,同时启动冷却风扇(Q0.3);当被控温度低于下限,蓝灯亮,同时启动加热器(Q0.4)。

分析控制要求可知,设计温度控制程序主要分为 3 个模块:初始化子程序;将来自温度变送器的模拟信号转换为实际温度值的模块;根据温度报警控制模块。梯形图如图 8.7 所示。

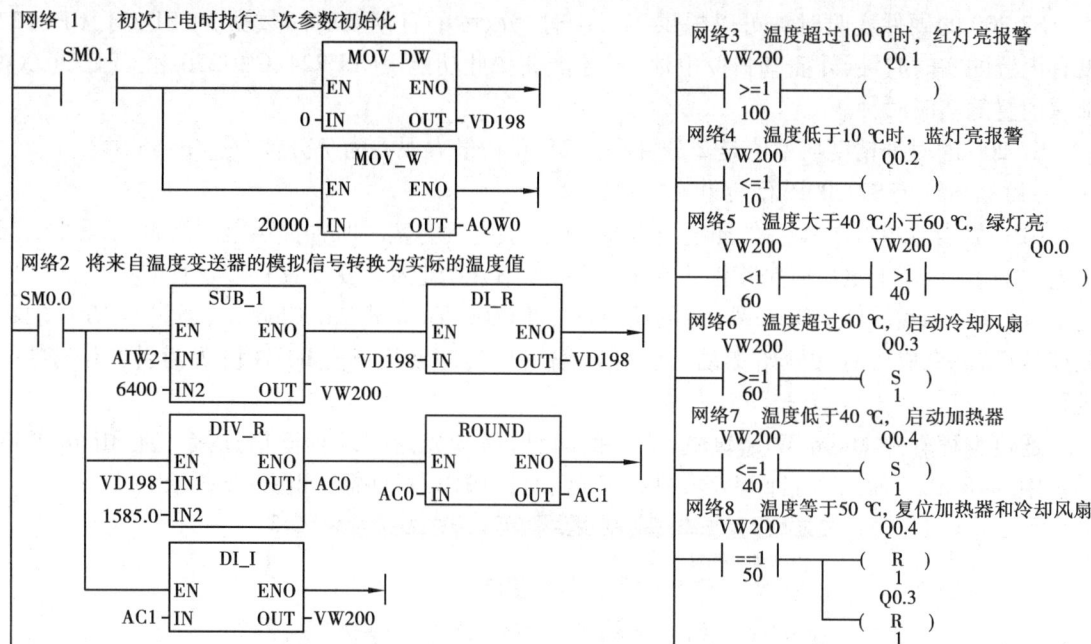

图 8.7　温度控制梯形图程序

在被控系统中的温度测量点,温度信号经变送器变为 4~20 mA 的电流信号送入 EM235 的第 2 个模拟量输入通道 AIW2 中;PLC 读入温度值后,再取其平均值作为被控系统的实际温度值。为了把温度传感器 PT100 随温度变化的电阻转换成相应的温度变化值,利用下面的温度公式求得:

$$T = (温度数字量 - 0℃偏置量)/1℃数字量$$

其中,温度数字量为存储 AIWx(x = 0、2、4)中的值;0 ℃偏置量为在 0 ℃测量出的数字量,这里取为 6 400;1 ℃数字量为温度每升高 1 的数字量,这里取为 1 585。

温度传感器 PT100 在正常工作时需要 12.5 mA 的电流,这里采用 EM235 模块的输出通道来给温度传感器供电。由于 EM235 模块的工作电流被 DIP 开关设置为 0~20 mA,因此,为了获得 12.5 mA 的输出电流,应将 AQW0 的输出数设置为 20 000(32 000/20×12.5 = 20 000)。

在实际应用中,对一般模拟量进行处理时可直接应用本例的方法。

8.2　S7-200 PLC 的数据采集应用举例

数据采集可分为开关量采集、模拟量采集及脉冲量采集。而采集时一般要与时间相联系,通常是要指明采集当时的具体时刻以及日期。下面分别对这些量的采集举例说明。

8.2.1　实时时钟

为了采集数据,PLC 要有实时时钟,以便在采集数据的同时也记录当前的时间。目前大多数 PLC 都内置有时钟,不必运行时钟程序,做好设定就可以使用内置时钟。

S7-200 的硬件实时时钟可以提供年、月、时、分、秒的日期及时间数据。CPU221、CPU222 没有内置的实时时钟,外插"时钟/电池卡"才能获得此功能。CPU224、CPU226 和 CPU226 XM 都有内置的实时时钟。

S7-200 的时钟精度典型值是 2 分钟/月(25 ℃),最大误差为 7 分钟/月(0~55 ℃)。

(1)如何设定 S7-200PLC 的内置时钟

CPU 靠内置超级电容(+外插电池卡)在失去供电后为实时时钟提供电源缓冲。缓冲电源放电完毕后,再次上电后时钟将停止在缺省值,并不开始走动。要设置日期、时间值,使之开始走动,可以用编程软件(Micro/WIN)的菜单命令 PLC > Time of Day Clock…,通过与 CPU 的在线连接设置,完成后时钟开始走动。也可以编用户程序使用 Set_RTC(设置时钟)指令进行设置。

通过编程软件 Micro/WIN 设置 CPU 的时钟,必须先建立编程通信连接。在 Micro/WIN 菜单中选择"PLC >实时时钟"命令,打开"PLC 时钟操作"对话框,如图 8.8 所示。

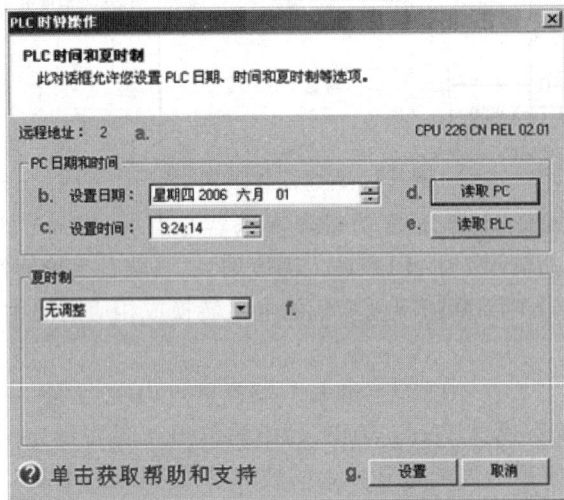

图 8.8　PLC 实时时钟设置界面

图 8.8 中:

a. 设置时钟的 CPU 网络地址——取决于在"通信"界面中的选择;

b. 设置日期——选择需要修改的数据字段,直接输入数字,或者使用输入框右侧的上下按钮调整;

c. 设置时间——选择需要修改的数据字段,直接输入数字,或者使用输入框右侧的上下按钮调整;

d. 读取 PC 时钟——按此按钮可以读取安装 Micro/WIN 的 PC 机的本机时间;

e. 读取 PLC 时钟——按此按钮读取 PLC 内部的实时时钟数据;

根据需要选择夏时制调整选项,按"设置"按钮,将上面的时钟日期数据写入 PLC 。

（2）如何读取实时时钟

S7-200 PLC 提供了两条时钟指令：读实时时钟（TODR）和写实时时钟（TODW）。时钟指令的表达形式及操作数见表 8.11。

表 8.11 实时时钟指令的表达形式及操作数

指令、名称	梯形图符号	参数	数据类型	参数说明	操作数
READ_RTC	READ_RTC EN ENO T	T	BYTE	输入、输出	QB、VB、MB、SMB、SB、LB、＊VD、＊LD、＊AC
SET_RTC	SET_RTC EN ENO T	T	BYTE	输入、输出	

读实时时钟（TODR）指令从硬件时钟读取当前时间和日期，并将其载入以地址 T 起始的 8 个字节的时间缓冲区。

设置实时时钟（TODW）指令将当前时间和日期写入用 T 指定的在 8 个字节的时间缓冲区开始的硬件时钟。

8 个字节时间缓冲区格式（T）见表 8.12。

表 8.12 实时时钟参数 T 的 8 个字节时间缓冲区格式

T	T+1	T+2	T+3	T+4	T+5	T+6	T+7
年	月	日	时	分	秒	保留	星期
0-99	1-12	1-31	0-23	0-59	0-59	0	1-7

1＝星期日，7＝星期六，0 禁止星期表示法

例：T 是一个以字节为单位的起始地址，比如定义 T 为 VB0，那么：

VB0—年（0-99），当前年份（BCD 值）；

VB1—月（1-12），当前月份（BCD 值）；

VB2—日期（1-31），当前日期（BCD 值）；

VB3—小时（0-23），当前小时（BCD 值）；

VB4—分钟（0-59），当前分钟（BCD 值）；

VB5—秒（0-59），当前秒（BCD 值）；

VB6—00 保留字节始终设置为 00；

VB7—星期几（1-7）当前是星期几，1＝星期日（BCD 值）。

当然，指定 T 为 VB0 后，VB0~VB7 就不能用在其他地方了。

注意：为了提高运算效率，应当避免每个程序周期都读取实时时钟。实际上，可读取的最小时间单位是 1 秒，可每秒读取一次（使用 SM0.5 上升沿触发读取指令）。

使用程序读取的实时时钟数据为 BCD 格式,可在状态图中使用十六进制格式查看。

(3)应用举例

【例 8.4】当时间到 2009 年 6 月 3 日 20 点 31 分 20 秒的时候,CPU 转到停止,前提是 CPU 有硬件时钟,并且正确设置了时间。

【解题思路】

用 VB0 和设定的数值比较后可以实现报时功能。注意:比较前要把 BCD 码转为整数,或者设定值用 16 进制来表示。梯形图程序如图 8.9 所示。

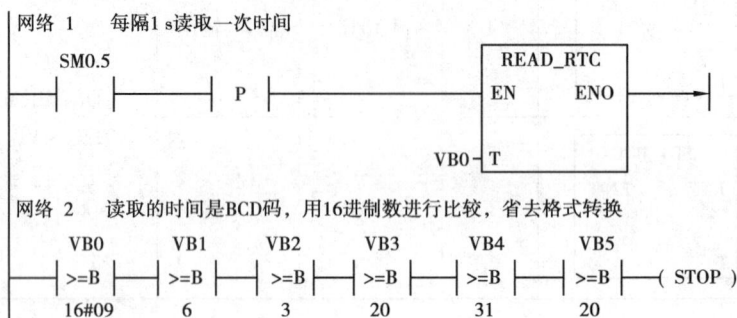

图 8.9　例 8.4 梯形图程序

【例 8.5】定时开启、关闭外部设备。每天早上 6 点到晚上 8 点开机。开机输出用 Q0.0 来表示。

【解题思路】

先读取实时时间存入 VB0 开始的 8 个字节中,因为题目中只需要用到整点来进行控制,故只需要用 VB3 来与设定值进行比较即可,具体程序如图 8.10 所示。

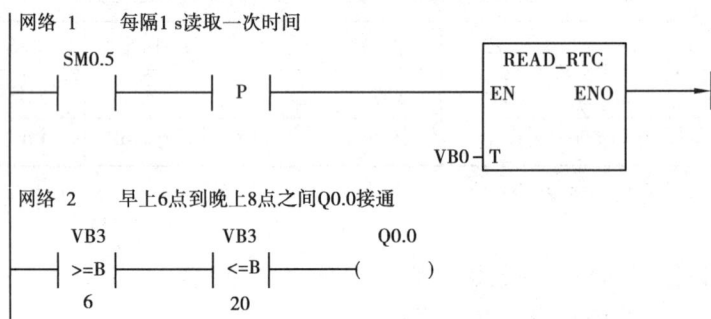

图 8.10　例 8.5 梯形图程序

8.2.2　开关量采集

开关量仅两个取值,较简单,如 ON 代表开工,OFF 代表停工。采集它的目的主要是弄清什么时候发生了变化。例如:什么时候开工,什么时候停工。这个开关量采集程序如图 8.11 所示。

它在开工(I0.0)为 ON 或 OFF 的第一个扫描周期中执行 READ-RTC 指令,把 PLC 实时时钟的年、月、日、时、分、秒、星期等值读到 VB100 开始的 8 个字节中,对应图 8.11 中的"开工日时"为 VW102,"开工分秒"为 VW104;"停工日时"为 VW112,"停工分秒"为 VW114。

显然,PLC 采集了这组数据,再有了上位计算机读取这两组数据,稍作比较,就可清楚当前是开工,还是停工;如是开工,还可知道是什么时候开工,以及上次是什么时候停工。

252

网络 1　I0.0接通的第一个扫描周期，读取实时时钟存放在VB100开始的8个字节中

```
  I0.0                    ┌─────────────┐
──┤ ├──┤ P ├──────────────┤ EN   REAN_RTC ENO├──
                          │             │
                    VB100─┤ T           │
                          └─────────────┘
```

网络 2　I0.0断开的第一个扫描周期，读取实时时钟存放在VB110开始的8个字节中

```
  I0.0                    ┌─────────────┐
──┤ / ├──┤ P ├────────────┤ EN  READ_RTC ENO├──
                          │             │
                    VB110─┤ T           │
                          └─────────────┘
```

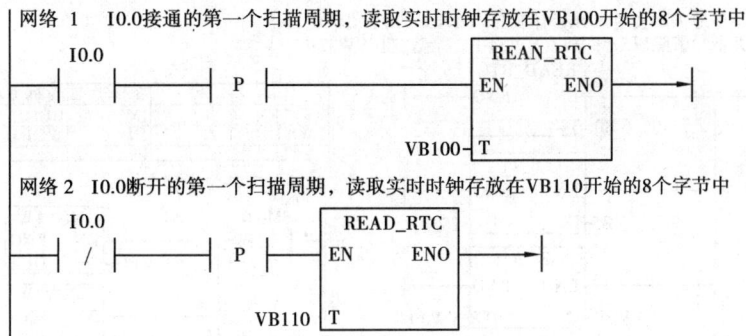

图 8.11　开关量采集程序

8.2.3　模拟量采集

PLC 的模拟量是从模拟量输入单元读取的。这个读取时间的延迟是很短的，一般为 PLC 扫描周期级。个别的温度检测单元要作一些平均数计算，为秒级。所以当模拟量输入通道有了新的数时，也就完成了模拟量采集。

模拟量采集程序所用的指令及地址不仅与 PLC 的类型有关，还与模拟量的类型及其安装情况有关。设计模拟量采集程序，应参照所使用模块的有关说明书进行。此外，在模块使用前，还要作些硬件设定或执行一些初始化程序，以确定使用的模拟量各类、变化范围、初值及比例系数等。

有时还需把采集的数据与采集时间关联，以看出被采集量随时间的变化，即所谓变化趋势监视。这个工作一般由上位机去做，但 PLC 本身也可完成，且实时性更强。

为此，可在 PLC 的某存储区设定一组（如 10 个字）工作区，用这个工作区动态记录被采集数据与采集时间有关的信息。

对此有两种方法：一是定时采集；二是变化采集。

（1）定时采集

定时采集可按一定的时间间隔采集数据，并按固定的地址记录。因定时采集的时间是固定的，可不必记下采集时间。如每隔 5 min 采集一次，那最近 5 min 采集的数据存储在数据区的最低的地址，次近的存储高一个字的地址，其余依次存储。所以，它的算法应是：每有新数据采集，先把低字的内容依次移向高字（原最高地址字的内容丢失），然后把采集的新值存入最低字。定时采集的梯形图程序如图 8.12 所示。

在图 8.12 所示的程序中，先读 PLC 的实时时钟，按照 READ-RTC 指令使用的操作数 VB0 知，当前分值存于 VB4 字节中，而且是 BCD 码。所以要转换为字，并译成十六进制码，然后进行带余数的除 5 运算。余数存于 VW32 中，商存于 VW34 中，接着判断 VW32 是否等于 0，若等于 0，则微分调用带参数传递的子程序 SBR-0。这里之所以用带参数的子程序，这是因为 S7-200PLC 没有字移位指令，只好用它来代用。

子程序 SBR-0 的功能是实现从 VW110~VW118 间的字移位，同时把局部变量"#输入字"存入 VW110 中。子程序的局部变量表见图 8.12，仅一个输入字，由调用它的程序指定。本例指定的为 AIW0，即模拟量输入模块的输入字。

执行上述的程序，近期采集的数据将依次存于 VW110~VW118 中。

网络1　不停地采集实时时钟,存放在VB0开始的8个字节中;
　　　　并把秒值除以5,商放在VW34中,余数放在VW32中

符　号	变量类型	数据类型	注　释
EN	IN	BOOL	
LW0 INPUT	IN	WORD	
	IN		

SBR-0　字移位子程序

网络2　VW32=0,即每隔5 s,调用一次子程序SBR0

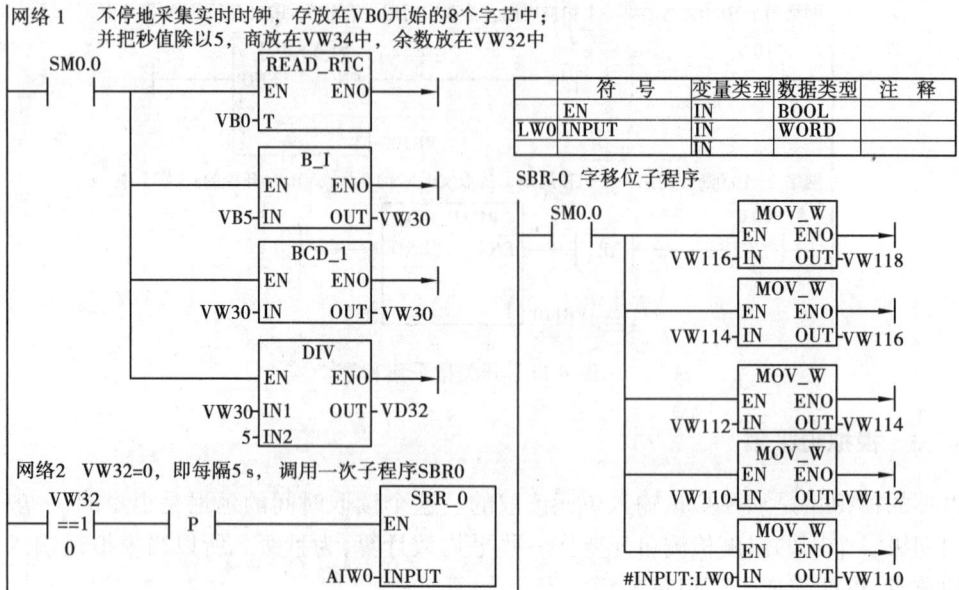

图 8.12　定时采集程序图

(2)变化采集

变化采集即跟踪被采集量,视其变化情况,若被采集量的变化超过某个范围,则存储,并同时记下这时的时间,再有新的变化再采集。图 8.13 所示即为变化采集的梯形图程序。

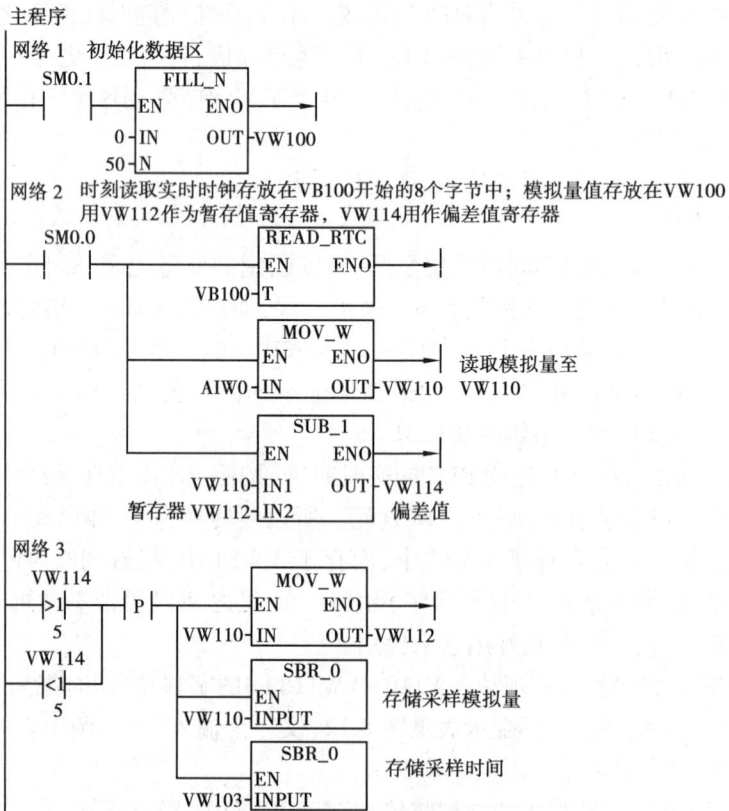

主程序

网络1　初始化数据区

网络2　时刻读取实时时钟存放在VB100开始的8个字节中;模拟量值存放在VW100
用VW112作为暂存值寄存器,VW114用作偏差值寄存器

读取模拟量至 VW110

暂存器 VW112　偏差值

网络3

存储采样模拟量

存储采样时间

(a)变化采集主程序

SBR-0

	符　号	变量类型	数据类型	注　释
	EN	IN	BOOL	
LW0	INPUT	IN	WORD	
		IN		

网络1　把VB120-VW138，共10个字单元作为一个字移位寄存器，当条件满足时，把INPUT值送到最低位VW120中，原单元的内容依次向高位寄存器移动。相当于一个字左移的移位寄存器。

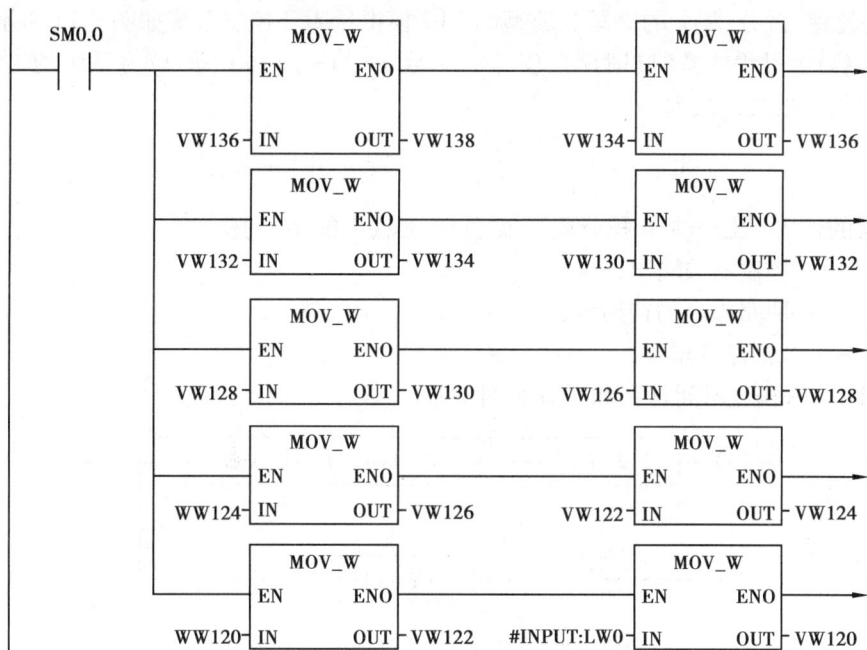

（b）带参数调用的子程序

图 8.13　变化采集梯形图程序

在图 8.13 所示的程序中，网络 1 的程序在 PLC 上电的第一个扫描周期，先对程序中用到的数据区进行初始化；网络 2 的程序先读 PLC 的实时时钟，按 READ-RTC 指令使用的操作数 VB100，当前时分值存于 VW103 字中，接着处理输入值，并存入 VW110 中。再就是进行 VW110 与暂存器（VW112）相减，其差存于偏差值（VW114）中；在网络 3 中进一步判断偏差值是否大于 5 或者小于 -5（也可以是其他常数），则微分调用带参数传递的子程序 SBR-0。为什么这里用带参数的子程序，因为 S7-200PLC 没有字移位指令，只好用它来代用。

子程序 SBR-0 的功能是实现从 VW120～VW138 间的字移位，同时把局部变量"#输入字"存入 VW120 中。子程序的局部变量表见图 8.13（b），仅一个输入字，由调用它的程序指定。本例指定的为 VW110 及 VW103，即模拟量输入模块的输入字及当前时分。

执行上述的程序，这里 VW120～VW138 中存为 5 组数，分别为记录当时的时分及这个时分相应的被采集数据。只要变化绝对值超过常数 5，数据就会更新一次。

8.3　S7-200 PLC 的回路控制

8.3.1　模拟量闭环控制系统

（1）模拟量闭环控制系统的组成

PID 是比例、微分、积分的缩写。典型的 PID 模拟量闭环控制系统如图 8.14 所示，$sp(t)$ 是给定值，$pv(t)$ 为过程变量（反馈量），误差 $e(t) = sp(t) - pv(t)$，$sp(t)$ 为系统的输出量，PID 控制器的输入输出关系式为：

$$M(t) = K_c\left(e + \frac{1}{T_1}\int_0^t e\,dt + T_D\,de/dt\right) + M_{initial}$$

控制器的输出 = 比例项 + 积分项 + 微分项 + 输出的初始值。

式中　$M(t)$——控制器的输出；

　　　$M_{initial}$——回路输出的初始值；

　　　K_c——PID 回路的增益；

　　　TI, TD——积分时间常数和微分时间常数。

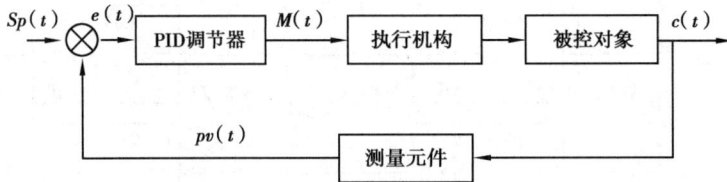

图 8.14　模拟量闭环控制系统方框图

比例（P）、积分（I）、微分（D）部分分别与误差、误差的积分和微分成正比。如果取其中的一项或两项，可以组成 P、PD 或 PI 控制器。需要较好的动态品质和较高的稳态精度时，可以选用 PI 控制方式；控制对象的惯性滞后较大时，应选择 PID 控制方式。

闭环控制系统的结构简单，容易实现自动控制，因此在各个领域得到了广泛的应用。

（2）变送器的选择

变送器用于将传感器提供的电量或非电量转换为标准量程的直流电流或直流电压信号，例如 DC 0~10 V 和 DC 4~20 mA。变送器分为电流输出型和电压输出型。电压输出型变送器具有恒压源的性质，PLC 模拟量输入模块的电压输入端的输入阻抗很高，例如 100 kΩ ~ 10 MΩ。如果变送器距离较远，通过线路间的分布电容和分布电感产生的干扰信号电流在模块的输入阻抗上将产生较高的干扰电压。例如，1 μA 干扰电流在 10 MΩ 输入阻抗上将产生 10 V 的干扰电压信号，所以远程传送模拟量电压信号时抗干扰能力很差。

电流输出型变送器具有恒流源的性质，恒流源的内阻很大。PLC 的模拟量输入模块输入电流时，输入阻抗较小（例如 250 Ω）。线路上的干扰信号在模块的输入阻抗上产生的干扰电压很低，所以模拟量电流信号适合远程传送。

电流传送比电压传送的传送距离远得多，S7-300/400 的模拟量输入模块使用屏蔽电缆信号线时允许的最大传送距离为 200 m。

　　变送器分为二线制和四线制两种,四线制变送器有两根信号线和两根电源线。二线制变送器只有两根外部接线,如见图 8.15 所示。它们既是电源线,也是信号线,输出 4~20 mA 的信号电流,直流 24 V 电源串接在回路中,有的二线制变送器通过隔离式安全栅供电。通过调试,在被检测信号量程的下限时输出电流为 4 mA,被检测信号满量程时输出电流为 20 mA。二线制变送器的接线少,信号可以远传,在工业中得到了广泛的应用。

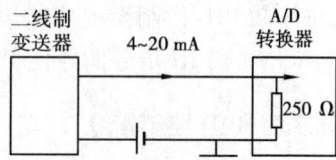

图 8.15　二线制变送器

　　(3)闭环控制反馈极性的确定

　　闭环控制必须保证系统是负反馈(误差 = 给定值 - 反馈值),而不是正反馈(误差 = 给定值+反馈值)。如果系统接成了正反馈,将会失控,被控量会往单一方向增大或减小,给系统的安全带来极大的威胁。

　　闭环控制系统的反馈极性与很多因素有关。例如,因为接线改变了变送器输出电流或输出电压的极性,在 PID 控制程序中改变了误差的计算公式,改变了某些直线位移传感器或转角位移传感器的安装方向,都会改变反馈的极性。

　　可以用下述的方法来判断反馈的极性:在调试时断开 D/A 转换器与执行机构之间的连线,在开环状态下运行 PID 控制程序。如果控制器中有积分环节,因为反馈被断开了,不能消除误差,D/A 转换器的输出电压会向一个方向变化。这时如果接上执行机构,能减小误差,则为负反馈,反之为正反馈。

　　以温度控制系统为例,假设开环运行时给定值大于反馈值,若 D/A 转换器的输出值不断增大,如果形成闭环,将使电动调节阀的开度增大,闭环后温度反馈值将会增大,使误差减小,由此可以判定系统是负反馈。

　　(4)PID 控制器的优点

　　PID 控制器是应用最广的闭环控制器,有人估计现在有 90% 以上的闭环控制采用 PID 控制器。这是因为 PID 控制具有以下的优点:

　　1)不需要被控对象的数学模型

　　自动控制理论中的分析和设计方法主要是建立在被控对象的线性定常数学模型的基础上的。这种模型忽略了实际系统中的非线性和时变性,与实际系统有较大的差距。对于许多工业控制对象,根本就无法建立较为准确的数学模型,因此,自动控制理论中的设计方法很难用于大多数控制系统。对于这一类系统,使用 PID 控制可以得到比较满意的效果。

　　2)结构简单,容易实现

　　控制器的结构典型,程序设计简单,计算工作量较小,各参数有明确的物理意义,参数调整方便,容易实现多回路控制、串级控制等复杂的控制。

　　3)有较强的灵活性和适应性

　　根据被控对象的具体情况,可以采用 PID 控制器的多种变种和改进的控制方式,例如带死区的 PID、被控量微分 PID、积分分离 PID 和变速积分 PID 等,但比例控制一般是必不可少的。随着智能控制技术的发展,PID 控制与神经网络控制等现代控制方法结合,可以实现 PID 的参数自整定,使 PID 控制器具有经久不衰的生命力。

　　4)使用方便

　　现在已有许多 PLC 生产厂家提供具有 PID 控制功能的产品,例如 PID 闭环控制模块、PID

控制指令和 PID 控制系统功能块等。它们使用简单方便,只需要设置一些参数即可,STEP7-Micro/WIN 的 PID 指令向导使 PID 指令的应用更加简单方便。

8.3.2 PID 控制指令

PID 算法是过程控制领域中技术成熟、使用广泛的控制方法。在较早的 PLC 中并没有 PID 的现成指令,只能通过运算指令实现 PID 功能。但随着 PLC 技术的发展,很多品牌的 PLC 都增加了 PID 功能,有些是专用模块,有些是指令形式,都大大扩展了 PLC 的应用范围。在 S7-200 系列 PLC 中,是通过 PID 回路指令来实现 PID 功能的。

(1)PID 指令的梯形图符号、格式及参数

表 8.13 给出了 PID 回路指令的符号名称和参数。

表 8.13 PID 回路指令的符号名称,参数

指令、名称	梯形图符号	参 数	数据类型	参数说明	操作数
PID	PID —EN ENO— —TBL —LOOP	EN	BOOL	允许输入	V,I,Q,M,SM,L
		ENO	BOOL	允许输出	
		TBL	BYTE	回路表的起始地址	VB
		LOOP	常数		(0~7)

(2)指令的功能

PID 在 EN 端口执行条件存在时,运用回路表中的输入信息和组态信息进行 PID 运算,编程极其简便。

该指令有两个操作数:TBL 和 LOOP。其中,TBL 是回路表的起始地址,操作数限用 VB 区域;LOOP 是回路号,可以是 0~7 的整数。在程序中最多可以用 8 条 PID 指令,PID 回路指令不可重复使用同一个回路号,否则会产生不可预料的结果。

回路表包含 9 个参数,用来控制和监视 PID 运算。这些参数分别是过程变量当前值 PV_n、过程变量前值 PV_{n-1},给定值 SP_n,输出值 M_n,增益 K_c,采样时间 T_s,积分时间 T_i,微分时间 T_d 和积分项前值 MX。36 个字节的回路表格式见表 8.14。若要以一定的采样频率进行 PID 运算,采样时间必须在输入回路表中,且 PID 指令必须编入定时发生的中断程序中,或者在主程序中由定时器控制 PID 指令的执行频率。

表 8.14 PID 指令回路表

地址偏移量	变量名	数据类型	I/O 类型	描 述
0	过程变量 PV_n	实数	I	0.0~1.0
4	给定值 SP_n	实数	I	0.0~1.0
8	输出值 M_n	实数	I/O	0.0~1.0
12	增益 K_c	实数	I	比例常数,可正可负
16	采样时间 T_s	实数	I	单位为秒,正数
20	积分时间 T_i	实数	I	单位为分钟,正数

续表

地址偏移量	变量名	数据类型	I/O 类型	描　述
24	微分时间 T_D	实数	I	单位为分钟,正数
28	积分项前值 MX	实数	I/O	0.0～1.0
32	过程变量前值 PV_{n-1}	实数	I/O	最近一次 PID 运算的过程变量值,为 0.0～1.0

西门子给出的 PID 计算公式为:

$$M_n = MP_n + MI_n + MD_n \tag{8.1}$$

输出 = 比例项+积分项+微分项

式中　M_n——第 n 采样时刻的计算值;

　　　MP_n——第 n 采样时刻的比例项值;

　　　MI_n——第 n 采样时刻的积分项值;

　　　MD_n——第 n 采样时刻的微分项值。

而　　　　　　　　$$MP_n = K_c \times (SP_n - PV_n) \tag{8.2}$$

式中　K_c——增益;

　　　SP_n——第 n 采样时刻的给定值;

　　　PV_n——第 n 采样时刻的过程变量值。

而　　　　　$$MI_n = Kc \times T_s / T_i \times (SP_n \cdot PV_n) + MX \tag{8.3}$$

式中　T_s——采样时间间隔;

　　　T_i——积分时间;

　　　MX——第 n-1 采样时刻的积分项(积分项前值)。

　　　K_c、SP_n、PV_n 的定义同式(8.2)。

积分和(MX)是所有积分项前值之和。在每次计算出 MI_n 后,都要用 MI_n 去更新 MX。其中 MI_n 可以被调整或限定。MX 的初值通常在第一次计算输出以前被设置为 M_{intial}(初值)。积分项还包括其他几个常数:增益 K_c,采样时间间隔 T_s 和积分时间 T_i。其中采样时间是重新计算输出的时间间隔,而积分时间控制积分项在整个输出结果中影响的大小。

$$MD_n = K_c \times T_d / T_s \times [(SP_n - PV_n) - (SP_{n-1} - PV_{n-1})]$$

为了避免给定值变化的微分作用而引起的跳变,假定给定值不变($SP_n = SP_{n-1}$)。这样,可以用过程变量的变化替代偏差的变化,计算式可改进为

$$MD_n = K_c \times T_d / T_s \times (PV_n - PV_{n-1}) \tag{8.4}$$

式中　T_s——回路采样时间;

　　　T_d——微分时间;

　　　SP_{n-1}——第 n-1 采样时刻的给定值;

　　　PV_{n-1}——第 n-1 采样时刻的过程变量值。

K_c、SP_n、PV_n 的定义同式(8.2)。

为了下一次计算微分项值,必须保存过程变量,而不是偏差。在第一采样时刻,初始化为 $PV_{n-1} = PV_n$。

8.3.3　PID 控制指令要点

使用 PID 指令要注意以下几个要点：

（1）选择 PID 回路的类型

在大部分模拟量的控制系统中，使用的回路控制类型并不是比例、积分和微分三者俱全，有些控制系统只需要比例、积分、微分其中的一种或两种控制类型。可以通过设置相关参数来选择所需的回路控制类型。

如只需要比例、微分回路控制，可以把积分时间常数 T_i 设置为无穷大。此时虽然由于有初值 MX 使积分项不为 0，但积分作用可以忽略。

如只需要比例、积分回路控制，可以把微分时间常数 T_d 设置为 0，微分作用即被关闭。

如只需要积分或微分回路，则可以把比例增益 K_c 设置为 0.0，系统会在计算积分项和微分项时把回路增益 K_c 当作 1.0 看待。

一般情况下，比例、积分回路控制应用较多。微分控制的作用不宜过强，否则易引起系统的不稳定。

（2）采样时间间隔

为了让 PID 运算以预想的采样频率工作，PID 指令必须用在定时发生的中断程序中，或者用在主程序中被定时器所控制以一定的频率执行。采样时间必须通过回路表输入到 PID 运算中。

（3）回路输入的转换和标准化

使用 PID 指令时，应对采集到的数据和计算出来的 PID 控制结果数据进行转换及标准化，数值转换及标准化的步骤如下所述：

每个 PID 回路有 2 个输入变量，给定值（SP）和过程变量（PV）。给定值通常是一个固定的值，比如温度控制中的温度给定值。过程变量就是温度的测量值，与 PID 回路输出有关，并反映了控制的效果。

给定值和过程变量都是实际工程物理量，其数值大小、范围和测量单位都可能不一样。执行 PID 指令前必须把它们进行标准化处理，即用程序把它们转换成浮点型实数值。

第一步，回路输入变量的数据转换。把 A/D 模拟量单元输出的 16 位整数值转换成实数值。程序如下：

```
XORD    AC0,AC0    //清空累加器 AC0
ITD     AIW0,AC0   //把待变换的模拟量转换为双整数并存入 AC0
DTR     AC0,AC0    //把 32 位双整数转换为实数
```

第二步，实数的归一化处理。即把实数值转化为 0.1～1.0 的实数。归一化的公式为：

$$R_{norm} = (R_{raw}/S_{pan}) + Off_{set} \tag{8.5}$$

式中　R_{norm}——标准化的实数值；

　　　R_{raw}——没有标准化的实数值或原值；

　　　Off_{set}——补偿值或偏值，对于单极性为 0.0，对于双极性为 0.5；

　　　S_{pan}——值域大小，为最大允许值减去最小允许值，对于单极性为 32 000（典型值），对于双极性为 64 000（典型值）。

下面的指令把双极性实数归一化为 0.1～1.0 的实数。通常用在第一步转换之后：

```
/R      64000.0,AC0       //将累加器中的实数值除以 64 000.00
+R      0.5,AC0           //加上偏值,使其在 0.0~1.0
MOVR    AC0,VD100         //将归一化结果存入回路表
```

(4)回路输出变量的数据转换

回路输出变量是用来控制外部设备的,例如控制水泵的速度。PID 运算的输出值是 0.0~1.0 的标准化了的实数值,在输出变量传送给 D/A 模拟量单元之前,必须把回路输出变量转换成相应的整数。这一过程是实数标准化的逆过程。

第一步,回路输出变量的刻度化。把回路输出的标准化实数转换成实数,公式如下:

$$R_{scal} = (M_n - Off_{set}) S_{pan} \tag{8.6}$$

式中　R_{scal}——回路输出的刻度实数值;

　　　M_n——回路输出的标准化实数值;

　　　Off_{set}、S_{pan} 的定义同式(8.5)。

回路输出变量的刻度化程序如下:

```
MOVR    VD108,AC0         //将回路输出值放入 AC0
-R      0.5,AC0           //对双极性输出,减去 0.5 的偏值(单极性无此句)
*R      64000.0,AC0       //将 AC0 中的值按工程量标定
```

第二步,把回路输出变量的刻度值转换成整数(INT),并输出。其程序如下:

```
ROUND   AC0,AC0           //实数转换为 32 位整数
DTI     AC0,AC0           //双字整数转换为整数
MOVW    AC0,AQW0          //把输出值输出到模拟量输出寄存器
```

(5)变量的范围控制

过程变量和给定值是进行 PID 运算的输入变量,因此,这两个变量只能被回路指令读取而不能改写。

输出变量是由 PID 运算所产生的,在每次 PID 运算完成之后,应把新输出值写入回路表。输出值应是 0.0~1.0 的实数。

如果使用积分控制,积分项前值 MX 必须根据 PID 运算结果更新。每次 PID 运算后更新了的积分项前值要写入回路表,作为下一次 PID 运算的输入。如果输出值超过范围(大于 1.0 或小于 0.0),那么积分项前值应根据下列公式进行调整:

$MX = 1.0 - (MP_n - MD_n)$　　当计算输出值 $M_n > 1.0$ 时

$MX = - (MP_n - MD_n)$　　　当计算输出值 $M_n < 0.0$

式中　MX——经过调整了的积分项前值;

　　　MP_n——第 n 采样时刻的比例项;

　　　MD_n——第 n 采样时刻的微分项。

修改回路表中积分项前值时,应保证 MX 的值为 0.0~1.0。调整积分项前值后,使输出值回到(0.0~1.0)范围内,可以使系统的响应性能提高。

(6)PID 指令运行出错条件

PID 指令不检查回路表中的值是否在范围之内,所以必须确保过程变量、给定值、输出值、积分项前值、过程变量前值为 0.0~1.0。如果指令操作数超出范围,CPU 会产生编译错误,导致编译失败。

如果 PID 运算发生错误,那么特殊存储器标志位 SM1.1(溢出或非法值)会被置 1,并且中止 PID 指令的执行。要想消除这种错误,单靠改变回路中的输出值是不够的,正确的方法是在下一次执行 PID 运算之前改变引起运算错误的输入值,而不是更新输出值。

(7)PID 回路指令控制方式

S7-200 系列 PLC 中,PID 回路指令没有控制方式的设置。所谓自动方式,是指只要 EN 端有效时就周期性地执行 PID 指令。而手动方式是指 PID 功能框的允许输入 EN 无效时,不执行 PID 指令。

在程序运行过程中,当 EN 端检测到一个正跳变(从 0 到 1)信号,PID 回路就从手动方式切换到自动方式。为了达到无扰动切换,在手动控制过程中,必须将当前输入值填入回路表中的 M_n 栏,用来初始化输出值 M_n ,且 PID 指令对回路表进行一系列操作,以保证手动方式无扰动地切换到自动方式。

置给定值 SP_n = 过程变量 PV_n。

置过程变量前值 PV_{n-1} = 过程变量当前值 PV_n。

置积分项前值 MX = 输出值 M_n。

(8)使用 PID 指令向导

STEP7-Micro/WIN32 提供 PID 向导,为模拟量控制程序定义 PID 算法子程序。选择菜单命令"工具"→"指令向导",并从指令向导窗口选择 PID,即可一步步按提示操作。具体操作步骤是:

1)指定回路编号

回路编号只能是 0~7 范围内选择,且不能重复。

2)设定回路参数

指定表首地址、回路参数及输入设定值地址。参数有采样时间、增益、积分时间、微分时间。

3)设定回路输入输出

指定输入和输出地址、极性(单向还是双向)及高、低限。单极(可编辑默认范围为 0~32 000);双极(可编辑默认范围为-32 000~32 000)。

4)设定报警

指定回路警报选项,有过程值(PV)低报警、过程值(PV)高报警及模拟输入模块出错报警,以及这些报警的输出位。同时,要指明该输入模块安放加在 PLC 上的位置。

5)为计算机指定内存区

使用 PID 指令,除了要用 V 内存中的一个 36 字节的参数表,还要求有一个暂存区,用于存储临时计算结果,在此须指定该计算区开始的 V 内存字节地址。

6)指定初始化子程序和中断例行程序名称

以上选项全部做完,回答完成,即开始生成代码。当生成代码完成后,将在子程序中增加所命名的初始化子程序项及中断子程序项。要使用它,在主程序中调用此初始化子程序就可以了。

8.3.4　PID 控制指令应用举例

（1）PID 指令使用要点

如同使用向导所介绍的那样，使用 PID 指令关键有 4 点：

1）参数设定

指定回路编号（LOOP）及参数表（TBL）首地址，并设定好采样时间，增益、积分时间、微分时间。

2）预处理

编写程序把模拟量输入转换为 PID 计算对应格式（0~1 的实数）的过程值（PV）及设定值转换为 PID 计算对应格式（0~1 的实数）的设定值（SV）。并传送到参数表的相应地址中，为 PID 运算做好前处理。

3）指令调用

为 PID 指令执行指定输入条件，调用 PID 指令。最好编写定时中断程序，在中断程序中调用 PID 指令。

4）后处理

编写程序把 PID 计算的控制输出（M_n 处于 0~1 的实数）转换为对应格式（十六进制，并选择好有效位），并传送到指定的模拟量输出模块的相应地址中，为 PID 运算结果执行提供条件。

（2）PID 指令应用举例

【例 8.6】电炉的温度控制。控制要求：有一台电炉要求炉温控制在一定范围。电炉的工作原理如下：当设定电炉温度后，S7-200 经过 PID 运算后由模拟量输出模块 EM232 输出一个电压信号送到控制板，控制板根据电压信号（弱电信号）的大小控制电热丝的加热电压（强电）的大小（甚至断开），温度传感器测量电炉的温度，温度信号经过控制板的处理后输入到模拟量输入模块 EM231，再送到 S7-200 进行 PID 运算，如此循环。

【解题思路】

1）主要软硬件配置

1 套 STEP7-Micro/WIN V4.0；1 台 CPU226CN；1 台 EM231；1 台 EM232；1 根编程电缆（或 CP5611 卡）；1 台电炉（含控制板）。

电炉温度控制系统的硬件接线图如图 8.16 所示。

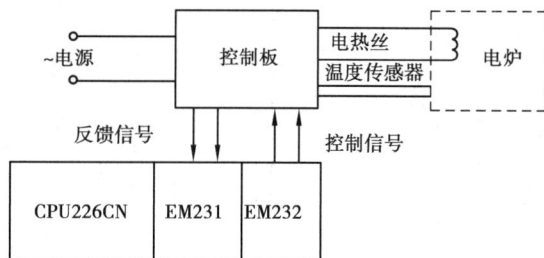

图 8.16　硬件配置图

2）控制程序的实现

①编程前，先填写 PID 指令的参数表。参数表见表 8.15。

263

表 8.15　PID 指令的参数表

地　址	参　数	描　述
VD100	过程变量 PV_n	温度经过 A/D 转换后的标准化值
VD104	给定值 SP_n	0.335
VD108	输出值 M_n	PID 回路输出值
VD112	增益 K_c	0.05
VD116	采样时间 T_s	35
VD120	积分时间 T_i	30
VD124	微分时间 T_D	0
VD128	积分项前值 MX	根据 PID 运算结果更新
VD132	过程变量前值 PV_{n-1}	最后一次 PID 运算过程变量值

②编写 PID 控制程序,程序如图 8.17 所示。

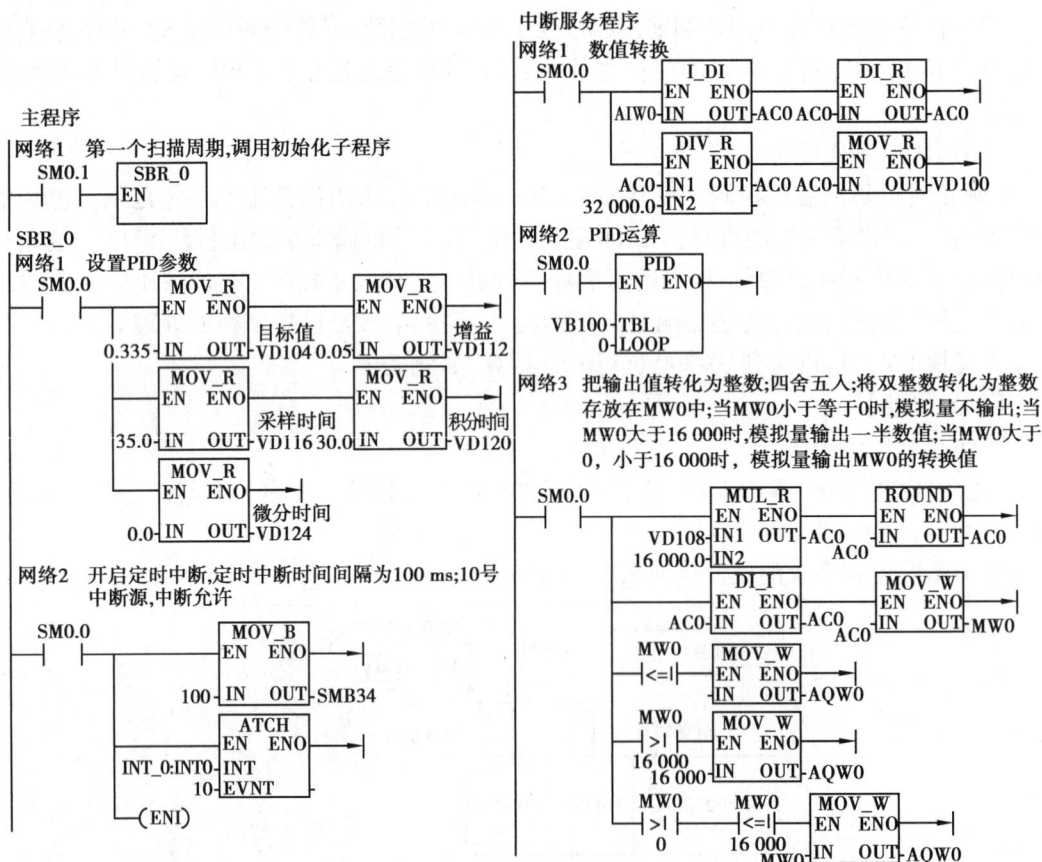

图 8.17　PID 控制程序

注意:编写此程序首先要理解 PID 的参数表各个参数的含义,其次是要理解数据类型的转换。

3)用指令向导编写 PID 控制程序

若读者对控制过程了解得比较清楚,用以上的方法编写 PID 控制程序是可行的,但显然比较麻烦,初学者不容易理解,所幸西门子公司提供了指令向导,读者利用指令向导比较容易编写 PID 程序。下面将介绍这一方法。

①打开指令向导,选定 PID。选中菜单栏的"工具",单击其子菜单项"指令向导",弹出如图 8.18 所示界面,选定"PID"选项,单击"下一步"按钮。

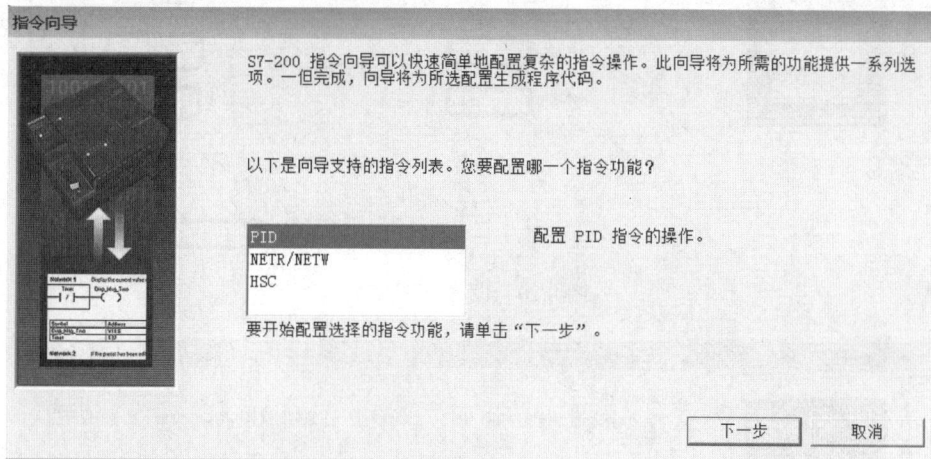

图 8.18　PID 配置界面

②指定回路号码,如图 8.19 所示,本例选定回路号为 0,单击"下一步"按钮。

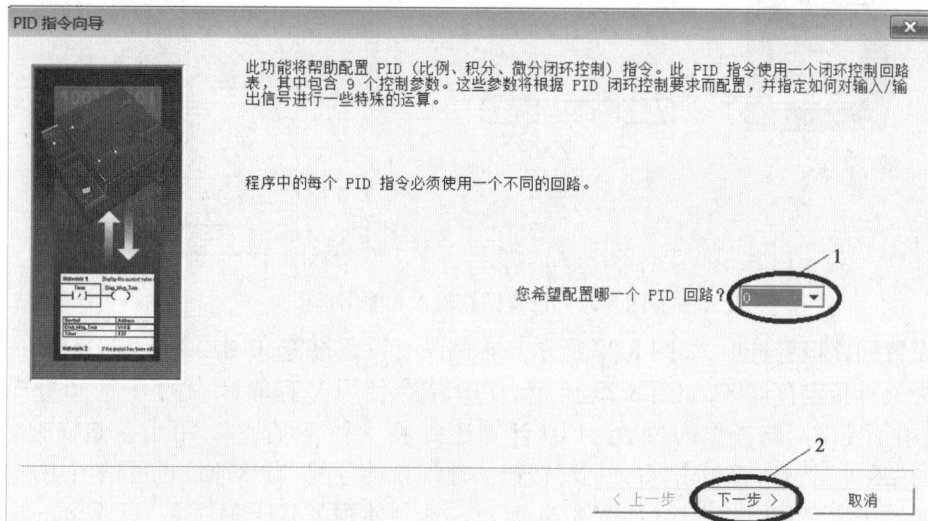

图 8.19　指定回路号码

③设置回路参数,如图 8.20 所示。本例将比例参数设定为 0.05,采样时间为 35 秒,积分时间设定为 30 分钟,微分时间设定为 0,实际就是不使用微分项,使用 PI 调节器,最后单击"下一步"按钮。

④设置回路输入和输出选项,如图 8.21 所示。标定项中选择"单极性",过程变量中的参数不变,输出类型中选择"模拟量"(因为本例是 EM232 输出)单击"下一步"按钮。

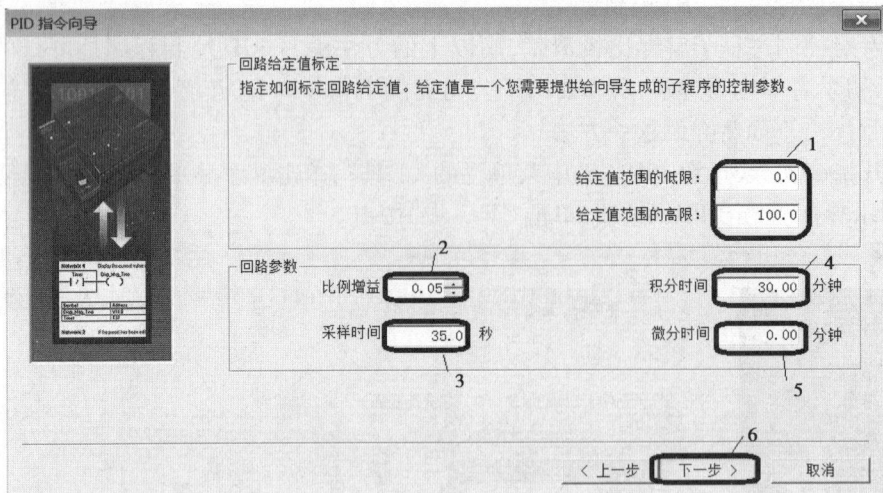

图 8.20　设置回路参数

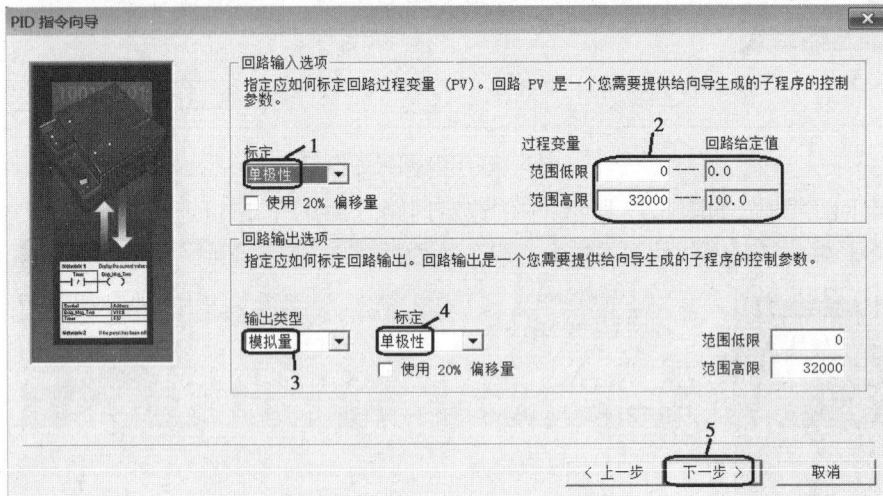

图 8.21　设置回路输入和输出选项

⑤设置回路报警选项,如图 8.22 所示。本例没有设置报警,单击"下一步"按钮。

⑥为计算指定存储区,如图 8.23 所示。PID 指令使用 V 存储区中的一个 36 字节的参数表,存储用于控制回路操作的参数。PID 计算还要求一个"暂存区",用于存储临时结果。先单击"建议地址"按钮,再单击"下一步"按钮。地址自动分配,当然地址也可以由用户分配。

⑦指定子程序和中断程序,如图 8.24 所示。本例使用默认子程序名,只要单击"下一步"按钮即可。如果项目包含一个激活 PID 配置,已经建立的中断程序名被设为只读,因为项目中的所有配置共享一个公用中断程序,项目中增加的任何配置不得改变公用中断程序的名称。

⑧生成 PID 代码,如图 8.25 所示。单击"完成"按钮,S7-200 指令向导将为指定的配置生成程序代码和数据代码,由向导建立的子程序和中断程序成为项目的一部分。要在程序中使能该配置,每次扫描周期时,使用 SM0.0 从主程序块调用该子程序。

⑨编写程序,如图 8.26 所示。

⑩PID 的自整定。S7-200CPU V2.3 以上的版本的硬件支持 PID 自整定功能,在软件 STEP7-Micro/WIN 4.0 以上版本中增加了 PID 调节面板。用户可以使用用户程序或 PID 调节控制面板来启动自整定功能。在同一时刻,最多可以有 8 个 PID 回路同时进行整定。

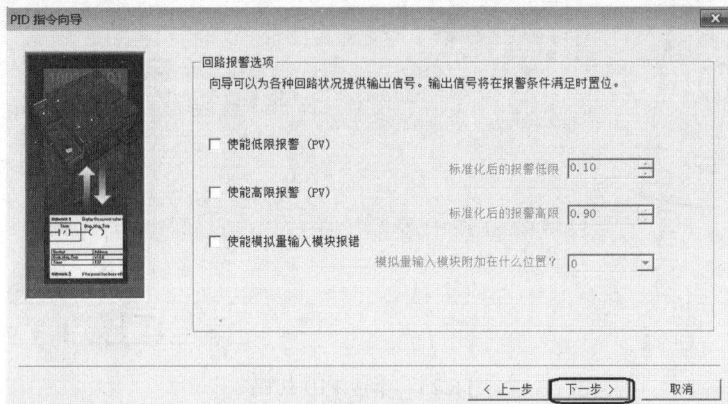

图 8.22   设置回路报警选项

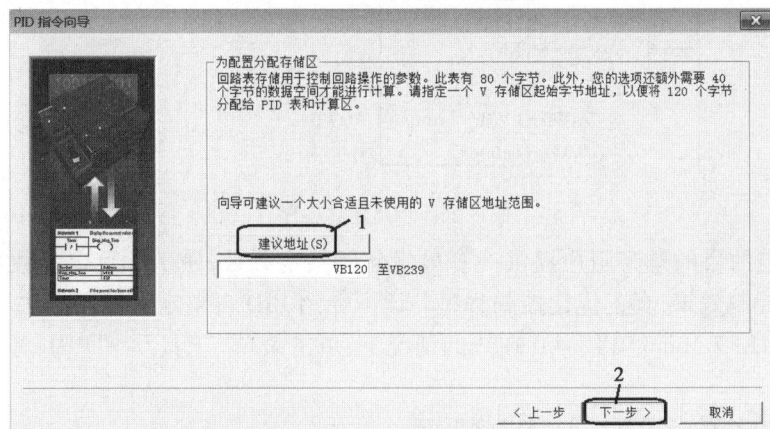

图 8.23   为计算指定存储区

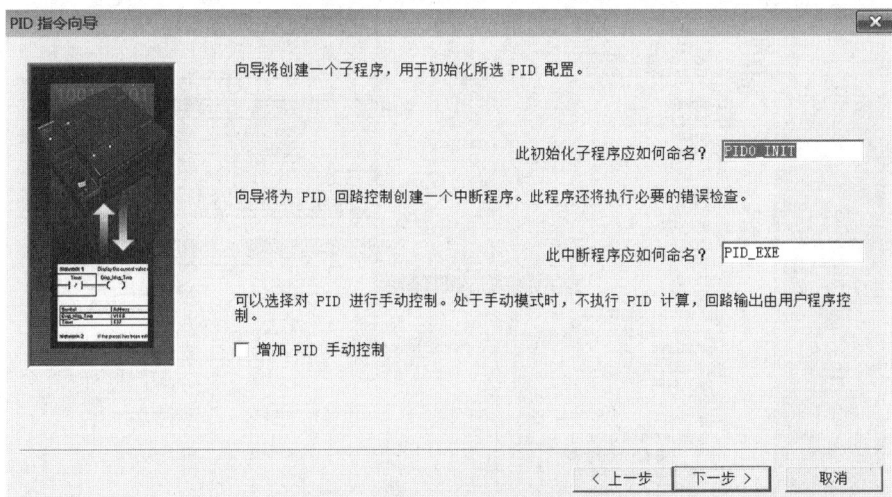

图 8.24   指定子程序和中断程序

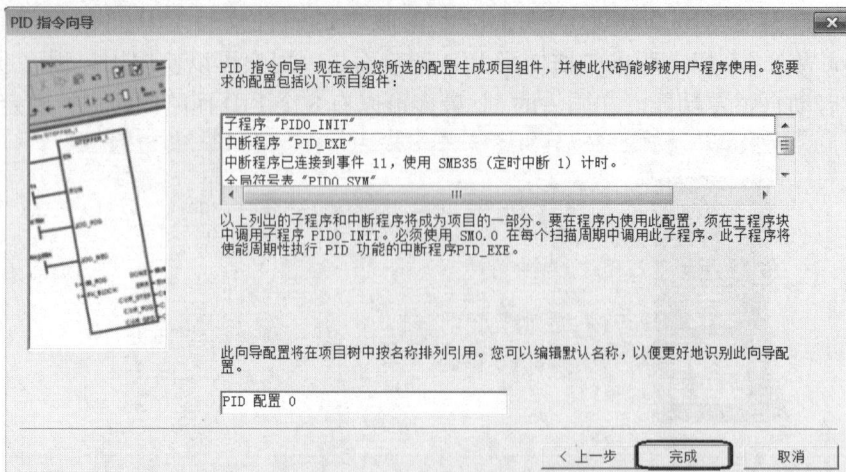

图 8.25　生成 PID 代码

网络1　PID运算；模拟量输入AIW0；PID运算结果由AQW0输出

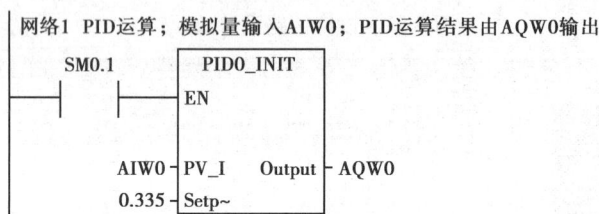

图 8.26　PID 运算程序

　　PID 自整定的目的是为用户提供一套最优化的整定参数，使用此整定参数可以使控制系统达到最佳的控制效果，真正优化控制程序。以下介绍 PID 自整定的使用方法。

　　首先，在 STEP7-Micro/WIN 4.0 在线的情况下，单击菜单"工具"→"PID 调节控制面板"，如图 8.27 所示。

　　需在 PLC 在线的情况下才能调出此界面。

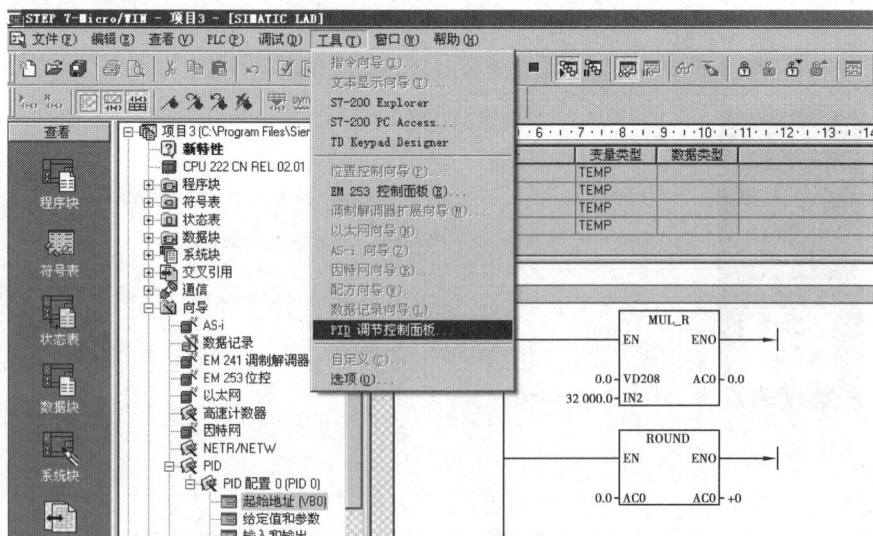

图 8.27　打开 PID 调节控制面板

先选定"自动调节"再单击"开始自动调节",PID 自动调节开始。PID 调节控制面板如图 8.28 所示。

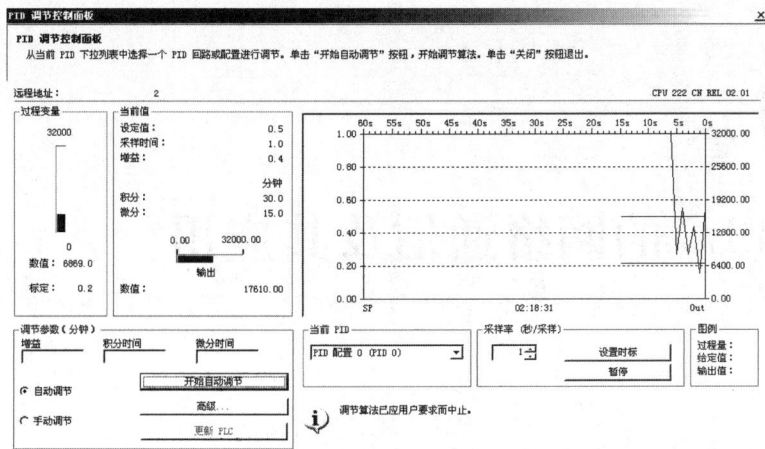

图 8.28　PID 调节控制面板

注意:为了保证 PID 自整定的成功,在启动 PID 自整定前,需要调节 PID 参数,使 PID 调节器基本稳定,输出、反馈变化平缓,并且使反馈比较接近给定;设定合适的给定值,使 PID 调节器的输出远离趋势图的上下坐标轴,以免 PID 自整定开始后输出值的变化范围受限制。

本章小结

本章介绍了 S7-200 PLC 的模拟量模块的用途、主要技术指标,构成和使用方法,为 PLC 控制系统的设计和模块选用打下基础;使用模拟量进行数据采集的几种方法和典型程序的设计;模拟量的闭环控制是过程控制系统中的典型系统;本章还介绍了 S7-200 的 PLC 提供的专门用于回路控制的 PID 指令,以及使用 PID 指令进行模拟量闭环控制的方法和步骤。

本章重点:

1. 模拟量模拟的用途、主要技术指标和使用方法。
2. 模拟量模拟进行数据采集的典型程序设计。
3. PID 指令的使用要点。

习　题

8.1　PLC 的模拟量控制系统的基本组成是怎样的?

8.2　PLC 的 PID 控制器是如何实现的? PID 控制器需整定的参数有哪些? 如何进行整定?

8.3　PID 参数自整定需要什么条件?

8.4　如何采用 PLC 的 PID 控制器实现水箱水位的控制?

8.5　S7-200 编程软件中设置的 PID 指令向导有什么作用?

8.6　STEP7-Micro/WIN 4.0 编程软件中的 PID 调节控制面板有什么作用?

8.7　为什么在模拟信号远传时应使用电流信号而不是电压信号?

8.8　如何实现水储罐保持恒定水压的 PID 控制?

第 9 章
S7-200 PLC 的网络通信及其应用

【知识要点】

S7-200 PLC 数据通信的基本概念;S7-200 PLC 的 PPI;自由口通信协议和网络结构。

【学习目标】

了解 PLC 数据通信的基本概念;掌握 S7-200PLC 的 PPI,自由口通信协议和网络结构;掌握 PPI,自由口通信指令及其使用方法;了解工业通信网络的设计要点。

本章将使读者了解只有通过联网通信才能更好地使用 PLC,把 PLC 的控制发挥到极致。

【本章讨论的问题】

1.PLC 数据通信的基本概念,网络通信的术语有哪些? 数据通信的基础是什么?

2.S7-200 系列 PLC 有哪几种网络通信协议?

3.如何使用网络通信指令来进行 PPI 通信?

4.如何使用 S7-200 PLC 的自由口、PROFIBUS_DP 接口进行通信?

9.1 PLC 数据通信基础知识

9.1.1 数据通信的基本概念

随着计算机网络通信技术的发展,自动控制方式由传统的集中控制向多级分布式方向发展,PLC 的通信和联网功能越来越强。在实际工作中,无论是计算机之间还是计算机的 CPU 与外部设备之间常常要进行数据交换。不同的独立系统由传输线路互相交换数据便是通信,构成整个通信的线路称之为网络。通信的独立系统可以是计算机、PLC 或其他有数据通信功能的数字设备,称为 DTE(Data Terminal Equipment)。传输线路的介质可以是双绞线、同轴电缆、光纤或无线电波等。

(1)数据传输方式

1)数据通信按照传输数据的时空顺序可分为并行通信和串行通信

并行数据通信是以字节或字为单位的数据传输方式,除了 8 根或 16 根数据线,一根公共线外,还需要通信双方联络用的控制线。并行通信的传输速度快,但是传输线根数多,成本高,一般用于近距离的数据传输,例如计算机与打印机之间的数据传输。

串行通信是以二进制的位(bit)为单位的数据传输方式,每次只传送一位,除了公共线外,在一个数据传输方向上只需要一根数据线。这根线既作为数据线又作为通信联络控制线,数据信号和联络信号在这根线上按位进行传送。串行数据通信需要的信号线少,最少只需两根线(双绞线),适用于距离较远的场合。计算机与 PLC 都有通用的串行通信接口,例如 RS-232C 和 RS-485,工业控制中一般使用串行通信。

2)串行通信按信息传输格式分为同步通信和异步通信

在串行通信中,接收方和发送方的传输速率应该相同,但是实际的发送速率和接收速率之间总是存在一些微小的差异,如果不采取措施,在连续传送大量的信息时将会因积累误差造成错位,使接收方收到错误信息。为了解决这一问题,需要使发送过程和接收过程同步。按照同步方式的不同,可以将串行通信分为异步通信和同步通信。

图 9.1 是异步通信的信息格式,发送的字符由一个起位、7~8 个数据位、一个奇偶校验位(可以没有)、一个或两个停止位组成。在通信开始之前,通信的双方需要对所采用的信息格式和数据的传输速率作相同的约定。接收方检测到停止位和起始位之间的下降沿后,将它作为接收的起始点,在每一位的中点接收信息。由于一个字符中包含的位数不多,即使发送方和接收方的收发频率略有不同,也不会因为两台设备之间时钟周期的积累误差而导致收发错位。异步通信传送附加的非有效信息较多,传输效率较低。

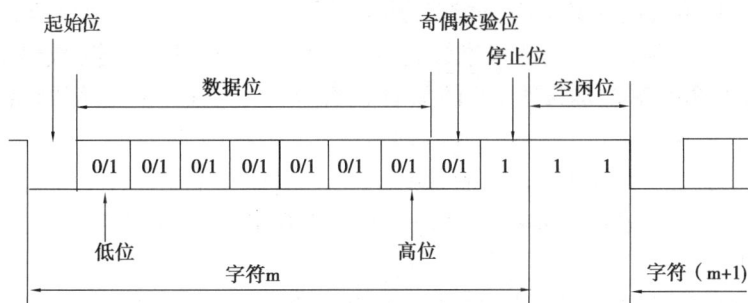

图 9.1　异步通信的信息格式

同步通信以字节为单位,每次传送 1~2 个同步字符,以及若干个数据字节和校验字符。同步字符起联络作用,以它来通知接收方开始接收数据。在同步通信中,发送方和接收方要保持完全的同步,这意味着发送方和接收方应使用一个时钟脉冲。可以通过调制解调方式在数据流中提取出同步信号,使接收方得到和发送完全相同的接收时钟信号。

由于同步通信方式不需要在每个字符中增加起始位、停止位和奇偶校验位,只需要在数据块之前加一两个同步字符,所以传输效率高,但是对硬件的要求较高,一般用于高速通信。

(2)数据传送方向

串行通信按数据在通信线路进行传送的方向可分为单工、半双工和全双工通信方式三种。单工通信方式是指数据的发送与接收始终保持同一个方向,而不能进行反向传送,其传输示意图如图 9.2(a)所示。广播的数据传输方式就是单工方式。

半双工通信方式用同一组线(例如双绞线)接收和发送数据,通信的某一方在同一时刻只能发送或接收数据。其传输示意图如图 9.2(b)所示。对讲机的数据传输方式就是半双工方式。

全双工通信方式的发送和接收分别使用两根或两组不同的数据线,通信的双方能在两个方向上同时发送和接收数据。其传输示意图如图 9.2(c)所示。电话的数据传输方式就是全双工方式。

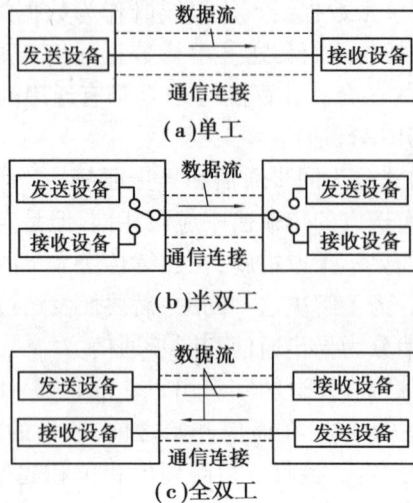

图 9.2　单工、半双工、全双工示意图

（3）传输速率

在串行通信中,传输速率又称为波特率,其单位是波特,表示每秒钟传送二进制代码的位数,它的单位是 bit/s(bps)。常用的标准波特率为 300~38 400 bit/s 等(成倍增加)。不同的串行通信网络的传输速率差别极大,有的只有数百 bit/s,高速串行通信网络的传输速率可达1 Gbit/s。

假如数据传送速率是 120 字符/s,而每个字符包含 10 个代码位(一个起始位、一个终止位、8 个数据位)。这时传送的波特率为:10 b/字符×120 字符/s=1 200 b/s。

（4）传送介质

目前普遍使用的传送介质有:同轴电缆、双绞线、光缆,其他介质如无线电、红外微波等在 PLC 网络中应用很少。其中,双绞线(带屏蔽)成本低、安装简单;光缆尺寸小、质量轻、传输距离远,但成本高、安装维修需专用仪器。

9.1.2　标准串行通信接口

在分布式控制系统中,设备和网络之间普遍采用串行通信进行数据传送,即微机发出命令来控制对象的操作。常用的串行通信接口有以下几种:

（1）RS-232C 接口

RS-232C 接口是 1969 年由美国电子工业协会(EIA)所公布的串行通信接口标准,至今仍在计算机和工业控制中广泛使用。

RS-232C 采用负逻辑,用-5～-15 V 表示逻辑状态“1”,用+5～+15 V 表示逻辑状态“0”。RS-232C 的最大通信距离为 15 m,最高传输速率为 20 kbit/s,只能进行一对一通信。RS-232C 使用 9 针或 25 针的连接器,PLC 一般使用 9 针连接器,距离近时只需要 3 根线,如图 9.3 所示。RS-232C 使用单端发送、单端接收电路(见图 9.4 所示),容易受到公共地线上的电位差和外部引入的干扰信号的影响。

（2）RS-422 接口

RS-422 接口采用平衡驱动、差动接收电路（如图 9.5 所示），利用两根导线间的电压差传输信号。这两根导线称为 A（TxD/RxD-）和 B（TxD/RxD+）。当 B 的电压比 A 高时，认为传输的逻辑"高"电平信号；当 B 的电压比 A 低时，认为传输的逻辑"低"电平信号；能够有效工作的差动电压范围十分宽广（零点几伏到接近十伏）。

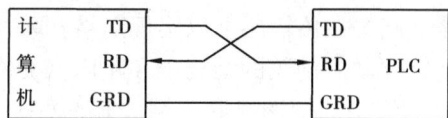

图 9.3　RS-232C 的信号线连接　　　　　图 9.4　单端驱动单端接收

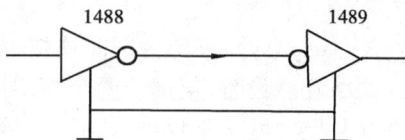

与 RS-232C 相比，RS-422A 的通信速率和传输距离有了很大提高。在最大传输速率（10 Mbit/s）时，允许最大通信距离为 12 m。传输速率为 100 kbit/s 时，最大通信距离为 1 200 m，一台驱动器可以连接 10 台接收器。

在 RS-422A 模式，数据通过 4 根导线传送（如图 9.5 所示），全双工，两对平衡差分信号线分别用于发送和接收。

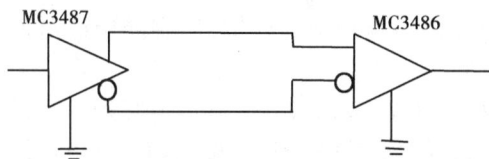

图 9.5　RS-422A 通信接线图　　　　　图 9.6　RS-485 接口电路

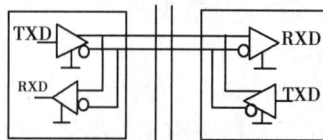

（3）RS-485 接口

RS-485 接口是 RS-422A 的变形。RS-485 为半双工，只有一对平衡差分信号线，不能同时发送和接收信号。使用 RS-485 通信接口和双绞线可以组成串行通信网络，构成分布式系统，网络中可以有 32 个站。图 9.6 所示为 RS-485 的接口电路。

S7-200 支持的 PPI、MPI 和 PROFIBUS-DP 协议是以 RS-485 为基础。S7-200 CPU 通信接口是非隔离型的 RS-485 接口，共模抑制电压为 12 V。对于这类通信接口，它们之间的信号地等电位是非常重要的，应将它们的信号参考点连接在一起。

在 S7-200 CPU 联网时，应将所有 CPU 模块输出的传感器电源的 M 端子用导线连接起来。M 端子实际上是 A、B 线信号的 0 V 参考点，在 S7-200 CPU 与变频器通信时，应将所有的变频器通信端口的 M 端子连接起来，并与 CPU 上的传感器电源的 M 端子连接。

9.1.3　PLC 网络的术语解释

PLC 网络中的名词、术语很多，现将常用的予以介绍。

站（Station）：在 PLC 网络系统中，将可以进行数据通信、连接外部输入、输出的物理设备称为"站"。例如，由 PLC 组成的网络系统中，每台 PLC 可以是一个"站"。

主站（Master Station）：PLC 网络系统中进行数据连接的系统控制站。主站上设置了控制整个网络的参数，每个网络系统只有一个主站，主站号固定为"0"，站号实际上就是 PLC 在网络中的地址。

从站(Slave Station):PLC 网络系统中除主站之外,其他的站都称为"从站"。

远程设备站(Remote Device Station):PLC 网络系统中,能同时处理二进制位与字的从站。

本地站(Local Station):PLC 网络系统中,带有 CPU 模块并可以与主站以及其他本地站进行循环传输的站。

站数(Number of Station):PLC 网络系统中,所有物理设备(站)所占用的"内存站数"的综合。

网关(Gateway):又称为网间连接器、协议转换器。网关在传输层上以实现网络互联,是最复杂的网络互联设备,仅用于两个高层协议不同的网络互联。网关的结构也和路由器类似,不同的是互联层。网关不仅可以用于广域网互联,还可以用于局域网互联。网关是一种充当转换重任的计算机系统或设备。在使用不同的通信协议、数据格式或语言,甚至体系结构完全不同的两种系统之间,网关是一个翻译器。例如 AS-I 网络的信息要传送到由西门子 S7-200PLC 组成的 PPI 网络,就要通过 CP243-2 通信模块进行转换,这个模块实际上就是网关。

中继器(Repeater):用于网络信号放大、调整的网络互联设备,能有效延长网络的连接长度。例如,以太网的正常传送距离是 500 m,经过中继器放大后可传输 2 500 m。由于存在损耗,在线路上传输的信号功率会逐渐衰减,衰减到一定程序时将造成信号失真,因此会导致接收错误。中继器就是为解决这一问题而设计的。它完成物理线路的连接,对衰减的信号进行放大,保持与原数据相同。一般情况下,中继器两端连接的是相同的媒体,但有的中继器也可以完成不同媒体的转接工作。

网桥(Bridge):网桥将两个相似的网络连接起来,并对网络数据的流量进行管理。网桥的功能在延长网络跨度上类似于中继器,然而它能提供智能化连接服务,即根据帧的终点地址处于哪一网段来进行转发和滤除。

路由器(Router):所谓路由就是指通过相互连接的网络把信息从源地点移动到目标地点的活动。一般来说,在路由过程中,信息至少会经过一个或多个中间节点。路由器是互联网的主要节点设备。路由器通过路由决定数据的转发。转发策略称为路由选择,这也是路由器名称的由来。作为不同网络之间互相连接的枢纽,路由器系统构成了基于 TCP/IP 的国际互联网 Internet 的主体脉络,也可以说,路由器构成了 Internet 的骨架。在园区网、地区网乃至整个 Internet 研究领域中,路由器技术始终处于核心地位,其发展历程和方向成为整个 Internet 研究的一个缩影。

交换机(Switch):是一种基于 MAC 地址识别,能完成封装转发数据包功能的网络设备。交换机可以"学习"MAC 地址,并把其存放在内部地址表中,通过在数据帧的始发者和目标接收者之间建立临时的交换路径,使数据帧直接由源地址到达目的地址。交换机通过直通式、存储转发和碎片隔离三种方式进行交换。交换机的传输方式有双工、半双工、全双工/半双工自适应。

9.1.4 OSI 参考模型

通信网络的核心是 OSI(Open System Interconnection,开放式系统互联)参考模块。为了理解网络的操作方法,为创建和实现网络标准、设备和网络互联规划提供了一个框架。1984 年国际标准化组织(ISO)提出了开放式系统互联的 7 层模型,即 OSI 模型。该模型自下而上分为物理层、数据链路层、网络层、传送层、会话层、表示层和应用层。理解 OSI 参考模型比较难,但了解它,对掌握后续的以太网络通信和 Profibus 通信是很有帮助的。

OSI 的以上 3 层通常称为应用层,用来处理用户接口、数据格式和应用程序的访问。以下 4 层负责定义数据的物理传输介质和网络设备。OSI 参考模型定义了大多数协议栈共有的基本框架,如图 9.7 所示。

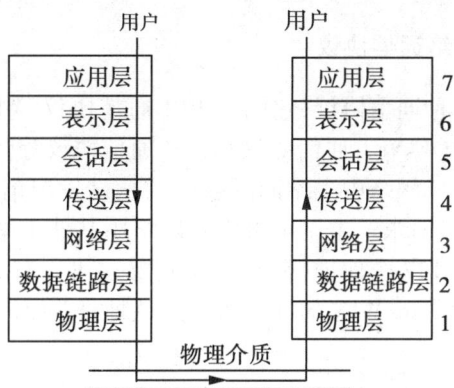

图 9.7　信息在 OSI 模型中的流动形式

（1）物理层（Physical Layer）

物理层的下面是物理媒体,例如双绞线、同轴电缆等。物理层为用户提供建立、保持和断开物理连接的功能,RS-232C,RS-422A/RS-485 等就是物理层标准的例子。

（2）数据链路层（Data Link Layer）

数据以帧为单位传送,每一帧包含一定数量的数据和必要的控制信息,例如同步信息、地址信息、差错控制和流量控制信息。数据链路层负责在两个相邻节点间的链路上,实现差错控制、数据成帧、同步控制等。

（3）网络层（Network Layer）

网络层的主要功能是报文包的分段、报文包阻塞的处理和通信子网中路径的选择。

（4）传输层

传输层的信息传送单位是报文（Message）,它的主要功能是流量控制、差错控制、连接支持,传输层向上一层提供一个可靠的端到端（end-to-end）的数据传输服务。

（5）会话层

会话层的功能是支持通信管理和实现最终用户应用进程之间的同步,按正确的顺序收发数据,进行各种对话。

（6）表示层

表示层用于应用层信息内容的形式变换,例如数据加密解密、信息压缩/解压和数据兼容,把应用层提供的信息变成能够共同理解的形式。

（7）应用层

应用层作为 OSI 的最高层,为用户的应用服务提供信息交换,为应用接口提供操作标准。

数据经过封装后通过物理介质传输到网络上,接收设备除去附加信息后,将数据上传到上层堆栈层。

各层的数据单位一般有各自特定的称呼。物理层的单位是比特（bit）;数据链路层的单位是帧（frame）;网络层的单位是分组（packet）;传输层的单位是数据报（datagram）或者段（segment）;会话层、表示层和应用层的单位是消息（message）。

9.2 S7-200 PLC 的网络通信协议及指令

9.2.1 S7-200PLC 的网络通信协议

西门子工业网络包括多种通信协议,它们是 PPI 通信协议、MPI 通信协议、自由口通信协议、PROFIBUS 通信协议、PROFINET 通信协议和 ASI 通信协议等。

协议定义了主站和从站。网络中主站向网络中的从站发出请求,从站只能对主站发出的请求做出响应,自己不能发出请求。主站也可以对网络中其他主站的请求作出响应。

协议支持一个网络中的 127 个地址(从 0~126),最多可以有 32 个主站,网络各设备的地址不能重叠。运行 STEP7-Mircro/WIN 的计算机的默认地址为 0,操作员面板的地址为 1,PLC 的默认地址为 2。

(1)PPI 通信协议

PPI(Point to Point Interface,点到点通信)是 S7-200 的基本通信方式,不需要扩展模块,通过内置 RS485 串行口(也称为 PPI 口)即可实现。PPI 通信协议是西门子专为 S7-200 系列 PLC 开发的一个通信协议,可通过普通的双绞电缆进行联网。PPI 通信协议的波特率为 9.6 kbit/s、19.2 kbit/s 和 187.5 kbit/s。S7-200 系列 CPU 上集成的编程口就是 PPI 通信接口。利用 PPI 通信协议进行通信非常简单方便,只用 NETR 和 NETW 两条语句即可进行数据的传递,不需额外再配置模块或软件。在不加中继器的情况下,PPI 通信网络最多可由 31 个 S7-200 系列 PLC、TD200、OP/TP 面板或上位机(插 MPI 卡)为站点构成 PPI 网。网络中的 S7-200 CPU 均为从站,其他 CPU、SIMATIC 编程器或文本显示器 TD200 为主站。图 9.8 为 S7-200 通过自己的串口实现 PPI 通信的例子。

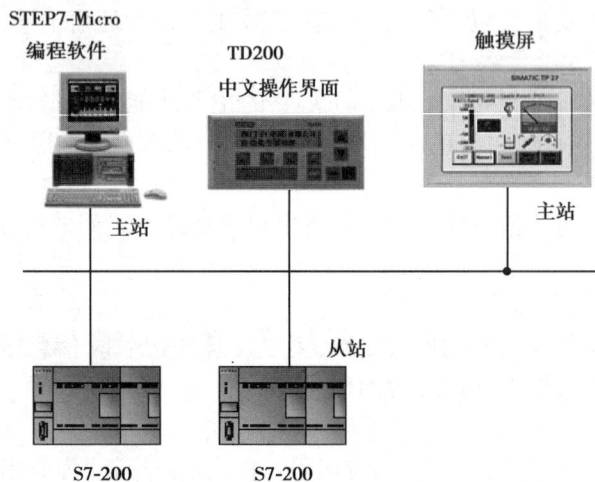

图 9.8 S7-200 通过自己的串口实现 PPI 通信

(2)MPI 通信协议

MPI(Multi Point Interface)是指多点通信,是 PPI 的扩展。S7-300/400 通过 MPI 通信接口,均可以实现 MPI 通信。S7-200 可以通过内置 PPI 接口连接到 MPI 网络上,与 S7-300/400

进行 MPI 通信,波特率为 19.2 kbit/s 或 187.5 kbit/s。S7-200 CPU 在 MPI 网络中作为从站,它们彼此间不能直接通信。通过 EM277 也可以实现 MPI 通信。图 9.9 为 MPI 通信的例子。

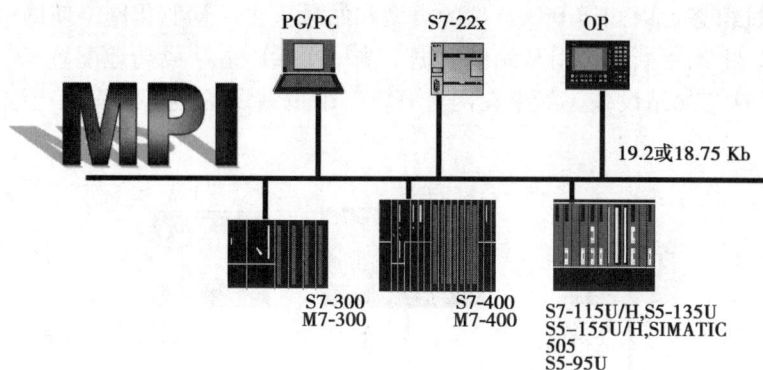

图 9.9　MPI 通信

（3）自由口通信协议

自由口通信方式是 S7-200 PLC 一个很有特色的功能。它使 S7-200 PLC 通过 PPI 接口可以与任何通信协议公开的其他设备和控制器进行通信,即 S7-200 PLC 可以由用户自己定义通信协议（如 ASCII 协议）。波特率最高为 38.4 kbit/s（可调整）,因此可通信的范围大大增加,使控制系统配置更加灵活与方便。

任何具有串行接口的外设,如打印机、条形码阅读器、变频器、调制解调器（Modem）和上位机等,都可以用自由口通信方式与 PLC 进行通信,如图 9.10 所示。自由口通信方式也可以用于两个 CPU 之间简单的数据交换,用户可通过编程来编制通信协议,用来交换数据（如 ASCII 码字符）。

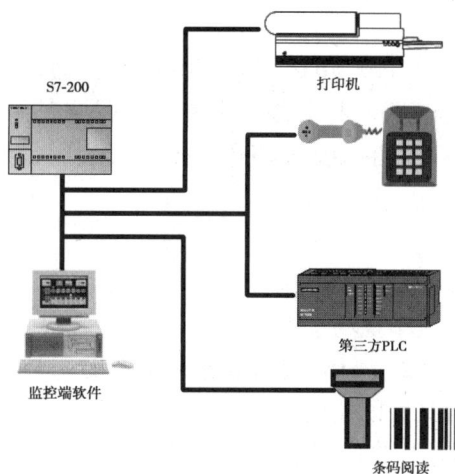

图 9.10　S7-200 通过自由口通信方式与外设通信

（4）PROFIBUS 通信协议

PROFIBUS 是西门子的现场总线通信协议,也是 IEC61158 国际标准中的现场总线标准之一。PROFIBUS-DP 的最高传输速率可达 12 Mbit/s。PROFIBUS 通信协议通常用于分布式 I/O

(远程 I/O)的高速通信,可以使用不同厂家的 PROFIBUS 设备。这些设备包括普通的输入/输出模块、电机控制器和 PLC。PROFIBUS 网络通常有一个主站和若干个 I/O 从站,如图 9.11 所示。主站设备通过组态可以知道 I/O 从站的类型和站号。主站初始化网络使网络上的从站设备与配置相匹配。主站不断地读写从站的数据。当一个 DP 主站成功地配置了一个 DP 从站之后,它就拥有了这个从站设备。如果在网上有第二个主站设备,它对第……个主站的从站的访问将受到限制。

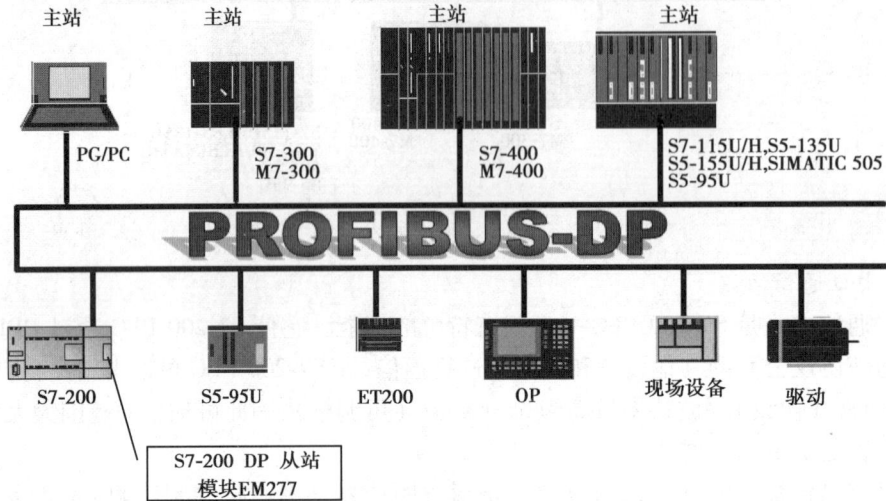

图 9.11　PROFIBUS 网络

(5)PROFINET 通信协议

PROFINET 是西门子的工业以太网通信协议,也是 IEC61158 国际标准中的现场总线标准之一。

PROFINET 的传输速率可达 100 Mbit/s,以 TCP/IP 与其他设备交换数据。IT 模块除了以太网的基本连接外,还永久地将 Web 和组态文件保存在 IT 文件系统中,还有用于发送 E-mail 的 SMTP 客户机和用于访问 IT 文件系统的 FTP 服务器。除了纯粹的文本信息以外,还可传送嵌入的变量。

(6)ASI 通信协议

ASI 是指在控制器(主站)和传感器/执行器(从站)之间双向交换信息的总线网络,是西门子的工业通信协议的一种,属于现场总线(Fieldbus)下面底层的监控网络系统。ASI 的优势主要在于安装的便捷性。图 9.12 是 ASI 网络的连接示意图。AS-i 主站可以作为上层现场总线的一个节点服务器,它下面又可以挂接一批 AS-i 从站。

AS-i 总线主要运用于具有开关量特征的传感器和执行器系统。传感器可以是位置接近开关以及温度、压力、流量、液位开关等,执行器可以是各种开关阀门,电/气转换器以及声、光报警器,也可以是继电器、接触器、按钮等低压开关电器。AS-i 总线也可以连接模拟量设备,只是模拟信号的传输要占据多个传输周期。

连接主站和从站的两芯电缆除传输信号外,同时还提供工作电源。

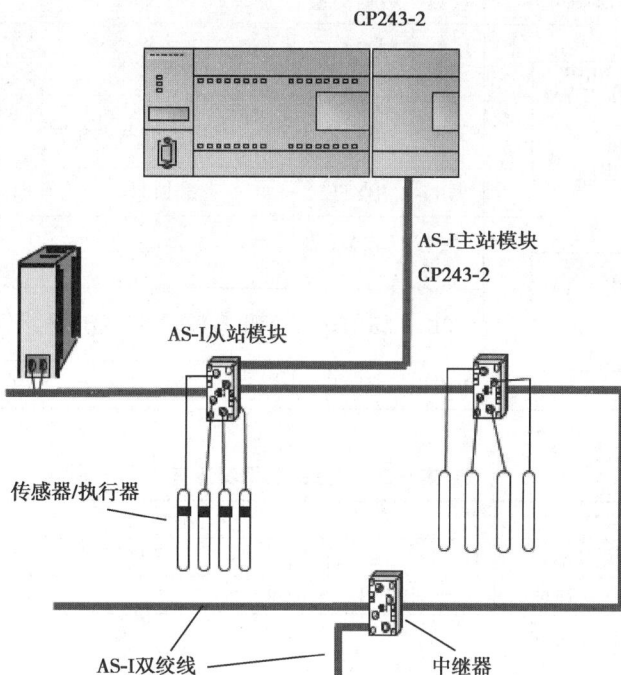

图 9.12　ASI 网络连接示意图

9.2.2　S7-200 PLC 的通信指令

（1）网络读写指令

1）网络读写指令的符号、名称及功能

网络读指令 NETR（Network Read）：通过通信端口（PORT）根据表格（TBL）定义从远程设备读取数据。NETR 指令可从远程站最多读取 16 字节信息。

网络写指令 NETW（Network Write）：通过指定的端口（PORT）根据表格（TBL）定义向远程设备写入数据。NETW 指令可向远程站最多写入 16 字节信息。

可以在程序中使用任意条数的 NETR 和 NETW 指令，但在任意时刻最多只能有 8 条 NETR 及 NETW 指令被激活。网络读写指令格式见表 9.1。

2）网络读写指令的数据缓冲区

网络读写指令的数据缓冲区（TBL 表）定义见表 9.2 和表 9.3。在网络读写通信中，只有主站需要调用 NETR/NETW 指令，用编程软件中的网络读写向导来生成网络读写程序更为简单方便。该向导允许用户最多配置 24 个网络操作。

网络读写指令具有相似的数据缓冲区，缓冲区以一个状态字起始。主站的数据缓冲区见表 9.2。远程站的数据缓冲区见表 9.3。

表 9.1　网络读写指令的符号、名称及参数说明

指令、名称	梯形图符号	参数	数据类型	参数说明	操作数
NETR 网络读取	NETR EN　ENO TBL PORT	EN	BOOL	允许输入	I，Q，M，SM，T，C，V，S，L
		TBL	BYTE	读入参数表的起始地址	VB，MB，＊VD，＊LD，＊AC
		PORT	BYTE	端口号	0 或 1
NETW 网络写入	NETW EN　ENO TBL PORT	EN	BOOL	允许输入	I，Q，M，SM，T，C，V，S，L
		TBL	BYTE	写出参数表的起始地址	VB，MB，＊VD，＊LD，＊AC
		PORT	BYTE	端口号	0 或 1

表 9.2　主站的数据缓冲区

字节偏移量	功　能	说　　明				
0	状态字	D	A	E	0	错误码
1	远程地址	被访问的 PLC 的地址				
2	数据指针 3					
3	数据指针 2	被访问数据的间接指针				
4	数据指针 1	指向远程站点的数据区指向(I、Q、M、V)				
5	数据指针 0					
6	数据长度	远程站上被访问的数据字节数(1~16 字节)				
7	数据字节 0	接收和发送数据区:如下描述的保存数据的 1~16 字节				
8	数据字节 1	对 NETR,执行 NETR 指令后,从远程站读到的数据放在这个数据区				
⋮	⋮	对 NETW,执行 NETW 指令前,要发送到远程站的数据放在这个数据区				
22	数据字节 15					

注:D:操作已完成。0＝未完成,1＝功能完成。

　A:激活(操作已排队)。0＝未激活,1＝激活。

　E:错误。0＝无错误,1＝有错误。

表 9.3　远程站的数据缓冲区

字节偏移量	功　能	说　　明
0	数据字节 0	接收和发送数据区:
1	数据字节 1	
2	数据字节 2	主站执行 NETR 指令后,此缓冲区的数据被读到主站
⋮	⋮	主站执行 NETW 指令后,主站发送数据到此缓冲区
15	数据字节 15	

（2）发送指令

发送指令 XMT（Transmit）启动自由端口模式下数据缓冲区（TBL）的数据发送,通过指定通信端口（PORT）发送存储在数据缓冲区（TBL）中的信息。指令的符号、名称及功能见表9.4。

XMT 指令可以方便地发送 1~255 个字符,如果有中断程序连接到发送结束事件上,在发送完缓冲区中的最后一个字符时,端口 0 会产生中断事件 9,端口 1 会产生中断事件 26。可以监视发送完成状态位 SM4.5 和 SM 的变化,而不是用中断进行发送,例如向打印机发送信息。TBL 指定的发送缓冲区的格式如图 9.13 所示,起始字符和结束字符是可选项,第一个字节"字符数"是要发送的字节数,它本身并不发送出去。

如果将字符数设置为 0,然后执行 XMT 指令,以当前的波特率在线路上产生一个 16 位的 break（间断）条件。发送 break 与发送任何其他信息一样,采用相同的处理方式。完成 break 发送时产生一个 XMT 中断,SM4.5 或 SM4.6 反映 XMT 的当前状态（见附录 C）。

表 9.4　发送指令与接收指令的符号,名称及其参数说明

指令、名称	梯形图符号	参　数	数据类型	参数说明	操作数
XMT 发送	XMT EN　ENO TBL PORT	EN	BOOL	允许输入	I,Q,M,SM,T,C,V,S,L
		TBL	BYTE	发送数据缓冲区的首地址	VB,IB,QB,MB,SB,SMB,＊VD,＊LD,＊AC
		PORT	BYTE	端口号	0 或 1
RCV 接收	RCV EN　ENO TBL PORT	EN	BOOL	允许输入	I,Q,M,SM,T,C,V,S,L
		TBL	BYTE	接收数据缓冲区的首地址	VB,IB,QB,MB,SB,SMB,＊VD,＊LD,＊AC
		PORT	BYTE	端口号	0 或 1

字符数	起始字符	数据区	字符结束

图 9.13　缓冲区格式

（3）接收指令

接收指令 RCV（Receive）初始化或中止接收信息的服务,指令见表9.4。通过指定的通信端口（PORT）,接收的信息存储在数据缓冲区（TBL）中。数据缓冲区（见图 9.13）中的第一个字节用来累计接收到的字节数,它本身不是接收到的,起始字符和结束字符是可选项。

RCV 指令可以方便地接收一个或多个字符,最多可以接收 255 个字符。如果有中断程序连接到接收结束事件上,在接收完最后一个字符时,端口 0 产生中断事件 23,端口 1 产生中断事件 24。可以监视 SMB86 或 SMB186 的变化,而不是用中断进行报文接收。SMB86 或 SMB186 为非零时,RCV 指令未被激活或接收已经结束。正在接收报文时,它们为 0。

当超时或奇偶校验错误时,自动中止报文接收功能。必须为报文接收功能定义一个启动

281

条件和一个结束条件。

也可以用字符中断而不是用接收指令来控制接收数据,每接收一个字符产生一个中断,在端口 0 或端口 1 接收一个字符时,分别产生中断事件 8 或中断事件 25。

在执行连接到接收字符中断事件的中断程序之前,接收到的字符存储在自由端口模式的接收字符缓冲区 SMB2 中,奇偶状态(如果允许奇偶校验的话)存储在自由端口模式的奇偶校验错误标志位 SM3.0 中。奇偶校验出错时应丢弃接收到的信息,或产生一个出错的返回信号。端口 0 和端口 1 共用 SMB2 和 SMB3。

(4)接收指令的参数设置

RCV 指令允许选择报文开始和报文结束的条件,见表 9.5。SM86~SM94 用于端口 0,SM186~SM194 用于端口 1。

下面的 il=1 表示检测空闲状态,sc-l 表示检测报文的起始字符,bk=1 表示检测 break 条件,SMW90 或 SMW190 中是以 ms 为单位的空闲线时间(见表 9.5)。在执行 RCV 指令时,有以下几种判别报文起始条件的方法:

1)空闲线检测

il=1,sc=0,bk=0,SMW90 或 SMW190>0。在该方式下,从执行 RCV 指令开始,在传输线空闲的时间大于等于 SMW90 或 SMW190 中设定的时间之后接收的第一个字符作为新报文的起始字符。

2)起始字符检测

il=0,sc=l,bk=0,忽略 SMW90 或 SMW190。以 SMB88 中的起始字符作为接收到的报文开始的标志。

3)break 检测

il=0,sc=0,bk=1,忽略 SMW90 或 SMW190。以接收到的 break 作为接收报文的开始。

4)对通信请求的响应

il=1,sc=0,bk=0,SMW90 或 SMW190=0(设置的空闲线时间为 0)。执行 RCV 指令后就可以接收报文。若使用报文超时定时器(c/m=1),它从 RCV 指令执行后开始定时,时间到时强制性地终止接收。若在定时期间没有接收到报文或只接收到部分报文,则接收超时,一般用来终止没有响应的接收过程。

5)break 和一个起始字符

il=0,sc=1,bk=1,忽略 SMW90 或 SMW190。以接收到的 break 之后的第一个起始字符作为接收信息的开始。

6)空闲线和一个起始字符

il=1,sc=1,bk=0,SMW90 或 SMW190>0。以空闲线时间结束后接收的第一个起始字符作为接收信息的开始。

7)空闲线和起始字符(非法)

il=1,sc=1,bk=0,SMW90 或 SMW190=0。除了以起始字节作为报文开始的判据外(sc=1),其他的特点与第 4 项相同。

SMB87.3/SMB187.3=0 时,SMW92/SMW192 为字符间超时定时器,为 1 时为报文超时定时器。字符间超时定时器用于设置接收的字符间的最大间隔时间。只要字符间隔时间小于该设定时间,就能接收到所有信息,而与整个报文接收时间无关。

报文超时定时器用于设置最大接收信息时间,除第 4 项和第 7 项中所述特殊情况外,其他情况下在接收到第一个字节后开始定时,若报文接收时间大于该设置时间,将强制终止接收,不能接收到全部信息。

表 9.5　SMB86~SMB94 与 SMB186~SMB194

端口 0	端口 1	描　述
SMB86	SMB186	MSB　　　　　　　LSB 7　　　　　　　　0 | n | r | e | 0 | 0 | t | c | p |　报文接收的状态字节 n=1:通过用户的禁止命令终止接收报文 r=1:接收报文终止,输入参数错误或无起始或结束条件 e=1:收到结束字符　　t=1:接收报文终止,超时 c=1:接收报文终止,超出最大字符数 p=1:接收报文终止,奇偶校验错误
SMB87	SMB187	MSB　　　　　　　LSB 7　　　　　　　　0 | en | sc | ec | il | c/m | tmr | bk | 0 |　报文接收的控制字节 en:0=禁止报文接收,1=允许报文接收,每次执行 RCV 指令时检查允许/禁止接收报文位 se:0=忽略 SMB88 或 SMB188,1=使用 SMB88 或 SMB188 的值检测报文的开始 ec:0=忽略 SMB89 或 SMB189,1=使用 SMB89 或 SMB189 的值检测报文的结束 il:0=忽略 SMW90 或 SMW190,1=使用 SMW90 或 SMW190 的值检测空闲状态 c/m:0=定时器是字符间超时定时器,1=定时器是报文定时器 tmr:0=忽略 SMW92 成 SMW192,1=超过 SMW92 或 SMW192 中设置的时间时终止接收 bk:0=忽略 break(间断)条件,1=用 break 条件来检测报文的开始
SMB88	SMB188	报文的起始字符
SMB89	SMB189	报文的结束字符
SMB90 SMB91	SMB190 SMB191	以 ms 为单位的空闲线时间间隔。空闲线时间结束后接收的第一个字符是新报文的起始字符。MB90(或 SMB190)为高字节,SMB91(或 SMB191)为低字节
SMB92 SMB93	SMB192 SMB193	字符间/报文间定时器超时值(用 ms 表示),如果超时停止接收报文。SMB92(或 SMB192)为高字节,SMB393(或 SMB193)为低字节
SMB94	SMB194	接收的最大字符数(1~255 字节),即使不用字符计数来终止报文,这个值也应按希望的最大缓冲区来设置

上述两种定时器的定时时间到时均强制结束接收,在 SMB86/SMB186 中都表现为接收超时。

接收结束条件可以用逻辑表达式表示为:结束条件= ec+ tmr+最大字符数,即在接收到结束字节、超时或接收字符超过最大字符数时,都会终止接收。另外,在出现奇偶校验错误(如果允许)或其他错误的情况下,也会强制结束接收。

9.3　PPI 通信应用举例

9.3.1　两台 PLC 之间的 PPI 通信

PPI 通信的实现比较简单,通常有两种方法:一是用 STEP-Mircro/WIN 中的"指令向导"生成通信子程序,这种方法比较简单,适合初学者使用;二是用网络读写指令编写通信程序,相对而言要麻烦一些。以下用两种方法,介绍两台 PLC 的 PPI 通信。

(1)用指令向导实现实现两台 PLC 之间的 PPI 通信

【例 9.1】用 NETR 和 NETW 指令实现两台 S7-226 CPU 之间的数据通信,2 号站为主站,3 号站为从站,编程用的计算机的站地址为 0。要求用 2 号站的 I0.0-I0.7 控制 3 号站的 Q0.0-Q0.7,用 3 号站的 I0.0-I0.7 控制 2 号站的 Q0.0-Q0.7。

【解题思路】

1)主要软硬件配置

1 套 STEP-Mircro/WIN　V4.0 SP6 软件;2 台 CPU22CN;1 根 PROFIBUS 网络电缆(含用两个网络总线连接器);1 根 PC/PPI 通信电缆。

两台 S7-200 系列 PLC 与装有编程软件的计算机通过 RS-485 通信接口和网络连接器组成一个使用 PPI 协议的单主站通信网络。其 PPI 通信的硬件电路图如图 9.14 所示。

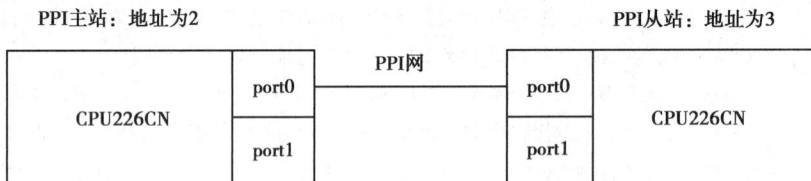

图 9.14　PPI 通信硬件配置图

2)分配网络读写缓冲区

2 号站的网络读写缓冲区内的地址安排见表 9.6。

表 9.6　网络读写缓冲区

字节意义	状态字节	远程站地址	远程站数据区指针	读写数据的长度	数据字节
NETR 缓冲区	VB100	VB101	VB102	VB106	VB107
NETW 缓冲区	VB110	VB111	VB112	VB116	VB117

3)软件配置过程

①选择"NETR/NETW",执行菜单命令"工具"→"指令向导",弹出"指令向导"对话框,如图 9.15 所示,选中"NETR/NETW"选项,单击"下一步"按钮。

②指定需要的网络操作数目。在图 9.16 的界面中设置需要进行多少次网络读写操作,由于本例有一个网络读取和一个网络写,故设为 2 即可,单击"下一步"按钮。

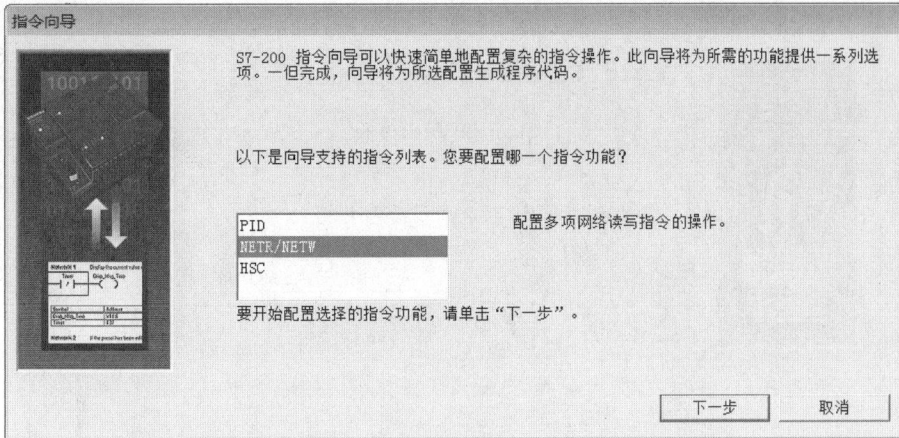

图 9.15　选择"NETR/NETW

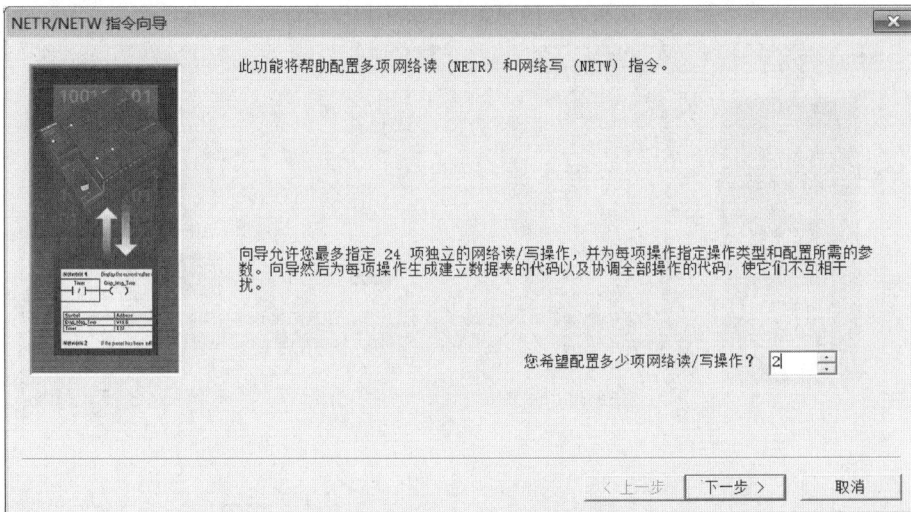

图 9.16　指定需要的网络操作数目

③指定端口号和子程序名称。由于 CPU226 有 PORT0 和 PORT1 两个端口,网络连接器插在哪个端口,配置时就选择哪个端口,子程序的名称可以不作更改,因此在图 9.17 所示的界面中直接单击"下一步"按钮。

④指定网络操作。图 9.18 的界面相对比较复杂,需要设置 5 项参数。在图中的位置"1"处选"NETR"(网络读),主站读取从站的信息;在位置"2"处输入 1,因为只有 1 个字节数据信息;在位置"3"处输入 3,因为从站的地址是 3;在位置"4"处输入 QB0,在位置"5"处输入 IB0,读取远程 PLC 的 IB0,并存储在本地 PLC 的 QB0 中;然后单击"下一步"按钮。

如图 9.19 所示,在图中的位置"1"处,选"NETW"(网络写),主站向从站发送信息;在位置"2"处输入 1,因为只有 1 个字节数据信息;在位置"3"处输入 3,因为从站的地址是 3;在位置"4"处输入 QB0,在位置"5"处输入 IB0,将本地 PLC 的 IB0 写到地址为 3 的远程 PLC 的 QB0;然后单击"下一项操作"按钮。

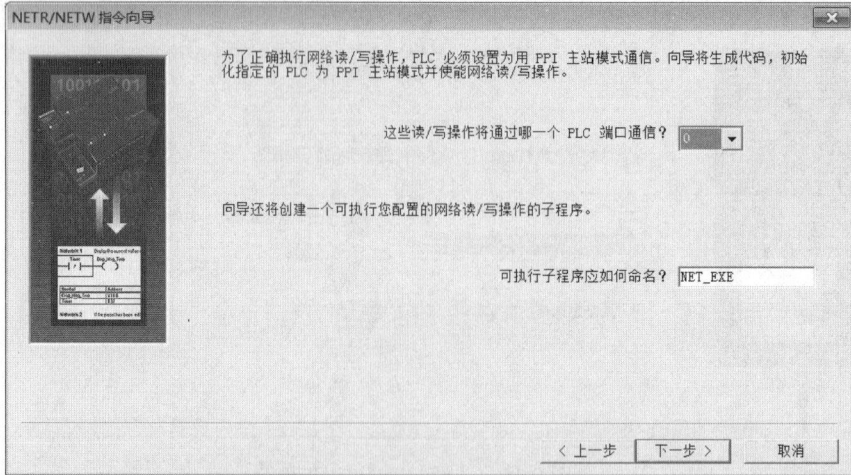

图 9.17 指定端口号和子程序名称

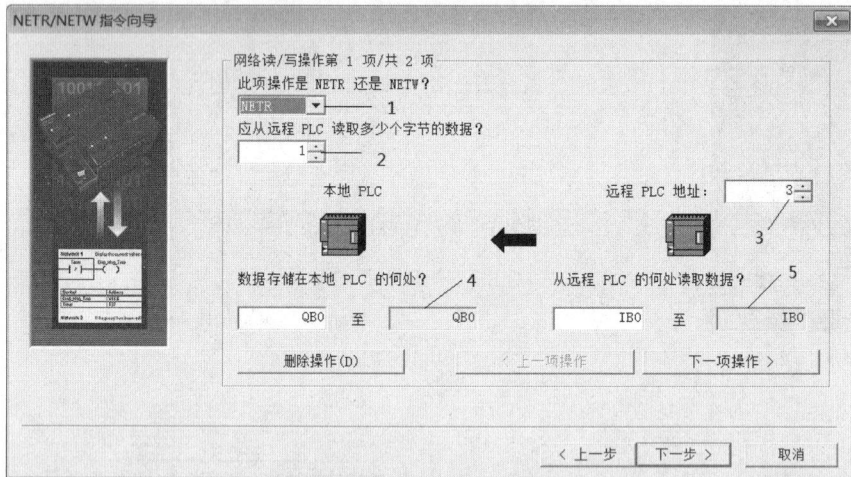

图 9.18 指定网络读操作

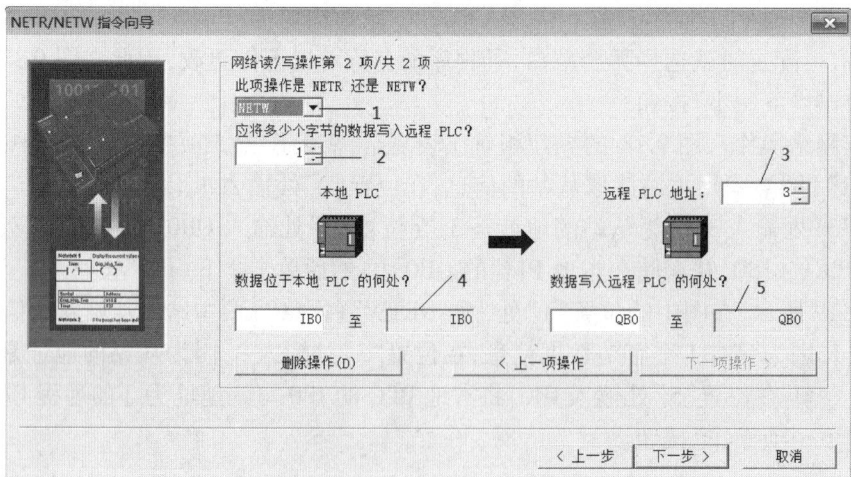

图 9.19 指定网络写操作

⑤分配 V 存储区。在图 9.20 所示的界面中分配系统要使用的存储区的起始地址,然后单击"下一步"按钮。

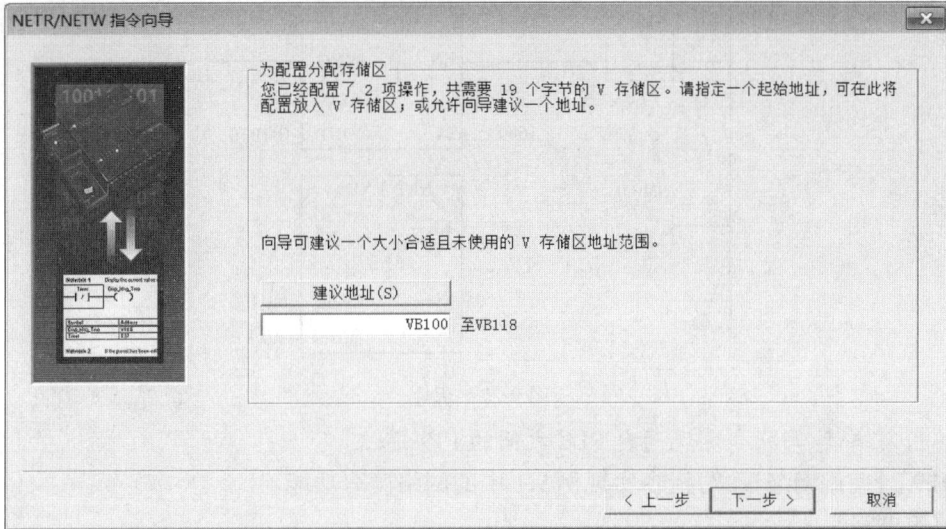

图 9.20　分配 V 存储区

⑥生成程序代码。单击"完成"按钮,如图 9.20 所示。至此通信子程序"NET_EXE"已经生成,在后面的程序中可以方便地进行调用。在编程软件指令树最下面的"调用子程序"文件夹中将会出现子程序 NET.EXE。在指令树的文件夹"/符号表/向导"中自动生成了名为"NET_SYMS"的符号表,它给出了操作 1(NETR)和操作 2(NETW)的状态字节的地址,以及超时错误标志的地址。

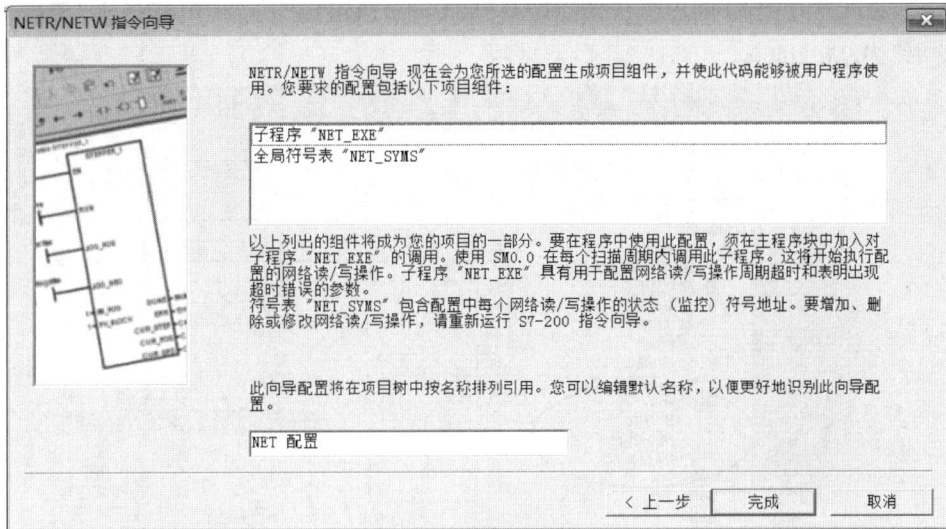

图 9.21　生成程序代码

4)编写程序

通信子程序只能在主站中调用,从站不调用通信子程序,从站只需要在指定的 V 存储单元中读写相关的信息既可。主站和从站的程序如图 9.22 所示。每次完成所有的网络操作时,

287

都会触发 BOOL 变量"周期"。BOOL 变量"错误"为 0 表示没有错误,为 1 时有错误,错误代码储存在 NETR/ NETW 的状态字节中。

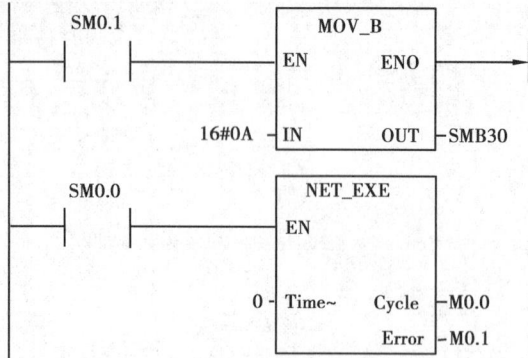

图 9.22　程序

(2)用网络读/写指令实现两台 PLC 之间的 PPI 通信

【例 9.2】使用网络读、写指令实现例 9.1 中的网络读写功能。

【解题思路】

1)主要软硬件配置及接线图

同例 9.1。

2)端口设置

分别用 PC/PPI 电缆连接各个 PLC,打开 STEP 7-Mircro/WIN 编程软件,如图 9.23 所示。展开"通信"选项,双击其子项"通信端口",打开通信口设置对话框,如图 9.24 所示。在对主站进行设置时,将"PORT0"口的"PLC 地址"设置为 2,选择"波特率"为 9.6 kbit/s,然后再把设置的参数下载到 CPU 中。同样的方法设置从站时,将"PORT0"口的"PLC 地址"设置为 3,选择"波特率"为 9.6 kbit/s。

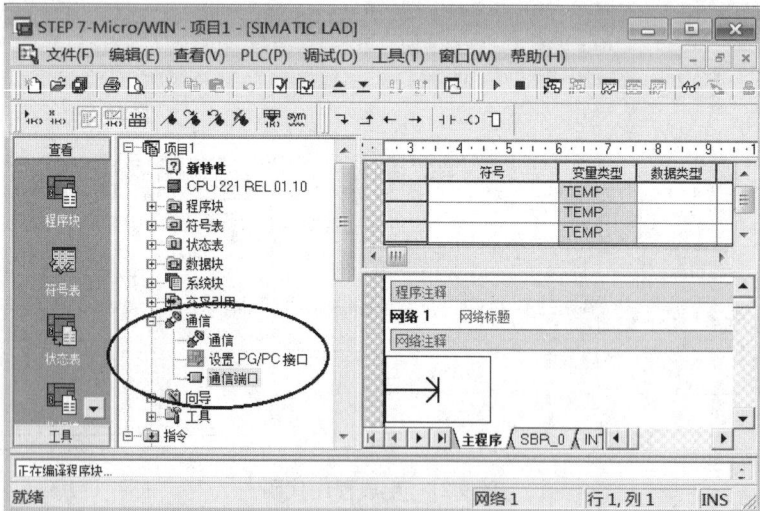

图 9.23　打开编程软件

3)建立连接

连接好网络,双击"通信"选项的子项"通信",打开通信连接对话框 ,如图 9.25 所示。

　　双击通信刷新图标,编程软件将会显示出网站中站号为 2 和 3 的两个子站。再双击某一个子站的图标,编程软件将和该子站建立连接,可以对它进行下载、上传和监视等通信操作。

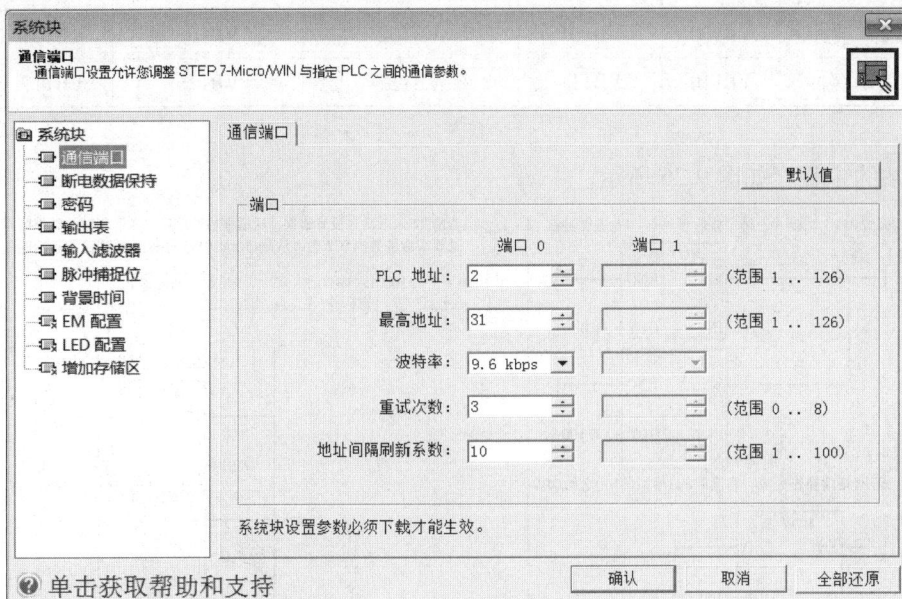

图 9.24　设置通信端口

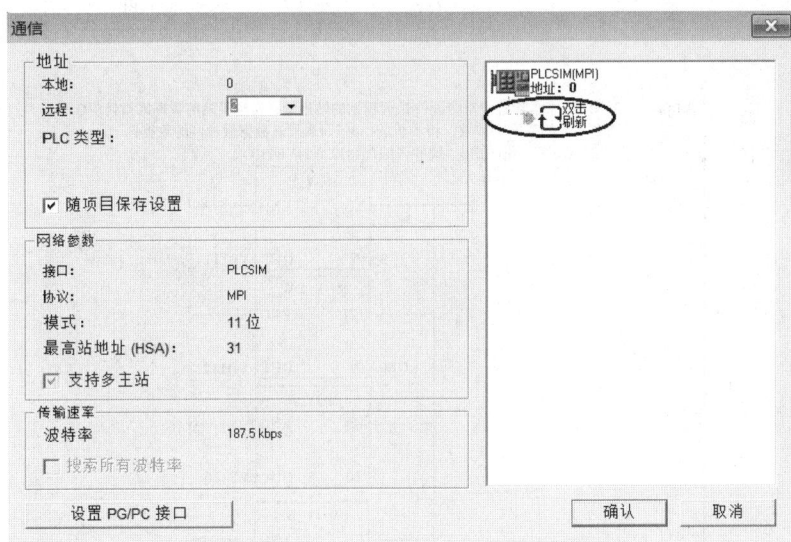

图 9.25　通信连接对话框

　　4)编写、输入、编译通信程序

　　将编译通过的通信程序下载到站号为 2 的 CPU 模块中,并把两台 PLC 的工作方式开关置为 RUN 位置,分别改变两台输入信号的状态,可以观察到通信结果。

　　通信程序是用网络读写指令完成的。表 9.7 是 2 号站的网络读写缓冲区内的地址安排,图 9.26 是 2 号站(主站)的通信程序。2 号站读取 3 号站的 IB0 的值后,将它写入本机的 QB0,2 号站同时用网络写指令将它的 IB0 的值写入 3 号站的 QB0。在本例中,3 号站在通信中是被动的,它不需要通信程序。

表 9.7　网络读写缓冲区

字节意义	状态字节	远程站地址	远程站数据区指针	读写数据的长度	数据字节
NETR 缓冲区	VB100	VB101	VB102	VB106	VB107
NETW 缓冲区	VB110	VB111	VB112	VB116	VB117

2 号站的主程序如图 9.26 所示。

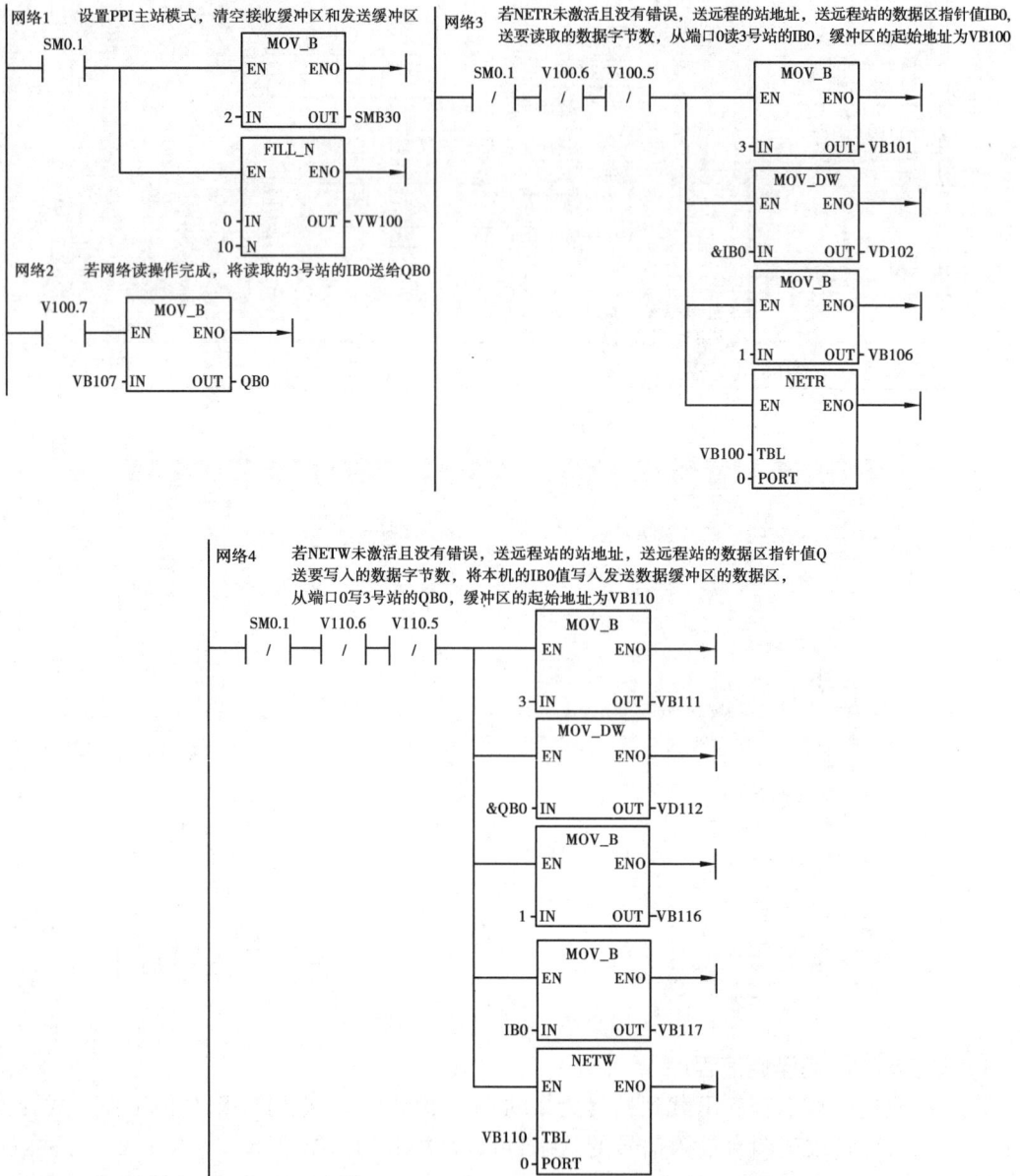

网络1　设置PPI主站模式，清空接收缓冲区和发送缓冲区

SM0.1
MOV_B
EN　ENO
2 - IN　OUT - SMB30

FILL_N
EN　ENO
0 - IN
10 - N　OUT - VW100

网络2　若网络读操作完成，将读取的3号站的IB0送给QB0

V100.7
MOV_B
EN　ENO
VB107 - IN　OUT - QB0

网络3　若NETR未激活且没有错误，送远程的站地址，送远程站的数据区指针值IB0，送要读取的数据字节数，从端口0读3号站的IB0，缓冲区的起始地址为VB100

SM0.1　V100.6　V100.5
　/　　　/

MOV_B
EN　ENO
3 - IN　OUT - VB101

MOV_DW
EN　ENO
&IB0 - IN　OUT - VD102

MOV_B
EN　ENO
1 - IN　OUT - VB106

NETR
EN　ENO
VB100 - TBL
0 - PORT

网络4　若NETW未激活且没有错误，送远程站的站地址，送远程站的数据区指针值Q送要写入的数据字节数，将本机的IB0值写入发送数据缓冲区的数据区，从端口0写3号站的QB0，缓冲区的起始地址为VB110

SM0.1　V110.6　V110.5
　/　　　/

MOV_B
EN　ENO
3 - IN　OUT - VB111

MOV_DW
EN　ENO
&QB0 - IN　OUT - VD112

MOV_B
EN　ENO
1 - IN　OUT - VB116

MOV_B
EN　ENO
IB0 - IN　OUT - VB117

NETW
EN　ENO
VB110 - TBL
0 - PORT

图 9.26　例 9.2 梯形图程序

9.3.2　多台 S7-200 PLC 的 PPI 通信

本实例主要通过 3 台 S7-200 PLC 的 PPI 通信,进一步说明 PPI 通信的应用设计过程。

【例 9.3】3 台 S7-200PLC 通过 PORT0 口进行通信,A 机为主站(站号为 2),B 机和 C 机为从站(B 机站号为 3,C 机站号为 4)。在控制功能上实现:由 B 机的 I0.0 启动 C 机电动机 Y/△启动器,B 机的 I0.1 停止 C 机的电动机转动;由 C 机的 I0.0 启动 B 机的电动机 Y/△启动器,C 机的 I0.1 停止 B 机的电动机转动;由 A 机完成 PPI 通信程序。

【解题思路】

①网络系统图如图 9.27 所示。

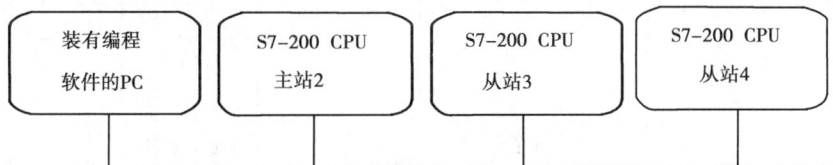

图 9.27　多从站的 PPI 通信网络系统图

②B 机和 C 机的 I/O 地址分配表见表 9.8。

表 9.8　B 机和 C 机的 I/O 地址分配表

B 机(从站,站号为 3)			C 机(从站,站号为 4)		
序号	地址	设备	序号	地址	设备
1	I0.0	启动 C 机电动机	1	I0.0	启动 B 机电动机
2	I0.1	停止 C 机电动机	2	I0.1	停止 B 机电动机
3	Q0.0	星形接触器	3	Q0.0	星形接触器
4	Q0.1	三角形接触器	4	Q0.1	三角形接触器
5	Q0.2	主接触器	5	Q0.2	主接触器

③本例的端口设置与网络连接与例 9.2 相同。

④通信程序设计。PPI 通信程序在主站上完成(A 机),其梯形图和语句表如图 9.28 所示;两个从站分别完成各自的星、三角启动,B 机的梯形图程序如图 9.29 所示;C 机的梯形图程序如图 9.30 所示。

程序中要用到 4 条网络读写指令,其读写缓冲区地址分配见表 9.9。

表 9.9　网络读写缓冲区

字节意义	状态字节	远程站地址	远程站数据区指针	读写数据的长度	数据字节
NETR(1)缓冲区	VB100	VB101	VB102	VB106	VB107
NETR(2)缓冲区	VB200	VB201	VB202	VB206	VB207
NETW(1)缓冲区	VB300	VB301	VB302	VB306	VB307
NETW(2)缓冲区	VB400	VB401	VB402	VB406	VB407

从本例可以看出,PPI 通信程序在主站中完成,从站只是完成各自的功能程序,并被动地接受主站的管理。

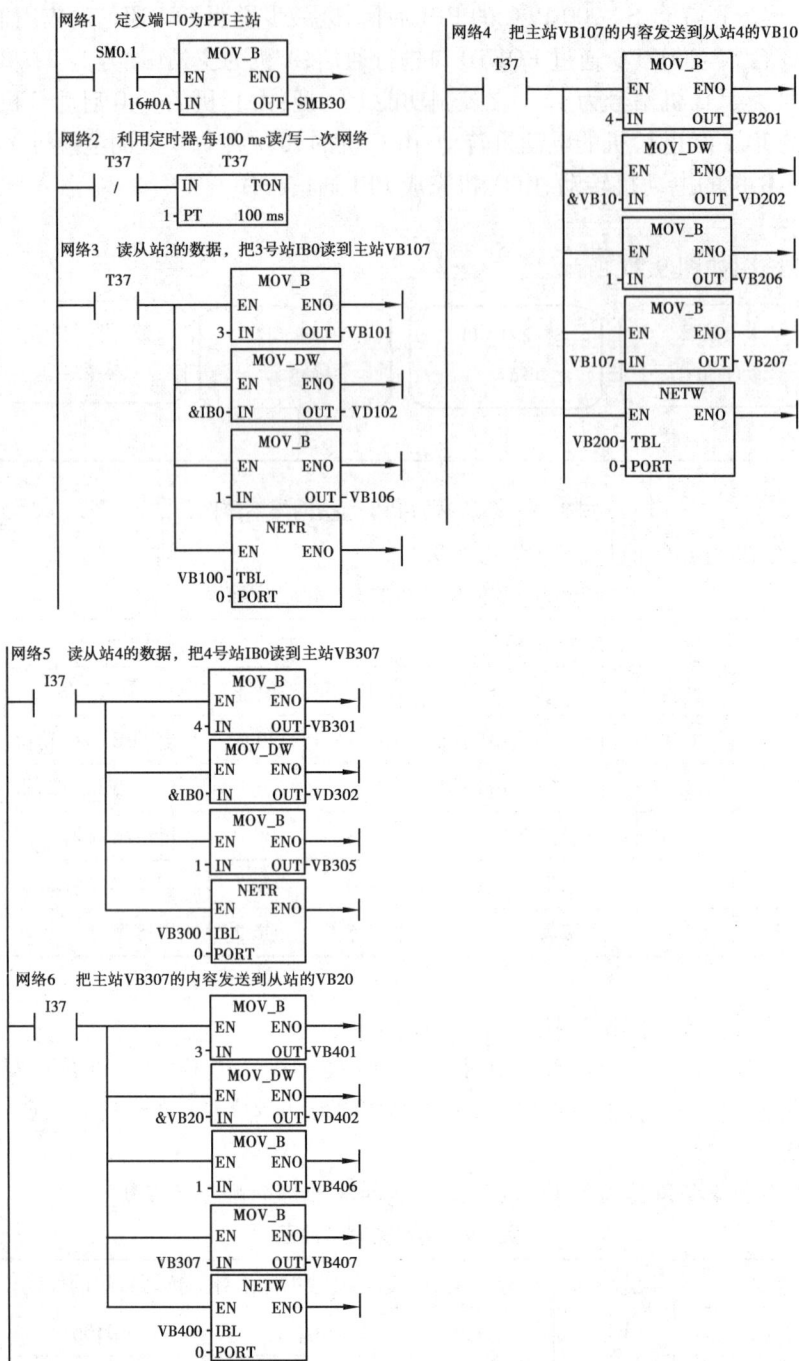

图 9.28　A 机 PPI 通信的梯形图程序

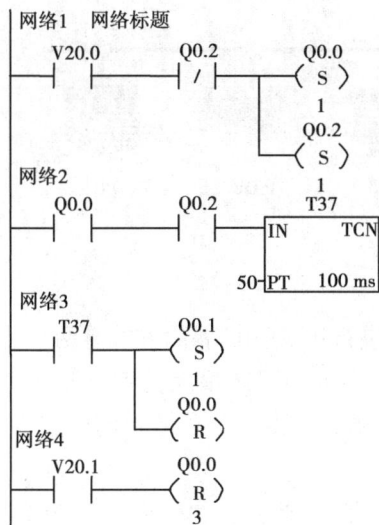

图 9.29　B 机梯形图程序

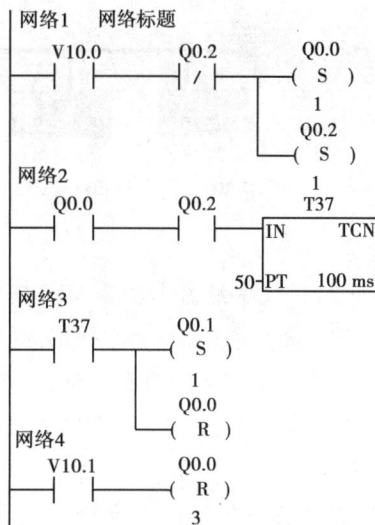

图 9.30　C 机梯形图程序

9.4　MPI 通信及其应用

9.4.1　MPI 通信概述

MPI(Multi Point Interface)通信是当通信速率要求不高、通信数据量不大时,可以采用的一种简单经济的通信方式。

MPI 通信的优点是 CPU 可以同时与多种设备建立通信联系。也就是说,编程器、HMI 设备和其他的 PLC 可以连接在一起并同时运行。编程器通过 MPI 接口生成的网络还可以访问所连接硬件站上的所有智能模块,可同时连接的其他通信对象的数目取决于 CPU 的型号。例如 CPU314 的最大连接数为 4,CPU416 为 64。

MPI 网络的通信速率为 19.2 kbit/s~12 Mbit/s,通常默认设置为 187.5 kbit/s,只有能够设置为 PROFIBUS 接口的 MPI 网络才支持 12 Mbit/s 的通信速率。MPI 网络最多可以连接 32 个节点,最大通信距离为 50 m,但是可以通过中继器来扩展长度。

9.4.2　MPI 网络

(1)MPI 网络结构

西门子 PLC S7-200/300/400 CPU 上的 RS485 接口不仅是编程接口,同时也是一个 MPI 的通信接口,在没有额外硬件投资的状况下可以实现 PG/OP、全局数据通讯以及少量数据交换的 S7 通信等通信功能。其网络上的节点通常包括 S7 PLC、TP/OP、PG/PC、智能型 ET200S 以及 RS485 中继器等网络元器件,其网络结构可配置为如图 9.31 所示。

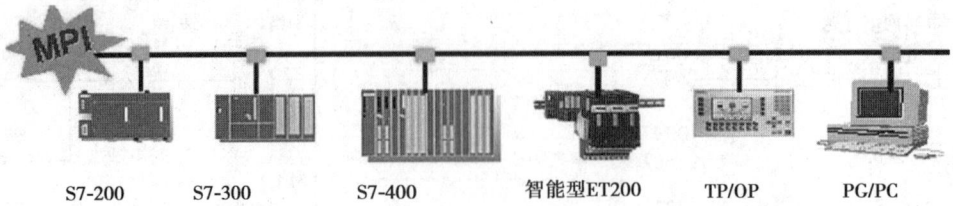

图 9.31　MPI 网络结构

（2）通过中继器来扩展 MPI 网络长度

MPI 最大通信距离为 50 m，也可以使用 RS-485 中继器进行扩展。扩展的方式有两种。

①两个站点之间没有其他站，如图 9.30 所示。MPI 站到中继器距离最大为 50 m，两个中继器之间的距离最大为 1 000 m，最多可以连接 10 个中继器，所以两个站之间的最大距离为 9 100 m。

②如果在两个中继器中间也有 MPI 站，那么每个中继器只能扩展 50 m。MPI 接口为 RS-485 接口，需要使用 PROFIBUS 总线连接器（并带有终端电阻）和 PROFIBUS 电缆。如果使用其他电缆和接头，则不能保证通信质量和距离。在 MPI 网络上最多可以有 32 个站，但当使用中继器来扩展网络时，中继器也占节点数。连接方法如图 9.32 所示。

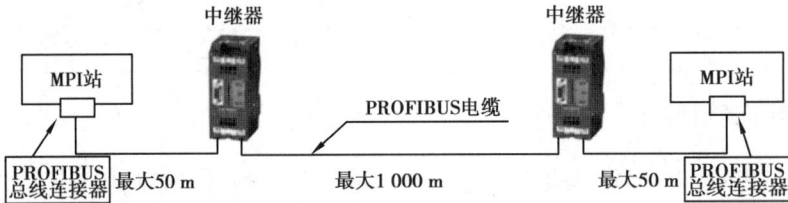

图 9.32　通过 RS485 中继器扩展 MPI 网络

9.4.3　设置 MPI 接口

（1）设置 MPI 参数

MPI 参数的设置包括 PLC 侧和 PC 侧 MPI 口的参数设置。

1）PLC 侧参数设置

在硬件组态时，可通过点单击图 9.33 中的"Properties"按钮来设置 CPU 的 MPI 属性，包括地址及通信速率，具体操作如图 9.34 所示。

注意：在通常应用中不要改变 MPI 通信速率。请注意在整个 MPI 网络中通信速率必须保持一致，且 MPI 站地址不能冲突。

2）PC 侧参数设置

在 PC 侧，也需要设置 MPI 参数，在"控制面板"→"Set PG/PC Interface"中选择所用的编程卡，访问点选择"S7_ONLINE"，例如用 PC Adapter 作为编程卡，如图 9.32 所示。设置完成后，将 STEP7 中的组态信息下载到 CPU 中。

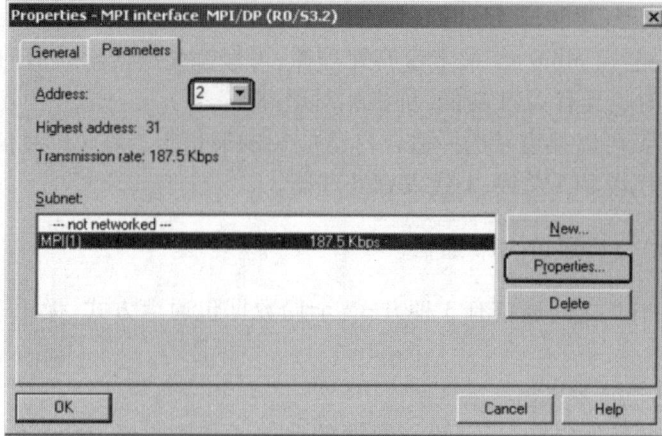

图 9.33　PLC 侧通信参数设置

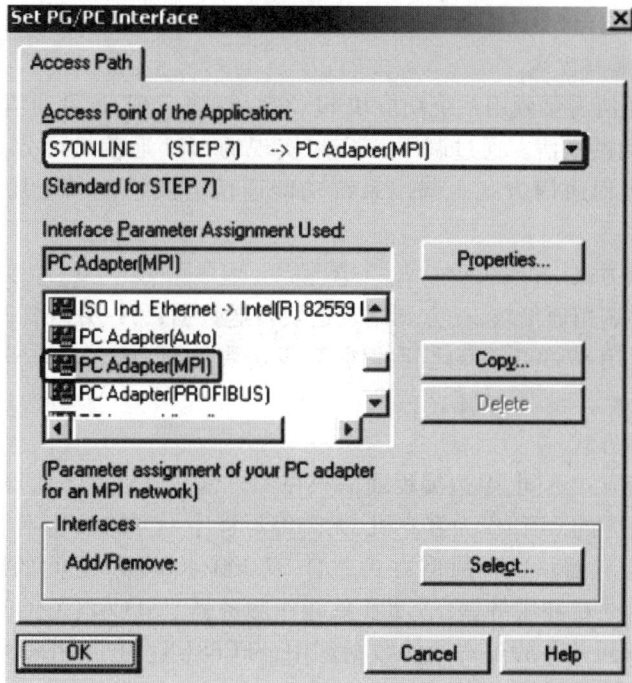

图 9.34　PC 侧通信参数设置

（2）PC 侧的 MPI 通信卡的类型

①PC Adapter（PC 适配器）一端连接 PC 机的 RS232 口或 USB 口,另一端连接 CPU 的 MPI 接口,它没有网络诊断功能,通信速率最高为 1.5 Mbit/s,价格较低。

②CP5511-PCMCIA TYPEⅡ卡,用于笔记本电脑编程和通信,它具有网络诊断功能,通信速率最高可达 12 Mbit/s, 价格相对较高。

③CP5512-PCMCIA TYPEⅡ CardBus（32 位）卡,用于笔记本电脑编程和通信,具有网络诊断功能,通信速率最高可达 12 Mbit/s, 价格相对较高。

④CP5611-PCI 卡,用于台式电脑编程和通信。此卡具有网络诊断功能,通信速率最高可达 12 Mbit/s,价格适中。

⑤CP5613-(替代原 CP5412 卡)PCI 卡,用于台式电脑编程和通信。此卡具有网络诊断功能,通信速率最高可达 12 Mbit/s。此卡带有处理器,可保持大数据量通信的稳定性,一般用于 PROFIBUS 网络,同时也具有 MPI 功能,价格相对最高。

了解上述功能后,可以很容易选择适合自己应用的通信卡。在 CP 通信卡的代码中,5 代表 PCMCIA 接口,6 代表 PCI 总线,3 代表有处理器。

9.4.4　PLC-PLC 之间通过 MPI 通信

通过 MPI 实现 PLC 之间通信有 3 种方式:全局数据包通信方式、无组态连接通信方式和组态连接通信方式。

(1)全局数据包通信方式

对于 PLC 之间的数据交换,只需关心数据的发送区和接收区,全局数据包通信方式是在配置 PLC 硬件的过程中,组态所要通信的 PLC 站之间的发送区和接收区,不需要任何程序处理。这种通信方式只适合 S7-300/400 PLC 之间相互通信。

(2)无组态连接通信方式

无组态的 MPI 通信需要调用系统功能块 SFC65~69 来实现,这种通信方式适合于 S7-300,S7-400 和 S7-200 之间的通信。通过调用 SFC 来实现的 MPI 通信又可分为两种方式:双边编程通信方式和单边编程通信方式。调用系统功能通信方式不能和全局数据通信方式混合使用。

1)双边编程通信方式

通信双方都需要调用通信块,一方调用发送块发送数据,另一方就要调用接收块来接收数据。这种通信方式适用 S7-300/400 之间的通信,发送块是 SFC65(X_SEND),接收块是 SFC66(X_RCV)。

2)单边编程通信方式

与双边编程通信方式不同,单边编程通信只在一方编写通信程序,即客户机与服务器的访问模式。编写程序一方的 CPU 作为客户机,无需编写程序一方的 CPU 作为服务器,客户机调用 SFC 通信块访问服务器。这种通信方式适合 S7-300/400/200 之间的通信,S7-300/400 的 CPU 可以同时作为客户机和服务器,S7-200 只能作服务器。SFC67(X_GET)用来将服务器指定数据区中的数据读回并存放到本地的数据区中,SFC68(X_PUT)用来将本地数据区中的数据写到服务器中指定的数据区。

(3)无组态单边通信方式应用举例

【例 9.4】有两台设备,分别由一台 CPU314C-2DP 和一台 CPU226CN 控制,从设备 1 上的 CPU314C-2DP 发出启/停控制命令,设备 2 的 CPU226CN 收到命令后,对设备 2 进行启停控制,监控设备 2 的运行状态。

【解题思路】

将设备 1 上的 CPU314C-2DP 作为客户端,客户端的 MPI 地址为 2,将设备 2 上的作为服务器,服务器的 MPI 地址为 3。

1)主要软硬件配置

1 套 STEP7 V5.4 SP4 HF3;1 台 CPU314C-2DP;1 台 CPU226CN;1 台 EM277;1 台 PC/MPI 适配器(或 CP5611 卡);1 根 MPI 电缆(含两个网络总线连接器);1 套 STEP7-Mircro/

WIN V4.0 SP7编程软件。

　　MPI 通信硬件配置图如图 9.35 所示,PLC 接线如图 9.36 所示。

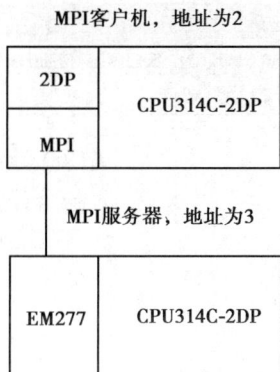

图 9.35　MPI 通信硬件配置图

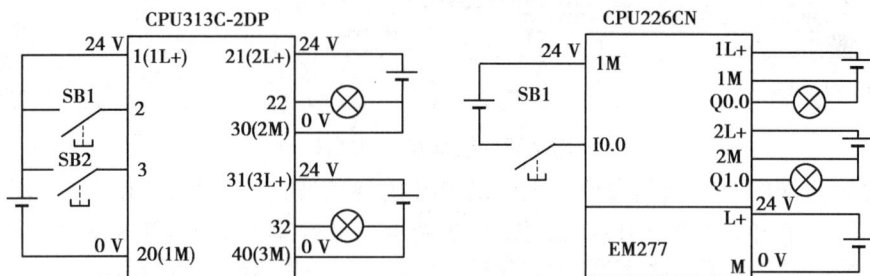

图 9.36　PLC 接线图

2)硬件组态

　　S7-200 系统 PLC 与 S7-300 系列 PLC 间的 MPI 通信只能采用无组态通信。无组态通信是指通信无需组态,完成通信任务只需编写程序即可。

　　①新建工程并插入站点。新建工程,命名为"MPI 通信例",再插入站点,重命名为"Master",如图 9.37 所示,双击"硬件",打开硬件组态界面。

图 9.37　新建工程并插入站点

②组态客户端硬件。先插入 CPU 模块,双击"CPU314-2DP",打开 MPI 通信参数设置界面,单击"属性"按钮,如图 9.38 所示。

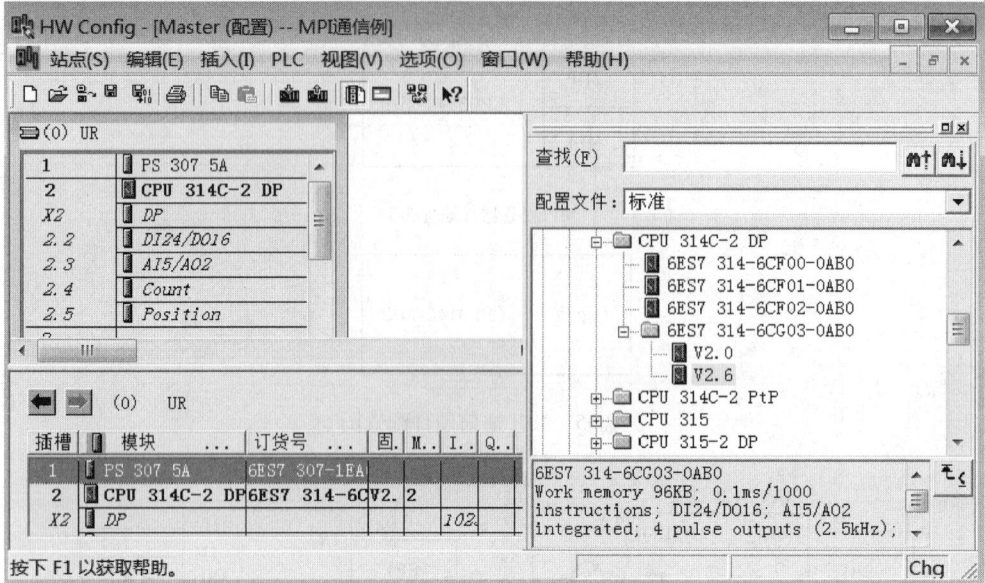

图 9.38　组态客户端硬件

③设置客户端的 MPI 通信参数。先选定 MPI 的通信波特率为 187.5 kps,再选定客户端的 MPI 地址为"2",再单击"确定"按钮,如图 9.39 所示。最后编译保存和下载硬件组态。

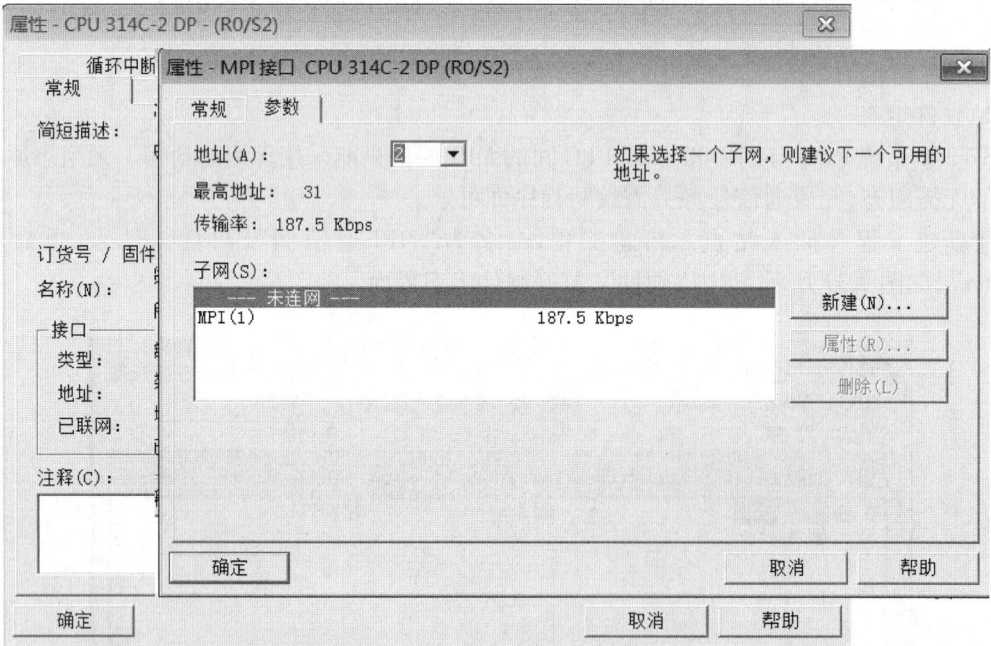

图 9.39　客户端的 MPI 通信参数设置

④打开系统块。完成以上步骤后,S7-300 的硬件组态完成,但还必须设置 S7-200 的通信参数。先打开 STEP7-Micro/WIN,选定工具条的"系统块"按钮并双击,如图 9.40 所示。

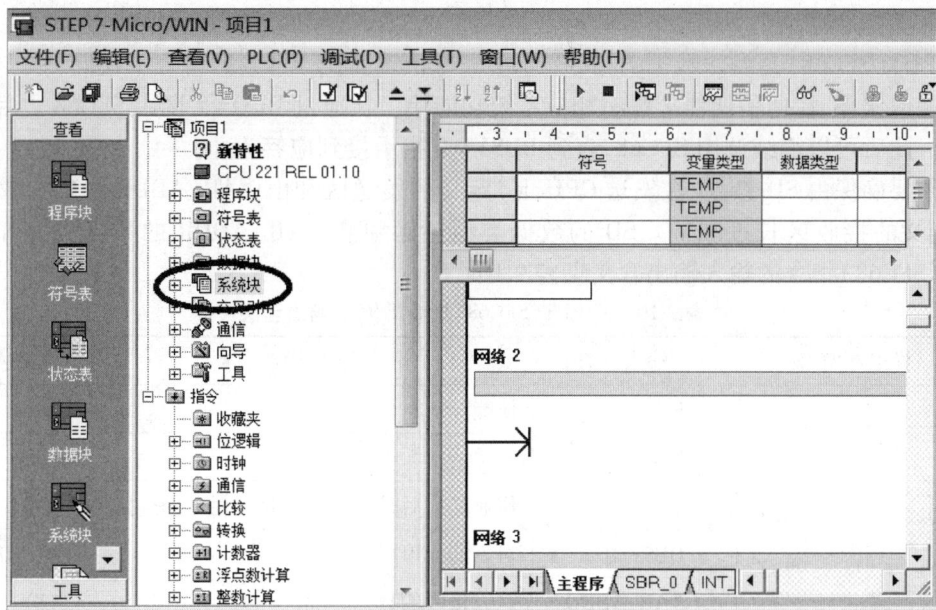

图 9.40　打开系统块

⑤设置服务器端的 MPI 参数。先将用于 MPI 通信的接口(本例为 port0)的地址设置成"3",再将波特率设为"187.5 kbps",这个数值与 S7-300 的波特率必须相等。最后单击"确认"按钮。设置方法如图 9.41 所示。系统块设置完成后,还需将其下载到 S7-200 中,否则通信是不能建立的。

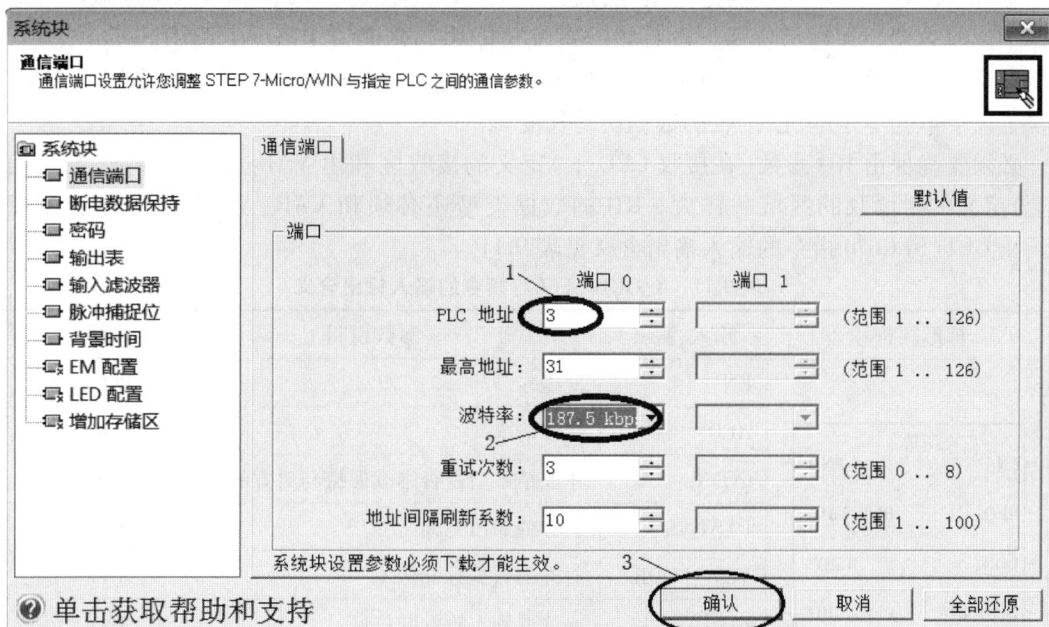

图 9.41　设置服务器端的 MPI 通信参数

注意:硬件组态时,必须将 S7-200 与 S7-300 的波特率设置成相等。此外,S7-300 的硬件组态和 S7-200 的系统块必须下载到相应的 PLC 中才能起作用。

3) 相关指令介绍

X_PUT(SFC68)是发送数据的指令,通过 SFC68(X_PUT)将数据写入不在同一个本地 S7 站中的通信伙伴,在通信伙伴上没有相应系统功能块。在通过 REQ=1 调用 SFC68 之后,激活写作业。此后可以继续调用 SFC68,直到 BUSY=0 指示接到应答为止。

必须要确保由 SD 参数(在发送 CPU 上)定义的发送区和由 VAR_ADDR 参数(在通信伙伴上)定义的接收区长度相同。SD 的数据类型还必须和 VAR_ADDR 的数据类型相匹配。X_PUT(SFC68)指令的输入输出含义见表 9.10。

表 9.10　X_PUT(SFC68)指令的输入输出含义

梯形图符号	输入、输出	参数说明	数据类型
"X_PUT" EN　　　ENO REQ　　RET_VAL CONT　　BUSY DEST_ID VAR_ADDR SD	EN	使能	BOOL
	REQ	发送请求	BOOL
	CONT	作业结束后是否继续保持与对方的连接	BOOL
	DEST_ID	对方的 MPI 地址	WORD
	VAR_ADDR	对方接收的数据存储区	ANY
	SD	本机要发送的数据区	ANY
	RET_VAL	返回数据(如错误值)	INT
	BUSY	发送是否完成	BOOL

X_GET(SFC67)是接收数据的指令,通过 SFC67(X_GET),可以从本地 S7 站以外的通信伙伴中读取数据。在通信伙伴上没有相应系统功能块。在通过 REQ=1 调用 SFC67 之后,激活该作业。此后可以继续调用 SFC67,直到 BUSY=0 指示数据接收为止。然后 RET_VAL 便包含了以字节为单位的、已接收的数据块的长度。

必须要确保由 RD 参数(在接收 CPU 上)定义的接收区和由 VAR_ADDR 参数(在通信伙伴上)定义的要读取的区域一样大。RD 的数据类型还必须和 VAR_ADDR 的数据类型相匹配。X_GET(SFC67)指令的输入输出含义见表 9.11。

表 9.11　X_GET(SFC67)指令的输入输出含义

梯形图符号	输入、输出	参数说明	数据类型
"X_GET" EN　　　ENO REQ　　RET_VAL CONT　　BUSY DEST_ID　　RD VAR_ADDR	EN	使能	BOOL
	REQ	接收请求	BOOL
	CONT	作业结束后是否继续保持与对方的连接	BOOL
	DEST_ID	对方的 MPI 地址	WORD
	VAR_ADDR	对方的数据存储区	ANY
	RD	要读取到本机的数据区	ANY
	RET_VAL	返回数据(如错误值)	INT
	BUSY	接收是否完成	BOOL

　　注意:ANY 数据类型是指数据类型是任意的,即可以是字节、字、双字等,但接收端和发送端必须是相同的。

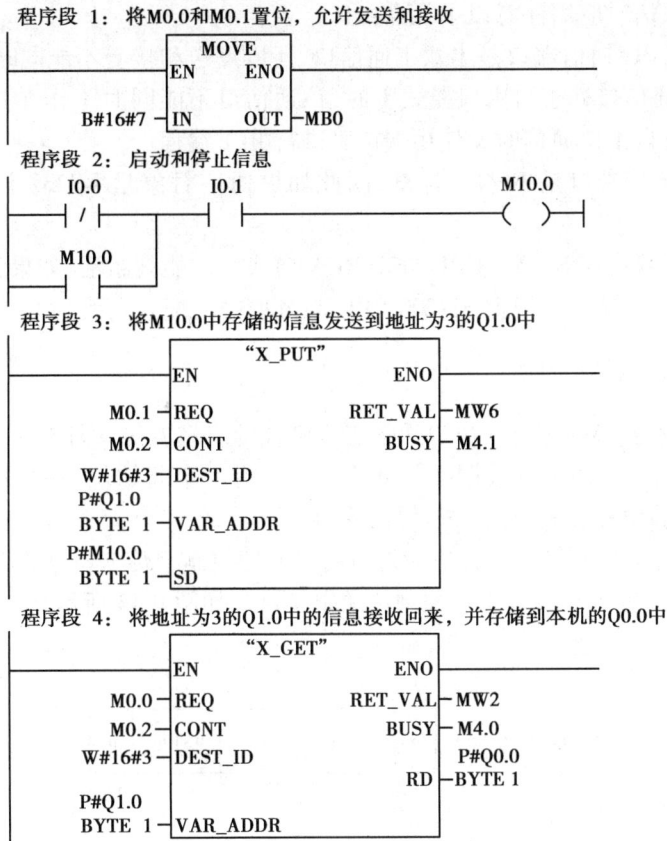

程序段 1:将M0.0和M0.1置位,允许发送和接收

```
        MOVE
      EN    ENO
B#16#7 IN   OUT MB0
```

程序段 2:启动和停止信息

```
 I0.0      I0.1                    M10.0
─┤ / ├──────┤ ├──────────────────( )─
 M10.0
─┤ ├─
```

程序段 3:将M10.0中存储的信息发送到地址为3的Q1.0中

```
              "X_PUT"
        EN              ENO
  M0.1  REQ         RET_VAL  MW6
  M0.2  CONT           BUSY  M4.1
W#16#3  DEST_ID
P#Q1.0
BYTE 1  VAR_ADDR
P#M10.0
BYTE 1  SD
```

程序段 4:将地址为3的Q1.0中的信息接收回来,并存储到本机的Q0.0中

```
              "X_GET"
        EN              ENO
  M0.0  REQ         RET_VAL  MW2
  M0.2  CONT           BUSY  M4.0
W#16#3  DEST_ID                 P#Q0.0
P#Q1.0               RD      BYTE 1
BYTE 1  VAR_ADDR
```

图 9.42　主站程序

　　注意:本例客户端地址为 2,服务器端地址为 3,必须将 EM277 的地址设定为 3,设定完成后,再要将 EM277 断电,新设定的地址才能起作用。指令"X_PUT"的参数 SD 和 VAR_ADDR 的数据类型可以根据实际情况确定,但在同一程序中数据类型必须一致。

9.5　自由口通信及其应用

9.5.1　自由口通信概述

　　自由口通信是一种基于 RS485 硬件基础上,允许应用程序控制 S7-200 CPU 的通信端口以实现一些自定义通信协议的通信方式。自由口通信为计算机或其他具有串行通信接口的设备与 S7-200 之间实现通信提供了一种廉价和灵活的方法。通过使用接收完成中断、字符接收中断、发送完成中断、发送指令(XMT)和接收指令(RCV),自由端口通信可以控制 S7-200 CPU 的通信操作模式,即 CPU 的串行通信接口由用户程序控制。借助自由口通信模式,S7-200 CPU可与许多通信协议公开的其他设备、控制器进行通信,其波特率为 1 200 ～

115 200 bit/s。S7-200 可通过自由端口通信协议访问调制解调器、带有用户端软件的 PC 机、条形码阅读器、串口打印机、并口打印机、S7-200、S7-300 With CP 340、非 Siemens PLC 等设备。

使用自由端口通信时应用注意以下几点：

①由于 S7-200 CPU 通信端口是半双工通信口，所以发送和接受不能同时进行。

②S7-200 CPU 通信口处于自由口模式下时，该通信口不能同时工作在其他通信模式下。如不能在端口 1 进行自由口通信时又使用端口 1 进行 PPI 编程。

③S7-200 CPU 通信端口是 RS485 标准，因此如果通信对象是 RS232 设备，则需要使用 RS232/PPI 电缆。

④自由端口通信只有在 S7-200 CPU 处于 RUN 模式下才能被激活，如果将 S7-200 CPU 设置为 STOP 模式，则通信端口将根据 S7-200 CPU 系统块中的配置转换到 PPI 协议。

9.5.2　自由口通信设置说明

使用自由口通信前，必须了解自由口通信工作模式的定义方法，即控制字的组态。

S7-200 CPU 的自由口通信的数据字节格式必须含有一个起始位、一个停止位，数据位长度为 7 位或 8 位，校验位和校验类型（奇、偶校验）可选。

S7-200 CPU 的自由口通信定义方法为将自由口通信控制字传入特殊寄存器 SMB30（端口 0）和 SMB130（端口 1）进行端口定义。控制位的定义格式如图 9.43 所示。

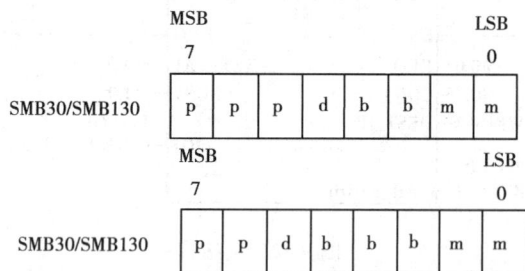

图 9.43　SMB30 和 SMB130 的控制位的定义格式

通信模式由控制字的最低两位"mm"决定。

mm = 00：PPI 从站模式（默认设置为 PPI 从站模式）　　mm = 01：自由口模式　　mm = 10：PPI 主站模式　　　mm = 11：保留

①控制位的"pp"是奇偶校验选择。

pp = 00：不校验　　　　　　　pp = 01：偶校验

pp = 10：不校验　　　　　　　pp = 11：奇校验

②控制位的"d"是每个字符的数据位选择。

d = 0：每个字符 8 位　　　d = 1：每个字符 7 位

③控制位的"bbb"是波特率的选择。

bbb = 000：38 400 bps　　　　　　bbb = 001：1 920 bps

bbb = 010：9 600 bps　　　　　　bbb = 011：4 800 bps

bbb = 100：2 400 bps　　　　　　bbb = 101：1 200 bps

bbb = 110：115 200 bps　　　　　bbb = 111：57 600 bps

如果调试时需要在自由端口模式与 PPI 模式之间切换,可以用反映 CPU 模块上的工作方式开关当前位置的特殊存储器位 SM0.7 来控制自由端口模式的进入。当 SM0.7 为 1 时,方式开关处于 RUN 位置,可以选择自由端口模式;当 SM0.7 为 0 时,方式开关处于 TERM 位置,应选择 PC/PPI 协议模式,以便用编程设备监视或控制 CPU 模块的操作。

9.5.3　自由口通信编程举例

(1)自由口发送数据举例

【例 9.5】记录定时中断次数,将计数值转化为 ASCII 字符串,再通过 CPU224XP 的 Port0 发送到计算机串口,计算机接受并利用超级终端显示与 S7-200 CPU 通信的内容。

【解题思路】

1)硬件需求

带串口的 PC 机、S7-200 CPU 224XP、RS 232 电缆(推荐采用西门子 S7-200 串口编程电缆)

2)编写 S7-200 PLC 程序并下载程序到 S7-200 PLC 中

首先规定缓冲区为 VB100 到 VB114,使用数据块进行缓冲区定义。

Step7-Micro/Win 中组态数据块如图 9.44 所示。16#0D 和 16#0A 用于计算机的超级终端显示需要。控制程序如图 9.45 所示。

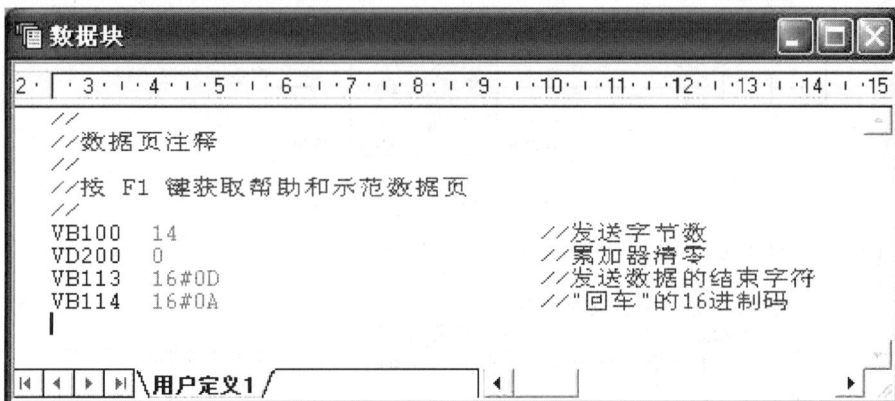

图 9.44　组态数据块

主程序:根据 I0.3 状态初始化端口 1 为自由口通信。

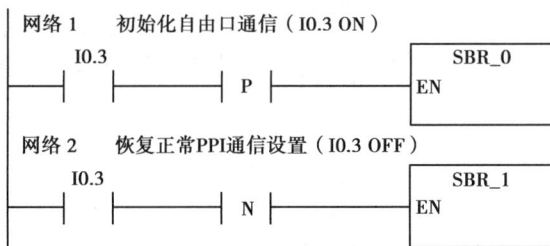

(a)例 9.5 主程序

SBR_0:定义端口 0 为自由口,初始化定时中断。

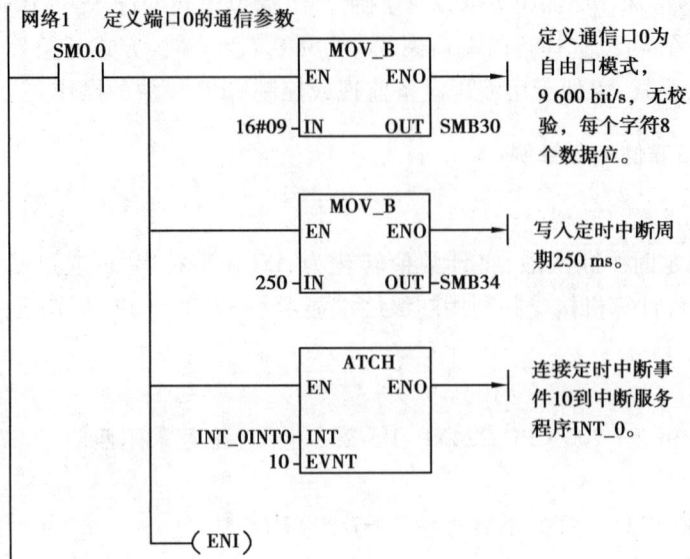

网络1   定义端口0的通信参数

SM0.0

```
           ┌──────────┐
           │  MOV_B   │
           │ EN   ENO ├──┤
    16#09 ─┤ IN   OUT ├─ SMB30
           └──────────┘
```

定义通信口0为
自由口模式,
9 600 bit/s, 无校
验,每个字符8
个数据位。

```
           ┌──────────┐
           │  MOV_B   │
           │ EN   ENO ├──┤
     250 ─┤ IN   OUT ├─ SMB34
           └──────────┘
```

写入定时中断周
期250 ms。

```
           ┌──────────┐
           │  ATCH    │
           │ EN   ENO ├──┤
  INT_0INT0─┤ INT     │
       10 ─┤ EVNT     │
           └──────────┘
```

连接定时中断事
件10到中断服务
程序INT_0。

──(ENI)

(b)例 9.5 初始化子程序 SBR_0

SBR_1:定义端口 0 为普通 PPI 从站通信口。

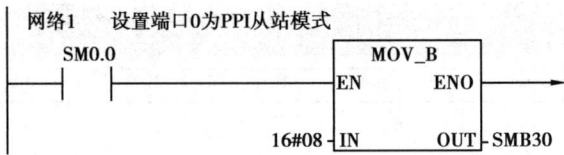

网络1   设置端口0为PPI从站模式

SM0.0

```
           ┌──────────┐
           │  MOV_B   │
           │ EN   ENO ├──┤
   16#08 ─┤ IN   OUT ├─ SMB30
           └──────────┘
```

(c)例 9.5 初始化从站子程序 SBR_1

INT_0:对定时中断计数并从端口 0 发送计数值。

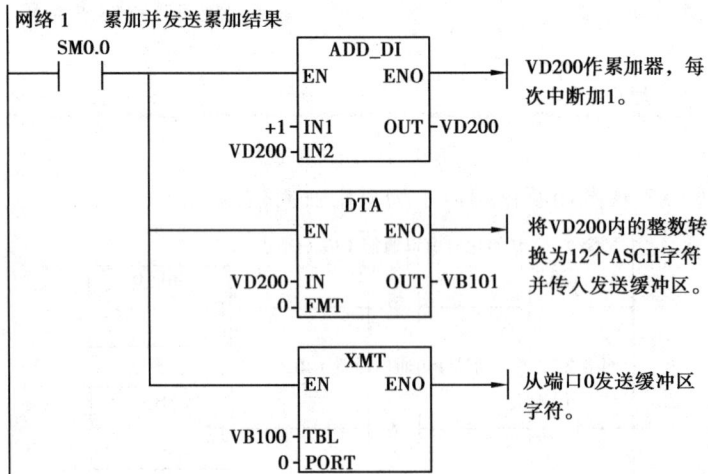

网络 1   累加并发送累加结果

SM0.0

```
           ┌──────────┐
           │  ADD_DI  │
           │ EN   ENO ├──┤
      +1 ─┤ IN1  OUT ├─ VD200
   VD200 ─┤ IN2      │
           └──────────┘
```

VD200作累加器,每
次中断加1。

```
           ┌──────────┐
           │  DTA     │
           │ EN   ENO ├──┤
   VD200 ─┤ IN   OUT ├─ VB101
       0 ─┤ FMT      │
           └──────────┘
```

将VD200内的整数转
换为12个ASCII字符
并传入发送缓冲区。

```
           ┌──────────┐
           │  XMT     │
           │ EN   ENO ├──┤
   VB100 ─┤ TBL      │
       0 ─┤ PORT     │
           └──────────┘
```

从端口0发送缓冲区
字符。

(d)例 9.5 中断子程序 INT_0

图 9.45

中断事件 10 是由中断 0 产生的时间中断,该时间中断的间隔的范围为 1~255 ms,中断间隔的数值由 SMB34 定义。由于 RS232 传输线由空闲状态切换到接收模式需要切换时间(一般为 0.15~14 ms),故为防止传送失败,设置的中断间隔必须大于切换时间,并再增加一些富余。

3)超级终端接收组态

超级终端(Hyper Terminal)是 Windows 操作系统提供的通信测试程序,本例用它来监测计算机和 S7-200 CPU 之间的串口通信。超级终端和 Step7 Micro/Win 这类应用程序进行串口操作时都会占用计算机串口的控制权,所以不能同时进行对同一个串口进行操作。

超级终端组态步骤如下:

①执行 Windows 菜单命令"开始"→"附件"→"通信"→"超级终端",为要新建的连接输入连接名称。操作方法如图 9.46 所示。

②选择连接时要使用的串口。操作界面如图 9.47 所示。

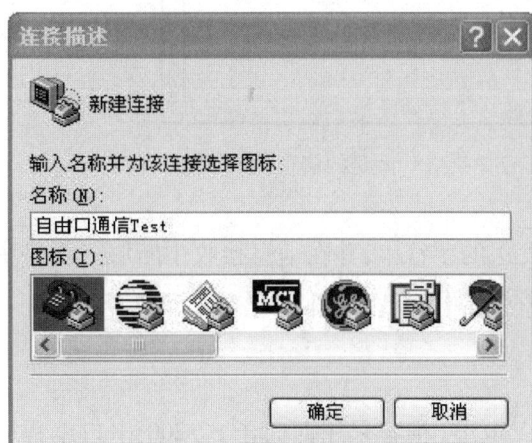

图 9.46　新建连接　　　　　　　　　　　　　　图 9.47　选择串口

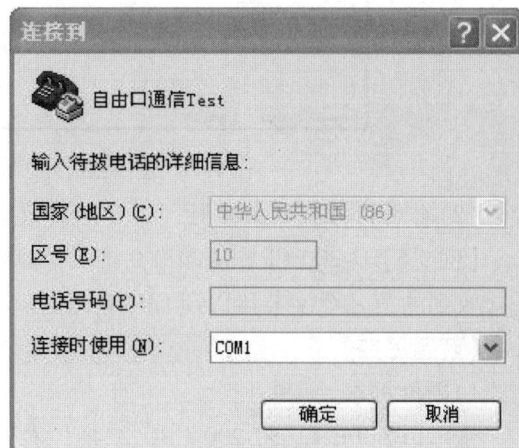

③设置串口通信参数并保存连接,注意此处设置要与 PLC 程序中对应。操作界面如图 9.48所示。

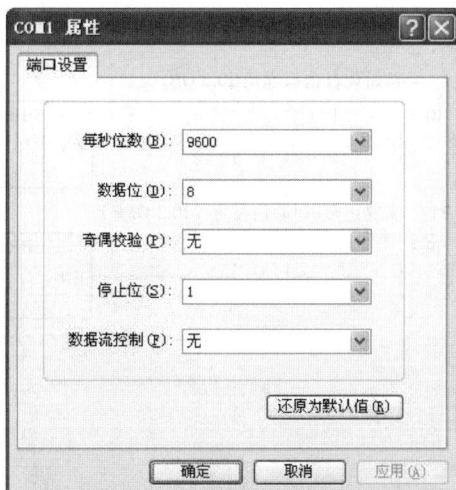

图 9.48　设置串口通信参数

④使用超级终端接收 S7-200 CPU 发送的信息。将 I0.3 置为 ON,单击按钮进行连接,超级终端的窗口会自动显示 S7-200 CPU 发送的字符串。接收信息界面如图 9.49 所示。

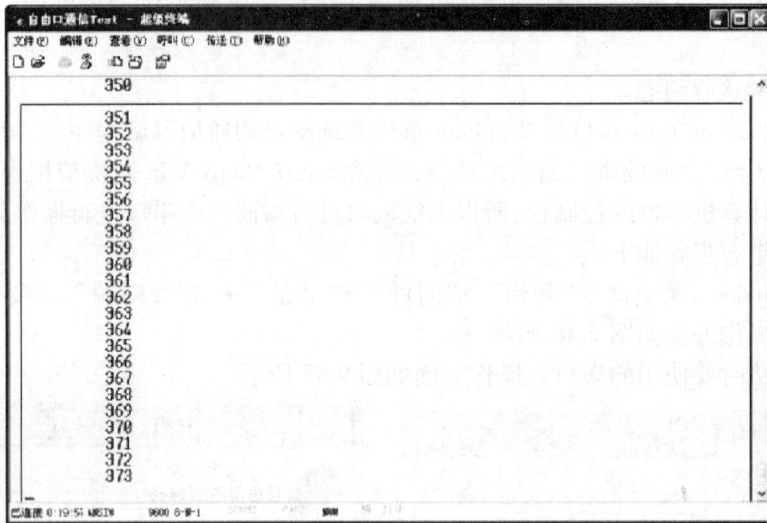

图 9.49　使用超级终端接收 S7-200 CPU 发送的信息

(2)自由口接收数据举例

【例 9.6】S7-200 CPU 从端口 0 接收计算机发送的字符串,并在信息接收中断服务程序中把接收到的第一个字节传送到 CPU 输出字节 QB0 上显示。

【解题思路】

1)硬件需求

带串口的 PC 机、S7-200 CPU 224XP、RS 232 电缆(推荐采用西门子 S7-200 串口编程电缆)。

2)程序设计

编写 S7-200 PLC 程序,下载程序到 S7-200 PLC 中。主程序如图 9.50 所示。

主程序:根据 I0.3 状态初始化端口 1 为自由口通信。

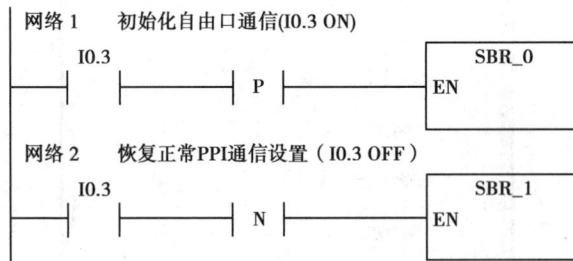

(a)主程序

SBR_0:定义端口 0 为自由口,初始化接收指令。

网络1　定义端口0的通信参数

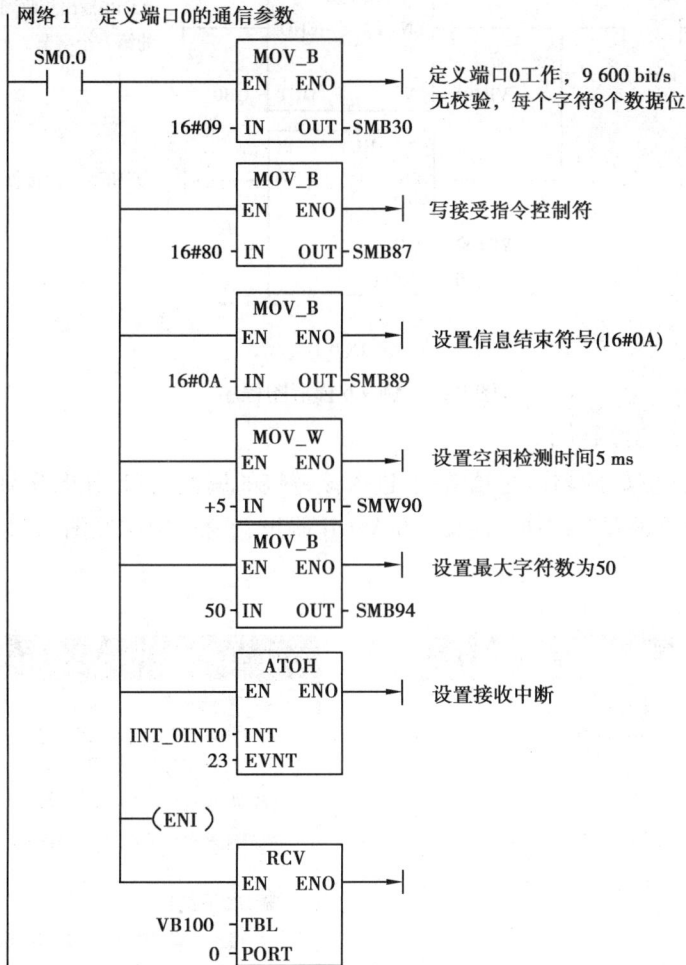

（b）SBR_0

SBR_1:定义端口 0 为普通 PPI 从站通信口。

网络1　设置端口0为PPI从站模式

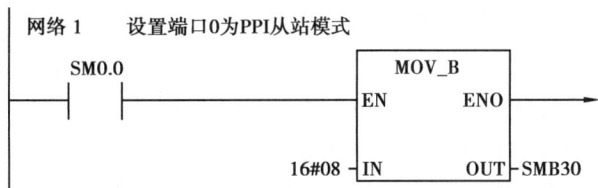

（c）SBR_1

INT_0:在 QB0 输出接收到的第一个字节。

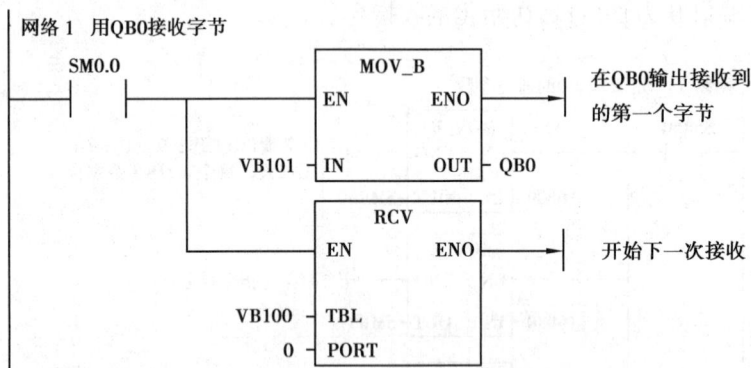

(d) INT_0

图 9.50　例 9.6 梯形图程序

3)配置计算机的超级终端

①打开上例中建立好的超级终端链接,进入该链接的属性窗口,如图 9.51 所示。

②单击"ASCII 码设置"按钮,在弹出的 ASCII 码设置窗口中按照图 9.52 所示的方式进行设置。

图 9.51　超级终端通信属性设置

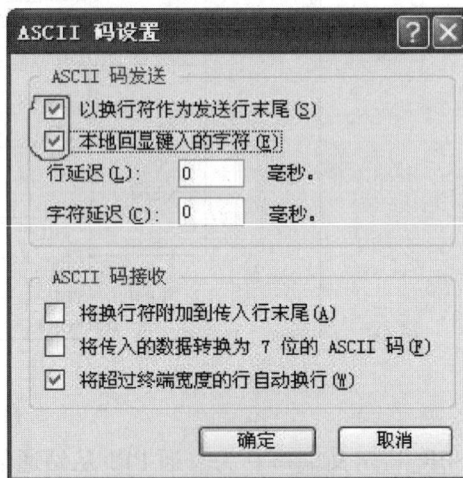

图 9.52　ASCII 设置

4)接收超级终端发送的信息

①把 PLC 转换到运行状态,同时把 I0.3 置为 ON。

② 在超级终端中输入字符串。操作界面如图 9.53 所示。

在 Step-Micro/Win32 中使用状态图,监测缓冲区和 QB0 内容,如图 9.54 所示。

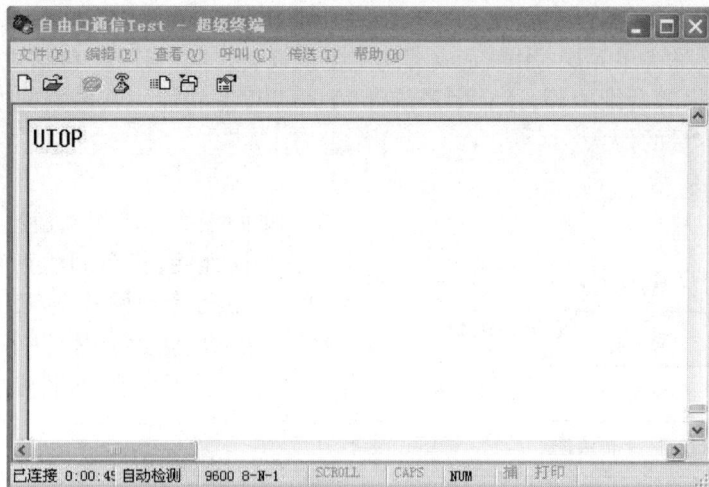

图 9.53　在超级终端中输入字符串

图 9.54　在 Step-Micro/Win32 中使用状态图监测相关内容

9.6　PROFIBUS-DP 通信及应用

9.6.1　PROFIBUS 现场总线概述

IEC(国际电工委员会)对现场总线的定义是"安装在制造和过程区域的现场装置和控制室内的自动控制装置之间的数字式、串行、多点通信的数据总线称为现场总线"。IEC61158 是迄今为止制定时间最长、意见分歧最大的国际标准之一。制定时间超过 12 年,先后经过 9 次投票,在 1999 年底获得通过。IEC61158 最后容纳了 8 种互不兼容的协议,即基金会现场总线(FF)的 H1、Control Net(美国 Rockwell 公司支持)、PROFIBUS(德国西门子公司支持)、P-Net(丹麦 Process Data 公司支持)、FF 的 HSE,高速以太网,美国 Fisher Rosemount 公司支持、Swift Net(美国波音公司支持)、WorldFIP(法国 Alstom 公司支持)、Interbus(德国 Phoenix contact 公司支持)。

(1)工厂自动化网络结构

1)现场设备层

其主要功能是连接现场设备,例如分布式 I/O、传感器、驱动器、执行机构和开关设备等,完成现场设备控制及设备间联锁控制。

309

2)车间监控层

车间监控层又称为单元层,用来完成车间主生产设备之间的连接,包括生产设备状态的在线监控、设备故障报警及维护等,还有生产统计、生产调度等功能。其传输速度不是最重要的,但是应能传送大容量的信息。

3)工厂管理层

车间操作员工作站通过集线器与车间办公管理网连接,将车间生产数据送到车间管理层。车间管理网作为工厂主网的一个子网,连接到厂区骨干网,将车间数据集成到工厂管理层。工厂自动化网络结构如图 9.55 所示。

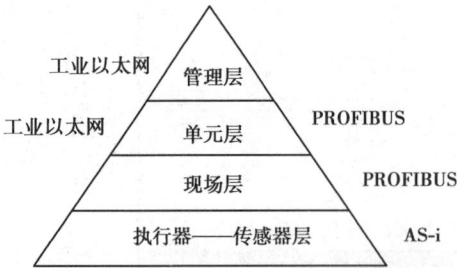

图 9.55 工厂自动化网络结构

(2)PROFIBUS 的类型

PROFIBUS 已被纳入现场总线的国际标准 IEC61158 和欧洲标准 EN 50170,并于 2001 年被定为我国的国家标准 JB/T10308.6—2001。PROFIBUS 在 1999 年 12 月通过的 IEC 61156 中称为 Type 3,PROFIBUS 的基本部分称为 PROFIBUS-V0。在 2002 年新版的 IEC61156 中增加了 PROFIBUS-V1,PROFIBUS-V2 和 RS-485IS 等内容。新增的 PROFInet 规范作为 IEC 61158 的 Type10。截至 2003 年底,安装的 PROFIBUS 节点设备已突破了 1 000 万个,在中国超过 150 万个。

ISO/OSI 通信标准由七层组成,并分两类。一类是面向用户的第五层到第七层,一类是面向网络的第一到到第四层。第一到第四层描述了数据从一个地方传输到另一个地方,第五层到第七层给用户提供适当的方式访问网络系统。PROFIBUS 协议使用了 ISO/OSI 模型的第一层、第二层和第七层。

从用户的角度看,PROFIBUS 提供 3 种通信协议类型:PROFIBUS-FMS、PROFIBUS-DP 和 PROFIBUS-PA。

1)PROFIBUS-FMS(Fieldbus Message Specification,现场总线报文规范)

它使用了第一层、第二层和第七层。第七层(应用层)包含 FMS 和 LLI(底层接口)主要用于系统级和车间级的不同供应商的自动化系统之间传输数据,处理单元级(PLC 和 PC)的多主站数据通信。

2)PROFIBUS-DP(Decentralized Periphery,分布式外部设备)

它使用第一层和第二层,这种精简的结构特别适合数据的高速传送,PROFIBUS-DP 用于自动化系统中单元级控制设备与分布式 I/O(例如 ET 200)的通信。主站之间的通信为令牌方式,主站与从站之间为主从方式以及这两种方式的混合。

3)PROFIBUS-PA(Process Automation,过程自动化)

它用于过程自动化的现场传感器和执行器的低速数据传输,使用扩展的 PROFIBUS-DP 协议。传输技术采用 IEC 1158-2 标准,可以用于防爆区域的传感器和执行器与中央控制系统的通信;使用屏蔽双绞线电缆,由总线提供电源。此外,基于 PROFIBUS,还推出了用于运动控制的总线驱动技术 PROFI-drive 和故障安全通信技术 PROFI-safe。

此外,对于西门子系统,PROFIBUS 提供了两种更为优化的通信方式,即 PROFIBUS-S7 通信和 S5 兼容通信。

PROFIBUS-S7(PG/OP 通信)使用了第一层、第二层和第七层,特别适合 S7 PLC 与 HMI 和编程器通信,也可以用于 S7-300 和 S7-400 以及 S7-400 和 S7-400 之间的通信。

PROFIBUS-FDL(S5 兼容通信)使用了第一层和第二层。数据传送快,特别适合 S7-300、S7-400 和 S5 系列 PLC 之间的通信。

9.6.2　S7-200 PLC 的 PROFIBUS 通信的应用

PROFIBUS-DP 是一种通信标准,支持 PROFIBUS-DP 协议的第三方设备都会有 GSD 文件,通常以 *.GSD 或者 *.GSE 文件出现,将此文件安装到 STEP7 软件中,才能组态第三方设备从站的通信接口。例如正常安装的 STEP7 软件中是不能组态第三方设备 EM277 的,必须安装"siem089d.gsd"文件才能组态 EM277。

下面以一台 CPU 314C-2DP 与一台 CPU 226CN 之间的 PROFIBUS 的现场总线通信为例介绍 S7-300 系列 PLC 与第三方设备的 PROFIBUS-DP 通信。

【例 9.7】模块化生产线的主站为 CPU 314C-2DP,从站为 CPU226CN 和 EM277 的组合,主站发出开始信号(开始信号为高电平),从站接收信息,并使从站的指示灯以 1 s 为周期闪烁。

【解题思路】

1)主要软硬件配置

1 套 STEP7-Micro/WIN V4.0 SP7;1 套 STEP7 V5.4 SP4 HF3;1 台 CPU 226CN;1 台 EM277;1 台 CPU 314C-2DP;1 根 PC/PPI 电缆和 1 根 PC/MPI 适配器(或者 CP5611 卡);1 根 PROFIBUS 电缆(含两个网络总线连接器)。

PROFIBUS 现场总线硬件配置图如图 9.56 所示,PROFIBUS 现场总线通信 PLC 接线如图 9.57 所示。

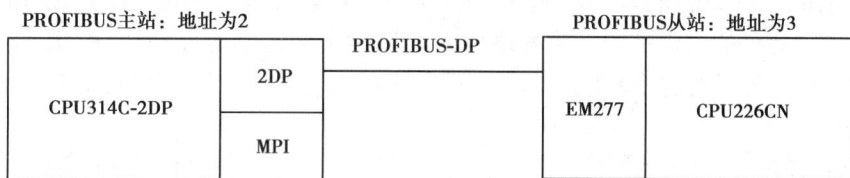

图 9.56　PROFIBUS 现场总线硬件配置图

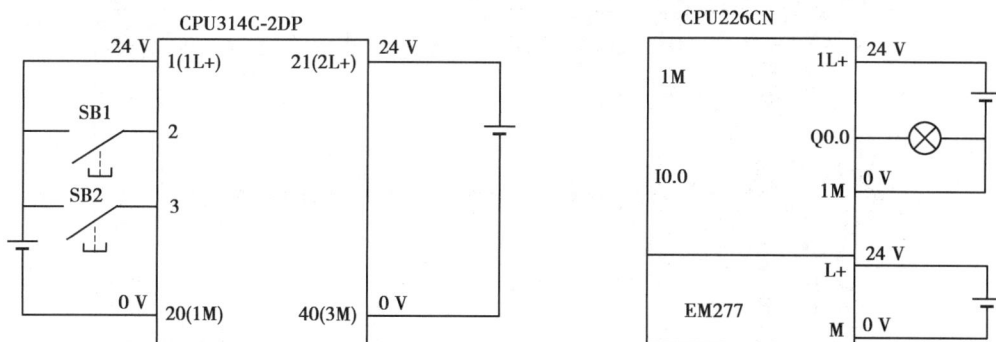

图 9.57　PROFIBUS 现场总线通信 PLC 接线图

2）CPU314C-2DP 的硬件组态

S7-300 PLC 与 S7-200 PLC 的 PROFIBUS 通信的总体方案是：首先对主站 CPU314C-2DP 的硬件进行硬件组态，并下载硬件，再编写主站程序，下载主站程序；编写从站程序，下载从站程序，最后便可建立主站和从站的通信。具体步骤如下：

①新建工程并插入站点。新建工程，命名为"PROFIBUS 通信例"，再插入站点，重命名为"主站"，如图 9.58 所示，双击"硬件"，打开硬件组态界面。

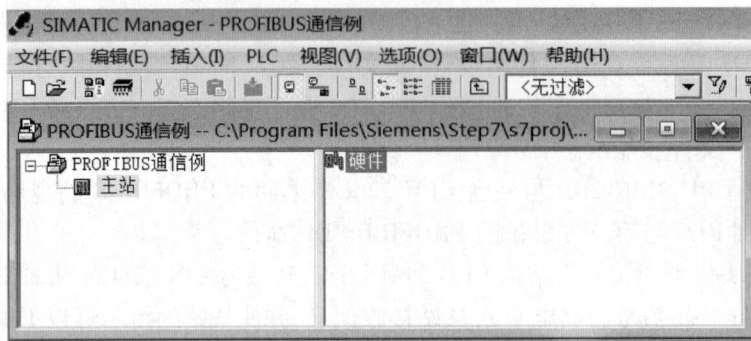

图 9.58　新建工程并插入站点

②组态主站硬件，并配置网络。先插入 CPU 模块，双击 2 号槽中的"DP"，弹出"属性-DP"对话框，单击"属性"按钮，弹出"属性-PROFIBUS 接口"对话框，如图 9.59 所示。单击"新建"按钮，弹出"属性-新建子网 PROFIBUS"对话框，选定传输率为"1.5 Mbps"和配置文件为"DP"，单击"确定"按钮，如图 9.60 所示，从站便可以挂在 PROFIBUS 总线上。

③修改 I/O 起始地址。单击 2 号槽的"DI24/DO16"，弹出属性"DI24/DO16"对话框，去掉"系统默认"前的"√"，在"输入"和"输出"的"开始"中输入"0"，单击"确定"按钮，如图9.61所示。这个步骤的目的主要是为了使程序中输入和输出的起始地址都从"0"开始，这样更加符合人们的习惯。若没有这个步骤，也是可行的，但程序中输入和输出的起始地址都从"124"开始，不方便。

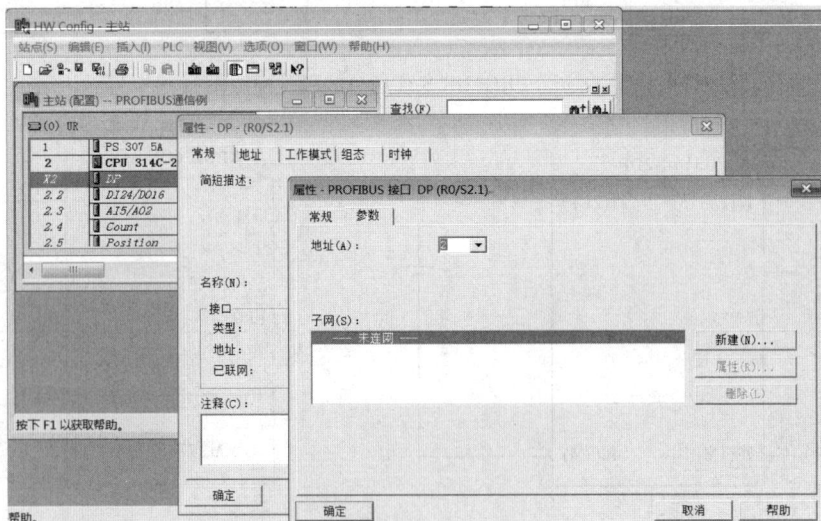

图 9.59　新建网络

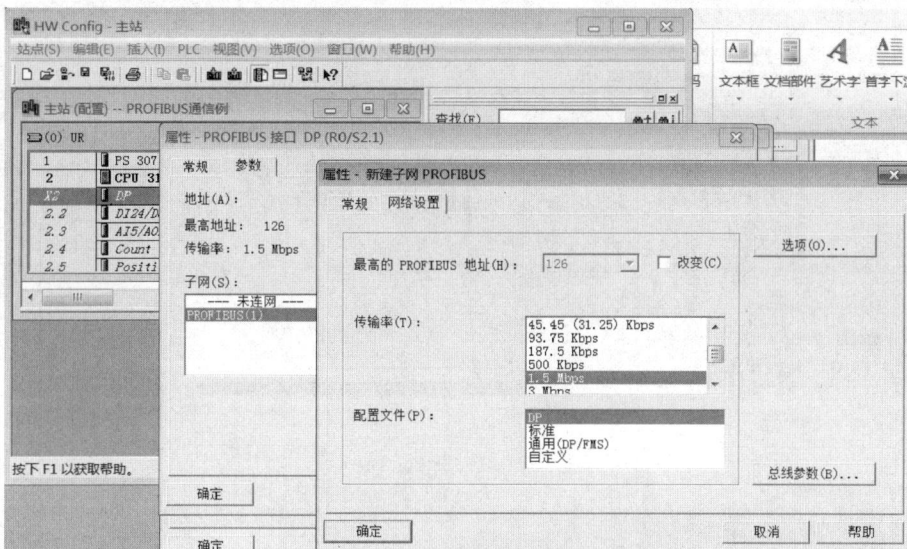

图 9.60　设置通信参数

④配置从站地址。若没有 EM277 的硬件,需要先安装"GSD"文件,下载地址为 http://support.automation.siemens.com/cn/view/zh/113652,下载并解压缩后,单击工具栏中的"选项"并选择"安装 GSD 文件"。

先选中"PROFUBUS",再展开项目,先后展开"PROFUBUS DP"→"Additional Field Device"→"PLC"→"SIMATIC",再双击"EM277 PROFIBU-DP",弹出"属性-PROFIBUS 接口"对话框,将地址改为"3",最后单击"确定"按钮,如图 9.62 所示。

注意:由于 EM277 是第三方设备,默认状态并不被 STEP7 软件支持,所以必须安装 GSD 文件"SIEM089D.GSD",此文件可在西门子驱动的官方网站上免费下载。

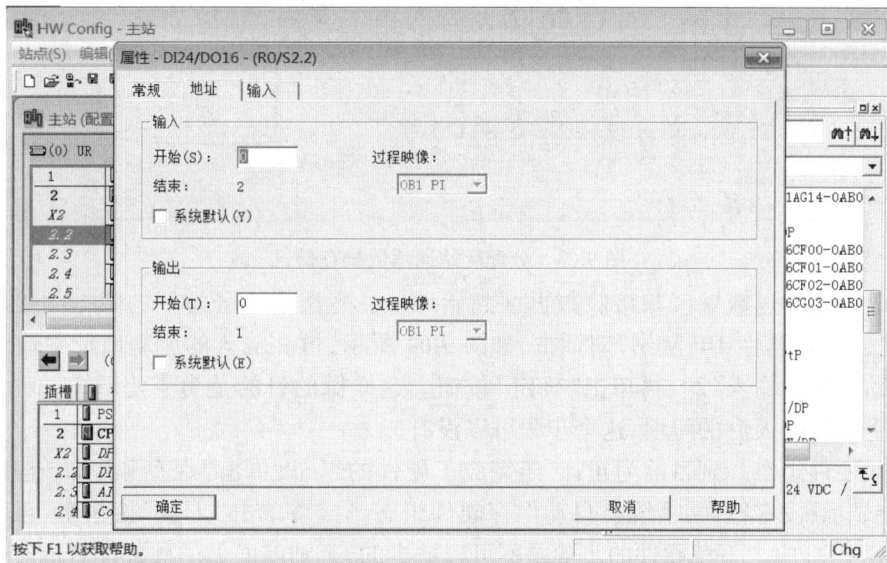

图 9.61　修改 I/O 起始地址

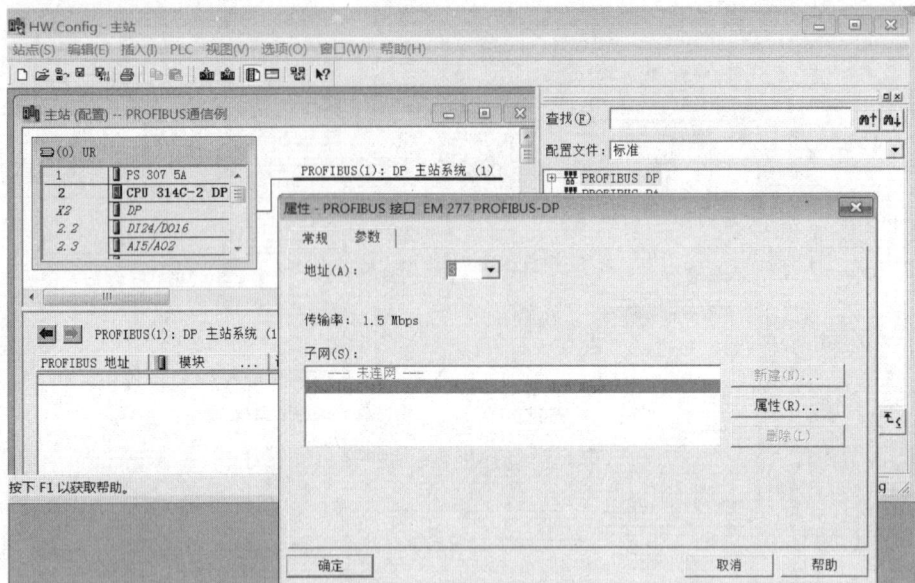

图 9.62　配置从站地址

⑤分配从站通信数据存储区。先选中 3 号站,再展开项目"EM277 PROFIBUS-DP",再双击"1 Word In/1 Word Out",如图 9.63 所示。当然也可以选其他选项,这个选项的含义是每次主站接收信息为 1 个字,送出的信息也为 1 个字。

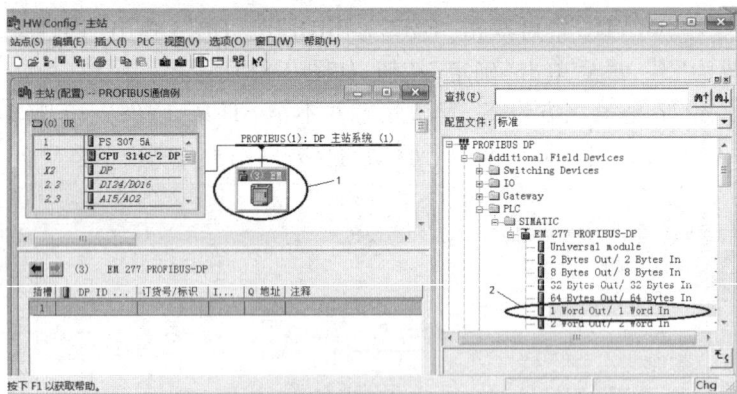

图 9.63　分配从站通信数据存储区

⑥修改通信发送数据区和接收数据区起始地址。先选中 3 号站下的数据的接收和发送区,双击之,弹出"属性-DP 从站"对话框,如图 9.64 所示,再在输入的启动地址中输入"3",在输出的启动地址中输入"2",再单击"确定"按钮。这样做的目的是为了使后续的程序的输入输出地址更加符合人们的习惯,这个步骤可以没有。

⑦下载硬件组态。到目前为止,已经完成了硬件的组态,单击"保存和编译"按钮，若有错误,则会显示;没有错误,系统将自动保存硬件组态。接着单击"下载"按钮，系统将硬件配置下载到 PLC 中。下载硬件的步骤是不可以缺少的,否则前面做的硬件配置的工作都是徒劳。但保存和编译步骤可以省略,因为单击下载按钮也可以起到这个作用。

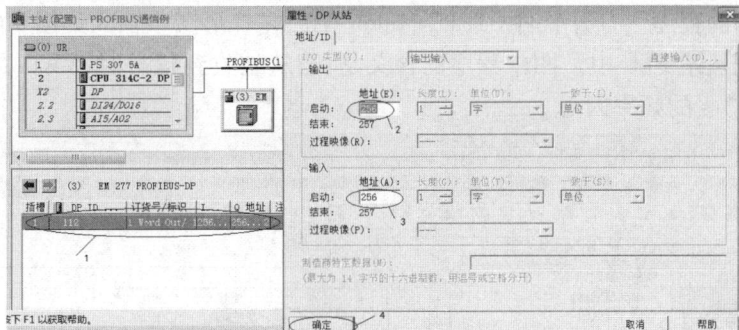

图 9.64　修改通信发送数据区和接收数据区起始地址

⑧打开并编译程序。激活"SIMATIC Manager-profibus"界面，展开工程，选中"块"，单击"OB1"，弹出"属性-组织块"对话框；再单击"确定"按钮，弹出"LAD/STL/FBD"界面，实际上是程序编辑界面，在此界面上输入如图 9.65 所示的程序。

图 9.65　CPU314C-2DP 的程序

3）编写程序

①编写主站的程序。按照以上步骤进行硬件组态后，主站和从站的通信数据发送区和接收数据区就可以进行数据通信了，主站和从站的发送区和接收数据区对应的关系见表 9.12。

表 9.12　主站和从站的发送区和接收数据区的对应关系

序号	主站 S7-300	对应关系	从站 S7-200
1	QW2	→	VW0
2	IW3	←	VW2

主站将信息存入 QW2 中，发送到从站的 VW0 数据存储区，那么主站的发送数据区为什么是 QW2 呢？CPU314C-2DP 自身是 16 点数字输出占用了 QW0，因此不可能是 QW0，QW2 是前面的硬件配置中的第 6 步中设定的。当然也可以设定为其他的单元。从站的接收区默认为 VW0，从站的发送区默认是 VW2，这个单元是可以在硬件组态时更改的，请读者参考西门子的相关手册。从站的信息可以通过 VW2 送到主站的 IW3。注意，务必将组态后的硬件和编译后的软件全部下载到 PLC 中。

②编写从站的程序。打开软件 STEP7-Micro/Win,在梯形图中输入如图 9.66 所示的程序, 再将程序下载到从站 PLC 中。图中程序的含义是:当从站收到信号时,VW0 大于 1,M10.0 自锁输出,Q0.0 以 1 s 的频率闪烁。

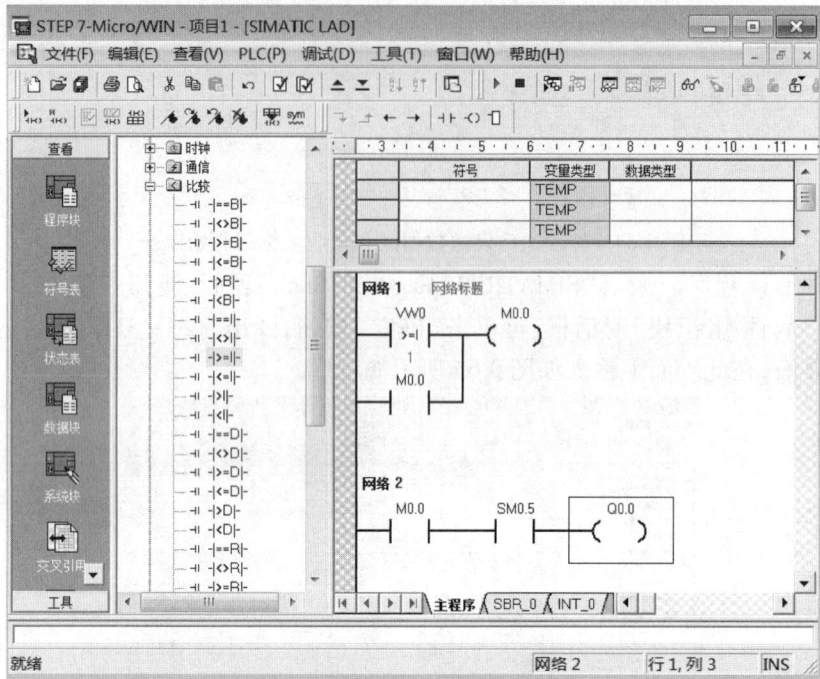

图 9.66　CPU226CN 的程序

4)硬件连接

主站 CPU314C-2DP 有两个接口,一个是 MPI 接口,通过 S7-300 专用编程电缆与计算机相连;另一个接口是 DP 接口,PROFIBUS 通信使用这个接口。从站为 CPU226CN 和 EM277, EM277 是 PROFIBUS 专用模块,这个模块上面的接口是 DP 接口。主站的 DP 口和从站的 DP 口用专用的 PROFIBUS 电缆和专用网络接头相连。

PROFIBUS 电缆是二线屏蔽双绞线,两根线为 A 线与 B 线,电线塑料皮上印刷有 A、B 字母。A 线与网络头上的 A 端子相连,B 线与网络头上的 B 端子相连即可。B 线实际上与 DP 口的第 3 针相连,A 线实际与 DP 口的第 8 针相连。

5)软硬件调试

PROFIBUS 的电缆将 S7-300 的 DP 口与 EM277 的 DP 口相连,并将 S7-300 端的网络连接器上的拨钮拨到"OFF",并将 EM277 端的网络连接器上的拨钮拨到"ON"上,再将程序下载到 PLC 中,最后将两台 PLC 的运行状态从"STOP"都拨到"RUN"上。

本章小结

本章介绍西门子 S7-200 系列 PLC 联网通信的基础知识,包括 PLC 通信的特点及联网的形式;S7-200 PLC 的网络通信协议及指令;并用实例介绍了西门子 S7-200、PLC 的 PPI、MPI、

PROFIBUS、自由口通信。本章的内容较多,而且较难。

习　题

9.1　简述 RS-232C、RS-422 和 RS-485 在原理、性能上的区别。

9.2　S7-200PLC 支持的通信协议有哪几种? 各有什么特点?

9.3　异步通信中为什么需要起始位和停止位?

9.4　西门子 PLC 的常见通信方式有哪几种?

9.5　何谓串行通信和并行通信?

9.6　OSI 模型分为哪几个层? 各层的作用是什么?

9.7　有三台 CPU226CN,一台为主站,其余两台为从站,在主站上发出一个启停信号,对从站上控制的电动机进行启停,从站将电动机的启停状态反馈到主站。请用网络读写指令编写程序。

9.8　有三台 CPU226CN,一台为主站,其余两台为从站,在主站上发出一个启停信号,对从站上控制的电动机进行启停,从站将电动机的启停状态反馈到主站。请用指令向导生成子程序,并编写程序。

9.9　某设备上有一台 CPU314C-2DP 为主站,有两台 CPU226CN 为从站,在主站上发出一个启停信号,对从站上控制的电动机进行启停,从站将电动机的启停状态反馈到主站。请组态硬件并编写程序。

第 **10** 章
PLC 的工程应用实例

10.1 PLC 在步进电机控制系统中的应用

10.1.1 应用背景与需求

步进电机是一种常用的电气执行元件,广泛应用于自动化控制领域。在对传统机床的数控化改造中,越来越多地采用 PLC 作为控制器实现对机床电气控制系统的改造,其中对数控机床的典型执行元件步进电机的控制是一个重要的内容。

步进电机是一种用电脉冲进行控制、将电脉冲信号转换成相应角位移的电机。它的运转需要配备一个专门的驱动电源,驱动电源的输出受外部的脉冲信号和方向信号控制。每一个脉冲信号可使步进电机旋转一个固定的角度,这个角度称为步距角。脉冲的数量决定了旋转的总角度,脉冲的频率决定了旋转的速度。方向信号决定了旋转的方向。

就一个传动速比确定的具体设备而言,无需距离、速度信号反馈环,只需控制脉冲的数量和频率即可控制设备移动部件的移动距离和速度;而方向信号可控制移动的方向。另外,步进电机可以实现细分运转方式。这样,尽管步进电机的步距角受到机械制造的限制不能很小,但可以通过电气控制的方式使步进电机的运转由原来的每个整步细分成 m 个小步来完成,提高了设备运行的精度和平稳性。因此,步进电机一般需要专门的驱动器来控制。

对于那些在运行过程中移动距离和速度都确定的具体设备,采用 PLC 通过驱动器来控制步进电机的运转是一种理想的技术方案。本节主要介绍 PLC 控制步进电机的方法。

10.1.2 PLC 控制步进电机的方式

PLC 控制步进电机系统的示意图如图 10.1 所示。在控制过程中,在控制面板上设定移动距离、速度和方向等参数。PLC 读入这些设定值后,通过运算产生脉冲、方向信号,控制步进电机的驱动器,达到对距离、速度、方向控制的目的。

图 10.1 中,控制面板上的位置旋钮控制移动的距离,速度旋钮控制移动的速度,方向按钮

控制移动的方向,启/停按钮控制电机的启动与停止。

实际系统中的位置与速度往往需要分成几挡,因此位置、速度旋钮可选用波段开关。通过对波段开关的不同跳线进行编码,可减少操作面板与 PLC 的连线数量,同时也减少了 PLC 的输入点数。

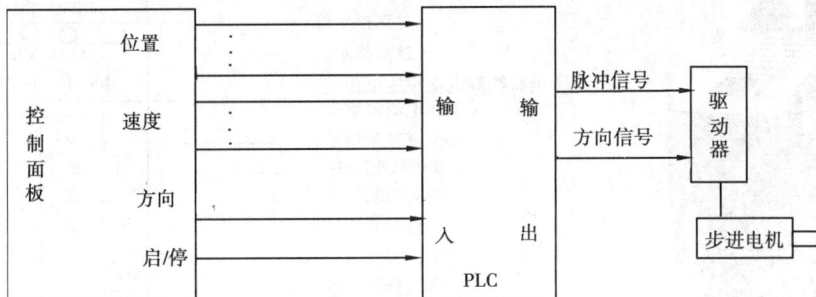

图 10.1　PLC 控制步进电机系统示意图

在一个实际的控制系统中,要根据负载的情况来选择步进电机。步进电机能够响应而不失步的最高步进频率称为"启动频率",与此类似,"停止频率"是指系统控制信号突然关断,步进电机不超过目标位置的最高步进频率。电机的启动频率、停止频率和输出转矩都要和负载的转动惯量相适应。

在对 PLC 选型和编程前,应计算系统的脉冲当量、脉冲频率上限和最大脉冲数量。根据脉冲信号的频率可以确定 PLC 高速脉冲输出时需要的频率,根据脉冲数量可以确定 PLC 的位宽。同时,考虑到系统响应的及时性、可靠性和使用寿命,PLC 应选择晶体管输出型。

步进电机细分数的选择以避开电机的共振频率为原则,一般可选择 2、5、10、25。编制 PLC 控制程序时应将传动系统的脉冲当量、反向间隙、步进电机的细分数定义为参数变量,以便现场调整。

PLC 编程中需要的参数计算公式如下:

脉冲当量 = (步进电机步距角×螺距)/(360×传动速比)

脉冲频率上限 = (移动速度×步进电机细分数)/脉冲当量

最大脉冲数量 = (移动距离×步进电机细分数)/脉冲当量

10.1.3　步进电机驱动器的使用

下面以二相混合式步进电机驱动器 YKA2404MC 为例,介绍步进电机驱动器的控制问题。

(1)KA2404MC 型步进电机驱动器的特点

YKA2404MC 是一款经济、小巧的步进驱动器,它具有恒流控制的特点,电源损耗极低,开关效率极高,驱动电流和细分数可由拨码开关设定,所有输入信号与功率放大部分光电隔离。最高反应频率可达 200 kpps,驱动电流从 0.1 A/相到 4.0 A/相连续可调,可以驱动任何 3.0 A 相电流以下两相混合式步进电机。

(2)步进电机驱动器的端子与接线

步进电机驱动器的外形图及端子接线示意图如图 10.2 所示。

各接线端子的描述如下:

①步进脉冲信号+:输入信号的光电隔离正端,接+5 V 供电电源,+5 V～+24 V 均可驱动,

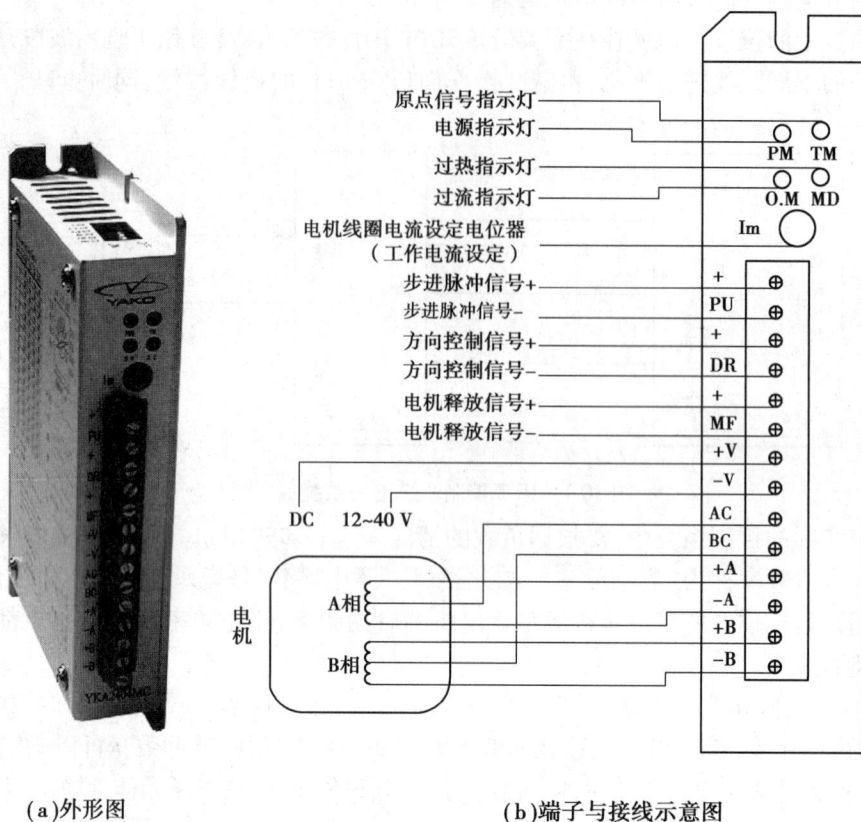

（a）外形图　　　　　　　　　（b）端子与接线示意图

图 10.2　步进电机驱动器的外形与端子接线示意图

高于+5 V 需接限流电阻。

②步进脉冲信号 PU：D2＝OFF 时为步进脉冲信号，D2＝ON 时为正向步进脉冲信号，PU 端子下降沿有效，每当脉冲由高变低时电机走一步，输入电阻 220 Ω，要求：低电平 0～0.5 V，高电平 4～5 V，宽度>2 μs。

③方向控制信号+：输入信号光电隔离正端，接+5 V 供电电源+5 V～+24 V 均可驱动，高于+5 V 需接限流电阻。

④方向控制信号 DR：当 D2＝OFF 时为方向控制信号，D2＝ON 时为反方向脉冲信号，用于改变电机转向。输入电阻 220Ω，要求：低电平：0～0.5 V，高电平 4～5 V，脉冲宽度>2.5 μs。

⑤电机释放信号+：输入信号光电隔离正端，接+5 V 供电电源+5 V～+24 V 均可驱动，高于+5 V 需接限流电阻。

⑥电机释放信号 MF：有效（低电平）时关断电机线圈电流，驱动器停止工作，电机处于自由状态。

⑦+V／−V：电源的正/负极，供电范围为 DC12～40 V。

⑧电机接线端子+A、−A、+B、−B，其接线方法如图 10.3 所示。

（3）步进电机驱动器的细分设定

细分数是用驱动器上的拨码开关设定的，只需根据细分设定表上的提示设定即可。请在系统频率允许的情况下尽量选用高细分。细分后步进电机步距角按下列方法计算：步距角＝

320

电机固有步距角/细分数。例如一台 1.8°/40＝0.045°。

YKA2404MC 步进电机驱动器共有 6 个细分设定开关,如图 10.4 所示。D2 用来设定步进电机的控制方式,D3~D6 用来设定细分数。具体设定方法见表 10.1。

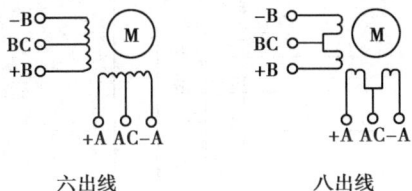

图 10.3　电机接线端子图　　　　　　　　　图 10.4　细分设定开关

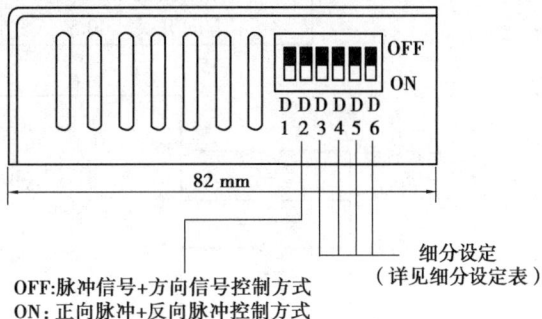

表 10.1　步进电机驱动器细分设定表

细分数	1	2	4	5	8	10	20	25	40	50	100	200	200	200	200	200
D6	ON	OFF	ON	OFF	ON	OFF	ON	OFF	ON	OFF	ON	OFF	ON	OFF	ON	OFF
D5	ON	ON	OFF	OFF	ON	ON	OFF	OFF	ON	ON	OFF	OFF	ON	ON	OFF	OFF
D4	ON	ON	ON	ON	OFF	OFF	OFF	OFF	ON	ON	ON	ON	OFF	OFF	OFF	OFF
D3	ON	ON	ON	ON	ON	ON	ON	ON	OFF	OFF	OFF	OFF	OFF	OFF	OFF	OFF
D2	ON,双脉冲:PU 为正向步进脉冲信号,DR 为反向步进脉冲信号 OFF,单脉冲:PU 为步进脉冲信号,DR 方向控制信号															
D1	无效															

10.1.4　PLC 控制步进电机的实现

步进电机及其驱动器与数字控制系统配套时,可以体现出更大的优越性。为了配合步进电机的控制,许多 PLC 都内置了脉冲输出功能,并设置了相应的控制指令,可以很好地对步进电机进行控制。

以 S7-200 CPU226 晶体管输出型为例,它有两个 PTO/PWM(脉冲列/脉冲宽度调制器)发生器,分别通过数字量输出点 Q0.0 和 Q0.1 输出脉冲列或脉冲宽度可调的波形。

(1)用集成脉冲输出触发步进电机驱动器

控制要求:使用 PLC 输出脉冲触发步进电机驱动器。按下启动按钮,PLC 将输出固定数目的方波脉冲,使步进电机按设定的步数转动。当按下停止按钮,步进电机停止转动。

【解题思路】

1)根据控制要求分配 I/O 端口,画出端口接线图

I/O 分配表见表 10.2。步进电机接线图如图 10.5 所示。

表 10.2　输入输出分配表

序号	输入设备	输入点	序号	输出设备	输出点
1	启动按钮	I0.0	1	输出脉冲	Q0.0
2	停止按钮	I0.1	2	方向信号	Q0.2
3	方向开关	I0.5			

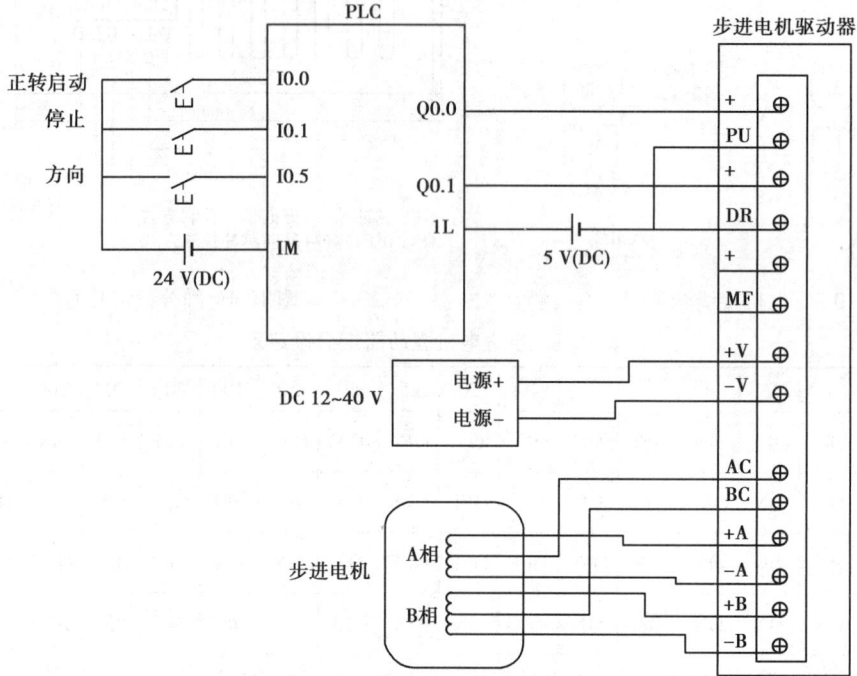

图 10.5　步进电机接线图

2)设计满足控制要求的梯形图程序

①初始化。在程序的第一个扫描周期(SM0.1=1),为两种脉冲输出功能(PTO 和 PTM)选择参数,本例选择 PTO,并规定了脉冲周期和脉冲数。

②选择转动方向。用接在输入端的 I0.5 的开关选择转动方向,如果 I0.5 = 1,将 Q0.2 置成高电位,那么电机逆时针转动;如果 I0.5 = 0,将输出 Q0.2 置成低电位,那么电机顺时针转动。为保护电机避免漏步,电机转动方向的改变只能在电机处于停止状态(M0.1=0)时进行。

③启动电机。启动电机的 3 个条件如下:按"START"启动按钮,在输入端 I0.0 产生脉冲上升沿;无联锁,即联锁标志 M0.2=0;电机处于停止状态,即操作标志 M0.1=0。如果同时具备上述 3 个条件,则将 M0.1 置位,控制器执行 PLS0 指令,在输出端 Q0.0 输出脉冲,其他必须预先具备的条件,已经在首次扫描 SM0.1=1 设置,主要是脉冲输出功能的基本数据。例如时基、周期和脉冲数,这些数据置于相应的 PTO/PWM 的特殊存储字 SMW68,SMW70 和 SMD72 中。

④停止电机。停止电机的两个条件如下:按"STOP"停止按钮,在输入端 I0.0 产生脉冲上升沿;电机处于运转状态,即操作标志 M0.1=1。如果同时具备上述两个条件,则将标志 M0.1 复位,(M0.1=0),并中断输出端 Q0.Q 的脉冲输出,这与执行 PLS0 指令有关,它将脉宽调制输出的脉冲宽度减为 0,因此输出信号被抑制。

在完整的脉冲序列输出后中断程序 0 将标志 M0.1 复位,从而使电机能够重新启动。

⑤联锁。为保护人员和设备的安全,在按 STOP 停止按钮后,必须规定驱动器联锁,将联锁标志 M0.2 置位(M0.2＝1),立即关断驱动器,只有在 M0.2 复位后,才能重新启动电机。当 STOP 按钮松开后,为防止电机的意外启动,只有在 START 按钮 I0.0 和 STOP 按钮 I0.1 都松开后,才能将 M0.2 复位。如要再次启动电机,则必须再发出一个启动信号。梯形图程序如图 10.6所示。

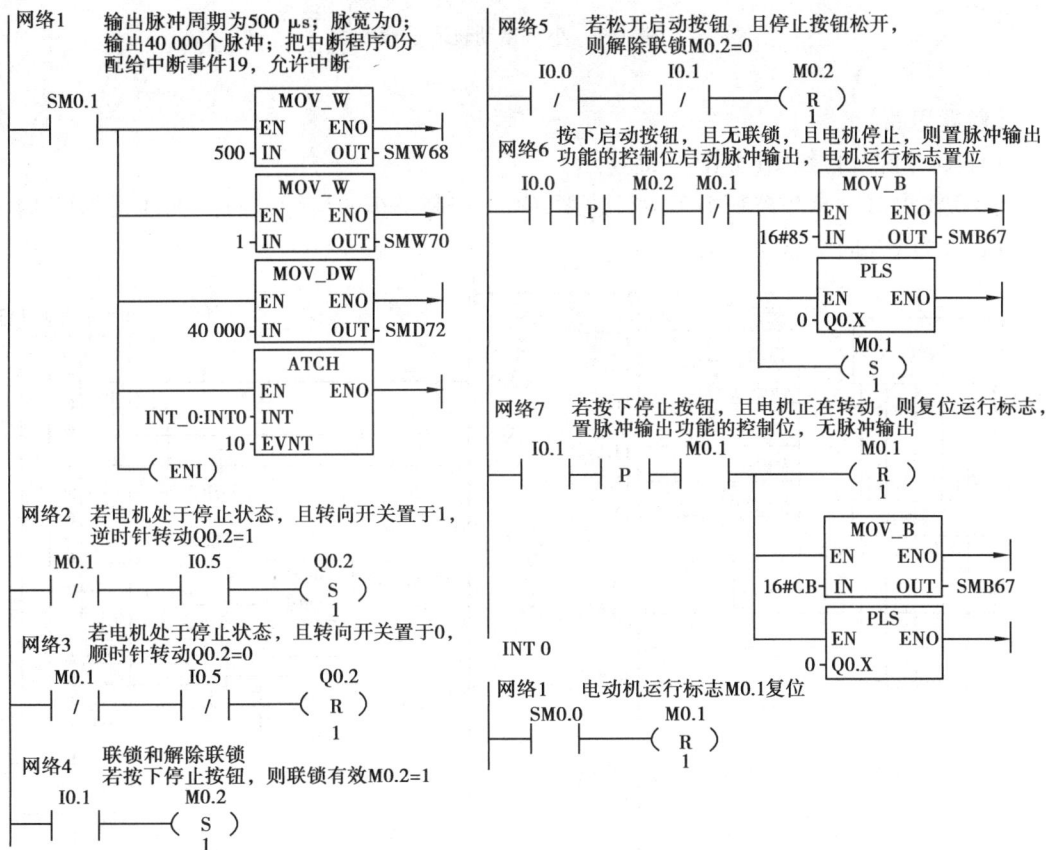

图 10.6　PLC 输出脉冲触发步进电机驱动器控制程序

(2)基于 PLC 与步进电机的位置闭环控制

【例 10.1】控制要求:用 PLC 的 Q0.0 向步进电机发出高速脉冲串,步进电机驱动器驱动步进电机带动小车运行。其运动示意图如图 10.7 所示。小车运行轨迹上安装有位移检测的 DA-300 光栅尺,在轨道上安装有左、右限位开关和原点开关,从原点至右行程限位开关距离小于光栅尺的测量距离。编程实现以下功能:

①按下回原点按钮,小车运行至原点后停止,此时小车所处的位置坐标为 0。系统启动运行时,首先必须找一次原点位置。

②当小车碰到左限位或右限位开关动作时,小车应立即停止。

③设定 A 位置对应坐标值。按下启动按钮,小车自动运行到 A 点后停止 5 s,再自动返回到原点位置结束。运行过程中若按停止按钮则小车立即停止,运行过程结束。

④用光栅尺来检测小车位移。

⑤设小车的有效运行轨道为 200 mm,原点位置坐标为 0 点。

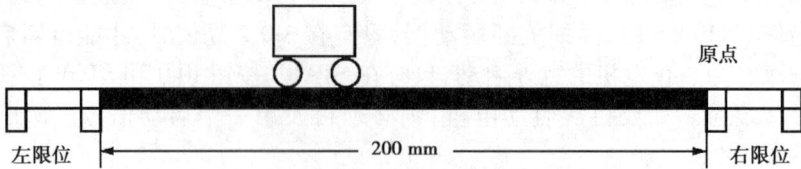

图 10.7　小车运动轨迹示意图

【解题思路】

1) I/O 分配及接线图(如图 10.8 所示)

Q0.0 输出高速脉冲控制小车运行速度,Q0.1 控制小车的运行方向。Q0.1 为 OFF 时小车往左运行,为 ON 时小车往右运行。

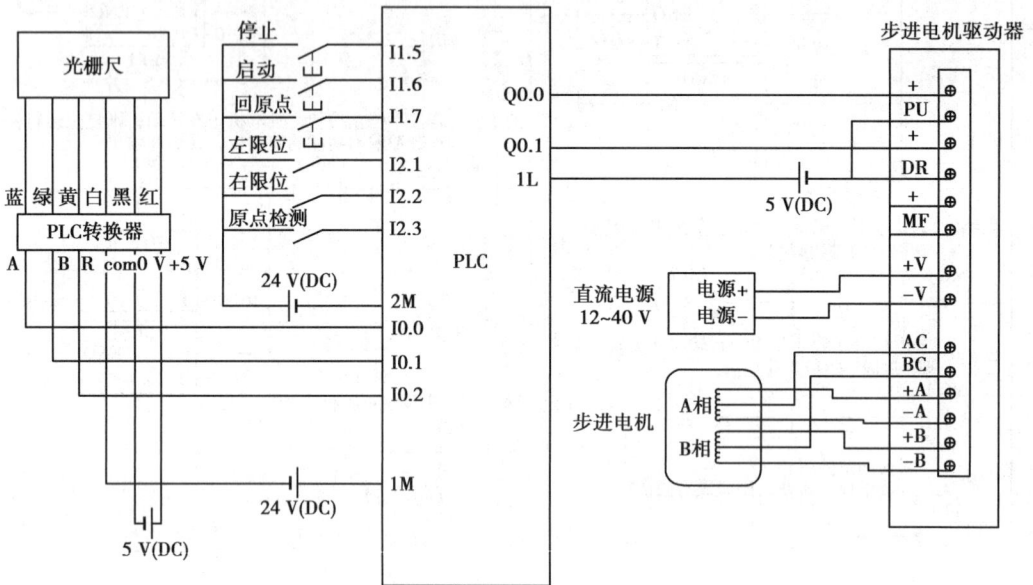

图 10.8　步进电机位置闭环控制系统 I/O 端口接线图

2) 设计满足控制要求的梯形图程序

用 A、B 相正交高速计数器对光栅尺的 A、B 相输出脉冲进行高速计数。对高速计数器选择 4X 计数速率,则高速计数器从 0 计数到 10 000 个脉冲对应的位移变化为 50 mm,所以1 mm 对应的脉冲数为 200 个。若设定 A 位置的坐标值为 60 mm,则对应的高速计数器的当前值为12 000。

设 A 点位置通过元件 VD0 设定,数据范围为 0~200 mm。按下启动按钮,比较小车当前所在位置和 A 点位置坐标,若小车当前所在位置大于 A 点位置坐标,则控制小车向右运行;运行到两个位置值相等时产生一个中断,使小车立即停止。若小车当前所在位置小于 A 点位置坐标,则控制小车向左运行,运行到两个位置值相等时产生一个中断,使小车立即停止。若小车当前位置与 A 点位置相同,则按下启动按钮后,小车停止 5 s 后返回到原点。

步进电机位置闭环控制梯形图程序如图 10.9 所示。

网络1
SM0.1 ── Q0.0
(R)
1

网络2 高速计数器初始化
I2.3 ─┤P├─
原点检测

MOV_B
EN ENO
16#F8 ─ IN OUT ─ SMB37
→ 高速计数器控制字加计数，正交4X，启动与复位高电平有效

MOV_DW
EN ENO
0 ─ IN OUT ─ SMD38
→ 计数器初始值

MOV_DW
EN ENO
VD10 ─ IN OUT ─ SMD42
→ 计数器当前值

HDEF
EN ENO
0 ─ HSC
9 ─ MODE
→ 指定HSC0运行模式为9

HSC
EN ENO
0 ─ N
→ 按设定的工作模式高速计数

网络3 回原点程序：控制小车向右运行，当小车碰到原点检测开关就停止
I1.7 ─┤P├─
运行
EN
Q0.1
(S)
1

网络4 当小车碰到原点检测开关就停止，当执行中断停止时M1.0置位，小车回到原点时复位
I2.3
停止
EN
Q0.1
(R)
1
M1.0
(R)
1
M0.0
(R)
1

网络5 设A点位置坐标为100 mm
SM0.1
MOV_DW
EN ENO
100 ─ IN OUT ─ VD0

网络6 把A点坐标换算成脉冲数
SM0.0
MUL_DI
EN ENO
VD0 ─ IN1 OUT ─ VD10
+200 ─ IN2

网络7 按下启动按钮，小车运行找A点，并当小车当前位置与A点位置重合时调用中断
I1.6 ─┤P├─
M0.0
(S)
1
运行
EN
(ENI)
ATCH
EN ENO
中断停止:INT0 ─ INT
10 ─ EVNT

网络8 判断小车向右运行
HC0 M0.0 Q0.1
>D ── ── (S)
VD10

网络9 判断小车向左运行或停止
HC0 M0.0 Q0.1
<=D ── ── (R)
VD10 1

网络10 中断停止后开始计时5 s
M1.0
T37
IN TON
50 ─ PT 100 ms

网络11 计时5 s后小车返回原点
T37 ─┤P├─
运行
EN
Q0.1
(S)
1

网络12 按下停止按钮，或小车碰到左右限位开关，则小车停止
I1.5
M1.0
(R)
1
I2.1
M0.0
(R)
1
I2.2
Q0.1
(R)
1
停止
EN

运行子程序
网络1 定义输出脉冲
SM0.0

MOV_B
EN ENO
16#8D ─ IN OUT ─ SMB67

MOV_W
EN ENO
+10 ─ IN OUT ─ SMW68

MOV_DW
EN ENO
99999999 ─ IN OUT ─ SMD72

PLS
EN ENO
0 ─ Q0.X

停止子程序
网络1 停止输出脉冲
SM0.0

MOV_B
EN ENO
16#0 ─ IN OUT ─ SMB67

PLS
EN ENO
0 ─ Q0.X

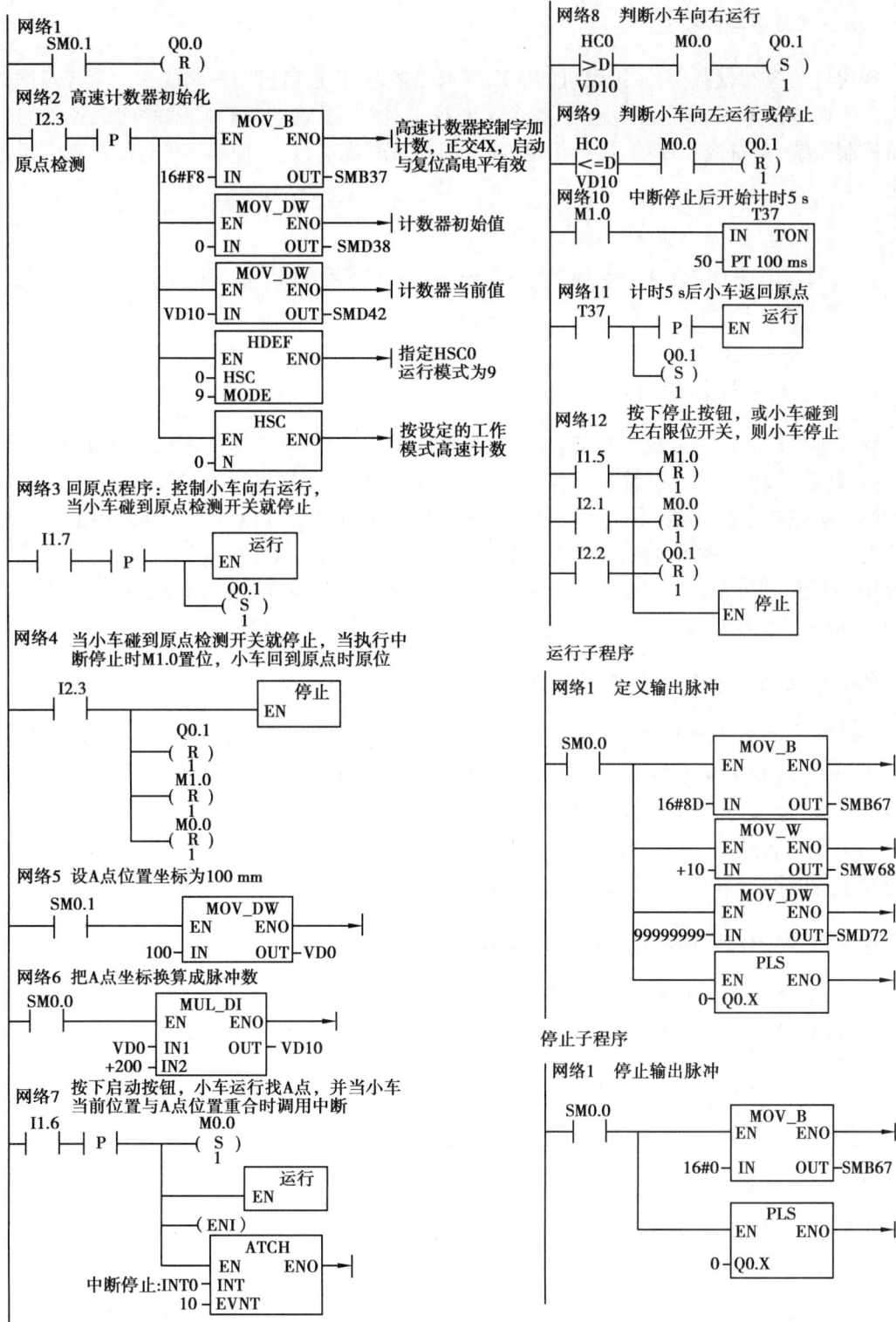

图 10.9 步进电机位置闭环控制梯形图程序

10.1.5 总结与评价

现代自动控制设备中,步进电机的应用越来越多,对步进电机的控制成为一个普遍性的问题。由于现今的 PLC 功能越来越强,指令速度越来越快,用微小型 PLC 就能构成各种的步进电机控制系统,具有控制简单、运行稳定、开发周期短等优点,是一种切实可行的步进电机控制方案。

10.2 PLC 在砂处理生产线上的应用

10.2.1 应用背景与需求

砂处理生产线由混砂机、带式输送机及其配套设备、生产及除尘等用电设备组成,主要完成型砂、新砂及黏土、煤粉的输送任务。砂处理生产线的主要用电设备是连续工作制,采用传统的继电器控制系统,需要采用大量中间继电器和时间继电器,可靠性差,难以保证系统长时间连续工作。虽然用继电器构成一个控制系统的直接投资比 PLC 少,但从系统的寿命及其维修费用来考虑,用 PLC 取代继电器控制系统是合适的。本例论述采用 PLC 实现砂处理生产线的控制问题。

10.2.2 砂处理生产线 PLC 控制系统分析

砂处理生产线 PLC 控制系统中,I/O 点数较多,但以顺序控制为主。对于 PLC 控制系统的构成问题,从 I/O 点数上考虑,在砂处理系统中一台中型 PLC 就够了,使用小型 PLC 则需要几台。但是,考虑到砂处理系统可分为几个相对独立的子系统(如旧砂输送、新砂输送、混砂、型砂输送等),各系统之间只有很少几个信号联锁,采用多台小型 PLC 可以将事故分散,更利于提高设备的运行率及系统调试,因此本系统采用多台型 S7-200 系列 PLC 的控制方案。

10.2.3 采用定时器设计型砂输送控制程序

(1)工艺流程与控制要求

型砂输送系统中,输送带的工艺流程如图 10.10 所示。

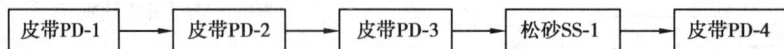

图 10.10 型砂输送带的工艺流程

该控制系统的要求是:

① 启动时应逆工艺流程延时启动,其启动顺序如图 10.11 所示。

② 停止时,全部设备同时停机。

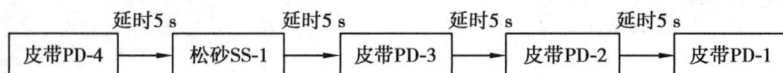

图 10.11 型砂输送带启动顺序

（2）根据控制要求分配 PLC 的输入输出端口

控制系统的 I/O 地址分配表见表 10.3。

表 10.3 控制系统的 I/O 地址分配表

序号	输入设备及符号	输入点	序号	输出设备	输出点
1	启动按钮	I0.0	1	皮带 PD-1	Q0.0
2	停止按钮	I0.1	2	皮带 PD-2	Q0.1
3			3	皮带 PD-3	Q0.2
4			4	松砂 SS-1	Q0.3
5			5	皮带 PD-4	Q0.4

（3）设计满足控制要求的程序

根据旧砂传送控制系统的特点，采用定时器来实现上述控制，设计的梯形图如图 10.12 所示。

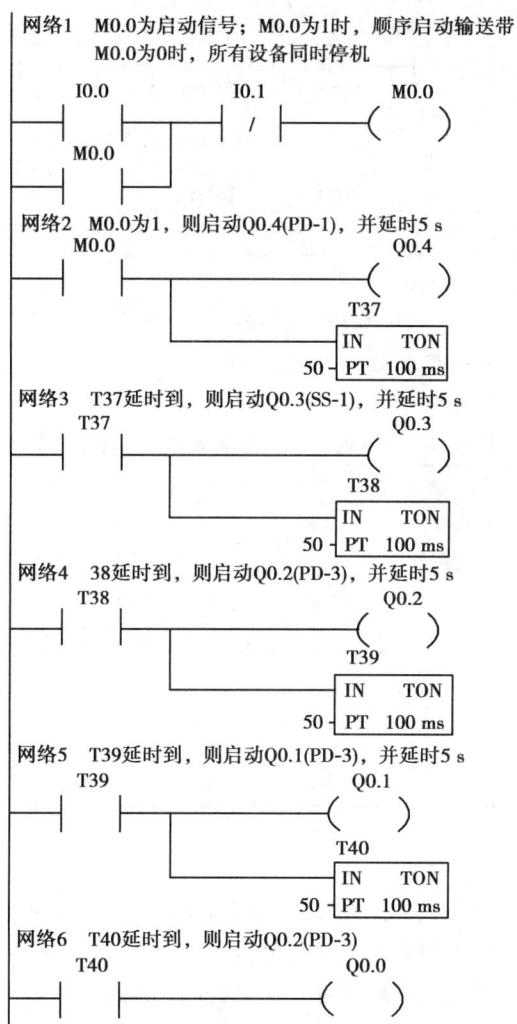

图 10.12 型砂输送带控制程序

由图 10.12 可知,启动时,按下启动按钮,启动信号 M0.0 为 ON,则各设备按控制要求顺序启动。停止或发生异常情况时,按下停止按钮,解除启动信号(相应的常开触点断开),则全部设备可同时停机。

10.2.4 采用定时器和计数器结合设计旧砂输送控制程序

(1)工艺流程与控制要求

旧砂输送系统中,输送带的工艺流程如图 10.13 所示。

振动给料ZG → 皮带PD-5 → 破碎机PS → 园盘给料机YG → 皮带PD-7 → 提升机TS → 皮带PD-8

图 10.13 旧砂输送带的工艺流程

该系统的基本控制要求是:

①启动时应逆工艺流程延时启动,其启动顺序如图 10.14 所示。

②停止时应顺工艺流程延时停止,其停止顺序如图 10.15 所示。

PD-8 →(延时5 s) TS →(延时5 s) PD-7 →(延时5 s) PD-6 →(延时5 s) YG →(延时5 s) PS →(延时5 s) PD-5 →(延时5 s) ZG

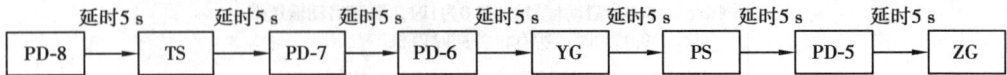

图 10.14 旧砂输送带启动顺序

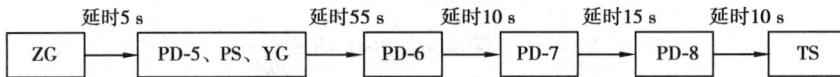

ZG →(延时5 s) PD-5、PS、YG →(延时55 s) PD-6 →(延时10 s) PD-7 →(延时15 s) PD-8 →(延时10 s) TS

图 10.15 旧砂输送带停止顺序

(2)根据控制要求分配 PLC 的输入输出端口

控制系统的 I/O 地址分配见表 10.4。

表 10.4 旧砂输送带控制系统的 I/O 地址分配表

序号	输入设备及符号	输入点	序号	输出设备	输出点
1	启动按钮	I0.0	1	振动给料 ZG	Q0.0
2	停止按钮	I0.1	2	提升机 TS	Q0.1
3			3	圆盘给料机 YG	Q0.2
4			4	破碎机 PS	Q0.3
5			5	皮带 PD-5	Q0.4
			6	皮带 PD-6	Q0.5
			7	皮带 PD-7	Q0.6
			8	皮带 PD-8	Q0.7

(3)设计满足控制要求的程序

根据系统的工艺特点,每台设备的启动间隔是 5 s,各台设备停止的间隔时间是 5 s 的整数倍。因此,采用定时器 T37 和 T38 来产生周期为 5 s 的时钟脉冲,用计数器脉冲进行计数,比较计数器的当前值和设定的值,就能得到每台设备的启动信号和停止信号。设计的梯形图如图 10.16 所示。

网络1　按下启动按钮，置位启动信号，复位停止信号

```
  I0.0         M0.0
  --| |--------( S )
               M0.1
               ( R )
                 1
```

网络2　按下停止按钮，复位启动信号，置位停止信号

```
  I0.0         M0.0
  --| |--------( R )
                 1
               M0.1
               ( S )
                 1
```

网络3　停止时产生周期为5 s的脉冲

```
  M0.1        T38        T38
  --| |-------|/|----+--IN    TON
                     50-PT    100 ms
```

网络4　C1对T38的脉冲信号进行计数

```
  T38              C1
  --| |----------CU    CTU
  M0.0
  --| |----------R
            100--PV
```

网络5　PD-5、PS、YG的停止信号

```
  M0.1        C1          M1.0
  --| |-------|>=I|-------( )
               1
```

网络6　PD-6的停止信号

```
  M0.1        C1          M1.1
  --| |-------|>=I|-------( )
              12
```

网络7　PD-7的停止信号

```
  M0.1        C1          M1.2
  --| |-------|>=I|-------( )
              14
```

网络8　TS的停止信号

```
  M0.1        C1          M1.3
  --| |-------|>=I|-------( )
              17
```

网络9　PD-8的停止信号

```
  M0.1        C1          M1.4
  --| |-------|>=I|-------( )
              19
```

网络10　启动时产生周期为5 s的脉冲

```
  M0.0        T37        T37
  --| |-------|/|----+--IN   TON
                     50-PT 100 ms
```

网络11　C0对T37的脉冲信号进行计数

```
  T37                     C0
  --| |----------------CU    CTU
  M0.1
  --| |----------------R
  C0                 100-PV
  --|>I|--
     7
```

网络12　启动信号M0.0为1时，PD-8(Q0.7)先启动

```
  M0.0        M1.4        Q0.7
  --| |-------|/|--------( )
```

网络13　5 s后，TS(Q0.1)启动

```
  C0          M1.3        Q0.1
  --|>=I|-----|/|--------( )
     1
  Q0.1
  --| |--
```

网络14　10 s后，PD-7(Q0.6)启动

```
  C0          M1.2        Q0.6
  --|>=I|-----|/|--------( )
     2
  Q0.6
  --| |--
```

网络15　15 s后，PD-6(Q0.5)启动

```
  C0          M1.1        Q0.5
  --|>=I|-----|/|--------( )
     3
  Q0.5
  --| |--
```

网络16　20 s后，YG(Q0.2)启动

```
  C0          M1.2        Q0.2
  --|>=I|-----|/|--------( )
     4
  Q0.2
  --| |--
```

网络17　25 s后，PS(Q0.3)启动

```
  C0          M1.0        Q0.3
  --|>=I|-----|/|--------( )
     5
  Q0.3
  --| |--
```

网络18　30 s后，PD-5(Q0.4)启动

```
  C0          M1.0        Q0.4
  --|>=I|-----|/|--------( )
     6
  Q0.4
  --| |--
```

网络19　35 s后，ZG(Q0.0)启动

```
  C0          M0.1        Q0.0
  --|>=I|-----|/|--------( )
     7
  Q0.0
  --| |--
```

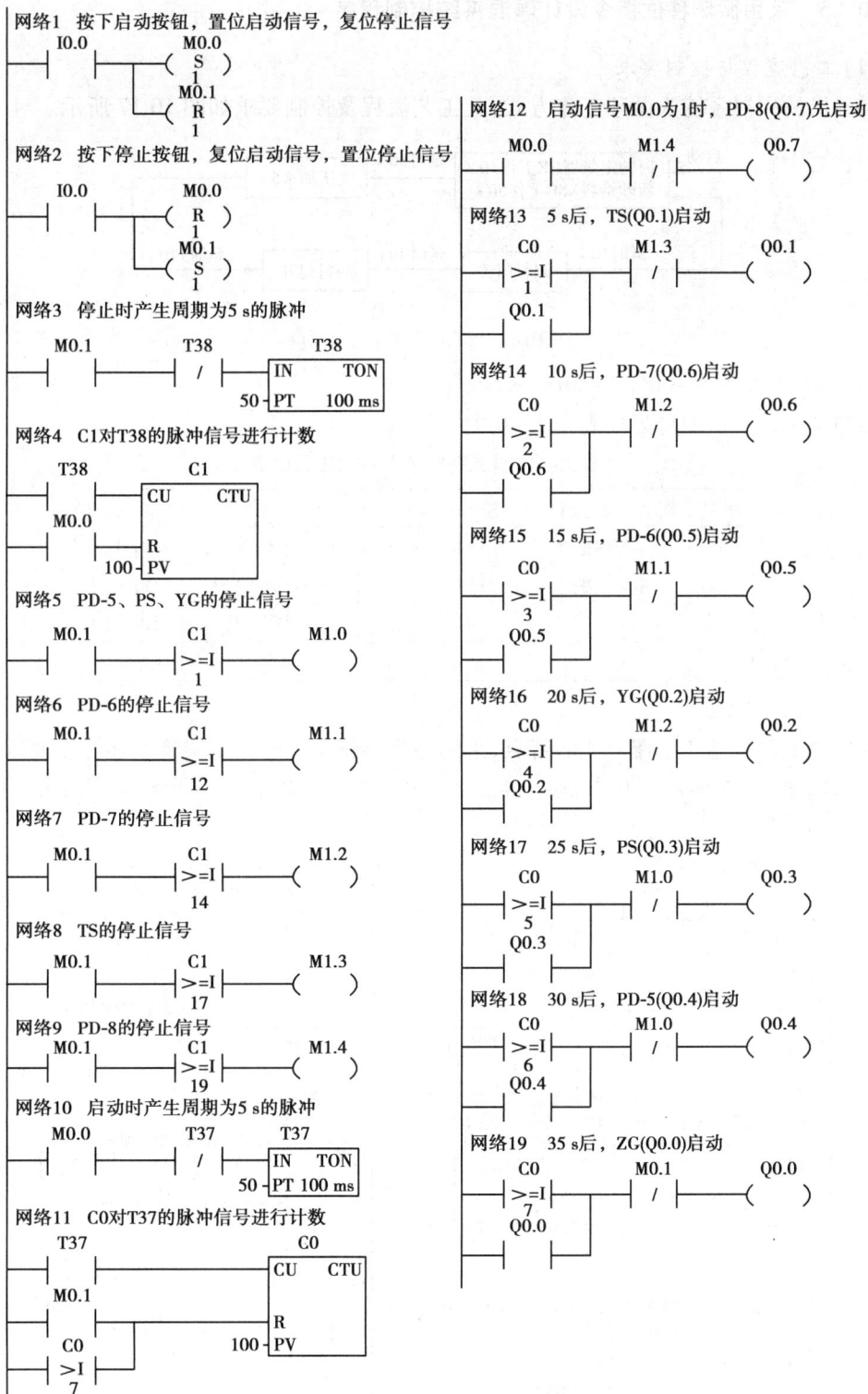

图 10.16　旧砂传送带控制程序

10.2.5 采用循环移位指令设计碾混系统控制程序

（1）工艺流程与控制要求

混砂机的碾混系统为循环工作方式，其工艺流程及控制要求如图 10.17 所示。

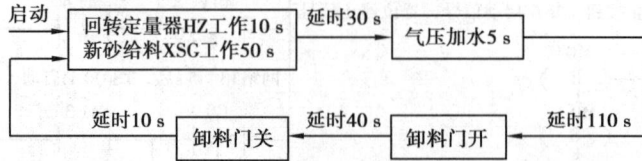

图 10.17 碾混系统的工艺流程

（2）根据控制要求分配 PLC 的输入输出端口

控制系统的 I/O 地址分配表见表 10.5。

表 10.5 碾混系统的 I/O 地址分配表

序号	输入设备及符号	输入点	序号	输出设备	输出点
1	启动按钮	I0.0	1	回转定量器 HZ	Q0.0
2	停止按钮	I0.1	2	新砂给料 XSG	Q0.1
			3	气压加水	Q0.2
			4	卸料门	Q0.3

根据碾混系统循环工作方式的特点，采用循环移位寄存器法来实现上述控制要求，所设计的梯形图如图 10.18 所示。其中，移位寄存器 VD0 设计成 25 位的环形移位寄存器，用来实现工作的自动循环。

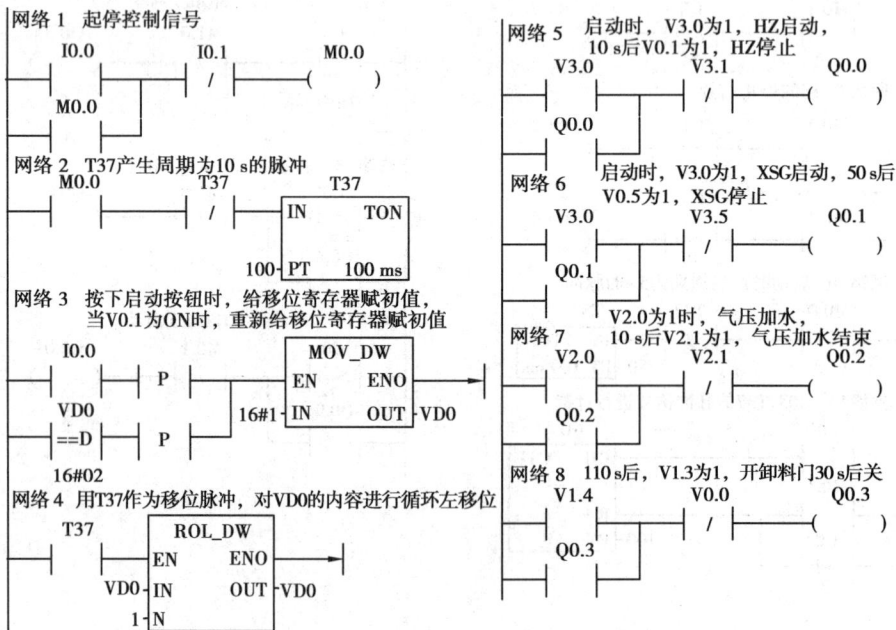

图 10.18 输送带控制梯形图

启动时产生一个初始化脉冲,给移位寄存器赋初值,停止信号用来复位移位寄存器,以保证系统重新开始。T37 产生 10 s 时钟脉冲,用来使移位寄存器移位。

10.2.6　总结与评价

工业生产中生产资料输送系统的自动化可以提高生产效率,减小劳动强度。由于输送系统大多属于开光量信号为主的顺序控制系统,PLC 在其中的应用有其独特的优势,因此获得了广泛的应用。

本节以砂处理生产线的自动控制为例,根据型砂输送、旧砂输送和碾混系统控制流程的特点,分别采用了计时器、计数器、移位寄存器进行顺序控制梯形图的设计。可以看出,PLC 在顺序控制方面的功能强大,有丰富的编程指令,用户程序的设计灵活、方便,十分适用于像输送系统这类自动化生产线的控制。

10.3　PLC 在生产过程联锁报警控制中的应用

10.3.1　应用背景与需求

工业生产过程中,发生事故是难免的,在生产线自动控制系统设计中要注重各种安全保护功能的实现。在硝酸生产这样的化工生产过程中,有高压、有毒及腐蚀性物质产生,其事故的危害性更大。因此,在这一类工业生产过程的自动控制系统中,实现联锁报警控制是十分必要的。

PLC 是广泛应用于工业现场的控制设备,在硝酸生产过程的 PLC 自动控制系统中实现联锁报警控制,可以使系统达到生产安全可靠的目的。本例就是以硝酸生产过程的联锁报警控制为例,讨论 PLC 在这类系统中的应用问题。

10.3.2　生产过程联锁报警控制功能分析

常压法硝酸装置是一套连续生产的具有爆炸危险的工业装置,其联锁报警系统的功能是:在紧急事故状态下实现停车,使生产处于安全状态;在正常情况下,工艺操作不受影响。联锁报警控制的要求如下:

①在工艺操作处于正常状态下,事故触点设计成闭合的。当事故发生时,相应触点断开,联锁系统动作,相应的输出继电器断电。要求输出的报警接点为常开接点,这样使系统的传感器以及继电器本身故障也考虑在事故之中。

②根据事故发生时使工艺装置处于安全状态来考虑驱动调节阀的三通电磁阀的"通电"或"断电"状态。

③具备下列条件之一,使工艺操作停止并且在 3 分钟之后,使空压机停车:

a.控制室仪表盘上的紧急事故停车按钮动作;

b.氨氧化炉铂网温度任一点温度超高;

c.氨过热器出口气氨温度超低;

d.点火通氨后,氨过热器出口压力超高,延时 4 s;

e.点火通氨后,氧化炉铂网温度任一点超低;

f.点火通氨后,氨/空比超高;

g.点火通氨后,氨/空比超低;

h.空气压缩机停。

④认为可以开车时,手动复位而使阀门回到正常位置:

a.若全部故障被解除,则跳闸灯灭,此时按动 PV-102、XV-101 的复位按钮,阀 PV-102 开,阀 XV-101 关;

b.按动 XV-101、XV-102 的复位按钮,阀 XV-101 关、阀 XV-102 开。XV-102 的复位信号只在 PV-102 阀开后有效,否则不可复位;即必须打开阀 PV-102,关闭阀 XV-101,然后才能打开阀 XV-102。

按照上面的要求,可以画出控制关系结构如图 10.19 所示。

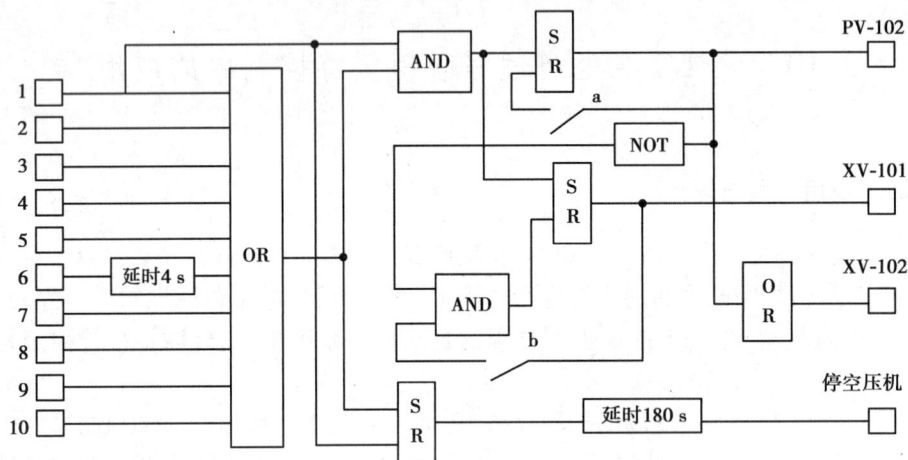

图 10.19　信号联锁控制关系图

a—PV-102 的复位按钮;b—XV-101 的复位按钮;1—空气压缩机停;2—中央控制室紧急停车;3—氨过热器出口气氨温度超低;4—氧化炉铂网 1 温度超低;5—氧化炉铂网 1 温度超高;6—氨过热器出口气氨温度超低;7—氨/空比超高;8—氨/空比超低;9—氧化炉铂网 2 温度超高;10—氧化炉铂网 2 温度超低;PV-102—氨过热器出口气氨阀;XV-101—氨过滤器前连锁快关阀;XV-102—氨过滤器前遥控放空阀

10.3.3　联锁报警控制功能的实现

为实现常压法硝酸装置在生产过程中的联锁报警控制功能,考虑到系统的要求,采用西门子 S7-200 系列 CPU224 及扩展模块 EM223DI16/DO16 24V RLY 作为控制器,它具有结构紧凑、体积小、质量轻、功能强等优点。PLC 的输入电源由外部 24 V 直流电提供,输出则全部采用继电器型。兼顾到其他一些信号的输入输出及以后扩展应用,共设计输入节点 30 点和输出 26 点(其中 CPU 模块上输入 14 点,输出 10 点)。

(1)根据控制要求分配 PLC 的输入输出端口

控制系统的 I/O 地址分配表见表 10.6。

表 10.6　联锁报警系统的 I/O 地址分配表

序号	输入设备及符号	输入点	序号	输出设备	输出点
1	a—PV-102 的复位按钮	I0.0	1	PV-102:氨过热器出口气氨阀	Q0.0
2	b—XV-101 的复位按钮	I0.1	2	氨过热器出口气氨阀指示灯	Q0.1
3	1—空气压缩机停	I0.2	3	XV-101:氨过滤器前连锁快关阀	Q0.2
4	2—中央控制室紧急停车	I0.3	4	氨过滤器前连锁快关阀指示灯	Q0.3
5	3—氨过热器出口气氨温度超低	I0.4	5	XV-102:氨过滤器前遥控放空阀	Q0.4
6	4—氧化炉铂网 1 温度超低	I0.5	6	氨过滤器前遥控放空阀指示灯	Q0.5
7	5-氧化炉铂网 1 温度超高	I0.6	7	空压机	Q0.6
	6—氨过热器出口压力超高	I0.7			
	7—氨/空比超高	I1.0			
	8—氨/空比超低	I1.1			
	9—氧化炉铂网 2 温度超高	I1.2			
	10—氧化炉铂网 2 温度超低	I1.3			

（2）设计满足控制要求的梯形图

分析图 10.19 中的控制关系,可以把控制内容分为以下 3 个小环节:

①各输入与各输出之间的逻辑关系;

②延时环节;

③XV-101 与 PV-102、XV-102 之间的复位闭锁。

针对这 3 点,用 PLC 的基本逻辑指令就可以编写符合要求程序。梯形图如图 10.20 所示。

10.3.4　总结与评价

在工业生产过程中,事故的发生可能来自人员的操作失误、传感器失灵或其他各种异常事件,这些失误和异常不仅会影响产品质量,而且严重的可能造成设备的损坏,甚至危及人身安全。因此,生产线自动控制系统的功能不仅是完成各种生产过程的控制,提高产品质量和产量,还要具备各种安全保护功能。

在硝酸生产这样的生产过程中,由于事故而引起的危害性很大。通过采用 PLC 控制联锁报警系统,系统的可靠性和安全性得到提高,而且维护量小。在有计算机监控系统的场合,还可以通过 PLC 的通信电缆,将信息传递到上位计算机,实现有监督分布式控制系统,使控制系统能够适应复杂工业生产过程的控制要求。

网络 1　　1至5号中任意一个故障，则M0.0接通

网络 7　　M10.0为OFF，则PV-102及其指示灯有输出

网络 2　　6号故障持续4 s，则T37接通

网络 8　　按下XV-101复位按钮，且没有故障，
　　　　　且PV-102阀门开，复位M10.1

网络 3　　6至10号任意一个故障，则M0.1接通

网络 9　　M10.1为OFF，则XV-101阀及其
　　　　　指示灯有输出，表示阀门关

网络 10　　PV-102阀门开，且XV-102阀门关，复位M10.2

网络 5　　有故障，则置位M10.0-M10.2

网络 11　　M10.2为OFF，则XV-102阀及其指示灯有输出

网络 6　　按下PV-102复位按钮，
　　　　　且没有故障，复位M10.0

网络 12　　有故障时，延时3分钟停空压机

网络 13　　停空压机

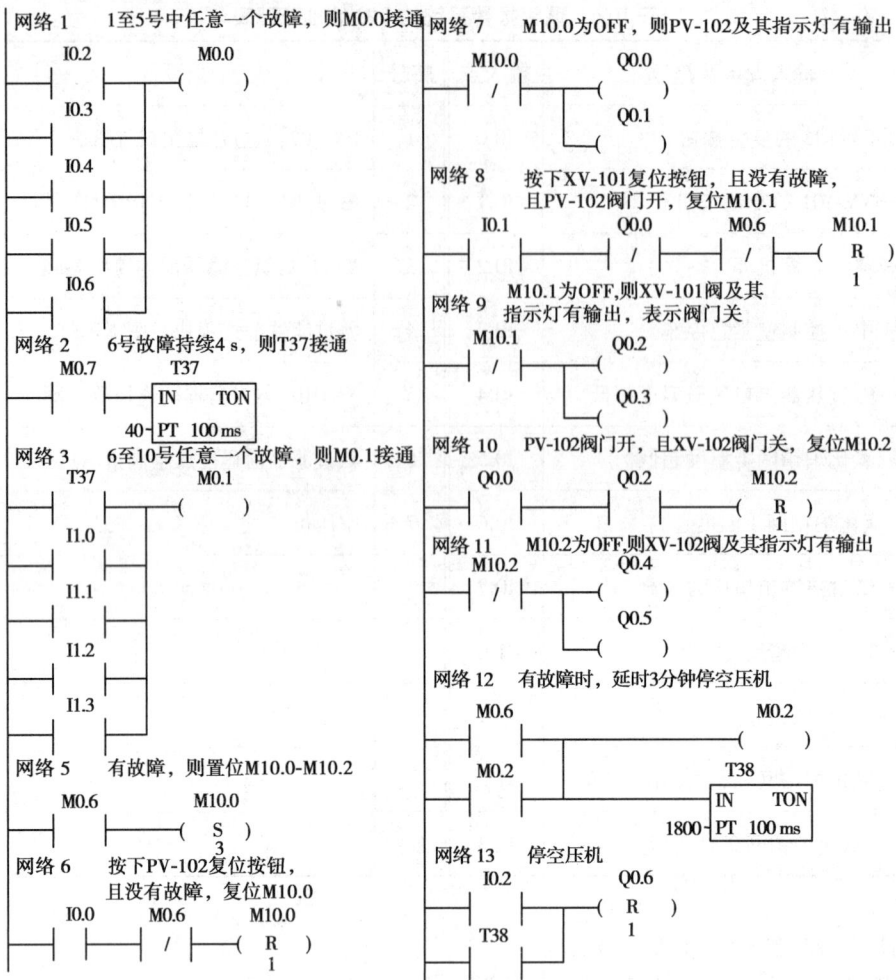

图 10.20　系统控制梯形图

10.4　变频恒压供水控制系统

10.4.1　应用背景与需求

随着我国城市建设步伐的加快,高层建筑越来越多,其供水的控制问题已成为急需解决的问题。传统的水塔供水方式存在许多不足,如水箱易对水造成二次污染,水塔供水经常造成水压不稳、无法维持供水压力的恒定等。近年来,随着异步电动机变频调速技术的迅速发展,居住区供水系统正逐步采用无塔变频供水。利用变频调速技术,不仅可使水泵供水系统取得显著的节能效果,而且可以极大地改善系统的工作性能,并能延长系统的使用寿命,克服传统供水方式的各种缺点。某小区有近 2 000 名用户,楼层高达 25 层,为了实现生活水区恒压变频供水,在每栋高层楼采用一台 SIMENS 公司的 S7-200 型 PLC,一台变频器和三台 90 KW 的三相异步电动水泵。控制系统利用 PLC 的逻辑输出控制变频器,从而实现对三台水泵的全方位控制,达到恒压供水的目的。

10.4.2　变频恒压供水控制系统任务要求

变频恒压供水控制系统通过监测管网压力,控制变频器的输出频率,实现管网的恒压供水。当系统开始工作时,如果管网压力低于设定值,PLC 启动一台泵,并通过程序控制变频器的运行频率,使其逐渐上升。当管网压力升至设定值时,水泵在此频率下稳定运行,保持水压恒定。若水泵频率达到电网工频时,水压还未达到设定值,此时控制系统自动将此泵切换至工频电网,启动第二台水泵,并调速至水压达到设定值,使水压恒定。第三台泵通常作为备用泵,当用水量变化,如夜间用水量很低,水压超过设定值时,PLC 控制变频器,逐渐降低输出频率。当变频器输出频率降至零时,PLC 关闭此台泵,将另一台工频运行的水泵切换到变频运行,调节水压至设定值。

10.4.3　变频恒压供水控制系统设计

(1)控制任务分析

变频恒压供水控制系统采用一台变频器控制三台水泵。首先用变频器启动一台水泵,当水泵达到工频时,将水泵切换至工频运行,然后用变频器启动下一台水泵。当变频器输出为零时,停止水泵,然后将工频运行的水泵切换至变频运行,由变频器控制,水管压力设定值由文本显示器 TD400C 设定。

水泵由变频切换至工频时,采用先切后投的控制方式。即先停止变频器,使水泵自由停车,然后断开变频器与水泵间的接触器,再接通水泵与工频间的接触器,完成变频到工频的切换。水泵由工频切换至变频时,也采取先切后投的方式,即先断开水泵与工频间的接触器,使电动机处于自由停车状态,然后接通水泵与变频器间的接触器。使用变频器的捕捉再启动功能,使变频器可以跟踪电动机的转速,直到变频器输出频率与电动机转速同步,再将电动机调节至设定速度。

变频器采用西门子 MM340 水泵,风机专用变频器。PLC 通过数字量输入、输出和模拟量输入、输出控制变频器的启动、停止和调速。因为 PLC 需要控制变频器的启、停,变频器中除了设置电动机参数外,还需要设置以下几个参数:

①将 P0700[0]设为 2,即命令源来自端子排输入。

②将 P0700[0]设为 1,即由数字量输入端子 1 控制变频器的启动和停止。

③将 P0700[0]设为 9,即由数字量输入端子 2 复位变频器故障。

④将 P0700[0]设为 3,即由数字量输入端子 3 控制变频器自由停车。

⑤将 P0700[0]设为 52.3,即由数字量输入端子 1 输出变频器故障信号。

⑥将 I/O 板上左侧的 DIP 拨至 OFF 状态,即模拟量输入 1 为 0~10 V 信号。

⑦将 P0700[0]设为 0,即模拟量输入 1 为 0~10 V 信号。

⑧将 P0700[0]设为 2,即频率值由模拟量输入 1 给定。

⑨将 P0700[0]设为 50,即基准频率为 50 Hz。

(2)PLC 型号选择与 I/O 端口分配

1)PLC 型号选择

根据任务要求,首先确定输入、输出设备的个数。本例需要 11 个数字量输入点、16 个数字量输出点,1 路模拟量输入和 1 路模拟量输出。因为 CPU224XP 自带 1 路模拟量输入和 1

路模拟量输出,所以选用 CPU224XP 就可以不用再另外配置模拟量输入、输出模块了,而 CPU224XP 有 14 个数字量输入和 10 个数字量输出,所以还需扩展 1 个 8 位的数字量扩展模块。因此本系统采用 CPU224XPDC/DC/DC 和 EM222 8×24VDC 两个基本模块。水管压力传感器采用 0~10 V 信号,量程 0~5 MPa 信号。

2)根据控制要求分配 PLC 的输入输出端口

控制系统的 I/O 地址分配表见表 10.7。

表 10.7　PLC 的 I/O 地址分配表

序号	输入设备	输入地址	序号	输出设备	输出地址
1	手/自动切换 SA1	I0.0	1	一号泵变频	Q0.0
2	一号泵启/停 SA2	I0.1	2	一号泵工频	Q0.1
3	二号泵启/停 SA3	I0.2	3	二号泵变频	Q0.2
4	三号泵启/停 SA4	I0.3	4	二号泵工频	Q0.3
5	一号泵故障 KH1	I0.4	5	三号泵变频	Q0.4
6	二号泵故障 KH2	I0.5	6	三号泵工频	Q0.5
7	三号泵故障 KH3	I0.6	7	一号泵运行灯	Q0.6
8	变频器故障 SF	I0.7	8	二号泵运行灯	Q0.7
9	故障复位 SB1	I1.0	9	三号泵运行灯	Q1.0
10	自动启动 SB2	I1.1	10	一号泵故障灯	Q1.1
11	自动停止 SB3	I1.2	11	二号泵故障灯	Q2.0
12	管道压力 SP	AIW0	12	三号泵故障灯	Q2.1
			13	变频器故障灯	Q2.2
			14	变频器启动	Q2.3
			15	变频器故障复位	Q2.4
			16	水泵自由停车	Q2.5
			17	变频器频率	AQW0

3)硬件电路设计

①变频恒压供水系统的电气原理图如图 10.21 所示。

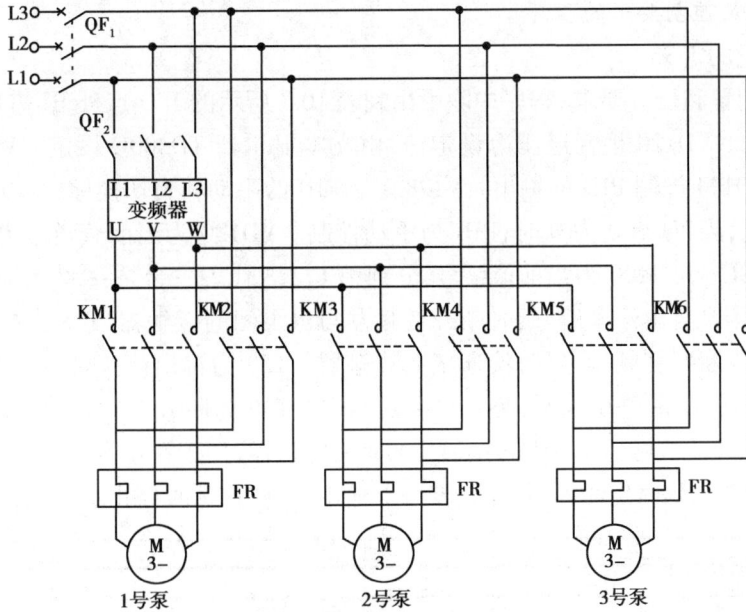

图 10.21　电气系统原理图

②根据 I/O 配置和所用模块,画出如图 10.22 所示的 PLC 配置图。

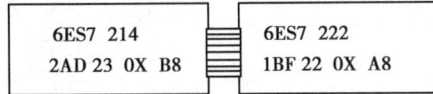

图 10.22　PLC 配置图

③CPU224XP 模块的端子接线图、扩展模块的接线图、变频器端子接线图如图 10.23 所示。

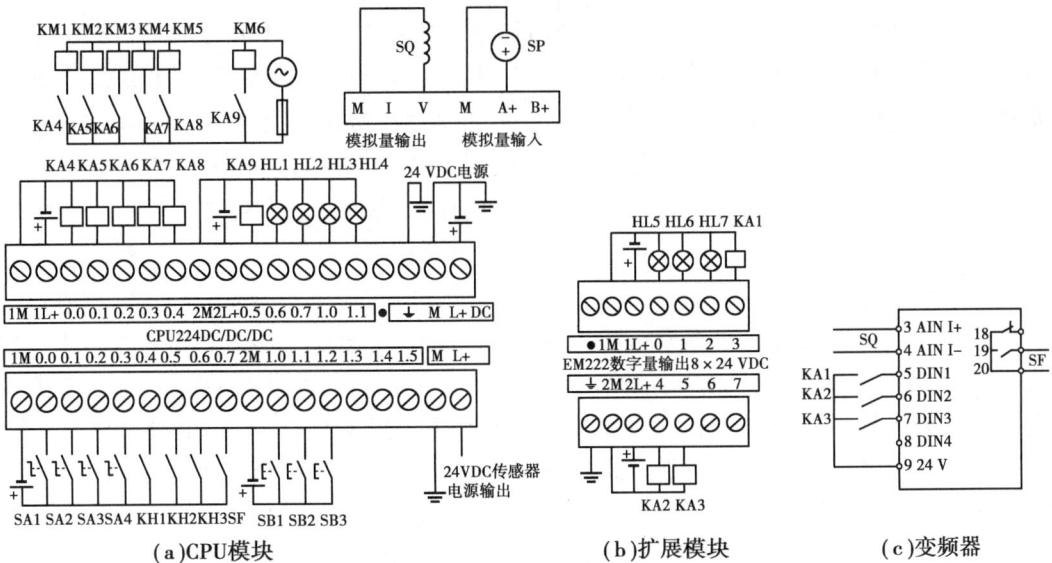

(a)CPU模块　　　　　(b)扩展模块　　　　(c)变频器

图 10.23　控制系统 I/O 端子接线图

（3）设计满足控制要求的程序

1）中间变量的定义

根据 I/O 配置和任务要求,程序中除了用到表 10.7 所示的 I/O 点外,还需用到一些变量,如图 10.24 所示。VD120 是管道压力设定值,由文本显示器 TD400C 设定。VD124 为当 PID 为手动时,用 VD124 控制 PID 的输出。V128.0 是 PID 的手动和自切换标志,当 128.0 为 1 时,PID 为自动控制;当 V128.0 为 0 时,PID 为手动控制。VD130 为当前管道压力值。显示在文本显示器 TD400C 上。MB0 为当前值泵号,分别用 1、2、3 代表三台泵;T37 为断开变频器延时定时器,用于在水泵自由停车后,延时断开变频器与水泵间的接触器,T38 为接通工频延时定时器,用于在水泵断开变频后,延时接通工频接触器。T39 为自由停车延时定时器,用于当变频器达到 50 Hz 时,延时停止水泵,防止水泵误动作。T40 为断开工频延时定时器,用于延时断开水泵与工频间的接触器。T41 为接通变频延时定时器,用于在水泵断开工频后,延时接通变频器。T42 为停泵延时定时器,用于在变频器输出为 0 时,延时停止水泵,防止水泵误动作。

			符号	地址	注释
30			压力设定	VD120	管道压力设定值
31			PID手动输入	VD124	PID指令的手动输入值
32			PID手自动切换	V128.0	PID指令的手动/自动切换
33			当前压力值	VD130	管道当前压力值
34			当前泵号	MB0	当前泵号
35			断开变频延时	T37	自由停车后,延时断开变频器与水泵间的接触器
36			接通工频延时	T38	延时吸合工频接触器
37			自由停车延时	T39	变频器达到50HZ时,延时停泵
38			断开工频延时	T40	延时断开工频接触器
39			接通变频延时	T41	延时接通变频接触器
40			停泵延时	T42	当变频器输出为0HZ时,延时停泵

图 10.24　部分程序符号表

2）使用指令向导,生成 PID 指令

根据控制要求,编写 PLC 程序。首先利用指令向导功能,生成 PID 子程序。PID 回路给定值和回路参数如图 10.25 所示。因为压力传感器的量程为 0~5 MPa,所以 PID 给定值范围的低限为 0.0,高限为 5.0。PID 的采样时间为 1 s,比例增益为 0.8,积分时间为 10 min,微分时间为 0,即不使用微分。PID 回路的输入参数和输出参数如图 10.26 所示。PID 指令向导为 PID 子程序指定存储区,本例中使用 VB0~VB119 的存储区,在用户程序中不能再次使用此存储区。

3）使用指令向导,配置文本显示器

因为管道当前压力需在文本显示器 TD400C 上显示,管道设定压力也需在 TD400C 上设定,所以利用文本显示向导配置文本显示器 TD400C。在文本显示器 TD400C 上添加"管道压力"屏幕,并将此屏幕作为默认显示。管道当前压力存储在 VD130 中,管道设定压力存储在 VD120 中。文本显示向导为文本显示器子程序分配了 VB325~VB515 的存储区,在用户程序中不能再次使用此存储区。

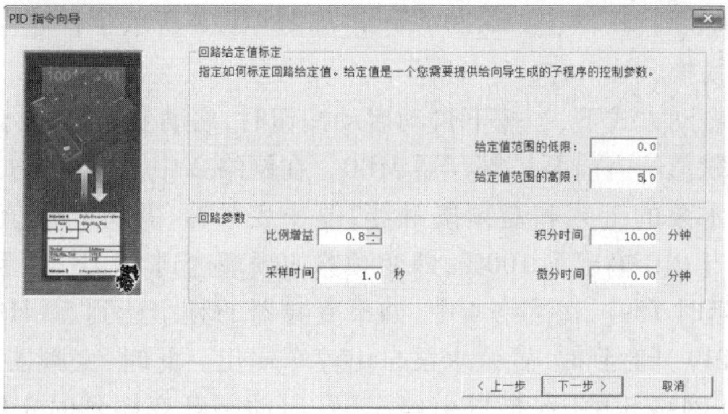

图 10.25　PID 回路给定值和回路参数

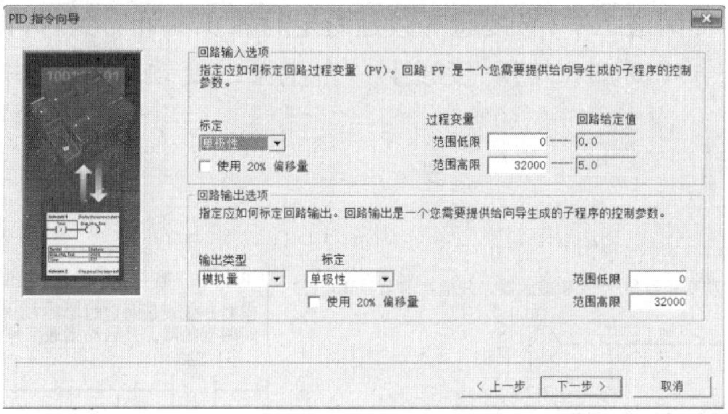

图 10.26　PID 回路的输入参数和输出参数

4) 设计程序

PLC 程序分为一个主程序和五个子程序。五个子程序分别是手动控制子程序(SBR0)、自动控制子程序(SBR1)、运行及故障指示灯子程序(SBR2)、PID0 INIT(SBR3)和 TD CTRL 325(SBR4),其中子程序 PID0 INIT(SBR3)和 TD CTRL 325(SBR4)是由向导自动生成。在主程序中调用这五个子程序。

手动程序(SBR0)子程序如图 10.27 所示。在网络 1 中,在手动方式下,断开变频器与所有电动机间的接触器。在网络 2 中,若 1 号泵启/停旋钮旋至启动位置,并且 1 号泵没有变频启动,则 1 号泵工频启动。在网络 3 中,若 2 号泵启/停旋钮旋至启动位置,并且 2 号泵没有变频启动,则 2 号泵工频启动。在网络 4 中,若 3 号泵启/停旋钮旋至启动位置,并且 3 号泵没有变频启动,则 3 号泵工频启动。

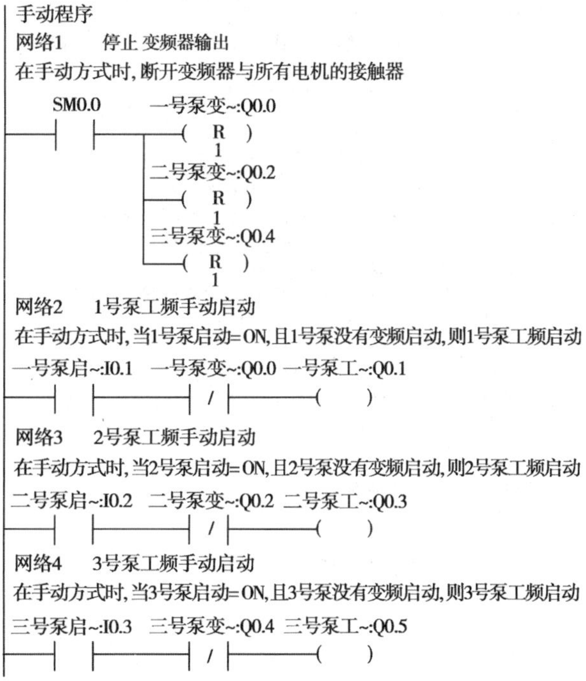

图 10.27　手动控制子程序

自动控制子程序如图 10.28、图 10.29 所示。如图 10.28 所示子程序主要完成自动启动和停止,变频向工频的切换。

在网络 1 中,在自动方式下,当按下自动启动按钮时,启动变频器,吸合变频器与一号水泵间的接触器,并将 1 赋值给当前泵号寄存器 MB0。在网络 2 中,在自动方式下,当按下自动停止按钮时,断开所有水泵的工频和变频接触器,停止变频器,并将 0 赋值给当前泵号寄存器 MB0。在网络 3 中,当 PID 输出为 100%,即变频器的频率达到 50 Hz,并且当前泵号小于等于 2 时,启动自由停车延时 T39。在网络 4 中,如果变频器的频率达到 50 Hz 持续超过 1 s,则自由停车延时定时器 T39 计时到时,置位水泵自由停车输出。此时,变频器不输出电流,水泵处于自由停车状态。在网络 5 中,水泵自由停车后,启动断开变频延时定时器 T37。在网络 6 中,当断开变频延时定时器 T37 计时到时,断开变频器与所有水泵间的接触器,并启动接通工频延时定时器 T38。在网络 7 中,当接通工频延时定时器 T38 计时到时,接通当前水泵的工频接触器,并将当前泵号 MB0 加 1,然后接通下一台水泵的变频接触器,并复位水泵自由停车输出。

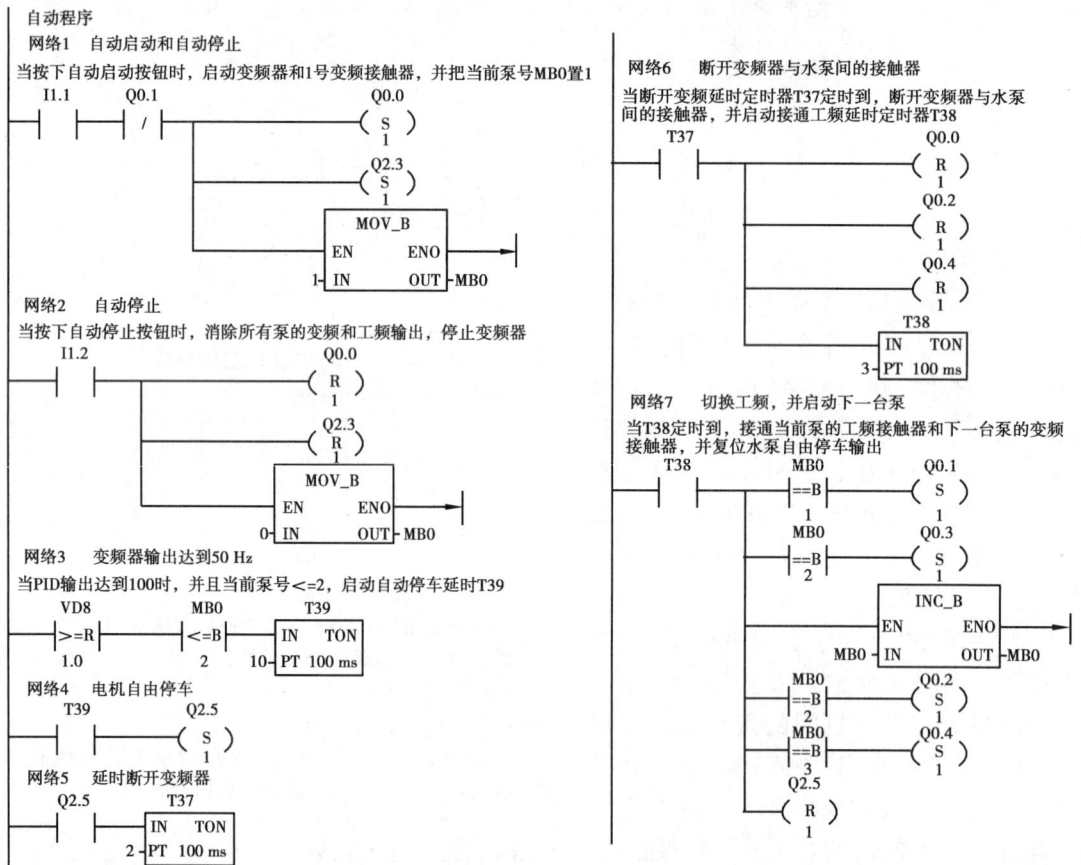

图 10.28　自动控制子程序(1)

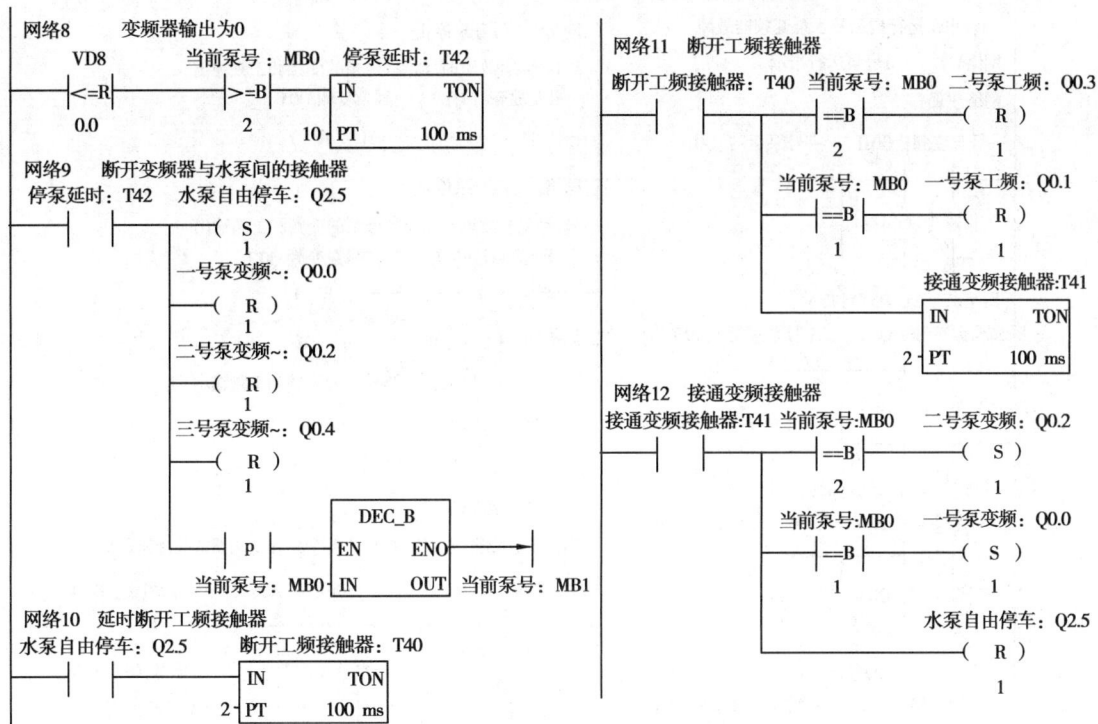

图 10.29　自动程序(2)

图 10.29 主要完成工频向变频切换。在网络 8 中,当 PID 输出为 0.0%,即变频器的频率为 0,并且当前泵号大于等于 2 时,启动停泵延时定时器 T42。在网络 9 中,当停泵延时器 T42 计时到时,置位水泵自由停车输出,断开变频器与所有水泵间的接触器,并将当前泵号 MB0 减 1。在网络 10 中,当水泵停止后,启动断开工频延时定时器 T40。在网络 11 中,当断开工频延时定时器 T40 计时到时,断开相应水泵的工频接触器,并启动接通变频延时定时器 T41。在网络 12 中,当接通变频延时定时器 T41 计时到时,接通相应水泵的变频接触器,并复位水泵自由停车输出。

运行及故障指示灯子程序如图 10.30 所示,主要完成三台水泵运行指示,水泵及变频器故障指示,各种故障的复位处理等任务。

在网络 1 中,当 1 号水泵变频运行或工频运行时,1 号水泵运行指示灯亮。在网络 2 中,当 2 号水泵变频运行或工频运行时,2 号水泵运行指示灯亮。在网络 3 中,当 3 号水泵变频运行或工频运行时,3 号水泵运行指示灯亮。

在网络 4 中,当 1 号水泵有故障时,1 号水泵故障指示灯亮。在网络 5 中,当 2 号水泵有故障时,2 号水泵故障指示灯亮。在网络 6 中,当 3 号水泵有故障时,3 号水泵故障指示灯亮。在网络 7 中,当变频器有故障时,变频器故障指示灯亮。

在网络 8 中,当 1 号水泵有故障时,断开 1 号水泵的变频和工频接触器。在网络 9 中,当 2 号水泵有故障时,断开 2 号水泵的变频和工频接触器。在网络 10 中,当 3 号水泵有故障时,断开 3 号水泵的变频和工频接触器。在网络 11 中,复位三台水泵和变频器的故障指示灯,如果变频器有故障,同时复位变频器故障。

三台水泵运行指示及水泵变频器故障

网络1　　　1号泵运行指示

网络注释

一号泵变频: Q0.0　　一号泵运~: Q0.6　　（　　）

一号泵工频: Q0.1

网络2　　2号泵运行指示

二号泵变频: Q0.2　　二号泵运行: Q0.7　　（　　）

二号泵工频: Q0.3

网络3　　1号泵运行指示

三号泵变频: Q0.4　　三号泵运行: Q1.0　　（　　）

三号泵工频: Q0.5

网络4　　1号泵故障

一号泵故障: I0.4　　一号泵故障灯: Q1.1　　(S) 1

网络5　　2号泵故障

二号泵故障: I0.5　　二号泵故障灯: Q2.0　　(S) 1

网络7　　变频器故障

变频器故障:I0.7　　变频器故障灯:Q2.2　　(S) 1

网络8　　1号泵停止

当1号泵有故障时，清除1号泵的变频和工频输出

一号泵故障灯:Q1.1　　一号泵变频:Q0.0　　(R) 2

网络9　　2号泵停止

当2号泵有故障时，清除2号泵的变频和工频输出

二号泵故障灯:Q2.0　　二号泵变频:Q0.2　　(R) 2

网络10　　3号泵停止

当3号泵有故障时，清除3号泵的变频和工频输出

三号泵故障灯:Q2.1　　三号泵变频:Q0.4　　(R) 2

网络11　　故障复位

当按下故障复位按钮时，复位每个泵和变频器的故障指示灯

故障复位按钮:I1.0　　一号泵故障:I0.4　　一号泵故障灯:Q1.1　　(R) 1

二号泵故障:I0.5　　二号泵故障灯:Q2.0　　(R) 1

三号泵故障:I0.6　　三号泵故障灯:Q2.1　　(R) 1

变频器故障:I0.7　　变频器故障灯:Q2.2　　(R) 1

变频器故障复位灯:Q2.4　　(R) 1

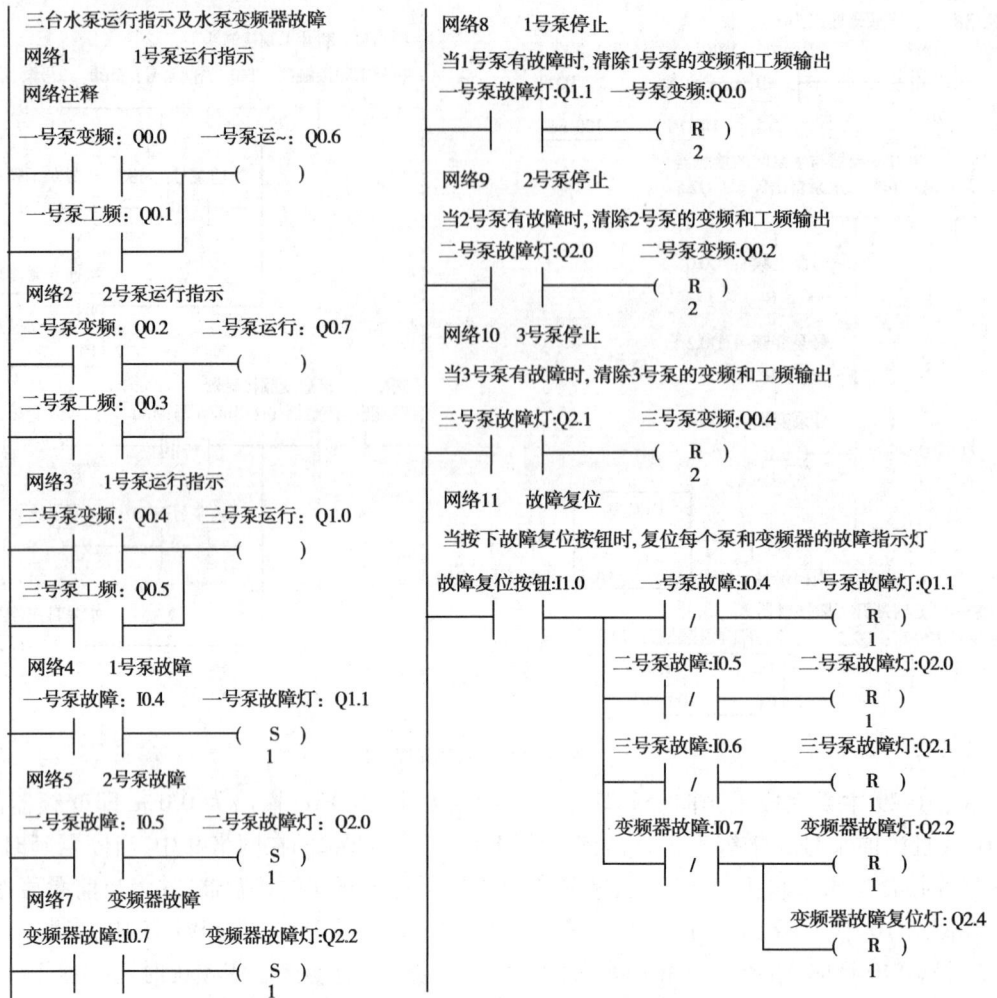

图 10.30　运行与故障指示子程序

主程序如图 10.31 所示。图 10.31 主要完成调用手动和自动程序、调用 PID 调节程序和指示灯及文本显示器程序的任务。

在网络 1 中，当手/自动切换旋钮切换至手动时，执行手动程序。在网络 2 中，当手/自动切换旋钮切换至自动时，执行自动程序。在网络 3 中，当手/自动切换旋钮切换至自动，并且没有水泵自由停车输出时，PID 调节为自动方式，否则 PID 调节为手动方式。在网络 4 中，当 PID 为手动方式，由变频转为工频时，将 0 赋值给 PID 手动输入。因为从变频切换至工频，在切换完成时，上一台水泵变为工频运行，变频器需从 0 Hz 开始启动下一台水泵；由工频转为变频时，将 50 赋值给 PID 手动输入。因为在工频切换为变频时，水泵是以工频运行的，切换到变频后，水泵仍有很高的转速，所以需使变频器从 50 Hz 开始调节水泵转速，达到设定的管道压力。在网络 5 中，每个周期都需调用 PID 调节子程序 PIDO INIT。在网络 6 中，在手动切换为自动或自动切换为手动时，断开三台水泵的变频及工频接触器。在网络 7 中，每个扫描周期都要调用"运行及故指示灯"子程序。在网络 8 中，计算管道的当前压力值，作为文本显示器显示用。在网络 9 中，每个扫描周期都要调用文本显示器子程序。

342

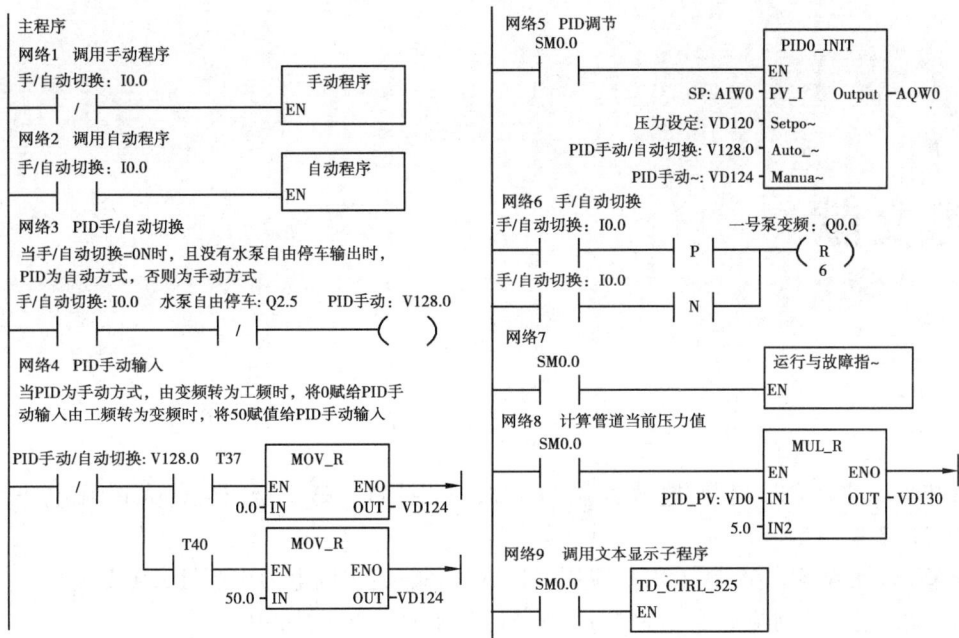

图 10.31 主程序

10.4.4 总结与评价

变频恒压供水在企业及高层生活小区的应用越来越广泛,它可取代传统的水塔、高位水箱或气压罐等供水方式,不仅节能效果显著,还可以极大地改善系统的工作性能,并能延长系统的使用寿命,具有良好的技术、经济效益。

本例采用 PLC、变频器、文本显示器及三台水泵组成的恒压供水控制系统,既可以实现通过变频泵的连续调节,也可实现工频泵的分级调节,且采用内置 PID 环节,水压波动小,确保恒压供水;该系统能够对泵组实现自动化控制实现变频恒压供水,一定程度上解决了稳定性和资源浪费问题。此外,该系统设计方法简单,扩展灵活,可以适用于多种场合。

参考文献

[1] 郭艳萍,张海红,冯凯.电气控制与 PLC 应用[M].第 3 版.北京:人民邮电出版社出版,2017.

[2] 巫莉,黄江峰.电气控制与 PLC 应用[M].3 版.北京:中国电力出版社,2022.

[3] 徐惠敏.电气控制与 PLC 应用技术.杭州:浙江大学出版社,2022.

[4] 段峻.电气控制与 PLC 应用技术目化教程.西安:西安电子科技大学出版社,2017.

[5] 张桂香,张桂林.电气控制与 PLC 应用.北京:化学工业出版社,2022.

[6] 贾磊,曾令琴.电气控制与 PLC 应用.北京:人民邮电出版社,2021.

[7] 朱晓娟.电气控制与 PLC 应用.北京:水利水电出版社,2017.

[8] 温玉春,王荣华.电气控制与 PLC 应用.北京:化学工业出版社,2021.

[9] 孙平,潘康俊.电气控制与 PLC.北京:高等教育出版社,2021.

[10] 郭艳萍,冯凯.电气控制与 PLC 应用.4 版.北京:人民邮电出版社,2023.

[11] 曾新红,白明,王立涛.电气控制与 PLC 应用技术.4 版.成都:西南交通大学出版社,2022.

[12] 许翏,赵建光.电气控制与 PLC 应用.5 版.北京:机械工业出版社,2019.

[13] 文晓娟,王丽平.电气控制与 PLC 应用技术(西门子系列).2 版.北京:中国铁道出版社,2021.

[14] 梁亚峰,刘培勇.电气控制与 PLC 应用技术(S7-1200).北京:机械工业出版社,2021.

[15] 何献忠.电气控制与 PLC 应用技术(西门子 S7-200 系列).2 版.北京:化学工业出版社,2018.

[16] 华满香,刘小春.电气控制与 PLC 应用.4 版.北京:人民邮电出版社,2018.

[17] 陈建明.电气控制与 PLC 应用.4 版.北京:电子工业出版社,2019.

[18] 耿奎,陈阳,濮琼.电气控制与 PLC 应用.2 版.成都:西南交通大学出版社,2021.

[19] 许翏,赵建光.电气控制与三菱 FX5U PLC 应用技术.北京:机械工业出版社,2023.